应用系统开发实例

——基于TMS320F281x和C语言

李黎　魏伟　编著

·北京·

本书针对目前通用流行的TMS320F281x DSP芯片，通过大量实例详细介绍了DSP基础模块与综合系统设计的方法及技巧。全书共分3篇13章。第1篇为开发基础篇，重点介绍了DSP系统开发的基础知识和集成开发环境。第2篇为模块实例篇，通过8个设计实例，详细介绍了TMS320F281x DSP基础模块各种开发技术和使用技巧，每个实例基础实用、易学易懂。第3篇为综合应用篇，是本书的重点，精选了10个DSP系统综合应用实例，并给出了完整的设计过程。

本书语言简洁，层次分明，精选的每个实例都对它的实例功能、设计思路、工作原理、硬件电路、软件设计、参考程序做了详细的描述和注释，为读者提供了一套完整的TMS320F281x DSP芯片开发设计手册。

本书可作为从事DSP芯片开发的工程技术人员的一本实用的参考书，也适合高校计算机、自动化、电子及通信等相关专业的师生使用。

图书在版编目（CIP）数据

DSP应用系统开发实例：基于TMS320F281x和C语言/李黎，魏伟编著．—北京：化学工业出版社，2018.1

ISBN 978-7-122-31153-5

Ⅰ.①D… Ⅱ.①李…②魏… Ⅲ.①数字信号处理 Ⅳ.①TN911.72

中国版本图书馆CIP数据核字（2017）第300811号

责任编辑：李军亮　万忻欣　　文字编辑：吴开亮
责任校对：边　涛　　装帧设计：刘丽华

出版发行：化学工业出版社（北京市东城区青年湖南街13号　邮政编码100011）
印　　刷：三河市航远印刷有限公司
装　　订：三河市瞰发装订厂
787mm×1092mm　1/16　印张21　字数551千字　2018年4月北京第1版第1次印刷

购书咨询：010-64518888（传真：010-64519686）　售后服务：010-64518899
网　　址：http://www.cip.com.cn
凡购买本书，如有缺损质量问题，本社销售中心负责调换。

定　　价：88.00元

DSP系统开发是硬件、软件相结合的过程。要完成DSP系统的开发，不仅要掌握编程技术，而且还要针对实际应用选择合理的DSP芯片和外围电路，并以此为基础，设计硬件电路。本书针对目前通用流行的TMS320F281x DSP芯片，重点介绍DSP系统开发实例的完整过程，以DSP系统开发的应用为主，介绍DSP系统开发的设计和实现方法，使读者通过本书的学习，掌握TMS320F281x DSP芯片综合设计方法与技巧。

本书具有以下特点:

① 本书是一本专门介绍TMS320F281x DSP芯片应用实例的书，并以"由浅入深""相互贯穿""重点突出""文字叙述与典型实例相结合"为原则，向读者全面介绍DSP芯片开发的完整设计过程。

② 本书突破了传统的软硬件截然割裂的方法，使读者对DSP芯片实际工程应用技术能够独立进行DSP芯片的软硬件开发。可节省读者进入DSP芯片开发领域的时间，同时能更清楚认识DSP芯片相关开发工具的使用及应用技巧。

③ 本书从应用的角度出发，结合了作者多年教学、科研实践的经验，系统、全面地以DSP芯片应用为例介绍系统开发的完整过程，是一本重在实际应用的实用手册。

④ 实例多。本书提供了多个典型实例，覆盖领域较广，代表性强，通过大量的DSP芯片应用实例阐述了基本设计过程，读者在学习的过程中可较为容易地掌握DSP芯片开发的完整过程。

⑤ 本书在内容的选择和安排上，着重突出了"应用"和"实用"两个原则。给出的实例是作者多年DSP芯片开发项目精选出来的，也是经验的归纳与总结。程序代码部分做了较为详细的注释，有利于读者举一反三，快速应用与提高。

本书内容系统全面，论述深入浅出，循序渐进，硬件设计和软件设计相结合。本书是从事DSP嵌入式系统开发应用与产品开发的工程技术人员的一本实用的参考书，也可以作为电子信息工程、通信工程、自动化等相关专业的高年级本科生和研究生的参考书。

限于作者水平，书中难免存在不足之处，恳请读者批评指正。

编著者

目 录
Contents

第3篇 综合应用篇 147

Chapter 01

第1篇 开发基础篇

第1章 DSP应用系统开发基础

本章主要讲述DSP应用系统开发的基础知识，共分三部分。第一部分是关于DSP应用系统开发的基础知识，主要包括DSP总体方案设计、DSP芯片选型、硬件电路设计、软件程序设计、DSP系统集成；第二部分是关于DSP应用系统开发工具的知识，分别介绍了常用DSP的软件和硬件开发工具；第三部分简单介绍了1个DSP应用实例，即基于TMS320F2812 DSP的最小系统设计的基本步骤和方法。

在设计一个DSP应用系统时，不仅要熟悉芯片的硬件结构、指令系统等，还要熟悉DSP开发、调试工具的使用，从而使后续各章的学习目标更加明确。充分理解这些知识对于后续各章的学习具有非常重要的作用。

1.1 DSP应用系统开发流程

1.1.1 DSP总体方案设计

利用DSP芯片设计一个DSP系统的大致步骤如图1.1所示。现对图1.1所列各步骤作简要说明。

在进行DSP系统设计之前，首先要明确设计任务，给出设计任务书。在设计任务书中，应该将系统要达到的功能描述准确、清楚。描述的方式可以是人工语言，也可以是流程图或算法描述。在此之后应该把设计任务书转化为量化的技术指标。结合DSP系统的设计，这些技术指标主要包括：

① 由信号的频率决定的系统采样频率。

② 由采样频率完成任务书最复杂的算法所需最大时间及系统对实时程度的要求判断系统能否完成工作。

③ 由数据量及程序的长短决定片内RAM的容量，是否需要扩展片外RAM及片外RAM容量。

④ 由系统所要求的精度决定是16位还是32位，是定点还是浮点运算。

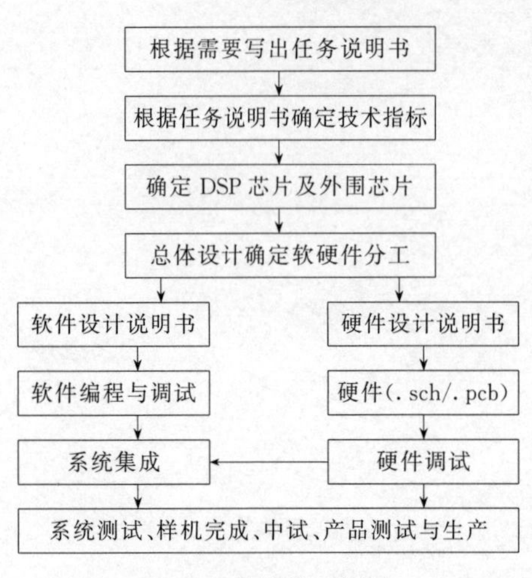

图1.1 DSP总体设计框图

⑤ 根据系统是计算用还是控制用来决定对输入输出端口的要求。在一些特殊的控制场合还有一些专门的芯片可供选用。如电机控制领域很适合用TMS320C2812系列，因为它上面集成了2路A/D输入、6路PWM输出及强大的人机接口。

由上述的一些技术指标，大致可以确定应该选用的DSP芯片的型号。根据选用的DSP芯片及上述技术指标，还可以初步确定A/D、D/A、RAM的性能指标及可供选择的产品。当然在产品选型时，还须考虑：成本、供货能力、技术支持（资料、第三方部门）、开发系统（开发系统可能很贵，这时还要考虑成本）、体积、功耗、工作环境温度（这在一些场合是非常重要的）。

在确定DSP芯片选型之后，应当先进行系统的总体设计。首先采用高级语言或MATLAB等对算法进行仿真，确定最佳算法并初步确定参数，对系统中的哪些功能用软件来实现、哪些功能用硬件实现进行初步的分工，如FFT、FIR等是否需要用专用芯片来实现等。

1.1.2 DSP芯片选型

在设计DSP应用系统时，选择DSP芯片是非常重要的一个环节。只有选定了DSP芯片才能进一步设计其外围电路及系统的其他电路。总的来说，DSP芯片的选择应根据实际的应用系统需要而确定。随着应用场合和设计目标的不同，DSP选择的依据重点也不同，通常需要考虑以下因素：

（1）DSP芯片的运算速度

运算速度是DSP芯片一个最重要的性能指标，也是选择DSP芯片时所需要考虑的一个主要因素。设计者先由输入信号的频率范围确定系统的最高采样频率，再根据算法的运算量和实时处理限定的完成时间确定DSP运算速度的下限。DSP芯片的运算速度可以用以下几种指标来衡量。

① 指令周期：即执行一条指令所需的时间，通常以纳秒（ns）为单位。如TMS320F2812A在主频为150MHz时的指令周期为7ns。

② MAC时间：即一次乘法加上一次加法的时间。大部分DSP芯片可在一个指令周期内完成一次乘法和加法操作，如TMS320F2812A的MAC时间就是7ns。

③ FFT执行时间：即运行一个N点FFT程序所需的时间。由于FFT涉及的运算在数字信号处理中很有代表性，因此FFT运算时间常作为衡量DSP芯片运算能力的一个指标。

④ MIPS：即每秒执行百万条指令。如TMS320F2812A的处理能力为150MIPS，即每秒可执行1.5亿条指令。

⑤ MOPS：即每秒执行百万次操作。如TMS320C40的运算能力为275MOPS。

⑥ MFLOPS：即每秒执行百万次浮点操作。如TMS320C31在主频为40MHz时的处理能力为40MFLOPS。

⑦ BOPS：即每秒执行十亿次操作。如TMS320C80的处理能力为2BOPS。

（2）DSP 芯片的运算精度

由系统所需要的精度确定是采用定点运算还是浮点运算。

参加运算的数据字长越长精度越高，目前，除少数 DSP 处理器采用 20 位、24 位或 32 位的格式外，绝大多数定点 DSP 都采用 16 位数据格式。由于其功耗小和价格低廉，实际应用的 DSP 处理器绝大多数是定点处理器。

为了保证底数的精度，浮点 DSP 的数据格式基本上都做成 32 位，其数据总线、寄存器、存储器等的宽度也相应是 32 位。在实时性要求很高的场合，往往考虑使用浮点 DSP 处理器。与定点 DSP 处理器相比，浮点 DSP 处理器的速度更快，但价格比较高，开发难度也更大一些。

（3）片内硬件资源

由系统数据量的大小确定所使用的片内 RAM 及需要扩展的 RAM 的大小；根据系统是作计算用还是控制用来确定 I/O 端口的需求。

不同的 DSP 芯片所提供的硬件资源是不相同的，如片内 RAM、ROM 的数量，外部可扩展的程序和数据空间，总线接口、I/O 接口等。即使是同一系列的 DSP 芯片（如 TI 的 TMS320C54x 系列），系列中不同 DSP 芯片也具有不同的内部硬件资源，以适应不同的需要。在一些特殊的控制场合有一些专门的芯片可供选用，如 TMS320C281x 系列自身带有 2 路 A/D 输入和 6 路 PWM 输出及强大的人机接口，特别适合于电动机控制场合。

（4）DSP 芯片的功耗

在某些 DSP 应用场合，功耗也是一个很重要的问题。功耗的大小意味着发热的大小和能耗的多少。如便携式的 DSP 设备、手持设备（手机）和野外应用的 DSP 设备，对功耗都有特殊的要求。

（5）DSP 芯片的开发工具

快捷、方便的开发工具和完善的软件支持是开发大型复杂 DSP 系统必备的条件，有强大的开发工具支持，就会大大缩短系统开发时间。现在的 DSP 芯片都有较完善的软件和硬件开发工具，其中包括 Simulator 软件仿真器、Emulator 在线仿真器和 C 编译器等。如 TI 公司的 CCS 集成开发环境、XDSP 实时软件技术等，为用户快速开发实时高效的应用系统提供了巨大帮助。

（6）DSP 芯片的价格

在选择 DSP 芯片时一定要考虑其性能价格比。如价格过高，即使其性能较高，在应用中也会受到一定的限制，如应用于民用品或批量生产的产品中就需要较低廉的价格。另外，DSP 芯片发展迅速，价格下降也很快。因此在开发阶段可选择性能高、价格稍贵的 DSP 芯片，等开发完成后，会具有较高的性价比。

（7）其他因素

除了上述因素外，选择 DSP 芯片还应考虑到封装的形式、质量标准、供货情况、生命周期等。有的 DSP 芯片可能有 DIP、PGA、PLCC、PQFP 等多种封装形式。有些 DSP 系统可能最终要求的是工业级或军用级标准，在选择时就需要注意到所选的芯片是否有工业级或军用级的同类产品。如果所设计的 DSP 系统不仅仅是一个实验系统，而是需要批量生产并可能有几年甚至十几年的生命周期，那么需要考虑所选的 DSP 芯片供货情况如何，是否也有同样甚至更长的生命周期等。

上述各因素中，确定 DSP 应用系统的运算量是非常重要的，它是选用不同处理能力的 DSP 芯片的基础，运算量小则可以选用处理能力不是很强的 DSP 芯片，从而可以降低系统成本。相反，运算量大的 DSP 系统则必须选用处理能力强的 DSP 芯片，如果 DSP 芯片的处理能力达不到系统要求，则必须用多个 DSP 芯片并行处理。如何确定 DSP 系统的运算量并选择 DSP 芯片，主要考虑以下两种情况。

① 按样点处理　所谓按样点处理，就是 DSP 算法对每一个输入样点循环一次。数字滤波就是这种情况，在数字滤波器中，通常需要对每一个输入样点计算一次。

例如，一个采用 LMS 算法的 256 抽头的自适应 FIR 滤波器，假定每个抽头的计算需要 3 个 MAC 周期，则 256 抽头计算需要

$$256 \times 3 = 768 \text{ 个 MAC 周期}$$

如果采样频率为 8kHz，即样点之间的间隔为 125μs，DSP 芯片的 MAC 周期为 200ns，则 768 个 MAC 周期需要

$$768 \times 200\text{ns} = 153.6\mu\text{s}$$

由于计算 1 个样点所需的时间 153.6μs 大于样点之间的间隔 125μs，显然无法实时处理，需要选用速度更高的 DSP 芯片。

若选 DSP 芯片的 MAC 周期为 100ns，则 768 个 MAC 周期需要

$$768 \times 100\text{ns} = 76.8\mu\text{s}$$

由于计算 1 个样点所需的时间 76.8μs 小于样点之间的间隔 125μs，可实现实时处理。

② 按帧处理　有些数字信号处理算法不是每个输入样点循环一次，而是每隔一定的时间间隔（通常称为帧）循环一次。中低速语音编码算法通常以 10ms 或 20ms 为一帧，每隔 10ms 或 20ms 语音编码算法循环一次。所以，选择 DSP 芯片时应该比较一帧内 DSP 芯片的处理能力和 DSP 算法的运算量。

例如，假设 DSP 芯片的指令周期为 p，一帧的时间为 Δt，则该 DSP 芯片在一帧内所能提供的最大运算量为

$$\text{最大运算量} = \Delta t / p \text{ 条指令}$$

例如 TMS320VC5402-100 的指令周期为 10ns，设帧长为 20ms，则一帧内 TMS320VC5402-100 所能提供的最大运算量为

$$\text{最大运算量} = 200\text{ms}/10\text{ns} = 200 \text{ 万条指令}$$

因此，只要语音编码算法的运算量不超过 200 万条指令（单周期指令），就可以在 TMS320VC5402-100 上实时运行。

1.1.3　硬件电路设计

DSP 硬件系统可能由一个 DSP 及外围总线组成，也可能由多个 DSP 组成，这完全取决于 DSP 处理的要求。DSP 硬件系统的主要任务是将前向通道输出的信号按照一定的算法进行处理，然后将处理的结果以数据流的形式输出给后向通道。后向通道主要由 D/A、f/V、平滑滤波器及功率放大器等部分组成。DSP 硬件系统设计阶段一般分为以下几步进行。

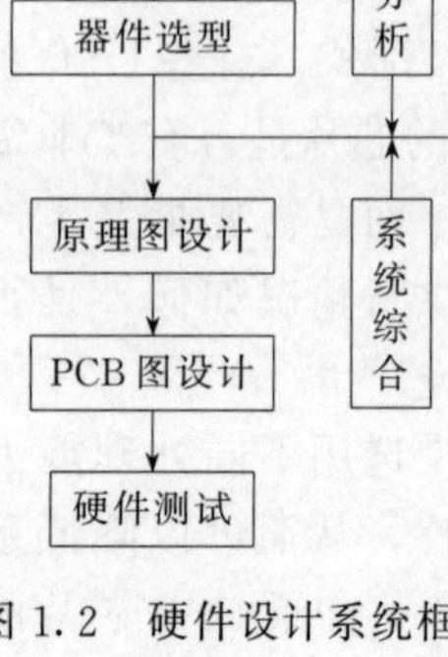

第一步：设计硬件实现方案。

所谓硬件实现方案是指根据性能指标、工期、成本等，确定最优硬件实现方案（考虑到实际的工作情况，最理想的方案不一定是最优的方案），并画出其硬件系统框图，如图 1.2 所示。这时对于具体器件的要求应该已经比较明确。

确定硬件方案 → 器件选型 → 原理图设计 → PCB 图设计 → 硬件测试　系统分析　系统综合

图 1.2　硬件设计系统框图

第二步：进行器件的选型。

一般系统中常用 A/D、D/A、内存、电源、逻辑控制、通信、人机接口、总线等基本部件。下面将大致介绍它们的确定

原则。

A/D：根据采样频率、精度来确定 A/D 型号，是否要求芯片自带采样保护、多路器、基准电源等。

D/A：信号频率、精度是否要求自带基准电源、多路器、输出运放等。

内存：包括 SRAM、EPROM（或 EEPROM、FLASH MEMORY），在 TMS320C6000 等一些产品中还有 SDRAM、SBSRAM。所有这些的选型主要考虑工作频率、内存容量位长（8 位/16 位/32 位）、接口方式（串行还是并行）、工作电压是 5V 还是 3.3V 或其他。

逻辑控制：首先是确定用 PLD、CPLD 还是 FPGA。其次根据自己的特长和公司芯片的特点决定采用哪家公司的哪一系列的产品。最后还须根据 DSP 的频率决定芯片的工作频率以确定使用的芯片。

通信：通信的要求一般系统都是需要的。首先需要根据通信的速率决定采用的通信方式。一般采用串口只能到达 19.2kbps（RS-232），而并口则可达到 1Mbps 以上。如果还有更高的要求则应考虑通过总线进行通信。

总线：一般有 PCI、ISA、现场总线如 CAN，3×bus 等。采用哪一种总线主要看使用的场合、数据传输速率的高低（总线宽度、频率高低、同步方式等）。

人机接口：有键盘、显示器等，它们可以通过与 80C196 等单片机的通信来构成，也可以在 DSP 的基础上直接构成，视情况而定。

电源：主要是电压的高低以及电流的大小。电压要匹配，电流容量要足够。

上述这些部件的选择可能会相互有些影响。同时，在选型时还必须充分考虑到供货能力、性能价格比、技术支持、使用经验等因素。

第三步：进行原理图设计。

在这一步之前的工作基本上是分析工作。而从这一步起，则开始综合的工作，逐步开始系统的集成。在所有的综合工作中，原理图的设计是关键的一步。在原理图的设计时必须清楚了解器件的使用和系统的开发，对于一些关键的环节有必要做一定的仿真。随着大规模集成芯片和可编程逻辑芯片的发展，硬件原理设计的难度得以降低，但它依然是 DSP 系统集成中关键的一步。原理图设计的成功与否是 DSP 系统能否正常工作的最重要的一个因素。

第四步：PCB 图设计。

PCB 图的设计要求 DSP 系统的设计人员既要熟悉系统工作原理，还要清楚布线工艺和系统结构设计。

第五步：硬件调试。

对 DSP 系统整体的硬件方案的确定、各种器件的选型、原理的设计和各种硬件电路进行详细分析与调试。

1.1.4 软件程序设计

在成功的 DSP 技术应用中，好的编程技术扮演了重要的角色。开始开发时，首先要确定编程的结构方法和好的证明方法。在写任何程序步骤之前，花一些时间制定信号处理任务的综合计划有好处。这个计划应该考虑到需要的存储器大小、强加在处理器上程序长度方面的限制、执行时间等。图 1.3 所示为 DSP 软件开发的流程图。该图详细指出了一个典型工程所需要的步骤。这里的描述比较完整，在流程图的中间阶段，所需文件的输入与输出类型也给出来了。

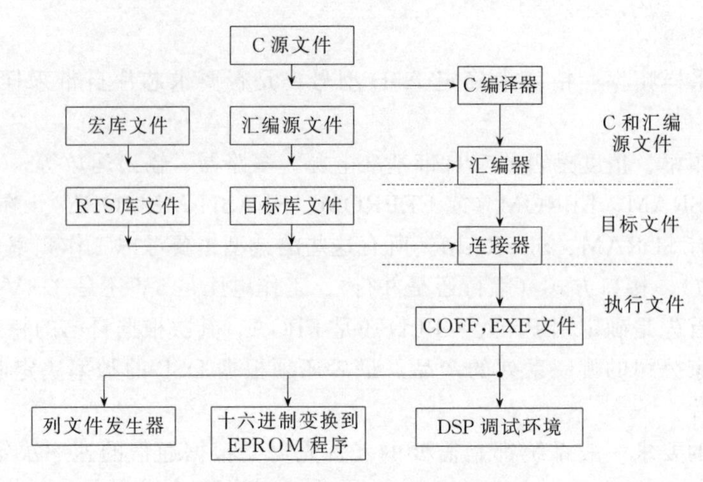

图1.3 DSP软件开发的流程图

(1) DSP软件编程的特点

在此仅对DSP系统软件开发流程做简单的介绍。

① 与计算机的汇编语言比起来，由于TI公司汇编语言的指令系统比计算机汇编语言的指令系统要简单一些，而且由于有许多专门为数字信号处理器而设计的指令，因此比较容易掌握并运用于数字信号处理的编程中。

② 与高级语言比起来，使用DSP汇编语言的用户一定要熟悉DSP芯片内部结构和指令系统。尤其是在多DSP并行处理的场合，或在便携电话、磁盘驱动器等编程空间很小的场合，这对偏重高效的DSP软件是非常重要的。

③ 高级语言（如C语言）的开发工具不断完善，随着TI公司C语言编译器、优化器的不断改进，以及一些第三部门的不断努力，C语言的编译效率已经得到了很大的提高。在C3X中，其编译效率大约为汇编语言的1/10，而到了C6X系列，其编译效率提高了3倍。

④ 在实时要求高的场合或实时要求高的算法中，用汇编语言开发；实时要求低的场合用C语言编程。将两者结合起来，既能保持算法的实时性，又能做到程序结构的清晰明了。

(2) 软件编程的步骤

① 用汇编语言、C语言或汇编语言和C语言的混编来编写程序，然后把它们分别转化成TMS320的汇编语言并送到汇编语言编译器进行编译，生成目标文件。

② 将目标文件送入连接器进行连接，得到可执行文件。

③ 将可执行文件调入到调试器（包括软件仿真、软件开发系统、评测模块、系统仿真器，一般在系统调试中，系统仿真器是最常用的）进行调试，检查运行结果是否正确。如果正确进入第④步；如果不正确，则返回第一步。

④ 进行代码转换，将代码写入FLASH ROM，并脱离仿真器运行程序，检查结果是否正确。如果不正确，返回第③步；如果正确，进入下一步。

⑤ 软件测试。如果测试结果合格，软件调试完毕；如果不合格，返回第一步。

1.1.5 DSP系统集成

在完成系统的软硬件设计之后，将进行DSP系统集成。所谓系统集成是将软硬件结合起来，组装成一台样机，并在实际DSP系统中运行，进行DSP系统测试。如果DSP系统调试结果符合指标，则样机的设计完毕。但由于在软硬件调试阶段调试的环境是模拟的，因此在DSP系统测试中往往可能会出现一些问题，如精度不够、稳定性不好等。出现问题时，一般采用修改软件的方法。如果软件修改无法解决问题，则必须调整硬件，这时问题就较为严重了。

1.2 DSP 应用系统开发工具

对于 DSP 开发工程师来说，除必须了解和熟悉 DSP 本身的结构和技术指标外，大量的时间和精力要花费在熟悉和掌握其开发工具和环境上。此外，通常情况下开发一个嵌入式系统，80％的复杂程度取决于软件。所以，设计人员在为实时系统选择处理器时，都极为看重先进的、易于使用的开发环境与工具。

因此，各 DSP 生产厂商以及许多第三方公司做了极大的努力，为 DSP 系统集成和硬软件的开发提供了大量有用的工具，使其成为 DSP 发展过程中最为活跃的领域之一，随着 DSP 技术本身的发展而不断地发展与完善。

1.2.1　软件开发工具

DSP 软件可以使用汇编语言或 C 语言编写源程序，通过编译、连接工具产生 DSP 的执行代码。在调试阶段，可以利用软仿真（Simulator）在计算机上仿真运行；也可以利用硬件调试工具（如 XDS510）将代码下载到 DSP 中，并通过计算机监控、调试运行该程序。当调试完成后，可以将该程序代码固化到 EPROM 中，以便 DSP 目标系统脱离计算机单独运行。

下面简要介绍几种常用的软件开发工具。

（1）代码生成工具

代码生成工具包括编译器、连接器、优化 C 编译器、转换工具等。可以使用汇编语言或 C 语言（最新版的 CCS 中带的代码生成工具可以支持 C＋＋）编写的源程序代码。编写完成后，使用代码生成工具进行编译、连接，最终形成机器代码。

（2）软仿真器

软仿真器（Simulator）是一个软件程序，使用主机的处理器和存储器来仿真 TMS320 DSP 的微处理器和微计算机模式，从而进行软件开发和非实时的程序验证。可以在没有目标硬件的情况下作 DSP 软件的开发和调试。在 PC 上，典型的软仿真速度是每秒几百条指令。早期的软仿真器软件与其他开发工具（如代码生成工具）是分离的，使用起来不太方便。现在，软仿真器作为 CCS 的一个标准插件已经被广泛应用于 DSP 的开发中。

（3）集成开发环境 CCS

CCS（Code Composer Studio）是一个完整的 DSP 集成开发环境，包括了编辑、编译、汇编、连接、软件模拟、调试等几乎所有需要的软件，是目前使用最为广泛的 DSP 开发软件之一。它有两种工作模式：一是软件仿真器，即脱离 DSP 芯片，在 PC 上模拟 DSP 指令集与工作机制，主要用于前期算法和调试；二是硬件开发板结合在线编程，即实时运行在 DSP 芯片上，可以在线编制和调试应用程序。

1.2.2　硬件开发工具

下面简要介绍几种常用的硬件开发工具。

（1）硬仿真器（Emulator）

硬仿真器（Emulator）由插在 PC 内 PCI 卡或接在 USB 口上的仿真器和目标板组成。

C54x硬件扫描仿真口通过仿真头（JTAG）将PC中的用户程序代码下载到目标板的存储器中，并在目标板内实时运行。

TMS320扩展开发系统XDS（eXtended Development System）是功能强大的全速仿真器，用于系统级的集成与调试。扫描式仿真（Scan-Based Emulator）是一种独特的、非插入式的系统仿真与集成调试方法。程序可以从片外或片内的目标存储器实时执行，在任何时钟速度下都不会引入额外的等待状态。

XDS510/XDS510WS仿真器用户界面友好，是以PC或SUN工作站为基础的开发系统，对C2000、C5000、C6000、C8x系列的各片种实施全速扫描式仿真。因此，可以用来开发软件和硬件，并将它们集成到目标系统中。XDS510适用于PC，XDS510WS适用于SPARC工作站。

（2）DSK系列评估工具及标准评估模块

DSP入门套件DSK（DSP Starter Kit）、评估模块EVM（Evaluation Module）是TI或TI的第三方为TMS320 DSP的使用者设计和生产的一种评估平台，目前可以为C2000、C3x、C5000、C6000等系列片种提供该平台。DSK或EVM除了提供一个完整的DSP硬件系统外（包括A/D&D/A、外部程序/数据存储器、外部接口等），还提供有完整的代码生成工具及调试工具。用户可以使用DSK或EVM来做DSP的实验，进行诸如控制系统、语音处理等应用；也可以用来编写和运行实时源代码，并对其进行评估；还可以用来调试用户自己的系统。

在DSP应用系统开发过程中，需要开发工具支持的情况如表1.1所示。

表1.1 DSP应用系统开发工具支持

开发步骤	开发内容	开发工具支持	
		硬件支持	软件支持
1	算法模拟	计算机	C语言，MATLAB语言等
2	DSP软件编程	计算机	编辑器（如Edit等）
3	DSP软件调试	计算机、DSP仿真器等	DSP代码生成工具（包括C编辑器、汇编器、连接器等）DSP代码调试工具（软仿真器Simulator、CCS等）
4	DSP硬件设计	计算机	电路设计软件（如Protel、DXP等）、其他相关软件（如EDA软件等）
5	DSP硬件调试	计算机、DSP仿真器、信号发生器、逻辑分析仪等	相关支持软件
6	系统集成	计算机、DSP仿真器、示波器、信号发生器、逻辑分析仪等	相关支持软件

1.3 实例：基于TMS320F2812A DSP的最小系统设计

一个DSP硬件系统可以分为最小硬件系统设计和外围接口设计两个部分。一个DSP最小硬件系统包括电源、复位电路、时钟电路、总线接口和仿真接口等部分，缺一不可。给出最小系统原理框图如图1.4所示。

实例：搭建一个基于TMS320F2812A DSP的最小系统。

下面给出一个完整的TMS320F2812A芯片的最小系统的原理图，它是一个独立的最小系统。整个设计包括4张图，分别为最小系统原理框图（图1.4）、DSP外围扩展电路图（图1.5）、JTAG仿真口端子图（图1.6）、DSP与JTAG仿真口连接图（图1.7）。

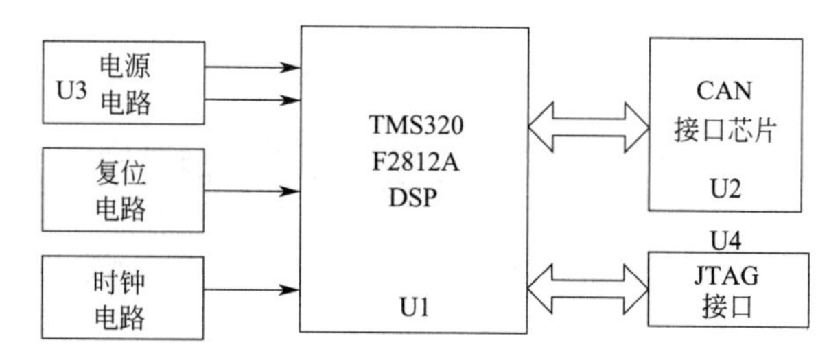

图 1.4　DSP 最小系统原理框图

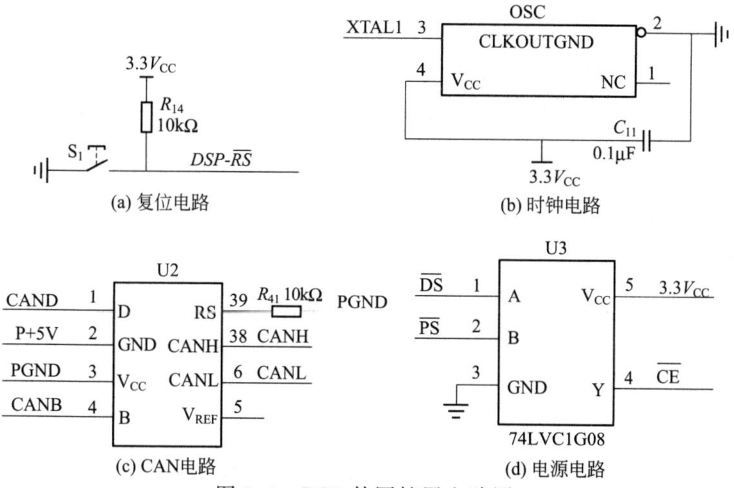

图 1.5　DSP 外围扩展电路图

信号	引脚	引脚	信号
TMS	1	2	$\overline{TRST}$
TDI	3	4	GND
V_{CC}	5	6	no pin(key)
TDO	7	8	GND
TCK_RET	9	10	GND
TCK	11	12	GND
EMU0	13	14	EMU1

仿真头尺寸：
端子到端子空间为 0.100in(x,y)
端子宽度为 0.025in
端子长度为 0.225in

图 1.6　JTAG 14 端仿真口端子图

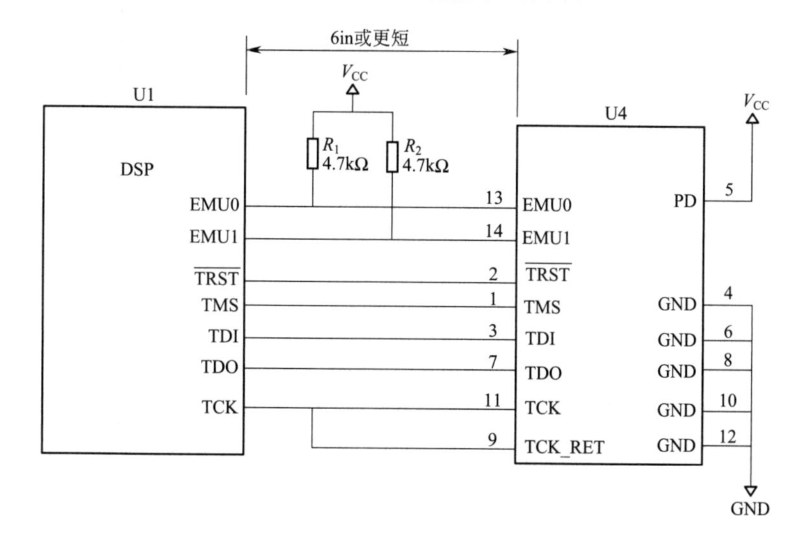

图 1.7　DSP 与 JTAG 仿真口连接图

第2章 ▸▸ DSP集成开发环境

本章概述了CCS（Code Composer Studio）软件的开发流程和代码生成工具，并介绍了CCS3.3集成开发环境的安装、设置和仿真。CCS提供了配置、建立、调试、跟踪和分析DSP程序的工具，它便于实时、嵌入式信号处理程序的编制和测试，它能够加速开发进程，提高工作效率。最后通过一个应用实例讲述了CCS3.3的基本开发过程和使用方法。本章以CCS3.3为参照来进行讲述。

2.1 CCS简介

CCS提供了配置、建立、调试、跟踪和分析程序的工具，它便于实时、嵌入式信号处理程序的编制和测试，它能够加速开发进程，提高工作效率。

2.1.1 CCS概述

CCS提供了基本的代码生成工具，它们具有一系列的调试、分析能力。CCS支持如下所示的开发周期的所有阶段。

利用CCS的软件开发流程如图2.1所示。

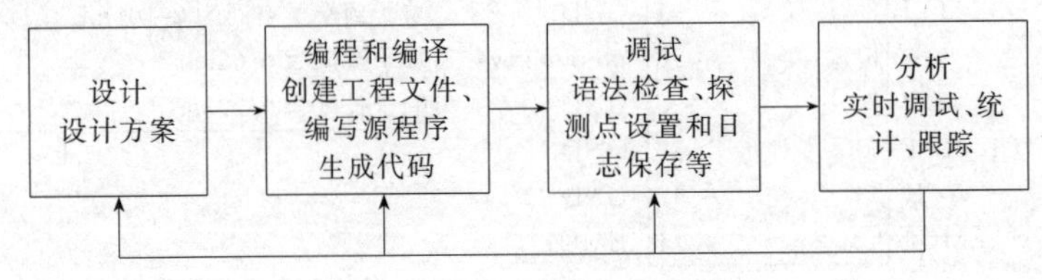

图2.1 CCS的软件开发流程

在使用CCS之前，必须完成下述工作：

① 安装目标板和驱动软件。按照随目标板所提供的说明书安装。如果你正在用仿真器或目标板，其驱动软件已随目标板提供，可以按产品的安装指南逐步安装。

② 安装CCS。遵循安装说明书安装。如果你已有CCS仿真器和TMS320F281x代码生成工具，但没有完整的CCS，可以按说明书的步骤进行安装。

③ 运行CCS安装程序SETUP。SETUP程序允许CCS使用为目标板所安装的驱动程序。

CCS包括如下各部分：

① CCS代码生成工具。

② CCS集成开发环境（IDE）。

③ DSP/BIOS插件程序和API。

④ RTDX插件、主机接口和API。

2.1.2 代码生成工具

代码生成工具奠定了CCS所提供的开发环境的基础。图2.2是一个典型的软件开发流程图。

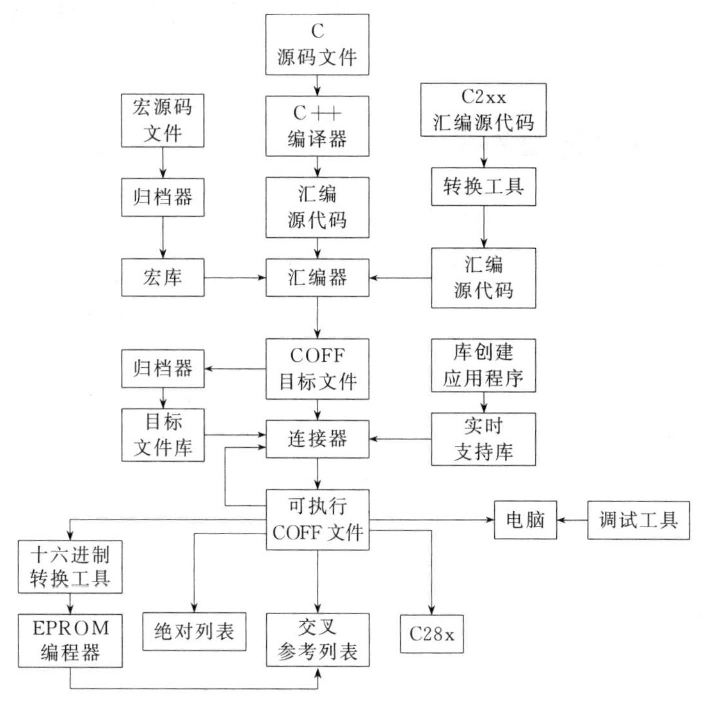

图 2.2 软件开发流程图

图 2.2 描述的工具如下：

● 编译器（C Compiler）：产生汇编语言源代码，其细节参见 C 编译器用户指南。

● 汇编器（Assembler）：把汇编语言源文件翻译成机器语言目标文件，机器语言格式为公用目标格式（COFF），其细节参见汇编语言工具用户指南。

● 连接器（Linker）：把多个目标文件组合成单个可执行目标模块。它一边创建可执行模块，一边完成重定位以及决定外部参数。连接器的输入是可重定位的目标文件和目标库文件，有关连接器的细节参见 C 编译器用户指南和汇编语言工具用户指南。

● 归档器（Archiver）：允许把一组文件收集到一个归档文件中。归档器也允许通过删除、替换、提取或添加文件来调整库，其细节参见汇编语言工具用户指南。

● 助记符到代数汇编语言转换公用程序（Mnemonic_to_algebric Assembly Translator Utility）：把含有助记符指令的汇编语言源文件转换成含有代数指令的汇编语言源文件，其细节参见汇编语言工具用户指南。

● 可以利用建库程序（Library_build Utility）：建立满足自己要求的“运行支持库”，其细节参见 C 编译器用户指南。

● 运行支持库（Run_time_support Libraries）：它包括 C 编译器所支持的 ANSI 标准运行支持函数、编译器公用程序函数、浮点运算函数和 C 编译器支持的 I/O 函数，其细节参见 C 编译器用户指南。

● 十六进制转换公用程序（Hex Conversion Utility）：它把 COFF 目标文件转换成 TI-Tagged、ASCII-hex、Intel、Motorola-S 或 Tektronix 等目标格式，可以把转换好的文件下载到 EPROM 编程器中，其细节参见汇编语言工具用户指南。

● 交叉引用列表器（Cross_reference Lister）：它用目标文件产生参照列表文件，可显示符号及其定义，以及符号所在的源文件，其细节参见汇编语言工具用户指南。

• 绝对列表器（Absolute Lister）：它输入目标文件，输出 .abs 文件，通过汇编 .abs 文件可产生含有绝对地址的列表文件。如果没有绝对列表器，这些操作将需要冗长乏味的手工操作才能完成。

2.2 CCS3.3的基本应用

2.2.1 开发 TMS320C28xx 应用系统环境

开发 TMS320C28xx 应用系统一般需要以下设备和软件调试工具：

① 通用 PC 一台，安装 Windows 9x 或 Windows 2000 或 Windows XP 操作系统及常用软件。

② TMS320C28xx 评估板及相关电源。如：ICETEK-F2812-A 评估板。

③ 通用 DSP 仿真器一台及相关连线。如：ICETEK-5100USB 仿真器。

④ 控制对象（选用）。如：ICETEK-CTR 控制板。

⑤ TI 的 DSP 开发集成环境 Code Composer Studio。如：CCS3.3。

⑥ 仿真器驱动程序。

2.2.2 CCS3.3 安装

(1) 安装 CCS 软件

此文档假定用户将 CCS 安装在默认目录 C：\CCStudio_v3.3 中，同时也建议用户按照默认安装目录安装。

① 将光盘插入计算机光盘驱动器。

图 2.3 CCS3.3 图标

② 打开光盘的根目录中有“ccs3.3”目录，用鼠标右键单击文件夹中“Setup.exe”，进入安装程序。建议安装时使用默认路径“C：\CCStudio_v3.3”。

③ 选择“Code Composer Studio”，按照安装提示进行安装；并重新启动计算机。

④ 安装完毕，桌面上出现两个新的图标，如图 2.3 所示。

(2) 安装 DSP 通用仿真器驱动

请参看光盘中附带的《ICETEK-5100USB 开发系统安装说明》文档中相关章节来安装。

(3) 安装程序

双击光盘中的安装文件，自动解压缩后安装到 C：\ICETEK 目录下。

例如：安装文件为“SetupF2812A.exe”。

2.2.3 CCS3.3 设置

(1) 设置 CCS 工作在软件仿真环境

CCS 可以工作在纯软件仿真环境中，就是由软件在 PC 机内存中构造一个虚拟的 DSP 环境，可以调试、运行程序。但一般软件无法构造 DSP 中的外设，所以软件仿真通常用于调试纯软件的算法和进行效率分析等。

在使用软件仿真方式工作时，无需连接板卡和仿真器等硬件。

① 单击桌面上图标，进入 CCS 设置窗口（见图 2.3）。

② 在出现的窗口（见图 2.4）中按标号顺序进行设置。

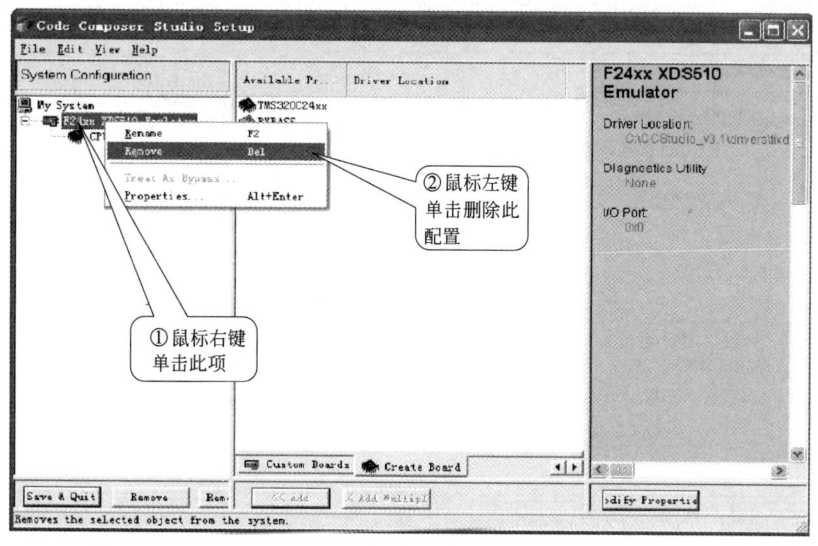

图 2.4　删除原有的驱动设置

③ 在出现的窗口（见图 2.5）中按标号顺序进行设置。

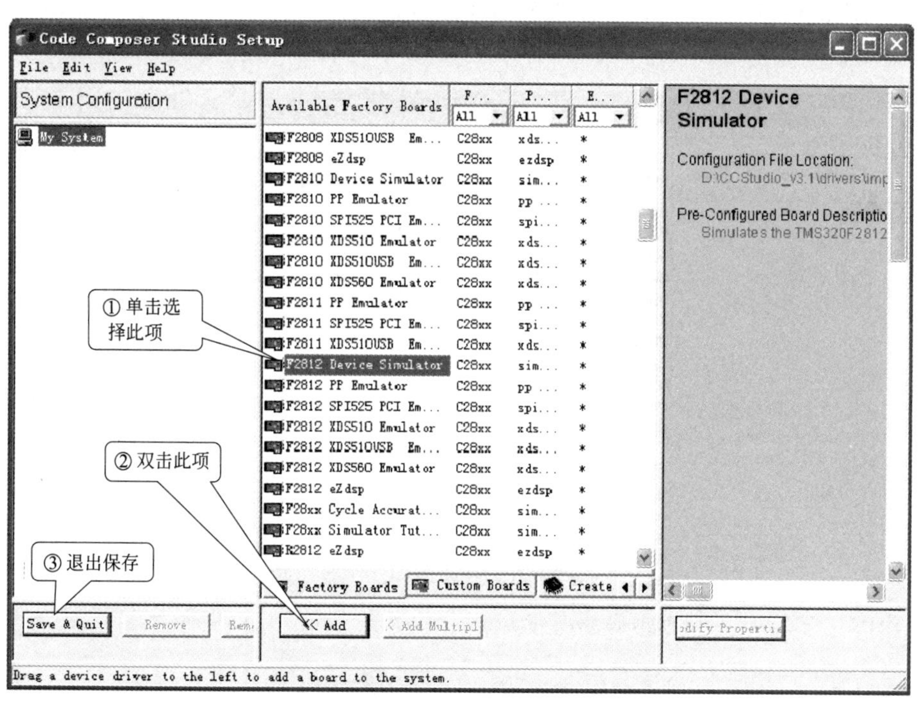

图 2.5　选择软件仿真 F2812 芯片驱动

此时 CCS 已经被设置成 Simulator 方式（软件仿真 TMS320F2812 器件的方式），如果一直使用这一方式就不需要重新进行以上设置操作了。

（2）设置 CCS

通过 ICETEK-5100USB 仿真器连接 ICETEK-F2812-A 硬件环境进行软件调试和开发。

① 单击桌面上图标，进入 CCS 设置窗口。

② 在出现的窗口（见图 2.6）中按标号顺序进行设置。

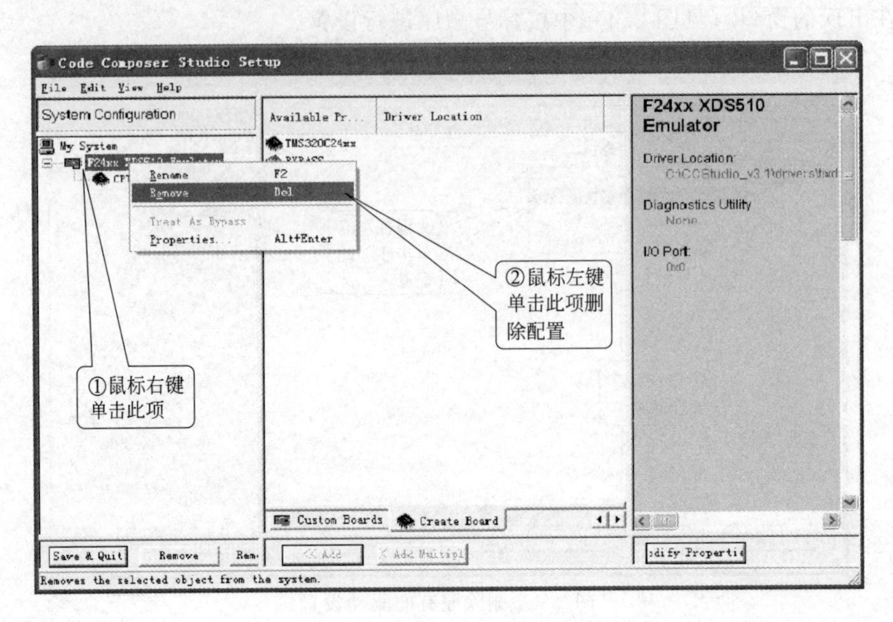

图 2.6　删除原有的驱动设置

③ 在出现的窗口（见图 2.7）中按标号顺序进行设置。

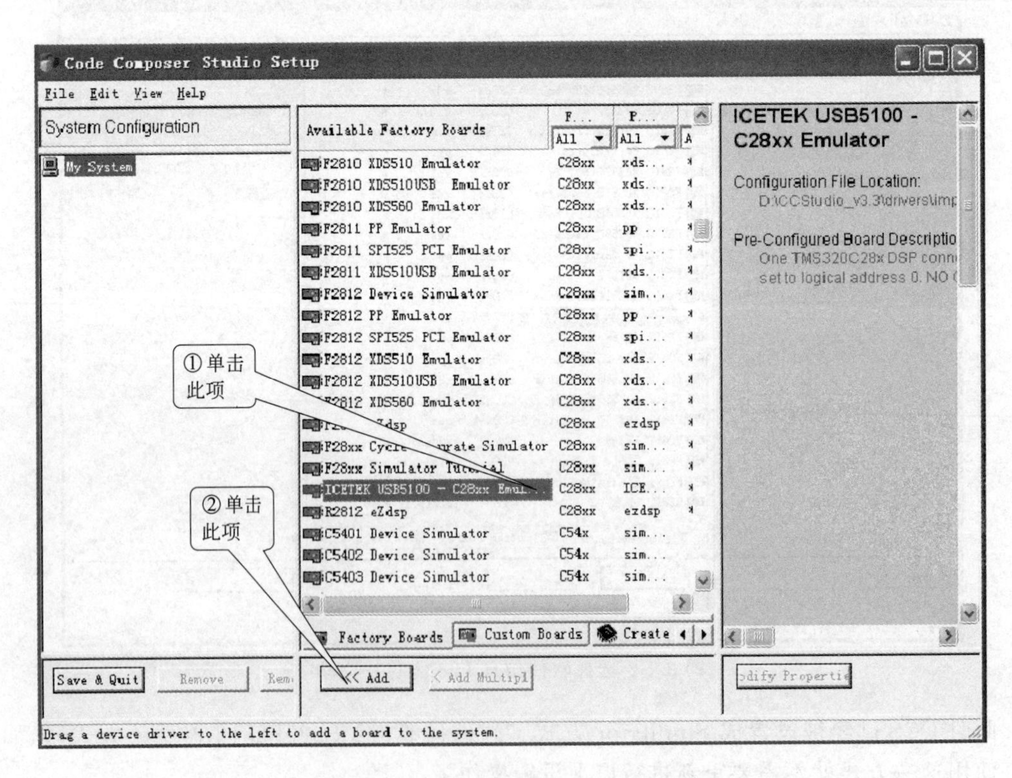

图 2.7　选择硬件仿真 F2812 芯片驱动

④ 接着在下面的窗口（见图 2.8）中按标号顺序进行选择。

⑤ 在出现的窗口（见图 2.9）中按标号顺序进行设置。

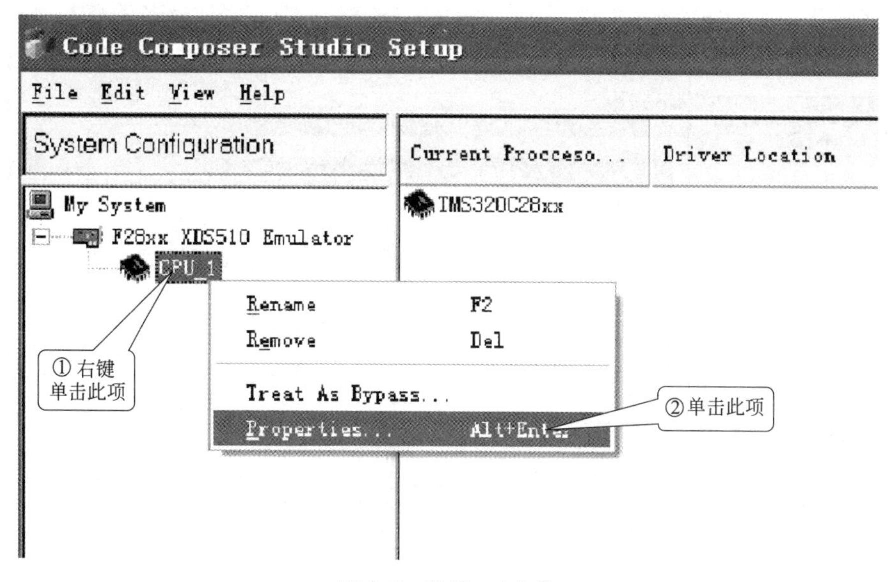

图 2.8　设置 gcl 文件

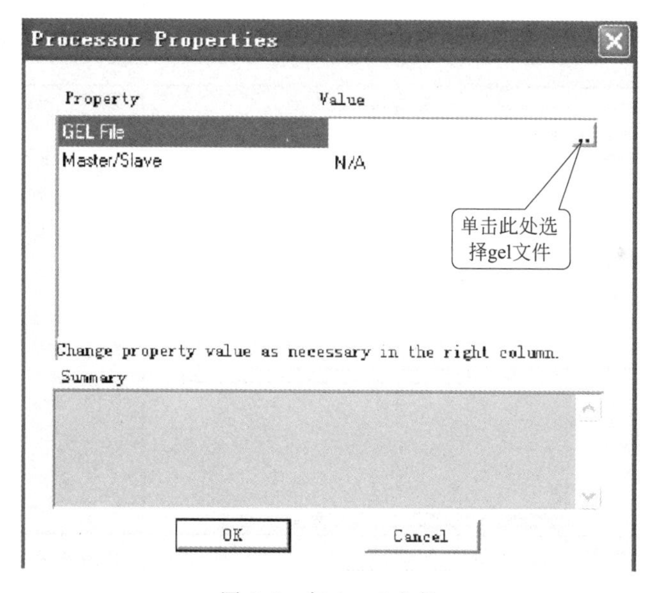

图 2.9　加入 gel 文件

⑥ 在出现的窗口（见图 2.10）按标号顺序进行设置。

⑦ 在出现的窗口（见图 2.11）中按标号顺序进行设置。

以上设置完成后，CCS 已经被设置成 Emulator 的方式，并且指定通过 ICETEK-5100USB 仿真器连接 ICETEK-F2812-A 评估板。如果需要一直使用这一方式就不需要重新进行以上设置操作了。

2.2.4　启动 CCS3.3 仿真

(1) 启动 Simulator 方式（请确认已按照上面说明设置为软仿真方式了）

设置好软仿真驱动后，双击桌面上图标。

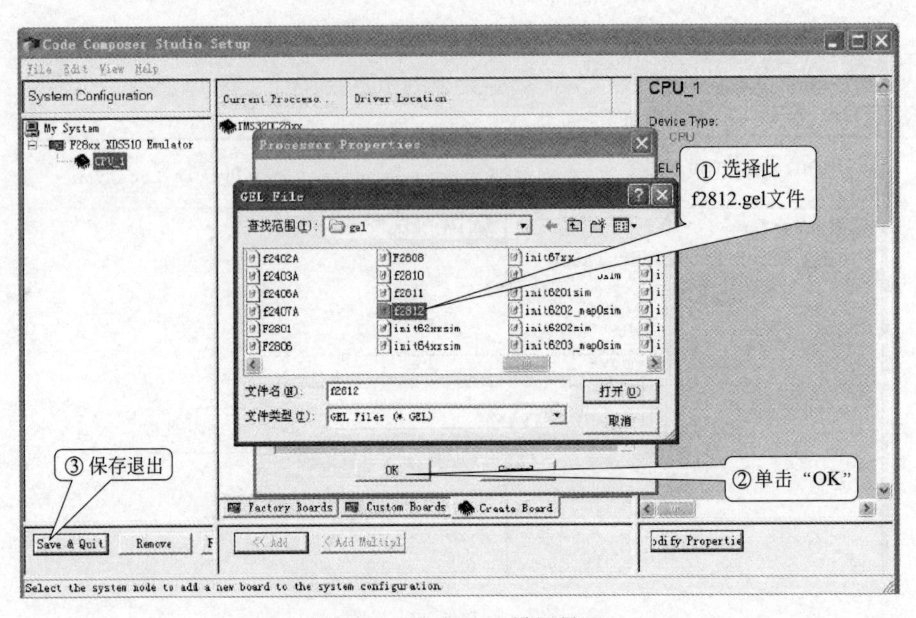

图 2.10　退出 CCS 设置界面

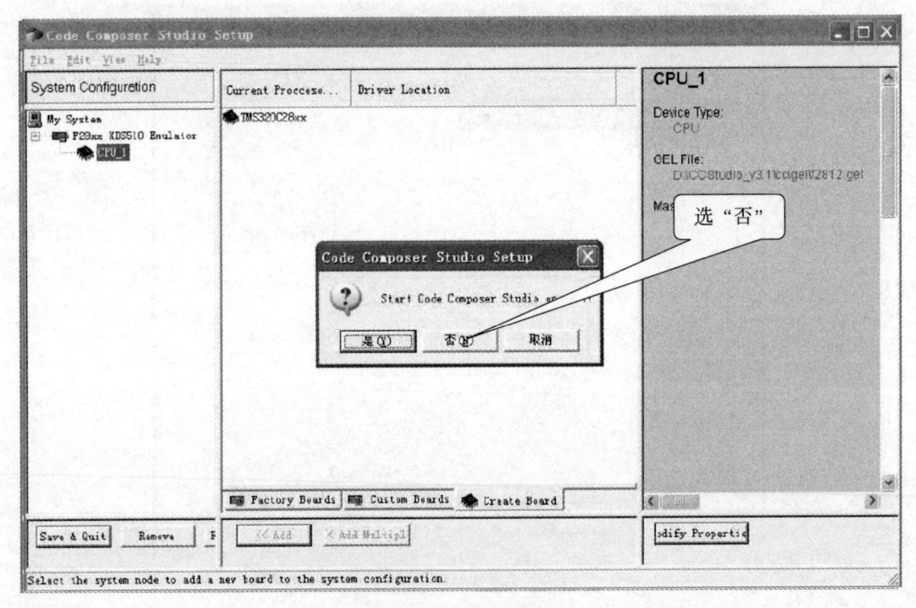

图 2.11　保存退出

（2）启动 Emulator 方式

① 检查 ICETEK-5100USB 仿真器的黑色 JTAG 插头是否正确连接到 ICETEK-F2812-A 评估板的 PS 插头上。

② 检查是否已经用电源连接线连接了 ICETEK-F2812-A 评估板上的 POW 1 插座底板上+5V 电源插座。

③ 检查其他连线是否符合实验要求。

④ ICETEK-F2812-A 评估板上指示灯 VCC 点亮。如果打开了 ICETEK-CTR 的电源开关，ICETEK-CTR 板上指示灯 POWER 点亮。如果打开了信号源电源开关，相应开关边的

指示灯点亮。

图 2.12　仿真器初始化图标

⑤ 双击桌面上仿真器初始化图标（见图 2.12）。

如果出现下面提示窗口（见图 2.13），表示初始化成功，按一下空格键进入下一步操作。

如果窗口中没有出现“请按任意键继续…”，请关闭窗口，关闭实验箱电源，再将 USB 电缆从仿真器上拔出，返回第②步重试。

如果窗口中出现“The adapter returned an error.”，并提示“请按任意键继续…”，表示初始化失败，请关闭窗口重试两三次，如果仍然不能初始化则关闭电源，再将 USB 电缆从仿真器上拔出，返回第②步重试。

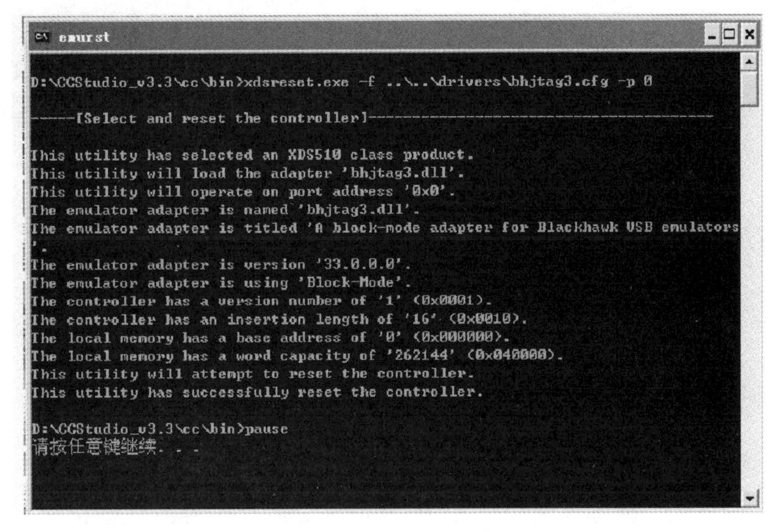

图 2.13　仿真器复位

⑥ 双击桌面上图标，启动 CCS3. 3。

⑦ 如果进入 CCS 提示错误，先选“Abort”，然后用“emurst”初始化仿真器，如提示出错，可多做几次。如仍然出错，拔掉仿真器上 USB 接头（白色方形），按一下 ICETEK-F2812-A 评估板上 S1 复位按钮，连接 USB 接头，再做“快捷方式 xdsrstusb”。

⑧ 如果遇到反复不能连接或复位仿真器、进入 CCS 报错，请打开 Windows 的“任务管理”，在“进程”卡片上的“映像名称”栏中查找是否有“cc _ app. exe”，将它结束再试。

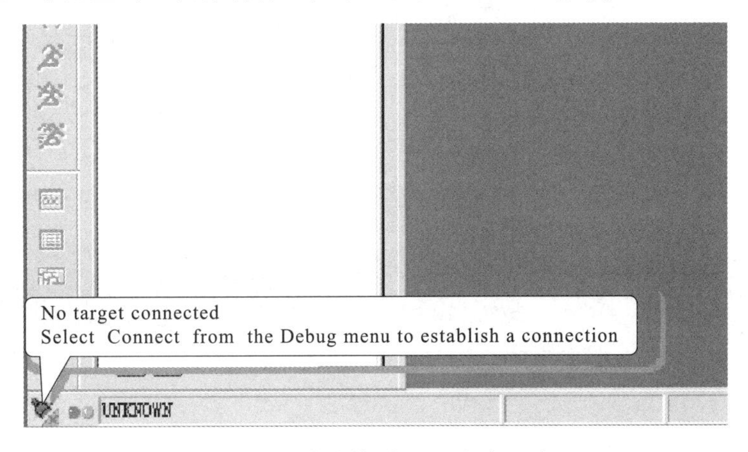

图 2.14　未连接到 2812 芯片显示

⑨ 与CCS的以前版本（例如CCS2.21版本）不同的是，仅仅进入CCS3.3软件环境后，CCS软件和2812芯片还无法连接在一起，如图2.14所示。

⑩ 此时要按照如图2.15所示操作，只有把CCS软件和2812芯片连接在一起，然后才能对2812芯片进行控制。

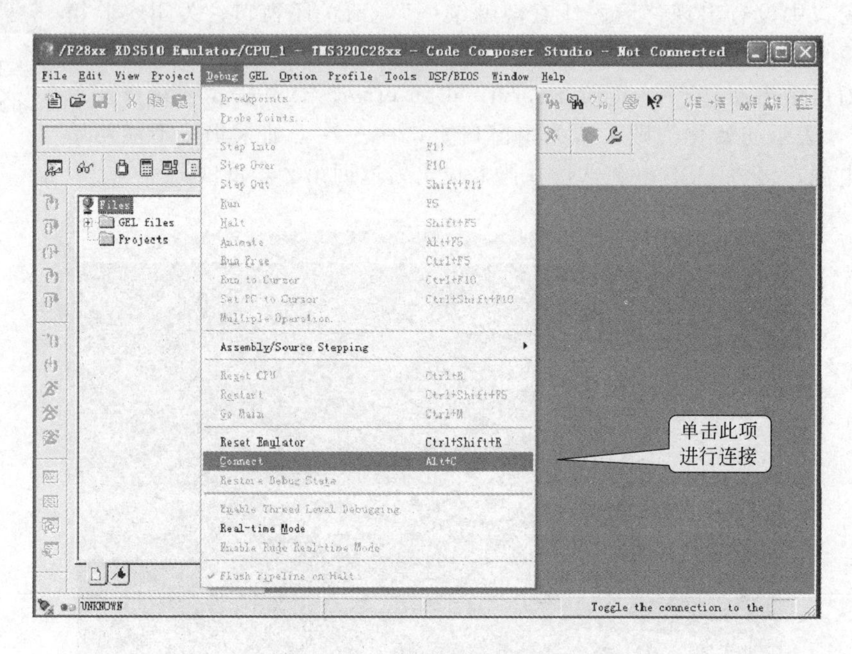

图2.15 设置连接2812芯片

⑪ 如图2.16所示，就可以确认CCS软件和2812芯片连接在一起了。

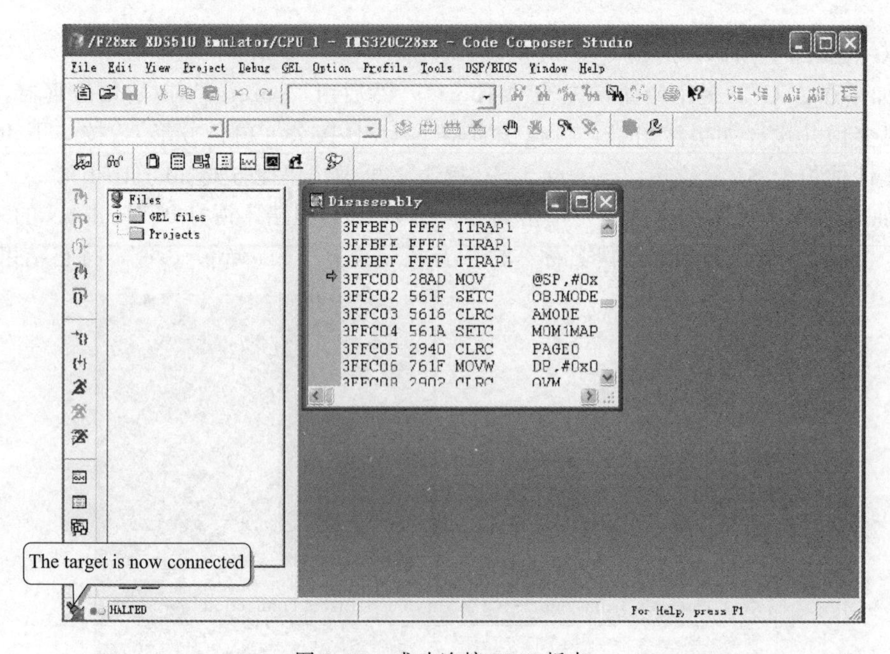

图2.16 成功连接2812板卡

（3）退出CCS（见图2.17）

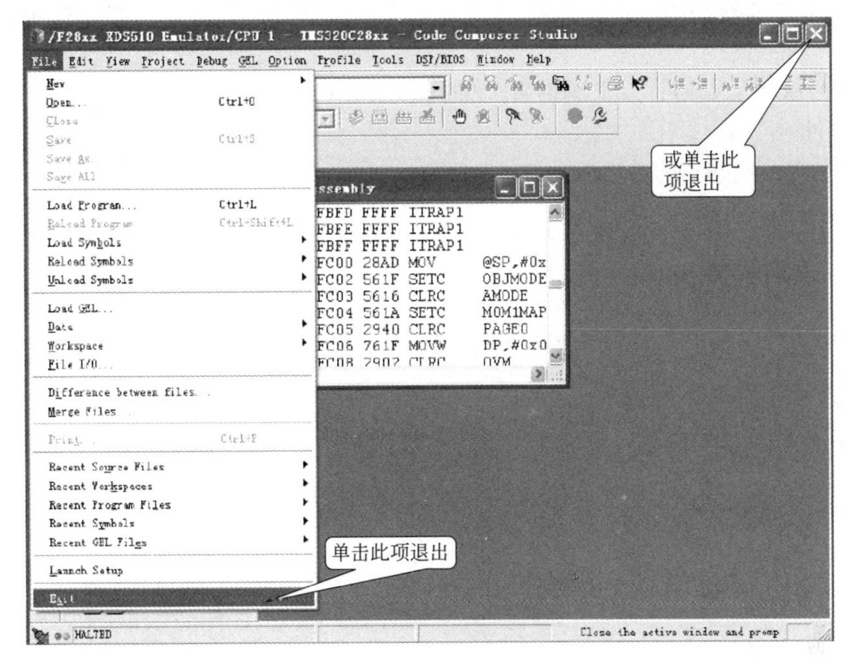

图 2.17　退出 CCS 软件

2.3 实例：用 CSS3.3 开发一个音频信号采集、处理输出的程序

2.3.1　实例目的

① 掌握 Code Composer Studio 3.3 的安装和配置步骤过程。

② 了解 DSP 开发系统和计算机与目标系统的连接方法。

③ 了解 Code Composer Studio 3.3 软件的操作环境和基本功能，了解 TMS320C28xx 软件开发过程。

a. 学习创建工程和管理工程的方法。

b. 了解基本的编译和调试功能。

c. 学习使用观察窗口。

d. 了解图形功能的使用。

2.3.2　实例原理

① 软件集成开发环境（Code Composer Studio 3.3）：完成系统的软件开发，进行软件和硬件仿真调试。它也是硬件调试的辅助手段。

② 开发系统（ICETEK5100USB 或 ICETEK5100PP）：实现硬件仿真调试时与硬件系统的通信，控制和读取硬件系统的状态和数据。

③ 评估模块（ICETEKF2812-A 等）：提供软件运行和调试的平台和用户系统开发的参照。

④ Code Composer Studio 3.3 主要完成系统的软件开发和调试。它提供一整套的程序编制、维护、编译、调试环境，能将汇编语言和 C 语言程序编译连接生成 COFF（公共目标文件）格式的可执行文件，并能将程序下载到目标 DSP 上运行调试。

⑤ 用户系统的软件部分可以由CCS建立的工程文件进行管理，工程一般包含以下几种文件。

a. 源程序文件：C语言或汇编语言文件（*.ASM或*.C）。

b. 头文件（*.H）。

c. 命令文件（*.CMD）。

d. 库文件（*.LIB，*.OBJ）。

2.3.3 实例步骤

① 设置Code Composer Studio 3.3在软仿真（Simulator）方式下运行。

② 启动Code Composer Studio 3.3。

③ 选择菜单Debug→Reset CPU。

成功启动CCS后会出现如图2.18所示窗口。

注：下面窗口是打开了所有CCS软件功能后显示的。

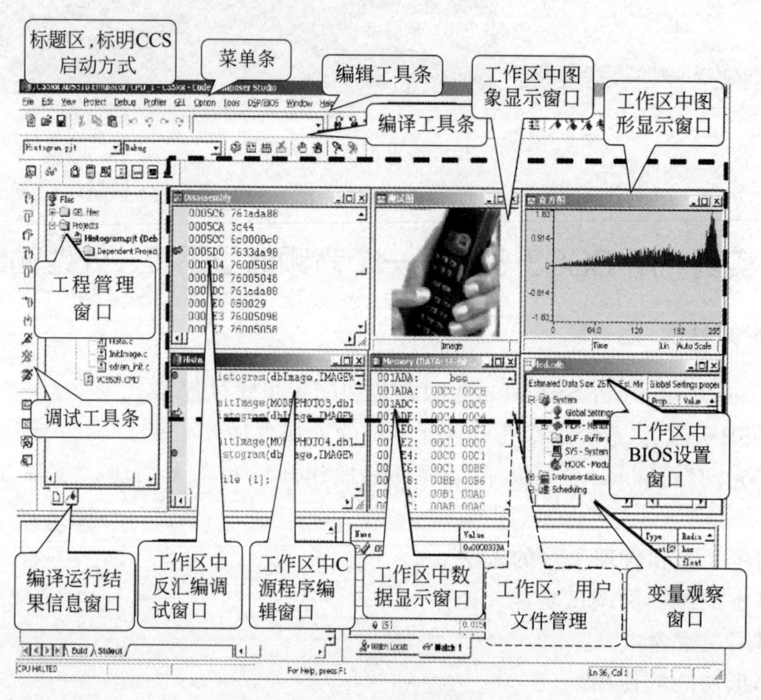

图2.18 CCS软件界面介绍

实际上打开的CCS界面没有图2.18所示的那么多内容。原始的刚打开的CCS界面包含如图2.19所示的基本元素。

图2.19中的其他部分都是在工作中根据需要打开的。而且图像和图形显示窗口打开时，还要做一些相关的参数设置才能正常使用。

④ 创建工程。

a. 创建新的工程文件。

b. 选择菜单“Project”的“New…”项。如图2.20所示。

如图2.21所示，按编号顺序操作建立volume.pjt工程文件。

展开主窗口左侧工程管理窗口中“Projects”下新建立的“volume.pjt”，其各项均为空。

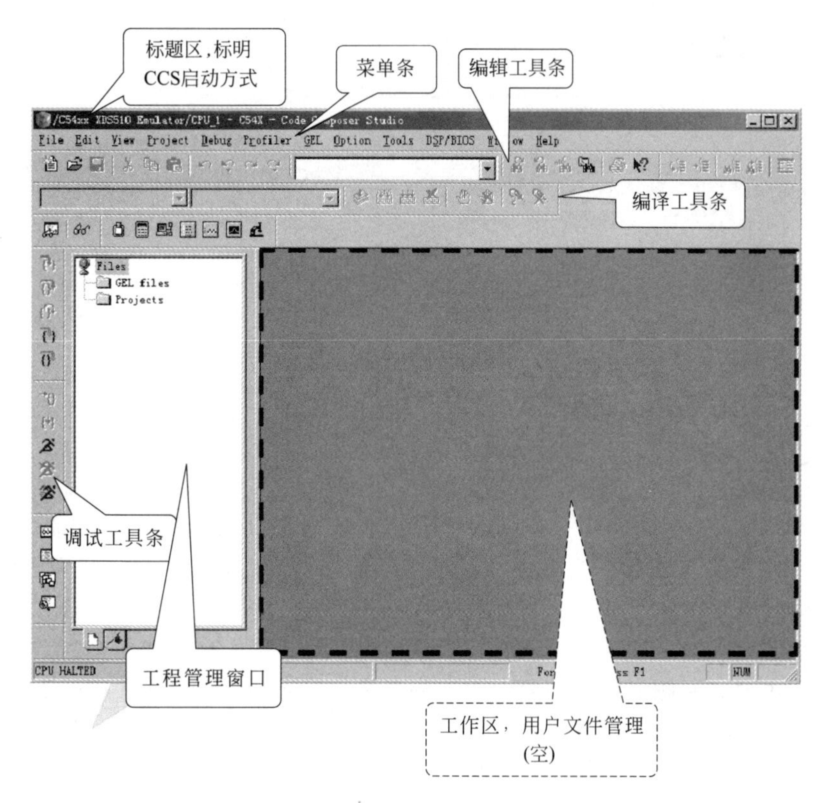

图 2.19　实际的 CCS 软件界面

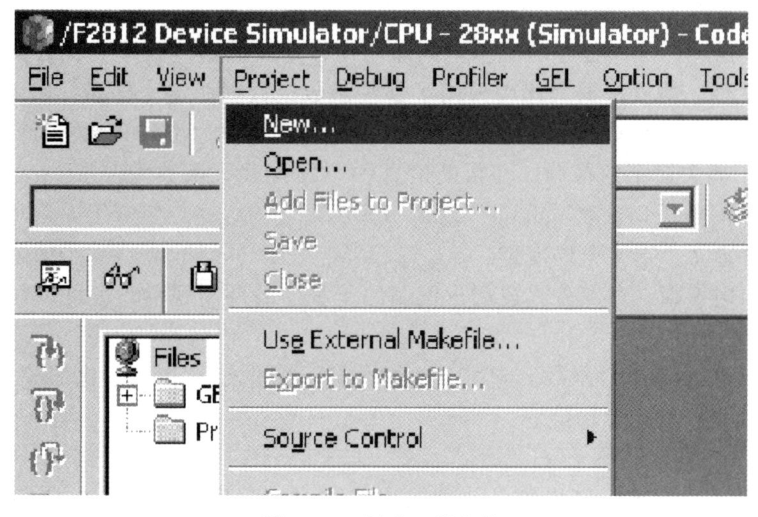

图 2.20　创建工程文件

c. 在工程文件中添加程序文件。

选择菜单“Project”的“Add Files to Project…”项；在“Add Files to Project”对话框中选择文件目录为 C：\ICETEK\F2812\DSP281x_examples\Lab0101-UseCCS，改变文件类型为“C Source Files（*.c；*.ccc）”，选择显示出来的文件“volum.c”；重复上述各步骤，添加 C：\ICETEK\F2812\DSP281x_examples\Lab0101-UseCCS\volume.cmd 文件到 volum 工程中；添加 C：\CCStudio_v3.3\c2000\cgtools\lib \rts2800_ml.lib。

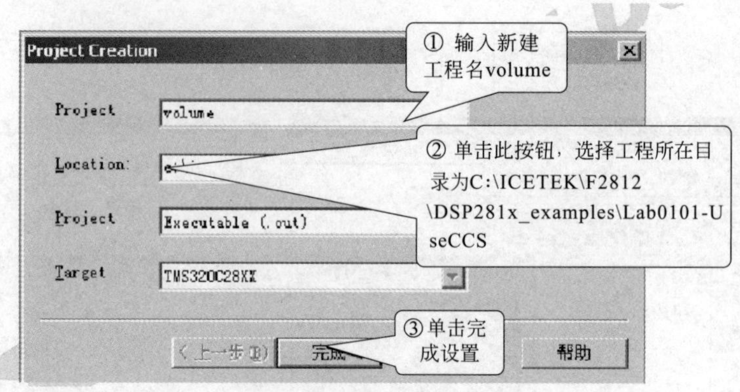

图 2.21 新建工程

d. 编译连接工程。

选择菜单“Project”的“Rebuild All”项，或单击工具条中的按钮；注意编译过程中CCS主窗口下部“Build”提示窗中显示编译信息，最后将给出错误和警告的统计数。

⑤ 编辑修改工程中的文件。

a. 查看工程文件。

展开CCS主窗口左侧工程管理窗中的工程各分支，可以看到“volume. pjt”工程中包含“volume. h”、“rts2800. lib”、“volume. c”和“volume. cmd”文件，其中第一个为程序在编译时根据程序中的“include”语句自动加入的。

b. 查看源文件。

双击工程管理窗中的“volume. c”文件，可以查看程序内容。可以看到，用标准C语言编制的程序，大致分成几个功能块。

• 头文件。描述标准库程序的调用规则和用户自定义数据、函数头、数据类型等。具体包含哪一个头文件，需要根据程序中使用了哪些函数或数据而定。比如：如果程序中使用了printf函数，它是个标准C提供的输入/输出库函数，选中“printf”关键字，按“Shift+F1”会启动关于此关键字的帮助，在帮助信息中可发现其头函数为stdio. h，那么在此部分程序中需要增加一条语句：#include "stdio. h"。

• 工作变量定义。定义全局变量。

• 子程序调用规则。这部分描述用户编制的子程序的调用规则。也可以写到用户自己编制的 .h文件中去。

• 主程序。即main()函数。它可分为两部分：变量定义和初始化部分、主循环部分。主循环部分完成程序的主要功能。

• 用户自定义函数。

这个程序是一个音频信号采集、处理输出的程序。程序的主循环中调用自定义的函数read_signals来获得音频数据并存入输入缓存inp_buffer数组；再调用自定义函数write_buffer来处理音频数据并存入输出缓存；output_signals将输出缓冲区的数据送输出设备；最后调用标准C的显示信息的函数printf显示进度提示信息。整个系统可以完成将输入的音频数据扩大volume倍后再输出的功能。

read_ signal子程序中首先应有从外接AD设备获得音频数据的程序设计，但此例中由于未采用实际AD设备，就未写相应控制程序。此例打算用读文件的方式获得数据，模拟代替实际的AD输入信号数据。

Write _ buffer 子程序中首先将输入缓冲区的数据进行放大处理，即乘以系数 volume，然后放入输出缓冲区。

output _ signals 函数完成将处理后的设备输出的功能，由于此例未具体操作硬件输出设备，故函数中未写具体操作语句。

双击工程管理窗中的“volume. h”文件，打开此文件，可以看到其中有主程序中要用到的一些宏定义如“BUF _ SIZE”等。

volume. cmd 文件定义程序所放置的位置，此例中描述了 ICETEK-F2812-A 评估板的存储器资源，指定了程序和数据在内存中的位置。

比如：它首先将 ICETEK-F2812-A 评估板的可用存储器分为八个部分，每个区给定起始地址和长度（区域地址空间不允许重叠）；然后指定经编译器编译后产生的各模块放到哪个区。这些区域需要根据评估板硬件的具体情况来确定。

c. 编辑修改源文件及编译程序。

打开“volume. c”，找到“main () ”主函数，将语句“input＝inp _ buffer;”最后的分号去掉，这样程序中就出现了一个语法错误；重新编译连接工程，可以发现编译信息窗口出现发现错误的提示；双击红色错误提示，CCS 自动转到程序中出错的地方；将语句修改正确（将语句末尾的分号加上）；重新编译；注意，重新编译时修改过的文件被 CCS 自动保存。

d. 修改工程文件的设置（见图 2. 22）。

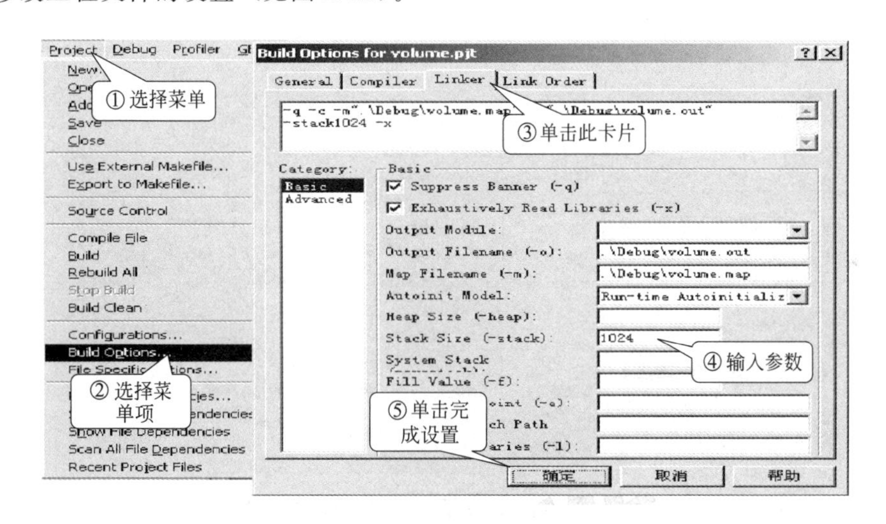

图 2. 22 修改工程文件

通过以上设置操作，重新编译后，程序中的用户堆栈的尺寸被设置成 1024 个字。

⑥ 基本调试功能。

a. 下载程序：执行 File→Load Program，在随后打开的对话框中选择刚刚建立的 C:\ICETEK\F2812\DSP281 x_examples\Lab0101-UseCCS\Debug\volume. out 文件。

b. 设置软件调试断点：在项目浏览窗口中，双击 volume. c 激活这个文件，移动光标到 main () 行上，单击鼠标右键选择 Toggle Breakpoint 或按“F9”设置断点（另外，双击此行左边的灰色控制条也可以设置或删除断点标记）。

c. 利用断点调试程序：选 Debug→Run 或按“F5”运行程序，程序会自动停在 main () 函数上。

- 按“F10”执行到 write _ buffer () 函数。
- 再按“F11”，程序将转到 write _ buffer 函数中运行。

● 此时，为了返回主函数，按“Shift+F11”完成 write _ buffer 函数的执行。

● 再次执行到 write _ buffer 一行，按“F10”执行程序，对比与“F11”执行的不同。

提示：在执行C语言的程序时，为了快速地运行到主函数调试自己的代码，可以使用 Debug→Go main 命令，是较为烦琐的一种方法。

⑦ 使用观察窗口。

a. 执行 View→Watch Window 打开观察窗口。

b. 在 volume. c 中，用鼠标双击一个变量（比如 num），再单击鼠标右键，选择“Quick Watch”，CCS 将打开 Quick Watch 窗口并显示选中的变量。

c. 在 volume. c 中，选中变量 num，单击鼠标右键，选择“Add to Watch Window”，CCS 将把变量添加到观察窗口并显示选中的变量值。

d. 在观察窗口中双击变量，则弹出修改变量窗口。此时，可以在这个窗口中改变变量的值。

e. 把 st：变量加到观察窗口中，点击变量左边的“+”，观察窗口可以展开结构变量，并显示T结构变量的每个元素的值。

f. 把 st：变量加到观察窗口中；执行程序进入 write _ buffer 函数，此时 num 变量超出了作用范围，可以利用 Call Stack 窗口察看在其他函数中的变量。

● 选择菜单 View→Call Stack 打开堆栈窗口。

● 双击堆栈窗口的 main（）选项，此时可以察看 num 变量的值。

⑧ 文件输入/输出（见图 2.23）。

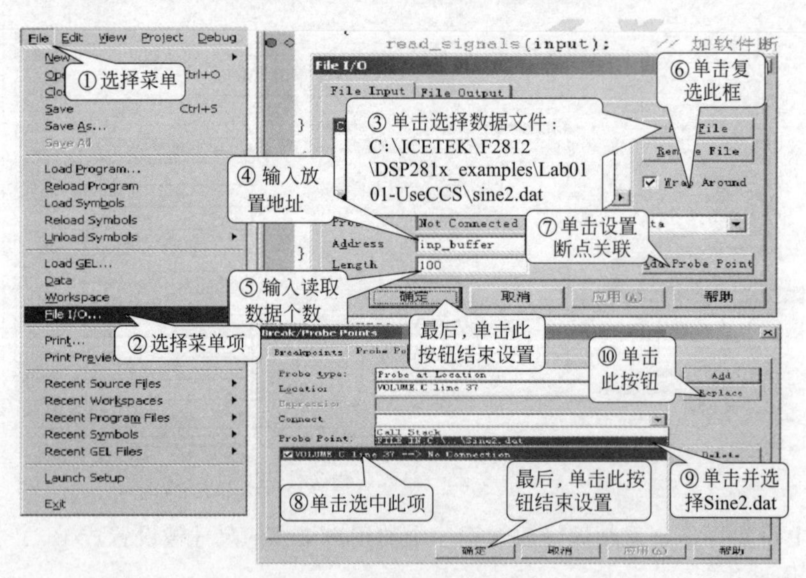

图 2.23　设置 File I/O 文件

下面介绍如何从 PC 机上加载数据到 DSP 上。用于利用已知的数据流测试算法。

在完成下面的操作以前，先介绍 Code Composer Studio 的 Probe（探针）断点，这种断点允许用户在指定位置提取/注入数据。Probe 断点可以设置在程序的任何位置，当程序运行到 Probe 断点时，与 Probe 断点相关的事件将会被触发，当事件结束后，程序会继续执行。在这一节里，Probe 断点触发的事件是：从 PC 机存储的数据文件中的一段数据加载到 DSP 的缓冲区中。

a. 在真实的系统中，read _ signals 函数用于读取 A/D 模块的数据并放到 DSP 缓冲区中。在这里，代替 A/D 模块完成这个工作的是 Probe 断点。当执行到函数 read _ signals 时，Probe 断点完成这个工作。

● 在程序行 read _ signals (input); 上单击鼠标右键选择 "Toggle breakpoint"，设置软件断点。

● 再在同一行上单击鼠标右键，选择 "Toggle Probe Point"，设置 Probe 断点。

b. 执行以下操作。

此时，已经配置好了 Probe 断点和与之关联的事件。

⑨ 图形功能简介。

下面我们使用 CCS 的图形功能检验音频信号采集、处理输出的程序的结果。首先进行下面的设置操作（见图 2.24）。

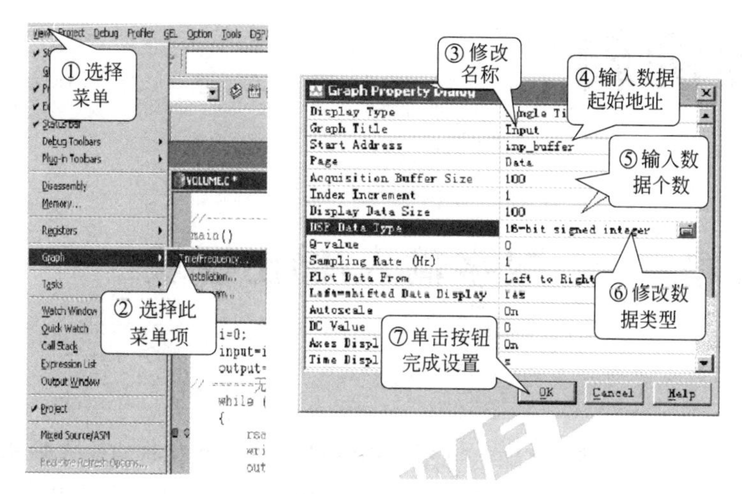

图 2.24　设置图形显示功能

a. 在弹出的图形窗口中单击鼠标右键，选择 "Clear Display"。

b. 按 "Alt+F5" 运行程序，观察 input 窗口的内容。

⑩ 选择菜单 File→workspace→save workspace As...，输入文件名 SY. wks。

⑪ 退出 CCS。

2.3.4 实例结果

通过对工程文件 "volume" 的编译、执行后得到一个音频信号采集、处理输出的程序结果的图形如图 2.25 所示。

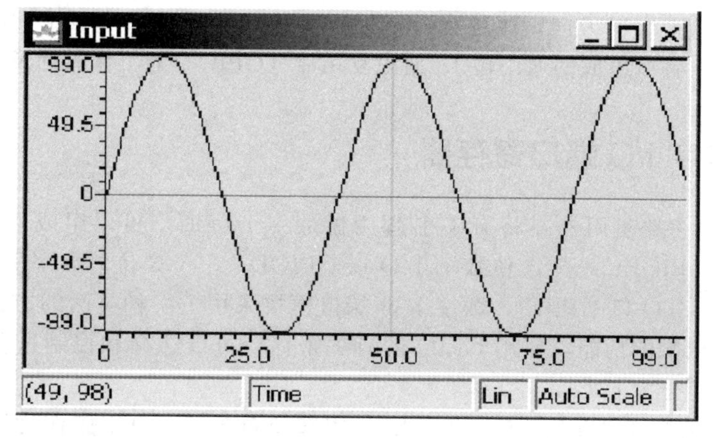

图 2.25　实例结果图形

Chapter 02

第②篇 模块实例篇

第3章 数字输入/输出模块

TMS320F2812芯片提供数字输入输出GPIO模块是一个双向的输入输出接口。DSP可以利用GPIO接口与外围电路进行数据交换，方便用户访问控制片内外设，实现控制外围电路的功能。GPIO模块主要应用于系统控制电机、键盘、LED灯等器件，其复用功能将提供所有片内外设通信功能接口，方便用户使用。

3.1 数字I/O端口概述

TMS320F2812系列DSP有多达56个通用、双向的数字I/O（GPIO）引脚，其中绝大部分是通用I/O和专用功能复用引脚。通常情况下，TMS320F2812的大多数I/O都用作专用功能引脚。数字I/O模块可以灵活配置复用引脚的功能，通过GPxMUX寄存器选择器件的引脚操作模式，独立设置每个引脚的功能。如果选择数字I/O模式，可以通过GPxDIR寄存器配置数字量I/O的方向，通过寄存器GPxQUAL消除数字量I/O引脚的噪声信号。本章介绍由这些引脚所组成的通用输入/输出复用器（GPIO）的工作原理及有关的寄存器。

3.2 数字I/O端口寄存器

28x的GPIO多路复用器在将有关引脚用做数字I/O时，可以组成两个16位的数字I/O口GPIOA、GPIOB；一个4位数字I/O口GPIOD，一个3位的数字I/O口GPIOE及一个15位的数字I/O口GPIOF，数字I/O端口模块采用了一种灵活的方法，以控制专用I/O和复用I/O引脚的功能，使用GPIO的有关寄存器可以选择和控制这些共享引脚的操作。这些寄存器可分为七类：

① I/O口复用控制寄存器（GPxMUX）：用来控制选择I/O引脚作为数字I/O口或片内外设I/O口。

② 方向控制寄存器（GPxDIR）：当I/O引脚用作数字I/O引脚功能时，用来设置引脚的输入输出方向。

③ 输入量化寄存器（GPxQUAL）：用来改善输入信号，去除不希望的噪声。

④ 输出设置寄存器（GPxSET）：当I/O用于数字I/O输出时，将输出信号置1。

⑤ 输出清零寄存器（GPxCLEAR）：当I/O用于数字I/O输出时，将输出信号清0。

⑥ 取反数据寄存器（GPxTOGGLE）：当I/O用于数字I/O输出时，反转输出信号。

⑦ 数据寄存器（GPxDAT）：用于读写数字I/O口的信号。

3.2.1 I/O复用寄存器

GPIOMUX寄存器用来选择2812处理器多功能复用引脚的操作模式，各引脚可以独立地配置为GPIO模式或是外设专用功能模式。表3.1列出了GPIO多路复用寄存器的地址分配情况。

表3.1　GPIO多路复用控制寄存器

名　称	地　址	大小(×16)	寄存器说明
GPAMUX	0x70C0	1	GPIO A 功能选择控制寄存器
GPADIR	0x70C1	1	GPIO A 方向控制寄存器
GPAQUAL	0x70C2	1	GPIO A 输入量化寄存器
保留	0x70C3	1	保留空间
GPBMUX	0x70C4	1	GPIO B 功能选择控制寄存器
GPBDIR	0x70C5	1	GPIO B 方向控制寄存器
GPBQUAL	0x70C6	1	GPIO B 输入量化寄存器
保留	0x70C7～0x70CB	5	保留空间
GPDMUX	0x70CC	1	GPIO D 功能选择控制寄存器
GPDDIR	0x70CD	1	GPIO D 方向控制寄存器
GPDQUAL	0x70CE	1	GPIO D 输入量化寄存器
保留	0x70CF	1	保留空间
GPEMUX	0x70D0	1	GPIO E 功能选择控制寄存器
GPEDIR	0x70D1	1	GPIO E 方向控制寄存器
GPEQUAL	0x70D2	1	GPIO E 输入量化寄存器
保留	0x70D3	1	保留空间
GPFMUX	0x70D4	1	GPIO F 功能选择控制寄存器
GPFDIR	0x70D5	1	GPIO F 方向控制寄存器
保留	0x70D6～0x70D7	2	保留空间
GPGMUX	0x70D8	1	GPIO G 功能选择控制寄存器
GPGDIR	0x70D9	1	GPIO G 方向控制寄存器
保留	0x70DA～0x70DF	6	保留空间

注意：

① 若寄存器没有使用，则返回不确定值，对它的写操作无效；

② 并不是所有的输入都支持输入信号量化；

③ 这些寄存器有EALLOW保护功能，此功能可防止私自写或者覆盖寄存器的内容而破坏系统。

3.2.2 I/O数据寄存器

如果多功能引脚配置成数字量I/O模式，芯片将提供寄存器来对相应的引脚进行操作。GPxSET寄存器设置每个数字量I/O信号；GPxCLEAR寄存器清除每个I/O信号；GPxTOGGLE寄存器反转各个I/O信号；GPxDAT寄存器读写各自数字I/O信号。表3.2

给出了GPIO数据寄存器的地址分配情况。

表3.2 GPIO数据寄存器的地址分配情况

名　称	地　址	大小(×16)	寄存器说明
GPADAT	0x70E0	1	GPIO A 数据寄存器
GAPSET	0x70E1	1	GPIO A 置位寄存器
GPACLEAR	0x70E2	1	GPIO A 清除寄存器
GPATOGGLE	0x70E3	1	GPIO A 取反寄存器
GPBDAT	0x70E4	1	GPIO B 数据寄存器
GPBSET	0x70E5	1	GPIO B 置位寄存器
GPBCLEAR	0x70E6	1	GPIO B 清除寄存器
GPBTOGGLE	0x70E7	1	GPIO B 取反寄存器
保留	0x70E8～0x70EB	4	保留空间
GPDDAT	0x70EC	1	GPIO D 数据寄存器
GPDSET	0x70ED	1	GPIO D 置位寄存器
GPDCLEAR	0x70EE	1	GPIO D 清除寄存器
GPDTOGGLE	0x70EF	1	GPIO D 取反寄存器
GPEDAT	0x70F0	1	GPIO E 数据寄存器
GPESET	0x70F1	1	GPIO E 置位寄存器
GPECLEAR	0x70F2	1	GPIO E 清除寄存器
GPETOGGLE	0x70F3	1	GPIO E 取反寄存器
GPFDAT	0x70F4	1	GPIO F 数据寄存器
GPFSET	0x70F5	1	GPIO F 置位寄存器
GPFCLEAR	0x70F6	1	GPIO F 清除寄存器
GPFTOGGLE	0x70F7	1	GPIO F 取反寄存器
GPGDAT	0x70F8	1	GPIO G 数据寄存器
GPGSET	0x70F9	1	GPIO G 置位寄存器
GPGCLEAR	0x70FA	1	GPIO G 清除寄存器
GPGTOGGLE	0x70FB	1	GPIO G 取反寄存器
保留	0x70FC～0x70FF	4	保留空间

注意：

① 对保留位置读取数值没有定义，写无效；

② 这些寄存器不受EALLOW保护，用户可以正常访问。

图3.1显示了各种寄存器位怎样选择操作方式。从图中可以看出引脚的输出缓冲直接连接到输入缓冲，当前GPIO引脚上的任何信号都会同时传送到外设模块。当引脚配置为GPIO功能时，相应的外设功能和产生的中断功能必须通过复用寄存器禁止，否则将会首先触发中断，特别是PDPINTA和PDPINTB引脚。

在使用过程中，无论选择何种模式都可以通过GPxDAT寄存器读取相应引脚的状态。QUALxCLK是高速外设时钟（HSPCLK）的一个预定标版本。GPxQUAL寄存器用来量化采样周期。输入信号首先与内核时钟（SYSCLKOUT）同步，通过量化寄存器进行量化输出。由于输入信号相对来讲是一个异步信号，因此在与SYSCLKOUT同步时最多会有一个SYSCLKOUT的延时。采样窗口是6个采样周期宽度，只有当所有采样的数据相同时，输出才会改变，如图3.2所示。这个功能可以有效地消除输入信号的毛刺脉冲的干扰。

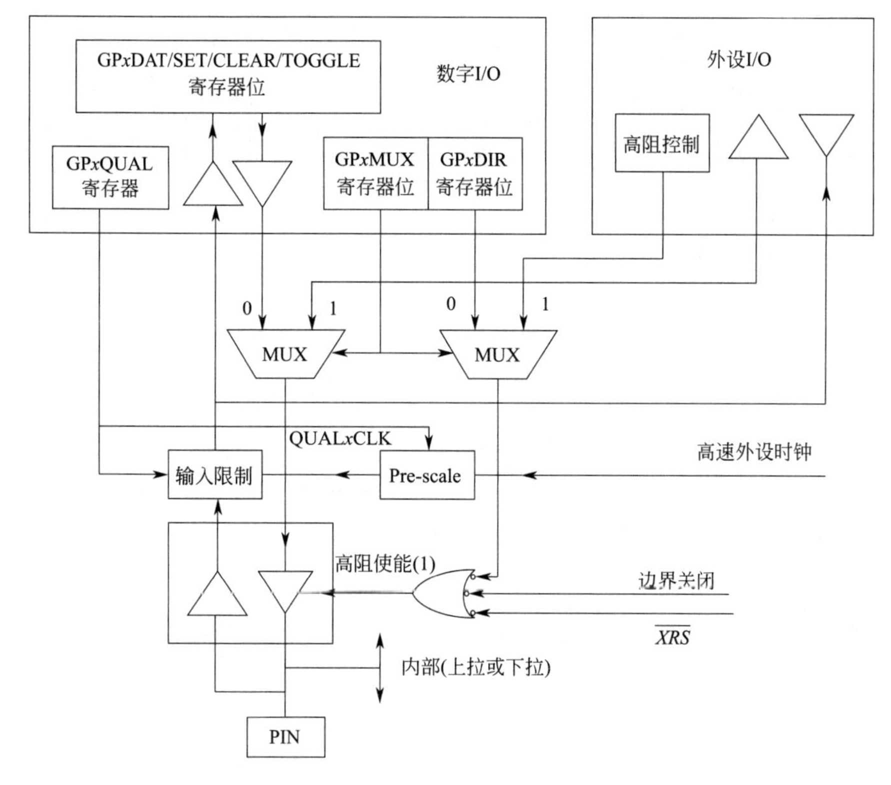

图 3.1　操作方式

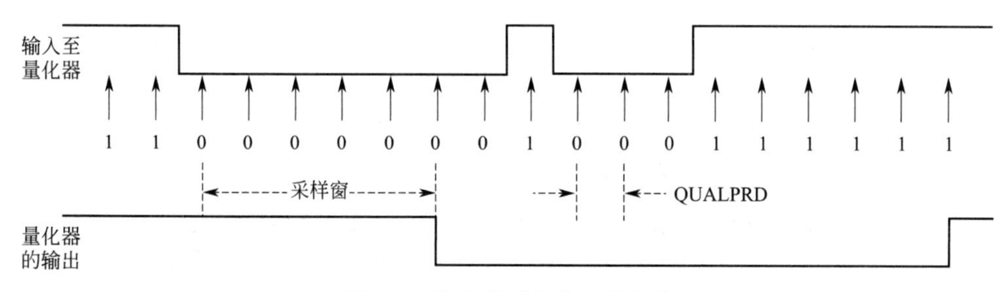

图 3.2　输入信号量化时钟信号

3.2.3　GPIO 多路复用器的寄存器

由于所有多功能复用引脚都可以通过相应的控制寄存器的位独立配置，因此有必要详细介绍各 GPIO 引脚对应的控制位。表 3.3～表 3.8 给出了多功能选择寄存器 GPxMUX 和方向控制寄存器 GPxDIR 对应寄存器位的定义。

（1）GPIO A 寄存器对应引脚说明

表 3.3　GPIO A 多功能控制器 GPAMUX 和方向控制器 GPADIR 寄存器位定义

GPMUX 位	外设名称(位＝1)	GPIO 名称(位＝0)	GPADIR 位	类型	复位值	输入量化
EVA 外设						
0	PWM1	GPIOA0	0	R/W	0	是
1	PWM2	GPIOA1	1	R/W	0	是
2	PWM3	GPIOA2	2	R/W	0	是

续表

GPMUX 位	外设名称(位=1)	GPIO 名称(位=0)	GPADIR 位	类型	复位值	输入量化
EVA 外设						
3	PWM4	GPIOA3	3	R/W	0	是
4	PWM5	GPIOA4	4	R/W	0	是
5	PWM6	GPIOA5	5	R/W	0	是
6	T1PWM_T1CMP	GPIOA6	6	R/W	0	是
7	T2PWM_T2CMP	GPIOA7	7	R/W	0	是
8	CAP1_QEP1	GPIOA8	8	R/W	0	是
9	CAP2_QEP2	GPIOA9	9	R/W	0	是
10	CAP3_QEPI1	GPIOA10	10	R/W	0	是
11	TDIRA	GPIOA11	11	R/W	0	是
12	TCLKINA	GPIOA12	12	R/W	0	是
13	C1TRIP	GPIOA13	13	R/W	0	是
14	C2TRIP	GPIOA14	14	R/W	0	是
15	C3TRIP	GPIOA15	15	R/W	0	是

图3.3为GPIO A输入量化控制（GPAQUAL）寄存器。

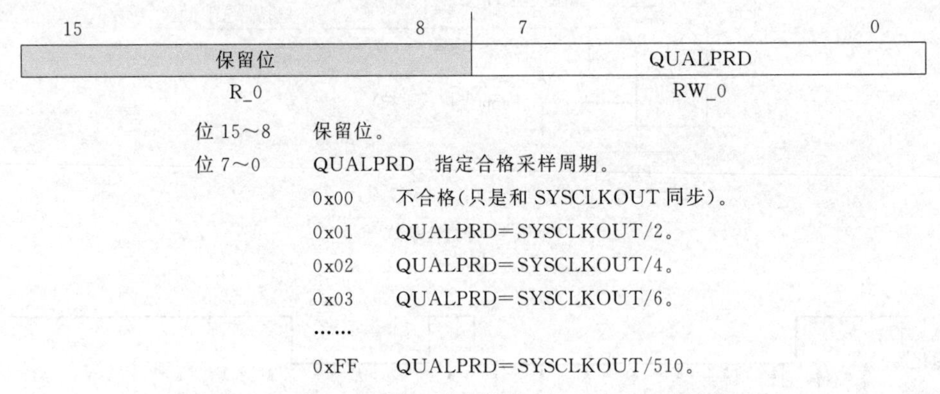

位15～8　保留位。

位7～0　QUALPRD　指定合格采样周期。

0x00　不合格(只是和SYSCLKOUT同步)。

0x01　QUALPRD=SYSCLKOUT/2。

0x02　QUALPRD=SYSCLKOUT/4。

0x03　QUALPRD=SYSCLKOUT/6。

……

0xFF　QUALPRD=SYSCLKOUT/510。

图3.3　GPIO A输入量化控制(GPAQUAL)寄存器

(2) GPIO B寄存器对应引脚说明

表3.4　GPIO B多功能控制器GPBMUX和方向控制器GPBDIR寄存器位定义

GPMUX 位	外设名称(位=1)	GPIO 名称(位=0)	GPBDIR 位	类型	复位值	输入量化
EVB 外设						
0	PWM7	GPIOB0	0	R/W	0	是
1	PWM8	GPIOB1	1	R/W	0	是
2	PWM9	GPIOB2	2	R/W	0	是
3	PWM10	GPIOB3	3	R/W	0	是
4	PWM11	GPIOB4	4	R/W	0	是
5	PWM12	GPIOB5	5	R/W	0	是
6	T3PWM_T3CMP	GPIOB6	6	R/W	0	是
7	T4PWM_T4CMP	GPIOB7	7	R/W	0	是
8	CAP4_QEP3	GPIOB8	8	R/W	0	是
9	CAP5_QEP4	GPIOB9	9	R/W	0	是
10	CAP6_QEPI2	GPIOB10	10	R/W	0	是
11	TDIRB	GPIOB11	11	R/W	0	是
12	TCLKINB	GPIOB12	12	R/W	0	是
13	C4TRIP	GPIOB13	13	R/W	0	是
14	C5TRIP	GPIOB14	14	R/W	0	是
15	C6TRIP	GPIOB15	15	R/W	0	是

图 3.4 为 GPIO B 输入量化控制（GPBQUAL）寄存器。

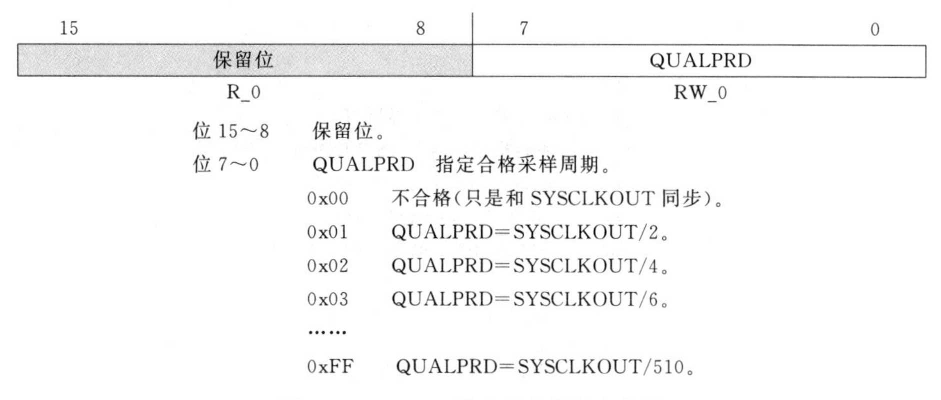

图 3.4　GPIO B 输入量化控制寄存器

（3）GPIO D 寄存器对应引脚说明

表 3.5　GPIO D 多功能控制器 GPDMUX 和方向控制器 GPDDIR 寄存器位定义

GPMUX 位	外设名称(位=1)	GPIO 名称(位=0)	GPDDIR 位	类型	复位值	输入量化
EVA 外设						
0	T1CTRIP/PDPINA	GPIOD0	0	R/W	0	是
1	T2CTRIP/EVASOC	GPIOD1	1	R/W	0	是
EVB 外设						
5	T3CTRIP/PDPINB	GPIOD5	5	R/W	0	是
6	T4CTRIP/EVBSOC	GPIOD6	6	R/W	0	是

图 3.5 为 GPIO D 输入量化控制（GPDQUAL）寄存器。

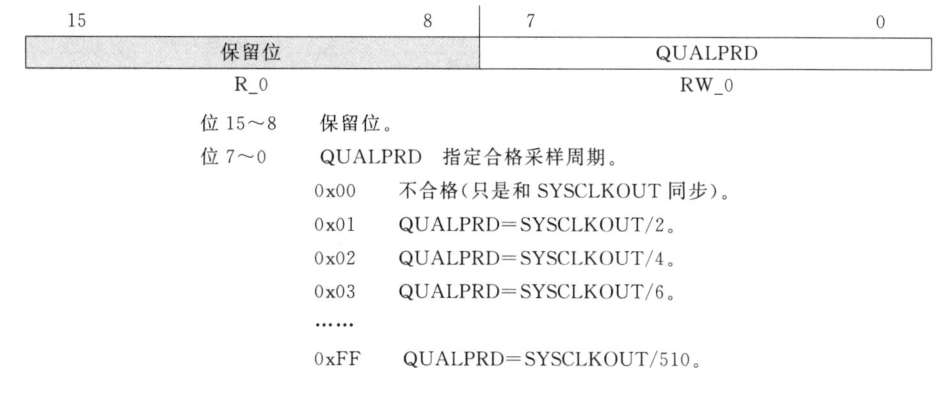

图 3.5　GPIO D 输入量化控制寄存器

（4）GPIO E 寄存器对应引脚说明

表 3.6　GPIO E 多路控制器 GPEMUX 和方向控制器 GPEDIR 寄存器位定义

GPMUX 位	外设名称(位=1)	GPIO 名称(位=0)	GPEDIR 位	类型	复位值	输入量化
中断						
0	XINT1_XBIO	GPIOE0	0	R/W	0	是
1	XINT2_ADCSOC	GPIOE1	1	R/W	0	是
2	XNMI_XINT13	GPIOE2	2	R/W	0	是

图 3.6 为 GPIO E 输入量化控制（GPEQUAL）寄存器。

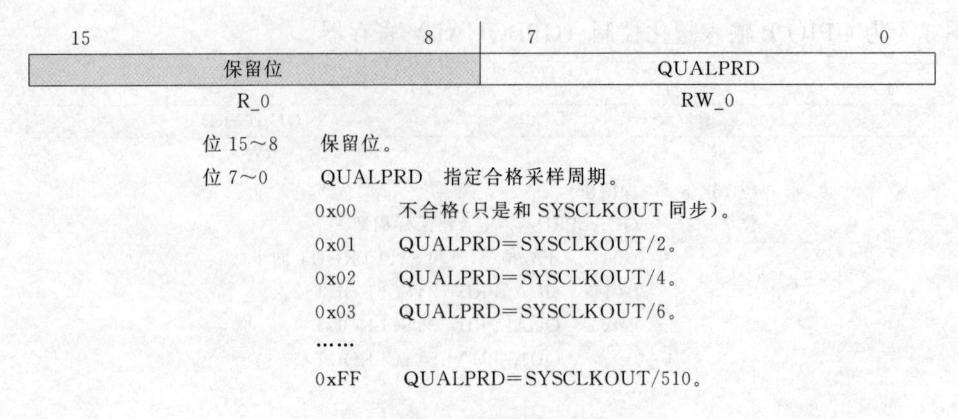

图3.6　GPIO E输入量化控制寄存器

(5) GPIO F寄存器对应引脚说明

表3.7　GPIO F多路控制器GPFMUX和方向控制器GPFDIR寄存器位定义

GPMUX位	外设名称(位=1)	GPIO名称(位=0)	GPFDIR位	类型	复位值	输入量化
串行外围接口SPI外设						
0	SPISIMO	GPIOF0	0	R/W	0	否
1	SPISOMI	GPIOF1	1	R/W	0	否
2	SPICLK	GPIOF2	2	R/W	0	否
3	SPISTE	GPIOF3	3	R/W	0	否
异步串行通信接口SCIA外设						
4	SCITXDA	GPIOF4	4	R/W	0	否
5	SCIRXDA	GPIOF5	5	R/W	0	否
通信局域网CAN外设						
6	CANTX	GPIOF6	6	R/W	0	否
7	CANRX	GPIOF7	7	R/W	0	否
MCBSP外设						
8	MCLKX	GPIOF8	8	R/W	0	否
9	MCLKR	GPIOF9	9	R/W	0	否
10	MFSX	GPIOF10	10	R/W	0	否
11	MFSR	GPIOF11	11	R/W	0	否
12	MDX	GPIOF12	12	R/W	0	否
13	MDR	GPIOF13	13	R/W	0	否
外部中断空间选通和XF CPU输出信号						
14	XF	GPIOF14	14	R/W	0	否

(6) GPIO G寄存器对应引脚说明

表3.8　GPIO G多路控制器GPGMUX和方向控制器GPGDIR寄存器位定义

GPMUX位	外设名称(位=1)	GPIO名称(位=0)	GPGDIR位	类型	复位值	输入量化
异步串行通信接口SCIB外设						
4	SCITXDB	GPIOG4	4	R/W	0	否
5	SCIRXDB	GPIOG5	5	R/W	0	否

3.2.4　GPIO寄存器基本功能

每个GPIO口通过功能控制、方向、数据、设置、清除和反转触发寄存器来控制。本节主要介绍各寄存器的基本功能。

（1）GPxMUX 寄存器

功能选择寄存器 GPxMUX 配置 I/O 的工作模式。当 GPxMUX=0 时，配置为 I/O 功能；当 GPxMUX=1 时，配置为外设功能。I/O 的输入功能和外设的输入通道总是被使能的，输出通道是 GPIO 和外设共用的。因此，引脚如果配置为 I/O 功能，就必须屏蔽相应的外设功能，否则将会产生随机的中断信号。

（2）GPxDIR 寄存器

每个 I/O 口都有方向控制寄存器，用来配置 I/O 的方向。复位时所有 GPIO 为输入。当 GPxDIR=0，设定响应的 GPIO 引脚为输入；当 GPxDIR=1，设定响应的 GPIO 引脚为输出。

（3）GPxDAT 寄存器

每个 I/O 口都有数据寄存器，数据寄存器是可读/写寄存器。读此寄存器将返回限定后的输入 I/O 信号的状态。写此寄存器将把对应的状态作为设置的 I/O 的信号输出。

（4）GPxSET 寄存器

每个 I/O 都有一个设置寄存器 GPxSET，该寄存器是只写寄存器（读返回 0）。向对应的 I/O 信号端写 1 将使 I/O 信号为高电平，写 0 无效。

（5）GPxCLEAR 寄存器

每个 I/O 都有一个清除寄存器 GPxCLEAR，该寄存器是只写寄存器（读返回 0）。向对应的 I/O 信号端写 1 将使 I/O 信号为低电平，写 0 无效。

（6）GPxTOGGLE 寄存器

GPxTOGGLE 寄存器是只写寄存器（读返回 0）。输出状态时，向对应的 I/O 信号端写 1 将触发 I/O，写 0 无效。

3.3 实例：I/O 端口应用——键盘接口设计

3.3.1 键盘接口的硬件设计

键盘采用薄膜按键，如图 3.7 所示。一共设了七个键，分别是模式键、UP 键、DOWN

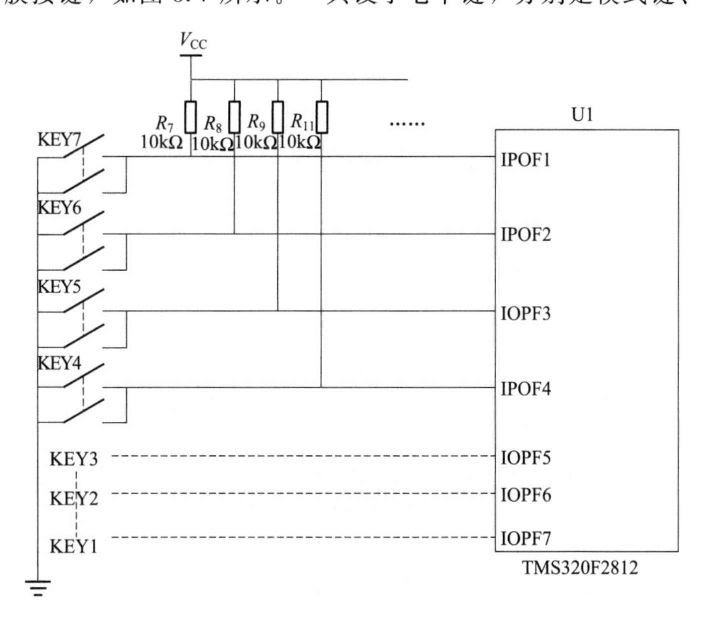

图 3.7 DSP 与键盘接口电路

键、运行键、停止键、确认键、退出键。模式键主要是选择运行模式；UP键具有光标上移和数字增加功能；DOWN键具有光标下移和数字减少功能；运行键用于启动运行；停止键用于停止运行；确认键用于进入下一层菜单或数据设定时；退出键用于退出下层菜单或数据设定完后退出。

3.3.2 键盘接口的软件设计

键盘接口流程为：首先初始化子程序，有键按下，进入屏蔽中断子程序，对键盘分析以及对键盘数据进行修改，并把相应的数字显示出来，中断结束返回主程序。

下面给出一个键盘监控的通用程序。

```
//初始化子程序
initial()
{
asm("setc  SXM");        //抑制符号位扩展
asm("clrc  OVM");        //累加器中结果正常溢出
asm("clrc  CNF");        //B0被配置为数据存储空间
*SCSR1=0x81FE;           //CLKIN=6MHz,CLKOUT=4×CLKIN=24MHz
*WDCR=0x0E8;             //不使能看门狗,因为SCSR2中的WDOVERRIDE
                         //即WD保护位复位后的缺省值为1,故可以用
                         //软件禁止看门狗
*IMR=0x0000;             //禁止所有中断
*IFR=0x0FFFF;            //清除全部中断标志,"写1清0"
*MCRA=*MCRA&0x0FF;         //IOPB端口设置为一般的I/O功能
*PBDATDIR=*PBDATDIR|0x0FF00;  //IOPB端口设置为输出方式
*MCRC=*MCRC&0x03FF;           //IOPF2端口和IOPF3~IOPF6配置为一般的I/O功能
*PFDATDIR=*PFDATDIR| 0x0400;  //IOPF2端口为输出端口,IOPF3~IOPF6为输入端口
*PBDATDIR=*PRDATDIR&0x0FF00;  //熄灭全部的LED灯
*PFDATDIR=*PFDATDIR|0x0404;   //IOPF2设置为输出方式,且IOPF2=1
*PFDATDIR=*PFDATDIR&0x0FFFB;  //IOPF2=0
}
//屏蔽中断子程序
void inling disable()
{
asm("setc  INTM");
}
int keysean()
{
    int k,j;                              //定义局部变量
    k=*PFDATDIR&0x0078;                   //读入键盘状态并屏蔽掉相应的位
if(k= =0x0078)   k=0;
else       k=1;                          //有键按下,则k=1
if(k= =1)                                //若无键按下,则直接返回
{
for(j==30000;j>0;j--)j=j;                //若有键按下,则延时消抖动
k=*PFDATDIR&0x0078;                      //读入键盘状态并屏蔽掉相应的位
if(k==0x0078)  k=0;
```

```
else  k=1;                        //还有键按下，测 k=1
}
return(k);                        //返回 k 值
}
int  keyserve()                   //键服务子程序
{
int   k;                              //定义局部变量
k=*PEDATDIR&0x0078;                   //读入键盘状态并屏蔽掉相应的位
switch(k)
{
case 0x0070:*PBDATDIR=(*PBDATDIR&0xFF00)|0x0001;break;//若按下 K1 键,则显示“1”
case 0x0068:*PBDATDIR=(*PBDATDIR&0xFF00)|0x0002;break; //若按下 K2 键,则显示“2”
case 0x0058:*PBDATDIR=(*PBDATDIR&0xFF00)|0x0003;break;//若按下 K3 键,则显示“3”
case 0x0038:*PBDATDIR=(*PBDATDIR&0xFF00)|0x0003;break;//若按下 K4 键,则显示“4”
default:*PBDATDIR=*PEDATDIR;
}
*PBDATDIR=*PFDATDIR|0x0404;      //IOPF2 设置为输出方式,且 IOPF2=1
*PBDATDIR=*PFDATDIR&0x0FFFB;     //IOPF2=0
//以上给一个脉冲,使 B 端口的值显示出来
}
main()
         {
    disable();      //屏蔽所有中断
    initial();      //系统初始化
    while(1)
    {
        int   i;     //定义局部变量
    i=0;
    i=keyscan();      //键盘扫描,若有键按下,则返回值为“1”。否则返回值为”0”
    if(i==1)  keyserve();      //如果有键按下,则进行键服务程序
        }
    }
    //直接返回中断服务子程序
    void  interrupt  nothing()
    {
                    return;
        }
```

3.4 实例：I/O 端口应用——LCD 接口设计

3.4.1 LCD 显示接口的硬件设计

目前许多公司提供便宜而可靠的 LCD 产品，一般用户不自己开发 LCD。剩下的问题便是与 DSP 的接口，只要参照公司的资料，就可以解决这一问题。

这里显示屏采用的是 OCM12864 系列点阵型液晶模块，它是 128×64 点阵型，可以显示各种字符和图形，一屏一共可以显示 32 个汉字或 64 个 ASCII 码，具有 8 位数据线可以和

DSP 相连，控制也比较简单。图 3.8 是 DSP 和液晶的接口电路。

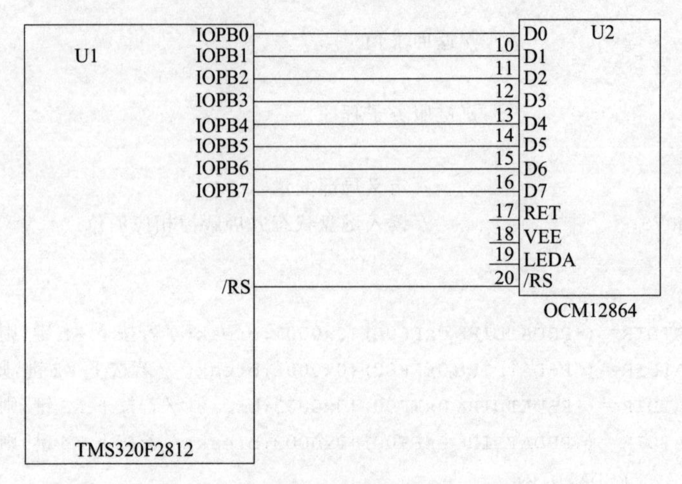

图 3.8 DSP 与液晶显示屏接口电路

3.4.2 LCD 显示接口的软件设计

LCD 显示接口流程为：首先写入 LCD 参数，判断位，并写 LCD 指令参数，初始化 LCD 显示，设置显示方式，清 LCD 屏，确定显示方式，写字母代码，写 ASC 码字符串，或写汉字。中断调用显示程序并把相应数字代码显示出来，中断结束返回主程序。

下面给出一个 LCD 显示的通用控制程序。

```
//LCD 显示控制程序
{
#ifndef bool
#define bool unsigned short
#define FALSE 0
#define TRUE  1
#endif
unsigned int i;
unsigned int x1,y1;
int a[128];
/*************************************************************************
*  函数： void wr_data(unsigned int data)
*  目的： 写 LCD 数据参数,判断 0 和 1 位
*  输入： dat1 参数单元
*  输出： 无
*  参数： status 局部变量,用来存储 LCD 的状态量
*************************************************************************/
void wr_data(unsigned int dat1)
{
   unsigned int status;
   do
```

```
    {
        status= *c_addr & 0x03;           /*屏蔽 status 的 2～15 位为 0 */
    }while(status != 0x03);
    *d_addr = dat1;
}
/**********************************************************************************
*  函数:  void wr_data1(unsigned int dat1)
*  目的:  写 LCD 数据参数,判断 3 位
*  输入:  dat1 参数单元
*  输出:  无
*  参数:  status 局部变量,用来存储 LCD 的状态量
**********************************************************************************/
void wr_data1(unsigned int dat1)
{
    unsigned int status;
    do
    {
        status= *c_addr & 0x08;           /*屏蔽 status 的 0～2 和 3～15 位为 0 */
    }while(status != 0x08);
    *d_addr = dat1;
}
/**********************************************************************************
*  函数:  void wr_com(WORD com)
*  目的:  写 LCD 指令参数
*  输入:  com 指令单元
*  输出:  无
*  参数:  status 局部变量,用来存储 LCD 的状态量
**********************************************************************************/
void wr_com(unsigned int com)
{
    unsigned int status;
    do
    {
        status = *c_addr & 0x03;
    }while(status != 0x03);
    *c_addr = com;
}
/**********************************************************************************
*  函数:  extern void GUILCD_init(void)
*  目的:  初始化 LCD 显示,设置显示方式为图形方式,开显示
*  输入:  无
*  输出:  无
**********************************************************************************/
extern void GUILCD_init(void)
{
```

```
    wr_data(0x00);        /*设置图形显示区域首地址*/
    wr_data(0x00);        /*或为文本属性区域首地址*/
    wr_com(0x42);
    wr_data(0x20);        /*设置图形显示区域宽度*/
    wr_data(0x00);        /*或为文本属性区域宽度*/
    wr_com(0x43);
    wr_com(0xa0);         /*光标形状设置*/
    wr_com(0x81);         /*显示方式设置,逻辑或合成*/
    wr_com(0x9b);         /*显示开关设置,仅文本开显示*/
}
/*************************************************************************
*  函数:  extern void GUILCD_clear(void)
*  目的:  清LCD屏,用自动方式,将LCD屏清为白屏
*  输入:  无
*  输出:  无
   参数:  page0局部变量
*************************************************************************/
extern void GUILCD_clear(void)
{
    int page0;
    wr_data(0x00);        /*设置显示RAM首地址*/
    wr_data(0x00);
    wr_com(0x24);
    wr_com(0xb0);         /*设置自动写方式*/
    for(page0 = 0x2000; page0>= 0; page0--)
    {
        wr_data1(0x00);       /*清0 */
    }
    wr_com(0xb2);        /*自动写结束 */
}
/*************************************************************************
*  函数:  void wr_letter(unsigned int code,unsigned int o_y,unsigned int o_x,bool fanxian)
*  目的:  写字母,根据字母代码,将查找到的字母写到LCD的y和x坐标处
*  输入:  code   字母代码,字母为16×16点阵
       o_y y坐标,范围0~7
       o_x x坐标,范围0~14
       fanxian 字母是否需要反显,0不需要反显,1需要反显
*  输出:  无
   参数:
*************************************************************************/
void wr_letter(unsigned int code,unsigned int o_y,unsigned int o_x,unsigned short fanxian)
{
```

```
    unsigned int i1,dat1_temp,dat2_temp;
    unsigned int asc_code[8];
    int i2;
    i1 = o_y *0x20;
    i1 = i1 + o_x;
    dat1_temp = i1 & 0xff;
    dat2_temp = (i1>>8) & 0xff;
    //getasc(code,&asc_code[0]);      /*从 FLASH 中读取字母点阵*/
    for(i2 = 0; i2<8; i2++)
    {
        asc_code[i2] = zimu[8 *code + i2];
    }
    if(fanxian == TRUE)      /*是否反显*/
    {
        for(i2 = 0; i2<8; i2++)
        {
            asc_code[i2] = (~asc_code[i2]) & 0xff;
        }
    }
    for(i2 = 0; i2<8; i2++)
    {
        wr_data(dat1_temp);
        wr_data(dat2_temp);
        wr_com(0x24);              /*字母在 LCD 的位置*/
        wr_data(asc_code[i2]);      /*写字母点阵*/
        wr_com(0xc0);
        //wr_data(asc_code[2 *i2+1]);      /*写字母点阵 */
        //wr_com(0xc0);
        i1 = i1 + 0x20;
        dat1_temp = i1 & 0xff;
        dat2_temp = (i1>>8) & 0xff;      /*写完后,修改在 LCD 的位置 */
    }
}

/*************************************************************************
*  函数:  void wr_hex(unsigned int code,unsigned int o_y,unsigned int o_x,bool fanxian)
*  目的:  写汉字,将汉字区位代码中的字写入 x 和 y 位置,可以设置为反显
*  输入:  code  汉字区位代码
        o_y y 坐标,范围 0~7
        o_x x 坐标,范围 0~14
        fanxian 反显 0:无 1:反显
*  输出:  无
*************************************************************************/
void wr_hex(unsigned int code,unsigned int o_y,unsigned int o_x,unsigned short fanxian)
```

```
{
    unsigned int dat1_temp,dat2_temp;
    unsigned int *code_temp;
    int i1,i2;
    unsigned int hanzi_conv[32];
    unsigned int hex_code[32];
/*  code_temp1 =(code>>8)& 0xff;
    code_temp1 = code_temp1 - 0xa1;
    code_temp1= code_temp1 *94;
    code_temp1 = code_temp1 +(code & 0xff);
    code_temp1 = code_temp1 - 0xa1;
    //gethz(code_temp1,&hanzi_conv[0]);
*/
    for(i1 = 0; i1<32; i1++)
    {
        hanzi_conv[i1] = hanzi[32 *code + i1];
    }
    for(i2 = 0; i2<32; i2++)
    {
        if(fanxian == FALSE)                /*是否反显*/
        {
            hex_code[i2] = hanzi_conv[i2];
        }
        else
        {
            hex_code[i2] =(~hanzi_conv[i2])& 0xff;
        }
    }
    i1 = o_y *0x20;
    i1 = i1 + o_x;
    dat1_temp = i1 & 0xff;
    dat1_temp = dat1_temp ;
    dat2_temp =(i1>>8)& 0xff;
    dat2_temp = dat2_temp;
    code_temp = &hex_code[0];
    for(i2 = 0; i2 < 16 ; i2++)
    {
        wr_data(dat1_temp);              /*汉字点阵在LCD中的位置*/
        wr_data(dat2_temp);
        wr_com(0x24);
        wr_data(*(code_temp+i2 *2));              /*写入汉字点阵*/
        wr_com(0xc0);
        wr_data(*(code_temp+i2 *2+1));
        wr_com(0xc0);
```

```
        //code_temp++;
        i1 = i1 + 0x20;
        dat1_temp = i1 & 0xff;
        dat2_temp =(i1>>8) & 0xff;         /*修改汉字点阵在 LCD 中的位置*/
    }
}
/*********************************************************************************
*  函数:  void wr_dot(unsigned int o_y,unsigned int o_x,unsigned short flag)

*  目的:  描点,根据 flag 的状态,在 LCD 显示器的指定在 o_y 和 o_x 处描点,如果 flag=1,
        描点;如果 flag=0,清除点
*  输入:  o_y y 轴,范围 0~127
        o_x x 轴,范围 0~239
        flag  是否描点,flag=1,描点;flag=0,清点
*  输出:  无返回
*********************************************************************************/
void wr_dot(unsigned int o_y,unsigned int o_x,unsigned short flag)
{
    int i,dat1_temp,dat2_temp,temp,temp1;
//  i = o_y & 0x7f;
    i = o_y *0x20;
    dat1_temp = i & 0xff;
    dat2_temp =(i>>8) & 0xff;
    temp = o_x / 8;
    dat1_temp = dat1_temp + temp;
    temp1 = o_x -(temp *8);
    temp1 = 7 - temp1;                /*设定描点的位置*/
    wr_data(dat1_temp);
    wr_data(dat2_temp);
    wr_com(0x24);
    if(flag == 1)
    {
        wr_com(0xf8 | temp1);
    }
    else
    {
        wr_com(0xf0 | temp1);
    }
}
/*********************************************************************************
*  函数:  extern void GUILCD _writeCharStr (unsigned int Row, unsigned int Column,
unsigned char *cString ,bool fanxian)
*  目的:  写汉字字符串,将函数传递的字符串放在 LCD 屏的 Row 行和 Column 列的位置显示
          自动写屏,直到字符串尾,判断为 0 停止。根据变量 fanxian 是否为 0,
          决定当前字符串是否反显。显示位置从 LCD 屏的 Row 行和 Column 列的位置开始,
```

```
      为行显示，即Row不变，Column加1变化。
*  输入：  //string  代码字符串
      location  汉字在hanzi[]中的位置
      Row  汉字行，范围(0～7)，代表字符串起始y位置
      Column  汉字列，范围(0～14)，代表字符串起始x位置
      fanxian  反显 0:无 非 0:反显
*  输出：  无
**************************************************************************/
extern void GUILCD_writeCharStr(unsigned int Row, unsigned int Column, unsigned int location ,unsigned short fanxian)
{
    unsigned int ii4;
    ii4 = 0;
    //ii1 = *cString;
    //while(ii1 != 0)                     /*判断字符串是否结束*/
    {
        wr_hex(location,Row *0x10,Column *2,fanxian);/*写汉字*/
        //Column++;                     /*列位置+1 */
        //ii4++;
        //ii1 = *(cString + ii4);             /*读字符串内的值*/
    }
}
/**************************************************************************
*  函数：  extern void GUILCD_writeLetterStr(unsigned int Row, unsigned int Column, unsigned char *cString,unsigned short fanxian )
*  目的：  写ASC码字符串，16×16点阵格式，将字符串string中的ASC码在LCD屏的Row和Column坐
      标处显示，连续显示，直到字符串string串尾为0，Row保持不变，Column加1。
*  输入：  string  ASC代码字符串
      Row  y坐标，范围(0～7)，代表字符串起始y位置
      Column  x坐标，范围(0～14)，代表字符串起始x位置
      fanxian  反显 0:无 非 0:反显
*  输出：  无
**************************************************************************/
extern void GUILCD_writeLetterStr(unsigned int Row, unsigned int Column, unsigned int location,unsigned short fanxian )
{
    //unsigned int iii1,iii2;
    //iii2 = 0;
    //iii1 = *cString;
    //while(iii1 ! = 0)                /*判断字符串是否结束 */
    {
        //iii2++;
        wr_letter(location,Row *0x08,Column,fanxian);
        //Column++;
        //iii1 =*(cString + iii2);
    }
```

```
}
/*****************************************************************************
*  函数:  extern void GUILCD_writeCurse(unsigned int Row, unsigned int Column)
*  目的:  显示光标,光标地址为 Row(y 轴),Column(x 轴)
*  输入:  Row     y 坐标(范围:0～7,代表 8 行汉字)
       Column  x 坐标(范围:0～14,代表 15 列汉字)
*  输出:  无
*  参数:  无全局变量
*****************************************************************************/
extern void GUILCD_writeCurse(unsigned int Row, unsigned int Column)
{
    unsigned int i1,dat1_temp,dat2_temp;
    Row = Row *0x10;
    Column = Column *2;
    i1 = Row *0x20;
    i1 = i1 + Column + 0x1e0;
    dat1_temp = i1 & 0xff;
    dat2_temp = (i1>>8) & 0xff;

    wr_data(dat1_temp);
    wr_data(dat2_temp);
    wr_com(0x24);

    wr_data(0xff);
    wr_com(0xc0);

    wr_data(0xff);
    wr_com(0xc0);
}

/*****************************************************************************
*  函数:  extern void GUILCD_clearCurse(unsigned int Row, unsigned int Column)
*  目的:  清光标,光标地址为 Row(y 轴),Column(x 轴)
*  输入:  Row     y 坐标(范围:0～7,代表 8 行汉字)
       Column  x 坐标(范围:0～14,代表 15 列汉字)
*  输出:  无
*  参数:  无全局变量
*****************************************************************************/
    extern void GUILCD_clearCurse(unsigned int Row, unsigned int Column)
{
    unsigned int i1,dat1_temp,dat2_temp;
    Row = Row *0x10;
    Column = Column *2;
    i1 = Row *0x20;
    i1 = i1 + Column + 0x1e0;
    dat1_temp = i1 & 0xff;
    dat2_temp = (i1>>8) & 0xff;

    wr_data(dat1_temp);
```

```
    wr_data(dat2_temp);
    wr_com(0x24);

    wr_data(0x00);
    wr_com(0xc0);

    wr_data(0x00);
    wr_com(0xc0);

}
/*****************************************************************************
*  函数:  extern void GUILCD_drawChart(unsigned int Row, unsigned int Column, int *Data,
unsigned short flag)
*  目的:  描点,从原点 Row 和 Column 处起始画一条线,线上每个点的位置根据*Data 定,flag 来判断是
否显示这条线
*  输入:  Column   y 坐标原点(范围:0~127,代表 128 行点)
          Row   x 坐标(范围:0~239,代表 240 列点)
          *Data   数据,函数表达式为 y=f(x),y 为 y 轴,x 为 x 轴
          flag    显示  1:显示 0:不显示
*  输出:  无
*  参数:  无全局变量
*****************************************************************************/
extern void GUILCD_drawChart(unsigned int Row, unsigned int Column, int *Data, unsigned
short flag)
{
    int i,x,y;
    for(i = 0; i <240 - Column; i++)
    {
        x = Column + i;
        y = Row - *(Data + i);
        wr_dot(y,x,flag);
    }
/*****************************************************************************
*  函数:  extern void GUILCD_onLed(void)
*  目的:  开背光灯
*  输入:  无
*  输出:  无
*  参数:  无全局变量
*****************************************************************************/
extern void GUILCD_onLed(void)
{
   asm("ssbx XF");
}
/*****************************************************************************
*  函数:  extern void GUILCD_offLed(void)
*  目的:  关背光灯
*  输入:  无
```

```
*   输出： 无
*   参数： 无全局变量
*************************************************************************/
extern void GUILCD_offLed(void)
{
   asm("rsbx XF");
}

void main(void)
{

    /*初始化系统*/
    InitSysCtrl();
    /*关中断*/
    DINT;
    IER = 0x0000;
    IFR = 0x0000;
    /*初始化 PIE 控制寄存器*/
    InitPieCtrl();
    /*初始化 PIE 参数表*/
    InitPieVectTable();
    /*初始化外设寄存器*/
    InitPeripherals();

        /*初始化 LCD */
    GUILCD_init();
    //清屏
    GUILCD_clear();
    /*写光标*/
    GUILCD_writeCurse(0x02,0x02);
    /*清光标*/
    GUILCD_clearCurse(0x02,0x02);
    /*准备画线数据*/
    x1 = 0;
    y1 = 0;
    for(i = 0; i <128; i++)
    {
       a[i] =  - i/2;
    }
    /*画线,显示*/
    GUILCD_drawChart(0,0,&a[0],1);
    /*画线,不显示*/
    GUILCD_drawChart(0,0,&a[0],0);
    /*写汉字,无反显*/
    GUILCD_writeCharStr(0x01,0x01,0,FALSE);
    /*写汉字,有反显*/
    GUILCD_writeCharStr(0x01,0x02,1,TRUE);
    /*写字母,无反显*/
```

```
GUILCD_writeLetterStr(0x01,0x02,0,FALSE);
/*写字母,有反显*/
GUILCD_writeLetterStr(0x01,0x00,1,TRUE);
/*开中断*/
EINT;   // Enable Global interrupt INTM
ERTM;// Enable Global realtime interrupt DBGM
for(;;)
}
```

第4章 事件管理器模块

事件管理器模块为用户提供了众多的功能和特点，它们在运动控制和马达控制的应用中是特别有用的。事件管理器模块包括通用目的（GP）定时器、全比较/PWM单元、捕捉单元和正交编码脉冲电路等。EVA和EVB两个EV模块都是特定的外围设备，它们是为多轴运动控制应用而设计的。

每个EV都具有控制三个半高桥（Three Half-H Bridges）的能力，当各个桥需要互补的PWM对其控制时，EV可以提供这种能力。每个EV还可以输出两个附加的PWM，而不是互补的PWM对输出。

4.1 事件管理器模块概述

TMS320F2812器件都包括两个事件管理模块EVA和EVB，每个事件管理器模块包括通用定时器（GP）、比较单元、捕获单元以及正交编码脉冲电路。EVA和EVB的定时器、比较单元以及捕获单元的功能都相同，只是定时器和单元的名称不同。表4.1列出了每个模块的特征、功能以及信号的名称，并着重讲述了EVA模块。

表4.1 EVA和EVB模块及其信号名称

事件管理模块	EVA模块	信号	EVB模块	信号
GP定时器	Timer1 Timer2	T1PWM/T1CMP T1PWM/T1CMP	T3PWM/T3CMP T4PWM/T4CMP	Timer3 Timer4
比较单元	Compare1 Compare2 Compare3	PWM1/2 PWM3/4 PWM5/6	Compare4 Compare5 Compare6	PWM7/8 PWM9/10 PWM11/12
捕获单元	Capture1 Capture2 Capture3	CAP1 CAP2 CAP3	Capture4 Capture5 Capture6	CAP4 CAP5 CAP6
正交编码脉冲电路	QEP1 QEP2	QEP1 QEP2	QEP3 QEP4	QEP3 QEP4
外部输入	计数方向 外部时钟	TDIRA TCLKINA	计数方向 外部时钟	TDIRB TCLKINB

4.1.1 事件管理器结构框图

事件管理模块EVA和EVB有相同的外设寄存器，EVA的起始地址是7400h，EVB的起始地址是7500h，本小节用术语EVA描述通用定时器、比较单元、捕获单元以及正交编码电路的功能。这些功能描述对EVB模块也适用，只是模块和信号的名称要随之改变。

事件管理器EVA和EVB的结构框图见图4.1。从图4.1中可以看出EVA模块使用CAP1/QEP1、CAP2/QEP2、CAP3/QEP3这3个引脚作为捕获或正交编码器脉冲的输入脚。

事件管理器模块中的通用定时器可以编程为在外部或内部CPU时钟的基础上运行。引脚TCLKINA提供了外部时钟输入，引脚TDIRA用于当通用定时器处于定向增/减计数方式时规定计数方向。

事件管理器模块中的所有输入都由内部CPU协调同步，一次跳变脉冲宽度必须保持到两个CPU时钟的上升沿后才被事件管理器模块所识别。也就是说，如果CPU始终选择CLKOUT输出的信号源，则跳变必须保持CLKOUT输出的连续个下降沿。因此，建议任何跳变脉冲宽度必须保持至少两个CPU时钟周期。

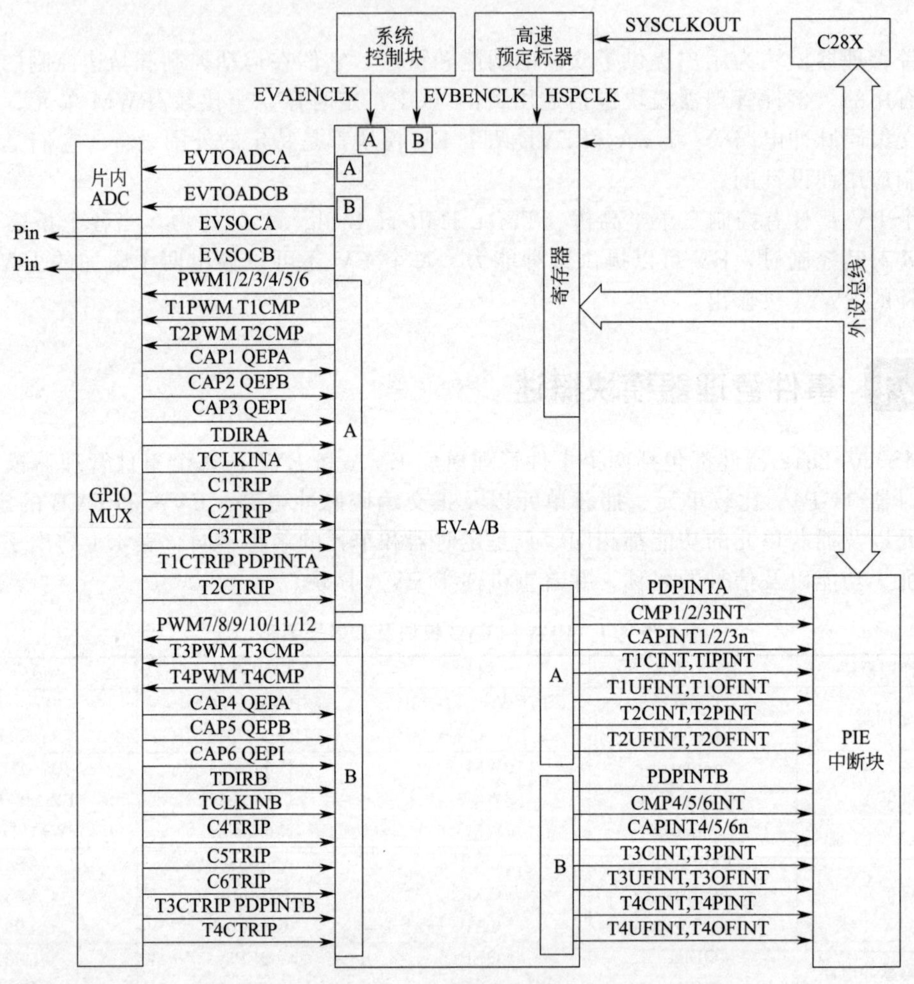

图4.1 事件管理器框图

4.1.2 事件管理器寄存器地址列表

表4.2～表4.9是事件管理器寄存器地址的分类列表。EVA的起始地址是7400h，EVB的起始地址是7500h。

表4.2 EVA时间寄存器地址

地 址	寄存器	名 称	
7400h	GPTCONA	定时器控制寄存器	
7401h	T1CNT	定时器1的计数寄存器	定时器1
7402h	T1CMPR	定时器1的比较寄存器	
7403h	T1PR	定时器1的周期寄存器	
7404h	T1CON	定时器1的控制寄存器	

续表

地　址	寄存器	名　称	
7405h	T2CNT	定时器 2 的计数寄存器	定时器 2
7406h	T2CMPR	定时器 2 的比较寄存器	
7407h	T2PR	定时器 2 的周期寄存器	
7408h	T2CON	定时器 2 的控制寄存器	

表 4.3　EVB 时间寄存器地址

地　址	寄存器	名　称	
7500h	GPTCONB	定时器控制寄存器	
7501h	T3CNT	定时器 3 的计数寄存器	定时器 3
7502h	T3CMPR	定时器 3 的比较寄存器	
7503h	T3PR	定时器 3 的周期寄存器	
7504h	T3CON	定时器 3 的控制寄存器	
7505h	T4CNT	定时器 4 的计数寄存器	定时器 4
7506h	T4CMPR	定时器 4 的比较寄存器	
7507h	T4PR	定时器 4 的周期寄存器	
7508h	T4CON	定时器 4 的控制寄存器	

表 4.4　EVA 比较控制寄存器地址

地　址	寄存器	名　称	地　址	寄存器	名　称
7411h	COMCONA	比较控制寄存器	7417h	CMPR1	比较寄存器 1
7413h	ACTRA	比较方式控制寄存器	7418h	CMPR2	比较寄存器 2
7415h	DBTCONA	死区时间控制寄存器			

表 4.5　EVB 比较控制寄存器地址

地　址	寄存器	名　称	地　址	寄存器	名　称
7511h	COMCONB	比较控制寄存器	7517h	CMPR4	比较寄存器 4
7513h	ACTRB	比较方式控制寄存器	7518h	CMPR5	比较寄存器 5
7515h	DBTCONB	死区时间控制寄存器	7519h	CMPR6	比较寄存器 6

表 4.6　EVA 捕捉控制寄存器地址

地　址	寄存器	名　称	地　址	寄存器	名　称
7420h	CAPCONA	捕获控制寄存器	7425h	CAP3FIFO	两级深度的捕获 FIFO 栈 3
7422h	CAPFIFOA	捕获 FIFO 状态寄存器 A	7427h	CAP1FBOT	FIFO 栈的栈底寄存器，允许读最近的 CAPTURE 的值
7423h	CAP1FIFO	两级深度的捕获 FIFO 栈 1	7428h	CAP2FBOT	
7424h	CAP2FIFO	两级深度的捕获 FIFO 栈 2	7429h	CAP3FBOT	

表 4.7　EVB 捕捉控制寄存器地址

地　址	寄存器	名　称	地　址	寄存器	名　称
7520h	CAPCONB	捕获控制寄存器	7525h	CAP6FIFO	两级深度的捕获 FIFO 栈 3
7522h	CAPFIFOB	捕获 FIFO 状态寄存器 B	7527h	CAP4FBOT	FIFO 栈的栈底寄存器，允许读最近的 CAPTURE 的值
7523h	CAP4FIFO	两级深度的捕获 FIFO 栈 1	7528h	CAP5FBOT	
7524h	CAP5FIFO	两级深度的捕获 FIFO 栈 2	7529h	CAP6FBOT	

表 4.8　EVA 中断寄存器地址

地　址	寄存器	名　称	地　址	寄存器	名　称
742Ch	EVAIMRA	中断屏蔽寄存器 A	742Fh	EVAIFRA	中断标志寄存器 A
742Dh	EVAIMRB	中断屏蔽寄存器 B	7430h	EVAIFRB	中断标志寄存器 B
742Eh	EVAIMRC	中断屏蔽寄存器 C	7431h	EVAIFRC	中断标志寄存器 C

表4.9　EVB中断寄存器地址

地　址	寄存器	名　称	地　址	寄存器	名　称
752Ch	EVBIMRA	中断屏蔽寄存器A	752Fh	EVBIFRA	中断标志寄存器A
752Dh	EVBIMRB	中断屏蔽寄存器B	7530h	EVBIFRB	中断标志寄存器B
752Eh	EVBIMRC	中断屏蔽寄存器C	7531h	EVBIFRC	中断标志寄存器C

4.1.3　事件管理器中断

(1) 中断组

事件管理器中断事件分为3组：事件管理器中断组A、B和C。每一组都有各自不同的中断标志、中断使能寄存器和一些外设事件中断请求。表4.10给出了EVA模块的相关的中断、中断优先级和中断组。表4.11给出了EVB模块的相关的中断、中断优先级和中断组。每个EV中断组都有一个中断标志寄存器和相应的中断屏蔽寄存器，如表4.12所示。如果EVAIMRx（x=A、B和C）相应位是0，则EVAIFRx中的标志位被屏蔽（即不产生中断请求信号）。

当外设中断请求信号被CPU接收时，PIE控制器将相应的外设中断向量装入到外设中断向量寄存器（PIVR）中。外设中断向量寄存器（PIVR）中的值可以区分该组哪一个挂起的中断具有最高优先级。外设中断向量寄存器中的值可以从中断服务子程序（ISR）中读出。

表4.10　事件管理器A（EVA）中断

中断组	中断	优先级	中断向量(ID)	描述/中断源	INT
	$\overline{\text{PDPINTA}}$	1(最高)	0020h	功率驱动保护中断A	1
A	CMP1INT	2	0021h	比较单元1比较中断	2
	CMP1INT	3	0022h	比较单元2比较中断	
	CMP1INT	4	0023h	比较单元3比较中断	
	T1PINT	5	0027h	通用定时器1周期中断	
	T1CINT	6	0028h	通用定时器1比较中断	
	T1UFINT	7	0029h	通用定时器1下溢中断	
	T1OFINT	8(最低)	002Ah	通用定时器1上溢中断	
B	T2PINT	1(最高)	002Bh	通用定时器2周期中断	3
	T2CINT	2	002Ch	通用定时器2比较中断	
	T2UFINT	3	002Dh	通用定时器2下溢中断	
	T2OFINT	4	002Eh	通用定时器2上溢中断	
C	CAP1INT	1(最高)	0033h	比较单元1中断	4
	CAP2INT	2	0034h	比较单元2中断	
	CAP3INT	3	0035h	比较单元3中断	

表4.11　事件管理器B（EVB）中断

中断组	中断	优先级	中断向量(ID)	描述/中断源	INT
	$\overline{\text{PDPINTB}}$	1(最高)	0019h	功率驱动保护中断A	1
A	CMP4INT	2	0024h	比较单元4比较中断	2
	CMP5INT	3	0025h	比较单元5比较中断	
	CMP6INT	4	0026h	比较单元6比较中断	
	T3PINT	5	002Fh	通用定时器3周期中断	
	T3CINT	6	0030h	通用定时器3比较中断	
	T3UFINT	7	0031h	通用定时器3下溢中断	
	T3OFINT	8(最低)	0032h	通用定时器3上溢中断	

续表

中断组	中断	优先级	中断向量(ID)	描述/中断源	INT
B	T4PINT	1(最高)	0039h	通用定时器 4 周期中断	3
	T4CINT	2	003Ah	通用定时器 4 比较中断	
	T4UFINT	3	003Bh	通用定时器 4 下溢中断	
	T4OFINT	4	002Ch	通用定时器 4 上溢中断	
C	CAP4INT	1(最高)	0036h	比较单元 4 中断	4
	CAP5INT	2	0037h	比较单元 5 中断	
	CAP6INT	3	0038h	比较单元 6 中断	

表 4.12　EV 中断标志寄存器及相应的中断屏蔽寄存器

标志寄存器	屏蔽寄存器	EV 模块	标志寄存器	屏蔽寄存器	EV 模块
EVAIFRA	EVAIMRA	EVA	EVBIFRA	EVBIMRA	EVB
EVAIFRB	EVAIMRB		EVBIFRB	EVBIMRB	
EVAIFRC	EVAIMRC		EVBIFRC	EVBIMRC	

（2）中断的产生

当事件管理器模块中产生一个中断事件，则在其中一个事件管理器中断标志寄存器的相应标志位就被置 1，如果标志位局部未被屏蔽（EVAIMRx 中的相应位置 1），外设中断扩展控制器（PIE）就产生了一个外设中断请求。

（3）中断向量

当中断请求被 CPU 接受时，已置位的中断标志中具有最高优先级的中断标志相应的那个中断向量被装载到累加器中。在中断服务程序（ISR）中读取中断向量，中断标志位必须在中断服务程序中用软件直接将中断标志寄存器中的相应位置 1 清除。如果中断标志位未被清除，则以后该中断就不再产生中断请求。

（4）中断处理

当事件管理器中断请求被接受后，必须将外设中断向量寄存器（PIVR）读入累加器并左移一位或几位，然后将偏移地址（中断子向量入口表的开始地址）加至累加器。再使用 BACC 指令来跳转到相应的中断地址，另有一条指令从表中转移到相应的中断源的中断服务子程序。这一处理过程将引起一个典型的 20 个 CPU 周期的延迟，该延迟是指从中断产生到相应的中断服务程序中的第一条指令被执行之间的时间。如果需要进行最小的保护现场，则该延迟为 25 个 CPU 周期。如果一个事件管理器中断组只允许一个中断，则这个延迟可以减小到最少 8 个 CPU 周期。如果不考虑存储器空间，则可将该延迟减少到 16 个 CPU 周期，而无需要求每个事件管理器中断组只允许一个中断。

（5）事件管理器中断标志寄存器

事件管理器中断寄存器的地址列表如表 4.8 和表 4.9 所示。这些寄存器都是 16 位的存储器映射寄存器。当软件读这些寄存器时，未使用的位读出值为 0。向未使用的位写则无影响。因为事件管理器中断标志寄存器（EVxIFRx）是可读寄存器，所以当中断被屏蔽时，可以通过软件查询事件管理器中断标志寄存器中相应的位来检测中断事件的发生。

① EVA 中断标志寄存器 A（EVAIFRA）——地址 742Fh。

15～11			10	9	8
保留位			T1OFINT FLAG	T1UFINT FLAG	T1CINT FLAG
R_0			RW1C_0	RW1C_0	RW1C_0

7	6～4	2	1	0
T1PINT FLAG	保留位	CMP2INT FLAG	CMP1INT FLAG	PDPINTA FLAG
RW1C_0	RW1C_0	RW1C_0	RW1C_0	RW1C_0

注：R＝可读，W1C＝写 1 清除，_0 复位值。

位 15～11　保留位。

位 10　T1OFINT FLAG。通用定时器 1 上溢中断标志位。

读：0　标志被复位。
　　1　标志被置位。
写：0　无效。
　　1　复位标志位。

位 9　T1UFINT FLAG。通用定时器 1 下溢中断标志位。

读：0　标志被复位。
　　1　标志被置位。
写：0　无效。
　　1　复位标志位。

位 8　T1CINT FLAG。通用定时器 1 比较中断标志位。

读：0　标志被复位。
　　1　标志被置位。
写：0　无效。
　　1　复位标志位。

位 7　T1PINT FLAG。通用定时器 1 周期中断标志位。

读：0　标志被复位。
　　1　标志被置位。
写：0　无效。
　　1　复位标志位。

位 6～4　保留位。

位 3　CMP3INT FLAG。比较单元 3 中断标志位。

读：0　标志被复位。
　　1　标志被置位。
写：0　无效。
　　1　复位标志位。

位 2　CMP2INT FLAG。比较单元 2 中断标志位。

读：0　标志被复位。
　　1　标志被置位。
写：0　无效。
　　1　复位标志位。

位 1　CMP1INT FLAG。比较单元 1 中断标志位。

读：0　标志被复位。
　　1　标志被置位。
写：0　无效。
　　1　复位标志位。

位 0　PDPINTA FLAG。功率驱动保护中断标志位。

读：0　标志被复位。
　　1　标志被置位。
写：0　无效。
　　1　复位标志位。

② EVA 中断标志寄存器 B(EVAIFRB)——地址 742Fh。

15～4	3	2	1	0
保留位	T2OFINT FLAG	T2UFINT FLAG	T2CINT FLAG	T2PINT FLAG
R_0		RW1C_0	RW1C_0	RW1C_0

位 15～4　保留位。

位 3　T2OFINT FLAG。通用定时器 2 上溢中断标志位。

读：0　标志被复位。

1　标志被置位。

写：0　无效。

1　复位标志位。

位 2　T2UFINT FLAG。通用定时器 2 下溢中断标志位。

读：0　标志被复位。

1　标志被置位。

写：0　无效。

1　复位标志位。

位 1　T2CINT FLAG。通用定时器 2 比较中断标志位。

读：0　标志被复位。

1　标志被置位。

写：0　无效。

1　复位标志位。

位 0　T2PINT FLAG。通用定时器 2 周期中断标志位。

读：0　标志被复位。

1　标志被置位。

写：0　无效。

1　复位标志位。

③ EVA 中断标志寄存器 C(EVAIFRC)——地址 7431h。

15～3	2	1	0
保留位	CAP3INT FLAG	CAP2INT FLAG	CAP1INT FLAG
R_0	RW1C_0	RW1C_0	RW1C_0

位 15～3　保留位。

位 2　CAP3INT FLAG。捕获单元 3 中断标志位。

读：0　标志被复位。

1　标志被置位。

写：0　无效。

1　复位标志位。

位 1　CAP2INT FLAG。捕获单元 2 中断标志位。

读：0　标志被复位。

1　标志被置位。

写：0　无效。

1　复位标志位。

位 0　CAP1INT FLAG。捕获单元 1 中断标志位。

读：0　标志被复位。

1　标志被置位。

写：0　无效。

1　复位标志位。

④ EVA 中断屏蔽寄存器 A(EVAIMRA)——地址 742Ch。

15～11	10	9	8
保留位	T1OFINT ENABLE	T1UFINT ENABLE	T1CINT ENABLE
R_0	RW_0	RW_0	RW_0

7	6～4	2	1	0
T1PINT ENABLE	保留位	CMP2INT ENABLE	CMP1INT ENABLE	PDPINTA ENABLE
RW_0	RW_0	RW_0	RW_0	RW_0

位 15～11　保留位。

位 10　T1OFINT ENABLE。通用定时器 1 上溢中断使能位。
　0　禁止。
　1　使能。

位 9　T1UFINT ENABLE。通用定时器 1 下溢中断使能位。
　0　禁止。
　1　使能。

位 8　T1CINT ENABLE。通用定时器 1 比较中断使能位。
　0　禁止。
　1　使能。

位 7　T1PINT ENABLE。通用定时器 1 周期中断使能位。
　0　禁止。
　1　使能。

位 6～4　保留位。

位 3　CMP3INT ENABLE。比较单元 3 中断使能位。
　0　禁止。
　1　使能。

位 2　CMP2INT ENABLE。比较单元 2 中断使能位。
　0　禁止。
　1　使能。

位 1　CMP1INT ENABLE。比较单元 1 中断使能位。
　0　禁止。
　1　使能。

位 0　PDPINTA ENABLE。功率驱动保护中断使能位。
　0　禁止。
　1　使能

⑤ EVA 中断屏蔽寄存器 B(EVAIMRB)——地址 742Dh。

15～4	3	2	1	0
保留位	T2OFINT ENABLE	T2UFINT ENABLE	T2CINT ENABLE	T2PINT ENABLE
R_0		RW1C_0	RW1C_0	RW1C_0

位 15～4　保留位。

位 3　T2OFINT ENABLE。通用定时器 2 上溢中断使能位。
　0　禁止。
　1　使能。

位 2　T2UFINT ENABLE。通用定时器 2 下溢中断使能位。
　0　禁止。
　1　使能。

位 1　T2CINT ENABLE。通用定时器 2 比较中断使能位。
　0　禁止。
　1　使能。

位 0　T2PINT ENABLE。通用定时器 2 周期中断使能位。
　0　禁止。
　1　使能。

⑥ EVA 中断屏蔽寄存器 C(EVAIMRC)——地址 742Fh。

15～3	2	1	0
保留位	CAP3INT ENABLE	CAP2INT ENABLE	CAP1INT ENABLE
R_0	RW_0	RW_0	RW_0

位 15～3　保留位。

位 2　CAP3INT ENABLE。捕获单元 3 中断使能位。

0　禁止。

1　使能。

位 1　CAP2INT ENABLE。捕获单元 2 中断使能位。

0　禁止。

1　使能。

位 0　CAP1INT ENABLE。捕获单元 1 中断使能位。

0　禁止。

1　使能。

由于事件管理器 EVB 模块的功能与 EVA 模块一样，只是把定时器 1、2 改为定时器 3、4，比较单元 1、2、3 改为比较单元 4、5、6，捕获单元 1、2、3 改为捕获单元 4、5、6，因此在这里不再介绍 EVB 模块中断寄存器单元。

4.2 通用定时器

每个事件管理器有两个通用定时器，GP1、GP2 为事件管理器 EVA 的定时器；GP3、GP4 为事件管理器 EVA 的定时器。这些定时器可以根据具体的应用独立地使用，比如：

① 在控制系统中产生采样周期；

② 为捕获单元和正交脉冲计数操作提供基准时钟；

③ 为比较单元和相应的 PWM 产生电路提供基准时钟。

4.2.1 通用定时器概述

每个事件管理模块有两个通用可编程定时器（GP）。定时器 x（对 EVA，$x=1$，2；对 EVB，$x=3$，4）包括：

① 一个 16 位的定时器增/减计数的计数器 TxCNT，可读写；

② 一个 16 位的定时器比较寄存器（双缓存，带影子寄存器）TxCMPR，可读写；

③ 一个 16 位的定时器周期寄存器（双缓存，带影子寄存器）TxPR，可读写；

④ 一个 16 位的定时器控制寄存器 TxCON，可读写；

⑤ 可选择的内部或外部输入时钟；

⑥ 用于内部或外部始终输入的可编程的预定标器；

⑦ 控制和中断逻辑用于 4 个可屏蔽的中断——下溢、溢出、定时器比较和周期中断；

⑧ 可选择方向的输入引脚 TDIRx（当用双向计数方式时用来选择向上或向下计数）。

通用定时器的方框图如图 4.2 所示。

4.2.2 通用定时器功能模块

各个 GP 定时器之间可以彼此独立工作或相互同步工作。与每个 GP 定时器有关的比较寄存器可用作比较功能或 PWM 波形发生。对每个 GP 定时器在增/减计数方式中，有 3 种连续的工作方式。每个 GP 定时器的内部或外部的输入时钟都可进行可编程的预定标。GP 定时器还向事件管理器的子模块提供时基。周期寄存器和比较寄存器的双缓冲允许根据需要

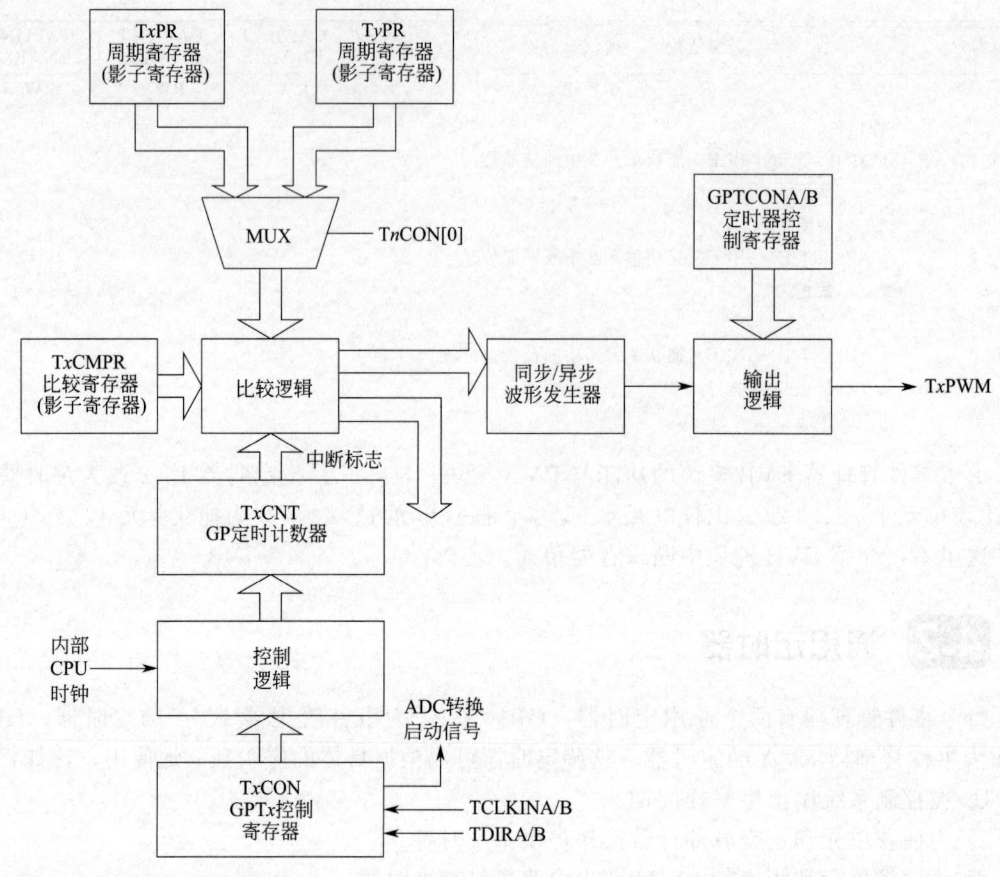

图4.2 通用定时器方框图（$x=2$或4。当$x=2$时，$y=1$且$n=2$；当$x=4$时，$y=3$且$n=4$）

编程改变（PWM）周期和PWM脉冲宽度。

控制寄存器GPTCONA/B规定了通用定时器针对不同的定时器事件所采用的操作，并且指明了所有四个通用定时器的技术方向。GPTCONA/B是可读/写的，写状态位的信息无效。

（1）通用定时器输入

通用定时器的输入如下：

① 内部CPU时钟；

② 外部时钟TCLKINA/B，最大频率是CPU时钟频率的四分之一；

③ 方向输入TDIRA/B，控制通用定时器增/减计数；

④ 复位信号RESET。

另外，当一个通用定时器与正交编码脉冲电路一起使用时，正交编码器脉冲电路同时产生定时器的时钟和计数方向。

（2）通用定时器输出

通用定时器的输出如下：

① 通用定时器比较输出TxCMP，$x=1,2,3,4$；

② 至ADC模块的模数转换启动信号；

③ 比较逻辑和比较单元的下溢、上溢、比较匹配和周期匹配信号；

④ 计数方向指示位。

（3）单个通用定时器控制寄存器（TxCON）

通用定时器的操作模式由它的控制寄存器 TxCON 决定，寄存器 TxCON 中的各位意义如下：

- 通用定时器处于 4 种计数模式中的哪一种；
- 通用定时器使用外部时钟还是内部 CPU 时钟；
- 输入时钟使用 8 种预定标因子（范围从 1～1/128）中的哪一种；
- 何种条件下重装载定时器的比较寄存器；
- 通用定时器是否使能；
- 通用定时器的比较操作是否使能；
- 通用定时器 2 使用它自身的还是通用定时器 1 的周期寄存器（EVA）；
- 通用定时器 1 使用它自身的还是通用定时器 2 的周期寄存器（EVB）；
- 定时器 x 控制寄存器（TxCON；x=1,2,3,4）。

15	14	13	12	11	10	9	8
Free	Soft	保留位	TMODE1	TMODE0	TPS2	TPS1	TPS0
RW_0	RW_0	RW_0	RW_0	RW_0	RW_0	RW_0	RW_0

7	6	5	4	3	2	1	0
T2SWT1/ T4SWT3+	TENABLE	TCLKS1	TCLKS0	TCLD1	TCLD0	TECMP	SELT1/ SELT3PR+
RW_0	RW_0	RW_0	RW_0	RW_0	RW_0	RW_0	RW_0

注：在 T1CON 和 T3CON 中复位，R=可读，W=可写，_0=复位值。

位 15～14　Free，Soft。仿真控制位。

00　一旦仿真挂起，立即停止。

01　一旦仿真挂起，在当前定时器周期结束后停止。

10　操作不受仿真挂起的影响。

11　操作不受仿真挂起的影响。

位 13　保留位，读为 0，写无影响。

位 12～11　TMODE1/TMODE0。计数模式选择。

00　停止/保持模式。

01　连续增/减计数模式。

10　连续增计数模式

11　定向增/减计数模式。

位 10～8　TPS2～TPS0。输入时钟预定标系数。

000　X/1　001　X/2

010　X/4　011　X/8

100　X/16　101　X/32

110　X/64　111　X/128

位 7　T2SWT1/T4SWT3+。定时器 2、4 周期寄存器选择位。

0　定时器 2、4 使用自身的周期寄存器。

1　使用 T1CON、T2CON 中的定时器使能位使能或禁止相应的操作，从而忽略了自身的定时器使能位。

位 6　TENABLE。定时器使能位。

0　禁止定时器操作，即定时器被置于保持状态且预定标器被复位。

1　使能定时器操作。

位 5～4　TCLKS1/ TCLKS0。时钟源选择。

00　内部 CPU 时钟。

01　外部时钟。

10　保留。

11　正交编码脉冲电路——只适用于定时器 2 和定时器 4，在定时器 1、3 中保留，这种操作只在 SELT1PR=0 时有效。

位3～2　TCLD1/ TCLD0。定时器比较寄存器(如果有效)的重载条件。

00　当计数值是0时重装载。

01　当计数值是0或等于周期寄存器值时重装载。

10　立即重装载。

11　保留。

位1　TECMPR。定时器比较使能位。

0　禁止定时器比较操作。

1　使能定时器比较操作。

位0　SELT1/SELT3PR＋。周期寄存器选择,在定时器2、4中有效,定时器1、3中保留。

0　使用自身的周期寄存器。

1　使用T1PR(在EVA模块)或T3PR(EVB模块)作为周期寄存器,而忽略自身的周期寄存器。

(4) 全局通用定时器控制寄存器（GPTCONA/B）

全局通用定时控制寄存器GPTCONA/B规定了通用定时器对不同定时器时间所采用的操作，并指明了它们的计数方向。

- 全局通用定时器控制寄存器A（GPTCONA）——地址7400h。

15	14	13	12	11	10	9	8
保留位	T2STAT	T1STAT	保留位		T2TOADC		T1TOADC
RW_0	R_1	R_1	RW_0	RW_0	RW_0	RW_0	RW_0

7	6	5	4	3	2	1	0
T1TOADC	TCOMPOE	保留位		T2PIN		T1PIN	
RW_0	RW_0	RW_0	RW_0	RW_0	RW_0	RW_0	RW_0

位15　保留位。

位14　T2STAT。通用定时器2的状态,只读。

0　减计数。

1　增计数。

位13　T1STAT。通用定时器1的状态,只读。

0　减计数。

1　增计数。

位12～11　保留位。

位10～9　T2TOADC。通用定时器2启动模数转换事件。

00　无事件启动模数转换。

01　设置由下溢中断标志来启动模数转换。

10　设置由周期中断标志来启动模数转换。

11　设置由上溢中断标志来启动模数转换。

位8～7　T1TOADC。通用定时器1启动模数转换事件。

00　无事件启动模数转换。

01　设置由下溢中断标志来启动模数转换。

10　设置由周期中断标志来启动模数转换。

11　设置由上溢中断标志来启动模数转换。

位6　TCOMPOE。比较输出允许,如果PDPINTx有效,则该位设置为0。

0　禁止所有通用定时器比较输出(所有比较输出都置成高阻态)。

1　使能所有通用定时器比较输出。

位5～4　保留位。

位3～2　T2PIN。通用定时器2比较输出极性。

00　强制低。

01　低有效。

10　高有效。

11　强制高。

位1～0　T1PIN。通用定时器1比较输出极性。

00　强制低。

01　低有效。

10　高有效。

11　强制高。

由于全局通用定时器控制寄存器 B（GPTCONB）的内容与 GPTCONA 一样，只是把定时器 1、2 改为定时器 3、4。在这里只给出了它的寄存器单元地址。

- 全局通用定时器控制寄存器 B（GPTCONB）——地址 7500h。

15	14	13	12	11	10	19	8
保留位	T2STAT	T1STAT	保留位		T2TOADC		T1TOADC
RW_0	R_1	R_1	RW_0	RW_0	RW_0	RW_0	RW_0

7	6	5	4	3	2	1	0
T1TOADC	TCOMPOE	保留位		T2PIN		T1PIN	
RW_0	RW_0	RW_0	RW_0	RW_0	RW_0	RW_0	RW_0

（5）通用定时器的比较寄存器

与通用定时器相关的比较寄存器存储着持续与通用定时器的计数器进行比较的值，当发生匹配时，将产生以下事件：

① 根据 GPTCONA/B 位的设置不同，相关的比较输出发生跳变，或启动 ADC；

② 相应的中断标志将被置位；

③ 如中断未屏蔽将产生外设中断请求。

通过设置 TxCON 寄存器的相关位，可以使能或禁止比较操作。比较操作和输出适用于任何一种定时模式，当然也包括 QEP 模式。

通用定时器比较寄存器的地址为：7402h（T1CMPR），7406h（T2CMPR），7502h（T3CMPR），7506h（T4CMPR）。

（6）通用定时器周期寄存器

通用定时器周期寄存器的值决定了定时器的周期，当周期寄存器的值和定时器计数器的值之间产生匹配时，通用定时器的操作就停止并保持其当前值，并根据计数器所处的计数方式执行复位为零或开始递减计数。

通用定时器的周期寄存器的地址为：7403h（T1PR），7407h（T2PR），7503h（T3PR），7507h（T4PR）。

（7）通用定时器的比较和周期寄存器的两级缓存

通用定时器的比较寄存器 TxCMPR 和周期寄存器 TxPR 是带有影子寄存器的。在一个周期中的任一时刻，一个新的值可以写到这两个寄存器的任一个中去。注意，新值是被写到相应的影子寄存器中的。对比较寄存器而言，仅当由 TxCON 寄存器所规定的某一个特定定时事件发生时，影子寄存器的内容才加载到工作的比较寄存器中。对周期寄存器而言，仅当计数寄存器 TxCNT 为零时，工作的周期寄存器才重新加载它的影子寄存器的值。比较寄存器加载的情况可能是下列情况中的一种：

① 在写信息到影子寄存器后立即加载；

② 下溢时，即通用定时器计数器的值为 0 时；

③ 下溢或周期匹配时，即当计数器的值为 0 且计数器的值与周期寄存器的值相等时。

周期寄存器和比较寄存器的双缓存特点允许应用代码在一个周期中的任何时候都可以更新周期寄存器和比较寄存器，这将改变下一个周期的定时器周期和 PWM 的脉冲宽度。对于 PWM 发生器来说，定时器周期值的高速变化就意味着载波频率的高速变化。

注意：初始化周期寄存器。通用定时器的周期寄存器应该在计数器被初始化为一个非0的值之前进行初始化。否则，周期寄存器的值将保持不变直到下一次下溢发生。

另外，当相应的比较操作被禁止时，比较寄存器是透明的，即新装入值直接进入工作的比较寄存器。这适用于事件管理器的所有比较寄存器。

(8) 通用定时器的比较输出

通用定时器的比较输出可规定为高有效、低有效、强制高或强制低，这取决于GPTCONA/B中的位是如何配置的。当它为高有效/低有效时，在第一次比较匹配发生时比较输出由低至高/由高至低。而后如果通用定时器处于增/减计数模式，在第二次比较匹配时比较输出从高至低/从低至高；如果通用定时器处于增计数模式，在周期匹配时比较输出从高至低/从低至高。当比较输出规定为强制高至低时，它立即变高为低。

(9) 通用定时器计数方向

在所有定时器操作中，通用定时器的计数方向由寄存器GPTCONA/B相应的位来反映，即位TxSTAT：

1代表增计数方向；

0代表减计数方向。

当通用定时器处于定向增/减计数模式时，输入引脚TDIRA/B决定了计数的方向。当TDIRA/B引脚置为高电平时，规定为增计数；当TDIRA/B引脚置为低电平时，规定为减计数。

(10) 通用定时器时钟

通用定时器的时钟源可采用内部CPU时钟或外部时钟输入。外部时钟的频率必须低于或等于CPU时钟频率的1/4。在定向增/减计数器模式下，通用定时器2（EVA模块）和通用定时器4（EVB模块）可用于正交编码脉冲（QEP）电路。这时，正交编码脉冲电路既为定时器提供时钟又提供输入方向。

每个通用定时器可为时钟输入选择灵活的预定标因子。

(11) 基于正交编码脉冲的时钟输入

正交编码脉冲（QEP）电路可为定向增/减计数模式下的通用定时器2和4提供输入时钟和计数方向。这个输入时钟的频率不能由通用定时器的预定标电路改变其比例（即：当正交编码脉冲电路被选作时钟源时，选中的通用定时器的预定标因子的值总是1）。而且正交编码脉冲电路产生的时钟频率是每个正交编码脉冲输入通道频率的4倍，因为正交编码脉冲输入通道的上升和下降沿都被所选的定时器进行计数。正交编码脉冲输入的频率必须低于或等于内部CPU时钟频率的1/4。

(12) 通用定时器的同步

通过正确地配置T2CON和T4CON寄存器，通用定时器2可与通用定时器1实现同步（EVA模块）；通用定时器4可与通用定时器3实现同步（EVB模块）。实现的步骤如下。

① EVA模块

• 置T1CON寄存器中的TENABLE位为1，且置T2CON寄存器中的T2SWT1位为1。此时，将同时启动两个定时器的计数器。

• 在启动同步操作前，将通用定时器1和2定时计数器初始化成不同的值。

• 置T2CON寄存器中的SELT1PR位为1，使通用定时器2将通用定时器1的周期寄存器作为它自己的周期寄存器（忽略它自身的周期寄存器）使用。

② EVB模块

- 置 T3CON 寄存器中的 TENABLE 位为 1，且置 T4CON 寄存器中的 T4SWT3 位为 1。此时，将同时启动两个定时器的计数器。
- 在启动同步操作前，将通用定时器 3 和 4 定时计数器初始化成不同的值。
- 置 T4CON 寄存器中的 SELT3PR 位为 1，使通用定时器 4 将通用定时器 3 的周期寄存器作为它自己的周期寄存器（忽略它自身的周期寄存器）使用。

这就允许了通用定时器事件之间的有效同步。因为每一个通用定时器从它的计数寄存器中的当前值开始计数操作，所以一个通用定时器被编程为其他通用定时器启动之后延时一段已知的时间再启动。

（13）通用定时器时间启动模块转换

GPTCONA/B 寄存器的位可以规定模数转换器的启动信号由通用定时器的哪些事件来产生，如下溢、比较匹配或周期匹配。这种特点允许在没有 CPU 干涉的情况下，在通用定时器事件和模数转换的启动之间提供同步。

（14）仿真悬挂时的通用定时器

通用定时器的控制寄存器（TxCON）还定义了仿真悬挂期间的通用定时器操作。当仿真中断出现时，这些位也可被设置为规定的通用定时器持续运行，也就使得在线仿真成为可能。当仿真中断出现时，这些位也可被设置为规定的通用定时器立即停止操作或是在当前计数周期完成后停止操作。

当内部 CPU 时钟被仿真器终止时（例如，当仿真时遇到一个断点时），仿真悬挂就发生了。

（15）通用定时器的中断

通用定时器在 EVAIFRA、EVAIFRB、EVBIFRA、EVBIFRB 中有 12 个中断标志。每个通用定时器可根据以下事件产生 4 个中断：

① 上溢——TxOFINF（x=1，2，3 或 4）；

② 下溢——TxUFINF（x=1，2，3 或 4）；

③ 比较匹配——TxCINT（x=1，2，3 或 4）；

④ 周期匹配——TxPINT（x=1，2，3 或 4）。

当通用定时器计数器的值与比较寄存器的值相同时，就产生定时器比较事件（匹配）。如果比较操作被使能，则相应的比较中断标志在匹配之后两个 CPU 时钟周期被置位。

定时计数器的值达到 FFFFh，就产生了上溢事件。定时计数器的值达到 0000h，就产生了下溢事件。类似地，当定时计数器的值与周期寄存器的值相同时，就产生一个中断标志位将被置位事件。

4.2.3　通用定时器的计数操作

每个通用定时器有 4 种可选择的操作模式：

- 停止/保持模式；
- 连续增计数模式；
- 定向增/减计数模式；
- 连续增/减计数模式。

相应的定时器控制寄存器 TxCON 中的位的形式决定了通用定时器的计数模式。定时器使能位（TxCON [6]，即 TENABLE）使能或禁止定时器操作。当定时器被禁止时，定时器的计数操作停止并且定时器的预定标器被复位为 X/1。当定时器使能时，定时器按照寄存器 T*x*CON 中的其他位（T*x*CON[12～11]）确定它的计数模式，并开始计数。

（1）停止/保持模式

在这种模式下，通用定时器的操作同时并保持当前状态，定时器的计数器、比较输出和预定标器都保持不变。

（2）连续增计数模式

在这种模式下，通用定时器将按照定标的输入时钟计数，直到它的计数器的值和周期寄存器的值相等为止。匹配之后的下一个输入时钟的上升沿，通用定时器复位为 0 并开始另一个计数周期。

在定时计数器与周期寄存器匹配之后的两个 CPU 时钟周期后，周期中断标志被置位。如果外设中断没有被屏蔽的话，将产生外设中断请求。如果该周期中断已通过 GPTCONA/B 寄存器中的相应位设置来启动模数转换器，那么在中断标志被置位的同时，模数转换启动信号就被送到模数转换模块。

在定时器的值达到 FFFFh 后，定时器的上溢中断标志位在两个 CPU 时钟周期后被置位。如果外设中断没有被屏蔽的话，将产生外设中断请求。

除了第一个周期外，定时器周期的时间为 T*x*PR＋1 个定标的时钟输入周期。如果定时器开始计数时的值为 0，那么第一个周期的时间也和以后的周期时间相同。

通用定时器的初始值可以是 0000h～FFFFh 中的任意值。当该初始值大于周期寄存器的值时，定时器将计数至 FFFFh，复位为 0 后将继续以上操作，好像初始值是 0 一样。当该初始值等于周期寄存器的值时，定时器将置位周期中断标志，计数器复位为 0，设置下溢中断标志并继续以上操作，好像初始值是 0 一样。如果定时器的值在 0 和周期寄存器的值之间，定时器将计数到周期寄存器的值并且继续完成该计数周期，就好像计数器的初始值与周期寄存器的值相同一样。

在该模式下，GPTCONA/B 寄存器中的定时器计数方向指示为 1。无论是内部 CPU 时钟或是外部时钟输入都可选做定时器的输入时钟。在这种计数模式下，TDIRA/B 引脚输入将被通用定时器忽略。

通用定时器连续增计数模式特别适用于边沿触发或异步 PWM 波形的产生，也适用于许多电机和运动控制系统的采样周期的产生。

通用定时器连续增计数模式（T*x*PR＝3 或 2）如图 4.3 所示，从计数器达到周期寄存器的值到它开始另一个计数周期的过程中没有丢失一个时钟周期。

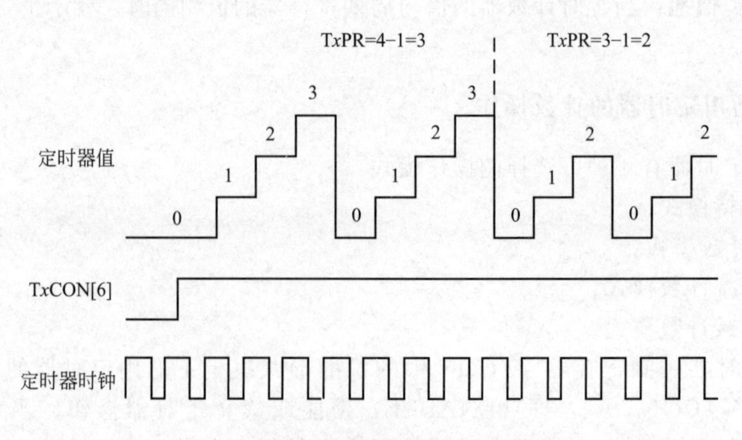

图 4.3　通用定时器连续增计数模式

（3）定向增/减计数模式

通用定时器在定向增/减计数模式中将根据指标的时钟和 TDIRA/B 引脚的输入来增或减计数。当引脚 TDIRA/B 保持为高时，通用定时器将增计数直到计数值达到周期寄存器的值（当计数器初值大于周期寄存器的值或计数值达到 FFFFh 时）。当定时器的值等于周期寄存器的值或 FFFFh，并且引脚 TDIRA/B 保持高时，定时器的计数器复位到 0 并继续增计数到周期寄存器的值。当引脚 TDIRA/B 保持为低时，通用定时器将减计数直到计数器重新载入周期寄存器的值，开始新的减计数。

定时器的初始值可以为 0000h～FFFFh 中的任何值，当定时器的初始值大于周期寄存器的值时，如果引脚 TDIRA/B 保持高，定时器的计数器增计数到 FFFFh，才自复位到 0，并继续计数直到周期寄存器的值；如果引脚 TDIRA/B 保持为低，且定时器的初始值大于周期寄存器的值时，计数器将减计数到周期寄存器的值后，再减计数直到 0，当计数器的值为 0 后，重新装入周期寄存器的值，开始新的减计数。

周期、下溢和上溢中断标志位、中断和相关的事件都由各自的匹配产生，其产生方式与连续增计数模式下的一样。

从引脚 TDIRA/B 的变化到计数方向的变化之间的延时是当前计数结束后的两个 CPU 时钟周期，即当前预定标的计数器周期结束之后的两个 CPU 时钟周期。

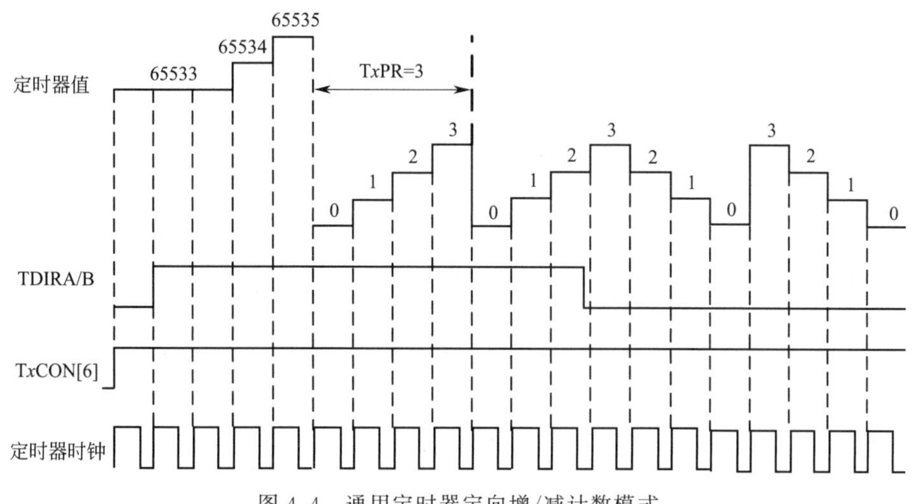

图 4.4　通用定时器定向增/减计数模式

定时器在这种模式下的计数方向由 GPTCONA/B 寄存器中的方向指示位给出：1 表示增计数；0 表示减计数。无论从引脚 TCLKINA/B 输入的外部时钟还是内部 CPU 时钟都可作为该模式下的定时器输入时钟。

通用定时器定向增/减计数模式如图 4.4 所示，图中预定标因子为 1，$TxPR=3$。

通用定时器的定向增/减计数模式能够用于事件管理模块中的正交编码脉冲电路。在这种情况下，正交编码脉冲电路为定时器 2 和 4 提供计数时钟和方向。这种工作方式可用于控制运动/电机控制和电力电子设备中的外部事件定时。

（4）连续增/减计数模式

这种计数模式与定向增/减计数模式基本相同，只是在连续增/减计数模式下，引脚 TDIRA/B 的状态不再影响计数的方向。定时器的计数方向仅在计数器的值达到周期寄存器的值时（或在 FFFFh 时，定时器的初始值大于周期寄存器的值），才从增计数变为减计数。定时器的计数方向仅在计数器的值为 0 时才从减计数变为增计数。

除了第一个周期外，定时器周期都是 2 倍 TxPR 个定标输入时钟周期。如果定时器的计数器初始值为 0，那么第一个计数周期的时间就与其他的周期一样。

通用定时器的计数初始值可以是 0000h～FFFFh 中的任何值，当计数器初始值不同时，其第一个周期的计数方向和周期也不同。当计数器初始值大于周期寄存器的值时，定时器将增计数到 FFFFh，然后复位为 0，开始正常的连续增/减计数模式，就好像其初始值是 0 一般。当计数器初始值与周期寄存器的值相等时，定时器将减计数至 0，然后开始正常的连续增/减计数模式，就好像初始值是 0 一般。当计数器的值在 0 和周期寄存器的值之间时，定时器将增计数至周期寄存器的值并继续完成该周期，就好像计数器的初始值与周期寄存器的值相同一样。

周期、下溢和上溢中断标志位、中断和相关的事件都由各自的匹配产生，其产生方式与连续增计数模式下的一样。

定时器在这种模式下的计数方向由 GPTCONA/B 寄存器中的方向指示位给出：1 表示增计数；0 表示减计数。无论从引脚 TCLKINA/B 输入的外部时钟还是内部 CPU 时钟都可作为该模式下的定时器输入时钟。只是该模式下定时器忽略了引脚 TDIRA/B 的输入。

连续增/减计数模式如图 4.5 所示，这种计数模式尤其适用于对称的 PWM 波形，该波形广泛应用于电机/运动控制和电力电子设备中。

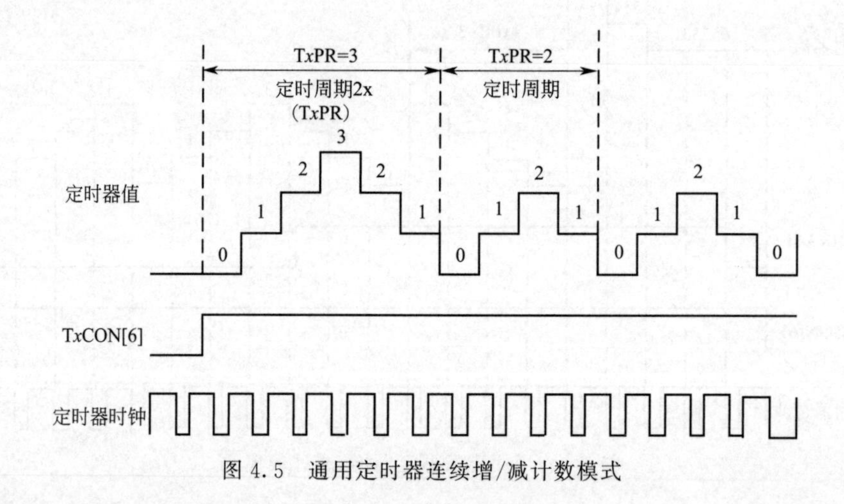

图 4.5 通用定时器连续增/减计数模式

4.3 PWM 电路

带有比较电路的脉冲宽度调制（PWM）电路可以产生 6 个带有可编程死区和输出极性的 PWM 输出通道。

4.3.1 有比较单元的 PWM 电路

EVA 的 PWM 电路功能模块如图 4.6 所示，它包括以下几个功能单元。

① 非对称/对称波形。

② 可编程死区单元。

③ 输出逻辑。

④ 空间向量 PWM 状态机。

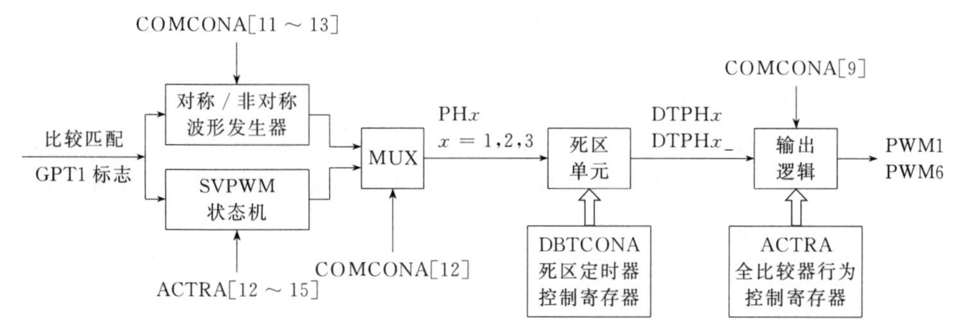

图 4.6　PWM 电路模块图

EVB 的 PWM 电路功能模块图与 EVA 相同，只是相应的寄存器设置发生变化。非对称/对称波形发生器与定时器的一样。死区单元、逻辑输出、空间向量 PWM 状态机和空间向量 PWM 技术将在后面讲述。

PWM 电路主要应用在电动机控制和运动控制中，当产生脉冲宽度调制波形时，应该尽量减少 CPU 的开销和用户中断。带有比较单元的 PWM 和相关的 PWM 电路由下面的控制寄存器控制：T1CON、COMCONA、ACTRA 和 DBTCONA（EVA）；T3CON、COMCONB、ACTRB 和 DBTCONB（EVB）。

（1）事件管理器产生 PWM 的能力

每个事件管理器模块（A 和 B）产生 PWM 波形的能力总结如下。

① 5 个独立的 PWM 输出，3 个可以由比较单元产生，另外两个由定时器的比较功能产生。

② 可编程死区，用于带有比较单元的 PWM 输出对。

③ 最小 1 个时钟周期的死区持续时间。

④ 最小 1 个时钟周期的 PWM 脉冲宽度以及 1 个时钟周期的脉冲宽度增加/减少的步长。

⑤ 最大 16 位的 PWM 分辨率。

⑥ ON-THE-FLY 的变化 PWM 载体频率（双缓冲周期寄存器）。

⑦ ON-THE-FLY 的变化 PWM 脉冲宽度（双缓冲比较寄存器）。

⑧ 功率驱动保护中断。

⑨ 可编程的产生非对称、对称和空间向量的 PWM 波形。

⑩ 自动重装比较寄存器和周期寄存器，使 CPU 的开销时间最小化。

（2）可编程死区单元

EVA 和 EVB 拥有自己的可编程死区单元 DBTCONA 和 DBTCONB。可编程死区单元的特点如下。

① 1 个 16 位的死区控制寄存器 DBTCONx（RW）。

② 1 个输入时钟预定标因子：X/1、X/2、X/4……直到 X/32。

③ 器件（CPU）时钟输入。

④ 3 个 4 位减计数定时器。

⑤ 控制逻辑。

（3）死区定时器控制寄存器 A 和 B（DBTCONA 和 DBTCONB）

死区单元的操作由死区定时器控制寄存器 DBTCONA 和 DBTCONB 控制。

（4）死区单元的输入和输出

死区单元的输入是 PH1、PH2 和 PH3，它们分别来自于比较单元 1、2、3 的非对称/对称波形发生器。

死区单元的输出是DTPH1、DTPH1_、DTPH2、DTPH2_、DTPH3、DTPH3_，它们与PH1、PH2、PH3各自对应。

① 死区的产生　对于每一个输入信号PHx，都会产生两个输出信号DTPHx和DTPHx_。当比较单元和与它们相关的输出的死区被禁止时，这两个信号是相同的。当比较单元的死区使能时，两个信号的边沿变化被称做死区的时间间隔分割开。这个时间间隔由DBTCONx的相应位确定。如果DBTCONx［11～8］的数是m，DBTCON［4～2］对应的预定标因子数是x/p，那么死区的值为（$p \times m$）个时钟周期。

表4.13说明了如何用DBTCONx产生死区。该数值是基于25ns的器件时钟。图4.7是对于一个比较单元的死区逻辑的模块图。

表4.13　死区产生事例　　单位：μs

DBT3～DBT0(m) (DBTCONx[11～8])	DBTPS2～DBTPS0(p)(DBTCONx[4～2])					
	110和1×1 (p=32)	100(p=16)	011(p=8)	010(p=4)	001(p=2)	000(p=1)
0	0	0	0	0	0	0
1	0.8	0.4	0.2	0.1	0.05	0.025
2	1.6	0.8	0.4	0.2	0.1	0.05
3	2.4	1.2	0.6	0.3	0.15	0.075
4	3.2	1.6	0.8	0.4	0.2	0.1
5	4	2	1	0.5	0.25	0.125
6	4.8	2.4	1.2	0.6	0.3	0.15
7	5.6	2.8	1.4	0.7	0.35	0.175
8	6.4	3.2	1.6	0.8	0.4	0.2
9	7.2	3.6	1.8	0.9	0.45	0.225
A	8	4	2	1	0.5	0.25
B	8.8	4.4	2.2	1.1	0.55	0.275
C	9.6	4.8	2.4	1.2	0.6	0.3
D	10.4	5.2	2.6	1.3	0.65	0.325
E	11.2	5.6	2.8	1.4	0.7	0.35
F	12	6	3	1.5	0.75	0.375

② 死区单元的其他重要特点　设计死区单元的目的是，在由两个与比较单元相关的PWM输出控制的上位机和下位机操作中，防止重叠的发生。在这些情形中包括了当占空比为100%或0%时，装载的死区值大于占空比。如果发生这种情况，当比较单元的死区使能时，在周期结束时与比较单元相关的PWM输出将无法回到禁止状态。

（5）输出逻辑

输出逻辑电路决定当匹配发生时，PWMx（x=1～12）输出引脚的输出极性或者是如何动作。与比较电路相关的输出可以设定为高电平、低电平、强制高电平和强制低电平。PWM输出的极性和动作方式可以由ACTR寄存器的相应位来设定。PWM输出引脚当遇到下列几种情况时将变为高阻态。

① COMCONx［9］软件清0。

② 当$\overline{\text{PDPINT}x}$没有屏蔽时，硬件将$\overline{\text{PDPINT}x}$拉为低电平。

③ 产生任何复位事件。

激活$\overline{\text{PDPINT}x}$（当使能时）和系统复位的优先权均高于COMCON$x$和ACTR$x$。输出逻辑电路的模块功能如图4.8所示。比较单元输出逻辑的输入包括：

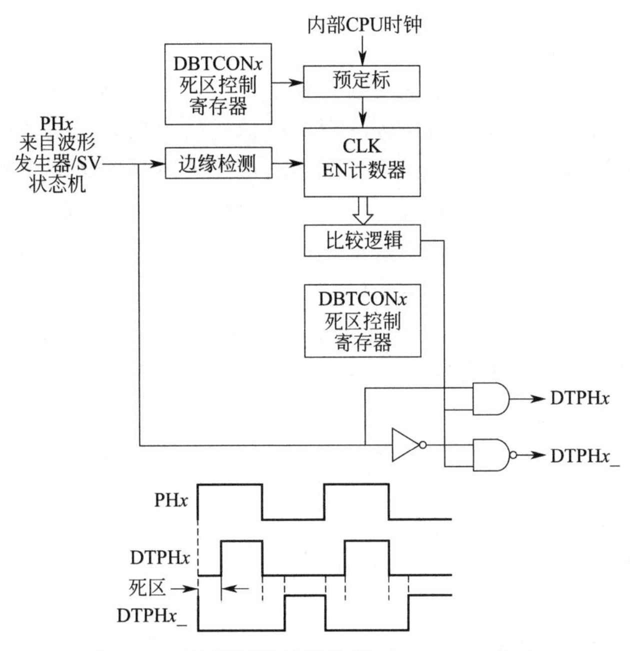

图 4.7　死区逻辑的模块图（x=1，2 或 3）

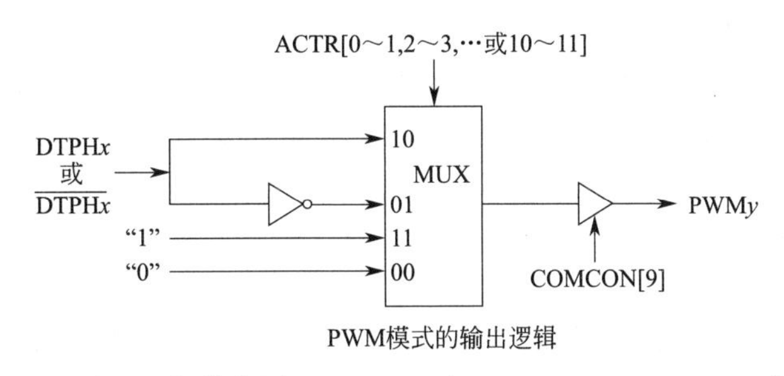

图 4.8　输出逻辑模块图（x=1，2 或 3；y=1，2，3，4，5 或 6）

① 来自死区单元的 DTPH1、$\overline{\text{DTPH1}}$、DTPH2、$\overline{\text{DTPH2}}$、DTPH3 和$\overline{\text{DTPH3}}$以及比较匹配信号。

② ACTRx 的控制位。

③ $\overline{\text{PDPINT}x}$和复位。

比较单元输出逻辑的输出为：

PWMx，x=1～6（EVA）；

PWMy，y=7～12（EVB）。

4.3.2　PWM 信号的产生

PWM 信号是一系列不同宽度脉冲组成的脉冲序列。这些脉冲分布在长度固定的周期内且每个周期只有一个脉冲。固定的周期称为 PWM（载波）周期，它的倒数称为 PWM（载波）频率。

在电机控制系统中，PWM 信号用来控制打开和关闭转换功率器件的时间以便将所需要的电流和能量传送给电机线圈，送给电机线圈的相位电流的形状、频率和能量的大小控制着电机的转速和转矩。如此一来，用于电机命令的电压和电流就是调制信号。调制信号的频率通常远远低于PWM载体的频率。

(1) PWM信号的产生

为了产生PWM信号，使用一个定时器来重复PWM的周期，用一个比较寄存器来存放调制值。定时器计数器的值不断地与比较寄存器的值进行比较，当两值匹配时，相关输出产生从低到高（或从高到低）的变化。当第二次匹配产生或周期结束时，相关引脚会产生另一个变化（从高到低或从低到高）。输出信号的变化时间由比较寄存器的值决定。这个过程在每个定时器周期按照比较寄存器不同的值重复，这样便产生了PWM信号。

关于死区的说明：在很多电机、运动以及功率电子中，通常将两个功率器件——上位和下位串联到一个功率转换引脚上。为了避免击穿，要求这两个器件在运行期间不能重叠工作。因此，需要一对无重叠的PWM输出对去正确地开启或关闭器件。因此，在关闭一个晶体管和打开一个晶体管之间插入一个死区。死区允许在打开一个晶体管之前完成关闭另一个晶体管的操作。死区时间的长短由功率器件的开启特性、闭合特性和具体应用中的负载特性来决定。

(2) 利用事件管理器产生PWM输出

使用3个比较单元中的任意一个，定时计数器1（EVA）或定时计数器3（EVB），死区单元和输出逻辑可以在指定的引脚上产生一对带有可编程死区和输出极性的PWM输出。每个事件管理器模块都有6个指定的PWM输出引脚，它们与3个比较单元有关。这6个输出引脚可以方便地控制三相交流感应电流和无刷直流电机。通过比较动作控制寄存器（ACTRx）可以灵活地控制输出，这样在广泛的应用中也可较为容易地控制开关磁阻和同步磁阻电机。在单轴或多轴控制应用中，PWM电路可以方便地控制直流无刷电机和步进电机等其他类型的电机。如果需要，每个定时器单元都可以利用自身的定时器来产生PWM输出。

(3) 对称和非对称PWM的产生

事件管理器模块中每个比较单元都可以产生非对称和对称PWM波形。另外，使用3个比较单元可以产生3相对称空间矢量PWM输出。使用定时器的比较单元产生PWM已经在定时器章节中讲述过。我们将在本节中讨论用比较单元产生PWM。

(4) 产生PWM的寄存器设置

使用比较单元和相关电路产生3种PWM波形中的任何一种，都需要对事件管理器中相同的寄存器进行设置，包括以下步骤：

① 设置和装载ACTRx。

② 如果使用死区，则设置和装载DBTCONx。

③ 初始化CMPR。

④ 设置和装载COMCONx。

⑤ 设置和装载T1CON（对于EVA）或T3CON（对于EVB）来启动操作。

⑥ 将新变化的值重新写入CMPRx。

(5) 非对称PWM波形的产生

边沿触发和非对称PWM信号的特点在于它的调制信号不是关于PWM周期中心对称的，如图4.9所示。只可从脉冲的单边变化每个脉冲的宽度。

定时器1采用连续增计数模式来产生非对称PWM信号，周期寄存器装载与所需PWM载波周期相应的值。设置COMCONx使能比较操作，选择输出PWM的引脚并使能输出。如果使能死区，通过软件将与所需死区时间相应的值写入DBTCONx［11～8］，这个值是4位死区定时器的周期值。一个死区值可以用于所有的输出。

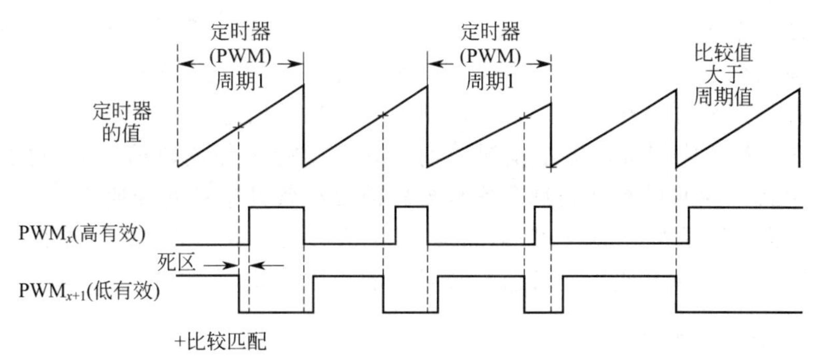

图 4.9　使用比较单元和 PWM 电路产生非对称 PWM 波形

通过软件正确地设置 ACTRx，可以在一个与比较单元相关的输出引脚上产生一个 PWM 信号，而其他信号在 PWM 周期的开始、中间和结束保持低（或关闭）或高（或开启）。这种通过软件进行灵活控制在开关磁阻的电机控制应用中很有用处。

定时器 1（或 3）启动后，可以将新确定的 PWM 周期比较值重新写入比较寄存器，这样可以控制 PWM 输出的宽度，以便控制功率器件开启和关闭的持续时间。由于比较寄存器带有阴影，因此可在一个周期的任何时候写入新值。同样，在一个周期的仼何时候将新值写入动作和周期寄存器来改变 PWM 周期或在 PWM 输出定义中强制变化。

（6）对称 PWM 波形的产生

对称 PWM 波形的特点在于调制脉冲是关于 PWM 脉冲中心对称的。对称 PWM 波形与非对称 PWM 波形相比，具有的一个优点是：在 PWM 周期开始和结束的时候，它有两个持续时间相同的不运行区域。在交流电机的相位电流中，这种对称引起的谐波会少于非对称情况，例如，在感应和直流无刷电机中采用正弦调制。如图 4.10 所示为两个对称 PWM 波形的波形范例。

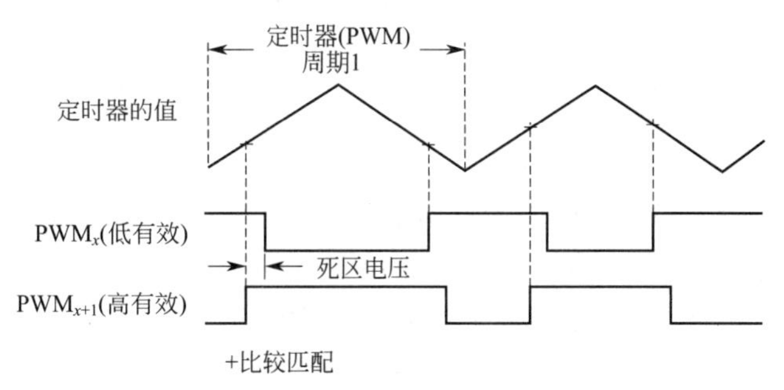

图 4.10　使用比较单元和 PWM 电路产生对称 PWM 波形

使用比较单元产生对称 PWM 波形与产生非对称 PWM 波形相似，唯一的区别在于定时器 1（或定时器 3）需要设为连续增/减计数模式。

在对称 PWM 波形的一个周期里通常有两种比较匹配，一种是在匹配前增计数的过程中产生，另一种是在周期匹配后减计数过程中产生。但是运行过程中重新装载的新的比较值在比较匹配发生后才有效。

因比较寄存器带有阴影，所以可在一个周期的任意时刻装载新的值。同样的原理，可在一个周期的任意时刻向动作寄存器和周期寄存器装载新值来改变 PWM 的周期或强制 PWM 输出定义变化。

（7）双更新 PWM 模式

28x 事件管理器支持“双更新 PWM 模式”。这种 PWM 操作模式提出了在每个 PWM

周期内独立修改一个 PWM 脉冲的前缘（leading edge）位置和后缘（trailing edge）位置的模式，为了支持这种模式，必须有能够决定 PWM 脉冲边缘位置的比较寄存器，该寄存器允许在一个 PWM 周期的开始和中间的其他时间内，对比较值进行一次更新。

28x 事件管理器的比较寄存器都是缓冲的，并且支持 3 种比较值重载/更新（缓冲器中的值被激活）模式。这些模式在早期是作为比较值重载条件来备有证明文件的。支持双更新 PWM 模式的重载条件是在下溢（PWM 周期的开始）或期间（PWM 周期的中间）进行重载。双更新 PWM 模式通过使用比较值重载条件而得以实现。

4.3.3 空间向量 PWM

空间向量 PWM 是指三相功率转换器的 6 个能量晶体管的一种特殊转换机制。它对三相交流电机线圈中的电流产生的谐波干扰最小。与正弦调制相比，它提供了一种更为有效的利用供电压的方法。

（1）三相功率转换器

典型的三相功率转换器的结构如图 4.11 所示，U_a、U_b 和 U_c 是电机线圈使用的电压。6 个功率晶体管由 DTPHx 和 DTPHx_ （x = a、b 和 c）控制。当上端晶体管打开（DTPHx=1），下端晶体管就会关闭（DTPHx_ =0）。因此，上端晶体管（Q_1、Q_3 和 Q_5）的开闭状态，或是 DTPHx 的状态足可以估计电机使用的电压 U_{out}。

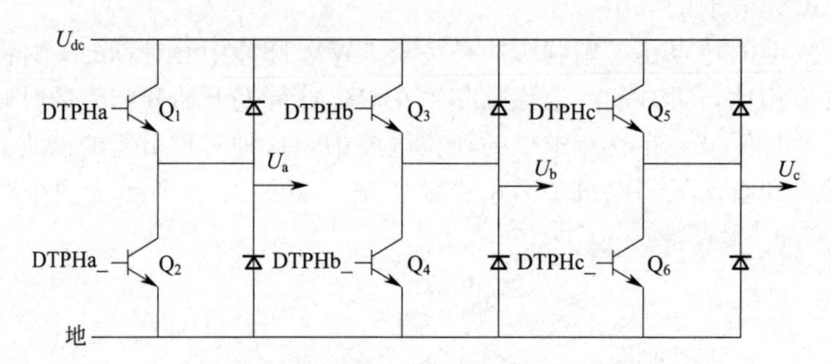

图 4.11 三相功率转换器的结构图

当上端晶体管的引脚导通，相应电机线圈的引脚电压 U_x（x=a，b，c）等于电源电压 U_{dc}。当它截止时，电压为 0。上端晶体管（DTPHx，x=a，b，c）开启和关闭转换有 8 种组合方式。8 种组合方式和被驱动电机的线电压和相电压（以直流电源电压 U_{dc} 为例）如表 4.14 所示。其中 a、b、c 分别代表 DTPHa、DTPHb 和 DTPHc。

表 4.14 三相功率转换器不同转换模式的线电压和相电压

a	b	c	$U_{a0}(U_{dc})$	$U_{b0}(U_{dc})$	$U_{c0}(U_{dc})$	$U_{ab}(U_{dc})$	$U_{bc}(U_{dc})$	$U_{ca}(U_{dc})$
0	0	0	0	0	0	0	0	0
0	0	1	−1/3	−1/3	2/3	0	−1	1
0	1	0	−1/3	2/3	−1/3	−1	1	0
0	1	1	−2/3	1/3	1/3	−1	0	1
1	0	0	2/3	−1/3	−1/3	1	0	−1
1	0	1	1/3	−2/3	1/3	1	−1	0
1	1	0	1/3	1/3	−2/3	0	1	−1
1	1	1	0	0	0	0	0	0

注：0=关闭，1=接通。

通过 d-q 变换可以将与 8 种变换对应的相电压映射到 d-q 平面上，d-q 变换相当于三维向量（a，b，c）正交投影到垂直于向量（1，1，1）的二维平面（即 d-q 平面）上，从而得到6个非零向量和两个零向量。6个非零向量构成六边形的轴线，相邻向量之间的夹角是60°。两个零向量位于坐标原点。这8个向量称作基本空间向量，记为 U_0，U_{60}，U_{120}，U_{180}，U_{240}，U_{300}，O_{000} 和 O_{111}。这种变换同样适用于输入电机所需电压向量 U_{out}。图4.12为向量投影和所需电机电压向量 U_{out} 的投影。

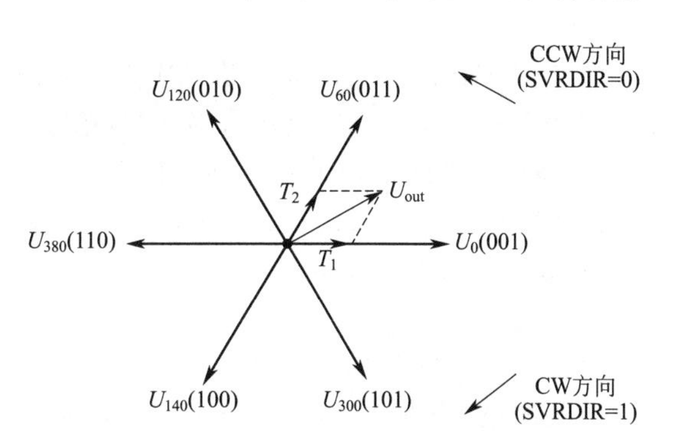

图4.12　基本的空间向量和转换模式

d-q 平面中的 d 轴和 q 轴相当于AC电机定义的正交轴中的水平轴和垂直轴。空间向量PWM方法的目的是利用6个功率晶体管的8种组合方式来估计电机的电压向量 U_{out}。

两相邻基本向量的二进制表示仅有一位不同。也就是说，当开启方式从 U_x 变到 U_{x+60} 或从 U_{x+60} 变到 U_x，仅有一个上端晶体管闭合。同样，当为零向量 O_{000} 和 O_{111} 时，没有电压施加在电机上。

（2）使用基本空间向量估计电机电压

在任何时候，电动机电压向量 U_{out} 的投影都落在6个非零向量中的一个上。因此，在任何PWM周期，通过求出位于两个相邻基本矢量的两个矢量元素的矢量来估算 U_{out}。

$$U_{\text{out}}=T_1U_x+T_2U_{x+60}+T_0(O_{000}\text{或}O_{111})$$

式中，$T_0=T_{\text{p}}-T_1-T_2$，T_{p} 是PWM的载波周期。

公式右边的第三部分不会影响向量和 U_{out}。U_{out} 的产生超出了本书的讨论范围，详情可见空间向量PWM和电机控制理论。

上方估计是指在时间 T_1 和 T_2 的持续时间里，上端晶体管根据 U_x 和 U_{x+60} 打开或关闭，这样使得电压 U_{out} 施加到电机上。

（3）使用事件管理器产生空间向量PWM波形

事件管理器模块内置硬件电路可以大大简化产生对称PWM波形的操作。软件用来产生空间向量PWM输出。

（4）软件

为了产生空间向量PWM输出，软件必须：

① 设置ACTRx，定义比较输出引脚的极性。

② 设置COMCONx，使能比较操作和空间向量PWM模式并设CMPRx的重载条件为下溢。

③ 定时器1设为连续增/减计数模式。

然后，用户通过软件确定在二维 d-q 平面上的 U_{out}，分解 U_{out} 并在每个PWM周期执行以下操作：

① 确定两个相邻的向量 U_x 和 U_{x+60}。

② 确定参数 T_1、T_2 和 T_0。

③ 把与 U_x 对应的开关模式写到ACTRx［14～12］，送1至ACTRx［15］。

④ 赋值 $T_1/2$ 给CMPR1，$T_1/2+T_2/2$ 给CMPR2。

（5）空间向量PWM硬件

事件管理器中的空间向量PWM硬件通过以下操作完成一个空间向量PWM周期。

① 每个周期的开始，通过定义ACTRx［14～12］将PWM输出设为新的模式 U_y。

② 增计数期间，如果CMPR1和定时器1第一次发生比较匹配，即匹配值为$T_1/2$，PWM输出转换为U_{y+60}（ACTRx［15］=1）或U_y模式（ACTRx［15］=0）（$U_{0-60}=U_{300}$，$U_{360+60}=U_{60}$）。

③ 当CMPR2和定时器1第二次发生比较匹配，即匹配值为（$T_1/2+T_2/2$），PWM输出转换为模式（000）或（111），它们与第二类输出方式之间只有一位的差别。

④ 减计数期间，如果CMPR2和定时器1第一次发生比较匹配，即匹配值为$T_1/2+T_2/2$，PWM输出返回到第二类输出方式。

⑤ 如果CMPR1和定时器发生第二次匹配，即匹配值为$T_1/2$，PWM输出返回到第一类输出方式。

（6）空间向量PWM波形

空间向量PWM波形关于每个PWM周期的中心对称，因此也称为对称空间向量PWM波形。图4.13是一个对称空间向量PWM波形的图例。

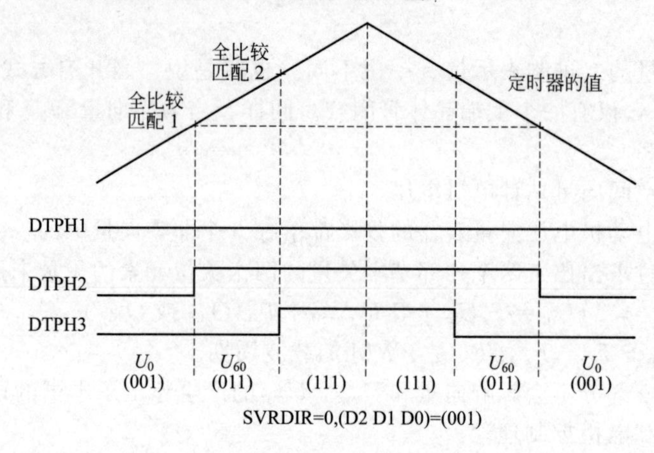

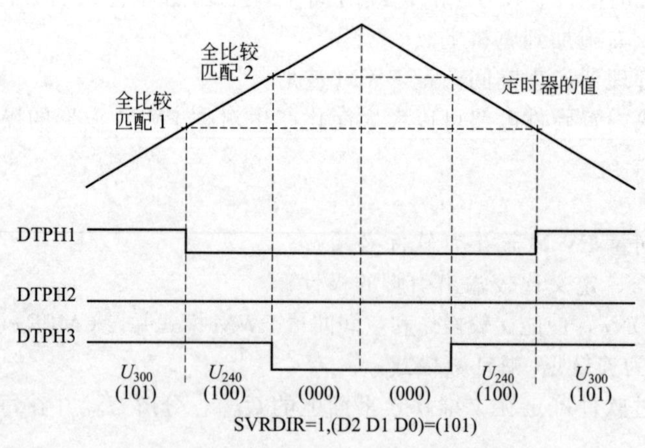

图4.13 对称空间向量PWM波形

（7）未使用的比较寄存器

产生PWM输出只需要两个寄存器。然而，第三个比较寄存器也不断和定时器1做比较。当一个比较匹配产生时，如果中断标志没有屏蔽相应的比较中断标志，此时就会产生外围设备中断请求。因此，产生空间向量PWM波形中没有使用比较寄存器，但在某些特殊应用中，它仍旧可以用于时间事件的产生。同样，由于状态机造成的额外时间延迟，对于空间向量PWM模式，比较寄存器的输出变化也要延迟一个时钟周期。

（8）空间向量PWM的边界条件

当两个比较寄存器CMPR1和CMPR2在空间向量PWM模式下装载值为0时，所有3个比较输出均不工作。所以在空间向量PWM模式下，用户需要保证CMPR1≤CMPR2≤T1PR，否则，将会产生无法预计的运行结果。

4.4 实例：事件管理器应用——产生PWM波

三个比较单元中的每一个都可以与事件管理器的EVA模块中的GP定时器1或EVB模块中的GP定时器3、死区单元和输出逻辑一起，用于产生一对有可编程死区和输出极性的PWM输出。对应于每个EV模块中的三个比较单元，共有六个这种给定的PWM输出引脚。这六个输出引脚可以用来控制三相交流感应电动机或无刷直流电动机。由比较动作控制寄存器（ACTRx）提供的输出动作控制的灵活性，使在许多应用场合中的开关和同步磁阻电动机的控制变得非常简单容易。

PWM电路可以在单任务或多任务应用场合控制其他类型的电动机，如直流有刷电动机和步进电动机等。如果需要，每个GP定时器比较单元也可以产生一个基于其自身定时器的PWM输出。

TMS320F2812总共有12路PWM输出。在这里使用EVB模块，输出6路即PWM7～PWM12，对于EVA模块也类似。下面给出了PWM输出应用的例子。

在PWM7～PWM12引脚上输出占空比不同的方波。PWM7、PWM 9和PWM11引脚的PWM输出方式设置为低有效，PWM8、PWM10和PWM12引脚的PWM输出方式设置为高有效，采用EVB模块中的通用定时器3产生比较时钟。程序如下：

（1）所需的复位和中断向量定义文件“vectors.asm”

```
//该文件利用汇编语言代码定义了复位和中断向量
.ref     _nothing;直接返回的中断服务程序符号
.ref     _c_int0;复位向量符号
.sect     ".vectors";
RSVCT   B    _c_int0        //PM0  复位向量       1
INT1    B    _nothing       //PM2  中断优先级 1    4
INT2    B    _nothing       //PM1  中断优先级 2    5
INT3    B    _nothing       //PM6  中断优先级 3    6
INT4    B    _nothing       //PM8  中断优先级 4    7
INT5    B    _nothing       //PMA  中断优先级 5    8
INT6    B    _nothing       //PMB  中断优先级 6    9
```

（2）主程序

```
//该程序利用EVB模块的PWM7～PWM12引脚产生不同占空比的方波
#include"register.h"
//屏蔽中断程序
void inline disable()
{
asm("sete INTM");
}
//系统初始化子程序
int initial()
```

```
{
asm("sete SXM");          //符号位扩展有效
asm("clrc OVM");          //累加器中结果正常溢出
asm("clrc OVM");          //B0 被配置为数据存储空间
*SCSR1=0x81FE;            //CLKIN=6MHz,CLKOUT=4×CLKIN=24MHz
*WDCR=0x0E8;              //不使能看门狗,因为 SCSR2 中的 WDOVERRIDE
                          //即 WD 保护位复位后的缺省值为 1,故可以用
                          //软件禁止看门狗
*IMR=0x0000:              //禁止所有中断
*IFR=0x0FFFF:             //清除全部中断标志,"与 1 清 0"
WSGR=0x00                 //禁止所有的等待状态
}
//EVB 模块的 PWM 初始化程序
int pwminitial()
{
*MCRC=*MCRC|0x007E;       //IOPE1~IOPE6 被配置为基本功能方式,PWM7~PWM12
*ACTRB=0x0666;            //PWM12、PWM10、PWM8 低有效,PWM11、PWM9、PWM7 高有效
*DBTCONB=0x00;            //不使能死区控制
*CMPR4=0x1000;
*CMPR5=0x3000;
*CMPR6=0x5000;
*T3PER=0x6000;            //设置定时器的周期寄存器,并设置 CMPR4~CMPR6,以确定不
                          //同的输出占空比
*COMCONB=0x8200;          //使能比较操作
*T3CON=0x1000;            //定时器 3 为连续增计数模式
}
//该中断服务程序主要是为了防止干扰,不做任何其他操作
void interrupt nothing()
{
return;                   //中断直接返回
}
//主程序
main()
{
disable();                //总中断禁止 1
initial();                //系统初始化
pwmintial();              //PWM 输出初始化
*T3CON=*T3CON|0x0040;     //启动定时器 3
while(3)
{
;
}
}
```

4.5 实例：事件管理器——捕获 PWM 波

在利用 DSP 的捕获单元对脉冲宽度进行捕获时，应特别注意以下几点。

① 当不知捕获对象宽度时，应尽量使定时器设定最长时间。

② 如果被捕捉的脉冲宽度超过 DSP 的最大捕获时间，则用定时器溢出的方法再加上软件计数。

③ LF2812 为 3.3V 供电，因此捕获引脚输入脉冲的高电平不能超过 3.3V。

下面给出了利用 DSP 的捕获单元 3（CAP3）对脉冲宽度进行捕捉的例程。

（1）所需的复位和中断向量定义文件“vectors.asm”

```
//该文件利用汇编语言代码定义了复位和中断向量
.title    "vectors.Asm"
.ref    _c_it0._nothing,_capint
.sect          "vectors"
reset;  b    _c_int0
int1;   b    _nothing
int2;   b    _nothing
int3;   b    _nothing
int4;   b    _capint
int5;   b    _nothing
int6;   b    _nothing
```

（2）主程序

```
//该程序用于测试 DSP 的 CAPTURE 模块,由 TIMER1 的比较模块输出一个 PWM 波形。
//此波形输入 CAP4 引脚,待 CAP4 捕捉该 PWM 的 10 次上升沿后。停止捕捉,并把 10
//次捕捉值存于数组 result[10]中
#include    "registcr.h"
   //初始化子程序
   int result[10];     //定义一个存储结果的数组
   int k=0;            //定义的中断次数值
   //系统初始化子程序
   int initial()
   {
asm("sete INTM");     //禁止所有中断
asm("sck SXM");      //抑制符号位扩展
asm("clrc OVM");    //累加器中结果正常溢出
asm("clrc CNF");    //B0 被配置为数据存储空间
*SCSR1=0x81FE;   //CLKIN=6MHz,CLKOUT=4×CLKIN=24MHz
*WDCR=0x0E8;       //不使能看门狗,因为 SCSR2 中的 WDOVERRIDE
                   //即 WD 保护位复位后的缺省值为 1,故可以用
                   //软件禁止看门狗
*IMR=0x00000;   //禁止所有中断
*IFR=0x0FFFF;   //消除全部中断标志,"写 1 清 0"
}
//捕获单元 4 初始化子程序
int CAP4INT()
```

```
{
*T3PER=0x0FFFF;       //通用定时器3的周期寄存器为0xFFFF
*T3CON=0x1400;       //通用定时器3为连续增计数模式
*T3CNT=0x00;      //计数器清0
*WSGR=0x0000;   //禁止所有等待状态
*CAPCONB=0x0A440;  //设置捕获单元4为检测上升沿,且选择TIMFR3为时钟
*asm("clrc INTM");  //开总中断
*IMR=0x08     //允许中断优先级4的中断
*EVBIMRC=*EVBIMRC|0X0001;  //允许CAPTURE4中断
*EVBIFRC=*EVBIFRC|0x0FFFF;
}
//定时器1初始化子程序,使其比较单元输出一个PWM波形
int timelint()
{
*MCRA=*MCRA |0x1000;      //配置IOPB1口为定时器1的比较输出
*MCRC=*MCRC|0x0080;      //配置IOPE口为捕捉功能
*GPTCONA=*GPTCONA|0x0042;
*TIPER=0x1FE;      //给定时器1的周期寄存器赋值
*TICON=0x1442;      //允许TIMER1比较输出,并且TIMER1为连续增计数
                    //模式,立即启动
*T1CNT=0x00;        //定时器1的计数器清0
*T1CMP=0x0FF;      //给定时器1比较寄存器赋值
}
//主程序
main()
initial();    //系统初始化
timelint();     //定时器1初始化,使其输出一个PWM波形供捕捉
GAP4INT();    //捕获单元4初始化
*T3CON=*T3CON|0x0040;     //启动定时器3
while(1)
{
    if(k==10)break;     //k保存中断次数值,是全局变量
}
    asm("scte INTM");     //捕捉10次后.禁止再中断
}
//若是由于干扰引起其他中断,则执行此子程序
void interrupt nothing()
{
asm("clrc INTM");     //返回前开中断
return;
}
//捕捉中断服务程序
void interrupt capint()
{
int flag;
```

```
flag= *EVBIFRC&0x01;  //判断是否是 CAP4 中断
if(flag!=0x01)
}
asm("clrc IyTM")*     //运行前开中断
return;     //如果不是 CAP4 中断,则直接返回
}
load(),     //如果是 CAP4 中断,则装载捕捉值
*EVBIFRC= *EVBIFRC|0x01;  //写 1 清除 CAP4 中断标志
asm("clrc INTM");     //返回前开中断
return;               //中断返回
}
//装载捕捉值子程序
int load()
{
result[k]= *CAP4FIFO;     //读取捕捉值,存于相应的数组
k++;
}
```

第5章 ▶▶ 模数转换模块

F281x数字处理器上的ADC模块是一个12位分辨率的、具有流水线结构的模数转换器。转换器的模拟电路主要包括：前端模拟多路复用器（MUXs）、采样-保持器（S/H）转换核、电压调节器以及其他模拟支持电路。数字电路包括可编程转换序列发生器、转换结果寄存器、模拟电路接口、设备外围总线接口等。ADC模块作用主要是将外部的模拟信号转换成数字量，ADC模块可以对一个控制信号进行滤波或者实现运动系统的闭环控制。尤其是在电机控制系统当中，采用ADC模块采集电机的电流或者电压实现电流环的闭环控制等。

5.1 ADC概述

模拟转换器（ADC）模块有16通道，可以配置为2个独立的8通道模块，分别服务于事件管理器A和B，两个独立的8通道模块也可以级联构成一个16通道模块。但ADC模块只有两个序列器和一个转换器。

两个8通道模块能够自动排序，每个模块可以通过多路选择器（MUX）选择8通道中的任何一个通道。在级联模式下，自动排序器将变成16通道。对于每个通道而言，一旦ADC转换完成，将会把转换结果存储到结果寄存器（ADCRESULT）中。自动排序器允许对同一通道进行多次采样用户可以完成过采样算法，这样可以获得更高的采样精度。

TMS320F281x的高速A/D单元具有以下特性：

① 12位模数转换模块。

② 内置两个采样/保持（S/H）器。

③ 多达16个的模拟输入通道（ADCIN0～ADCIN15）。

④ 序列采样模式或者并发采样模式。

⑤ 模拟输入电压范围0～3V。

⑥ 快速的转换时间，ADC时钟可以配置为25MHz，最高采样带宽为12.5MSPS。

⑦ 自动排序的能力。支持16通道对立循环“自动转换”，而每次要转换的通道都可通过编程来选择。

⑧ 排序器可以工作在两个独立的8通道排序器模式，也可以工作在16通道级联模式。

⑨ 可单独访问的16个结果寄存器（RESULT0～RESULT15）用来存储转换结果。转换后的数字量可以表示为：

$$\text{数字值}=4095\times\frac{\text{输入模拟值}-\text{ADCLO}}{3}$$

⑩ 多个触发源可以启动A/D转换。

软件：软件立即启动（用SOC SEQn位）。

EVA：事件管理器A（在EVA中有多个事件源可以启动A/D转换）。

EVB：事件管理器B（在EVB中有多个事件源可以启动A/D转换）。

外部：ADCSOC 引脚。

⑪ 灵活的中断控制允许在每一个或每隔一个序列的结束时产生中断请求。

⑫ 排序器可工作在启动/停止模式，允许多个按时间排序的触发源同步转换。

⑬ EVA 和 EVB 可各自独立地触发 SEQ1 和 SEQ2（仅用于双排序器模式）。

⑭ 采样/保持获取时间窗口有独立的预定标控制。

⑮ 内置校验模式。

⑯ 内置自测试模式。

⑰ F281x 的 B 版本以后的芯片具有增强的重叠排序器功能。

5.2 自动排序器的工作原理

模数转换模块的排序器包括两个独立的最多可选择 8 个模拟转换通道的排序器（SEQ1 和 SEQ2），这两个排序器可被级连成一个最多可选择 16 个转换模拟通道的排序器（SEQ）。

在这两种工作方式下，ADC 模块都能够序列转换并进行自动排序。可通过模拟输入通道的多路选择器来选择要转换的通道。转换结束后，转换后的数值结果保存在该通道相应的结果寄存器（RESULTn）中。即第 0 通道的转换结果保存在 RESULT0 中，第 1 通道的转换结果保存在 RESULT1 中，依此类推。而且，用户可以对同一个通道进行多次采样，即对某一通道实行“过采样”，这样得到的采样结果比传统的采样结果分辨率高。

注意，在双排序器模式下，来自“未被激活”的排序器的 A/D 转换正在忙于处理 SEQ2 的操作，当 SEQ1 启动一个 SOC 信号后，A/D 转换器在完成 SEQ2 的操作之后立即开始响应 SEQ1 的请求。

ADC 可以工作在同步采样模式或者顺序采样模式。对于每一个转换，CONVxx 位确定采样和转换的外部模拟量输入引脚。在顺序采样模式中，CONVxx 4 位都用来确定输入引脚，最高位确定采用哪个采样并保持缓冲器，其他 3 位定义偏移量。例如 CONVxx 的值为 0110b，ADCINA6 就被选为输入引脚。在同步采样模式，CONVxx 寄存器的最高位不起作用，每个采样和保持缓冲器对 CONVxx 寄存器低 3 位确定的引脚进行采样。例如，如果 CONVxx 寄存器的值为 0010b，ADCINA2 就由采样和保持器 A（S/H-A）来采样，ADCINB2 就由采样和保持器 B（S/H-B）来采样。转换器首先转换采样和保持器 A 中锁存的电压量，然后转换采样和保持 B 中锁存的电压量。采样和保持器 A 转换的结果保存在当前的 ADCRESULTn 寄存器。采样和保持器 B 转换结果保存在下一个 ADCRESULTn 寄存器，寄存器指针每次增加 2。

最多可选择 8 个自动转换通道双排序器工作方式和最多可选择 16 个自动转换通道单排序器工作方式的操作大致相同。表 5.1 列出它们之间的对比情况。

表 5.1 双排序器和单排序器工作比较

特征参数	单 8 通道排序器 1(SEQ1)	单 8 通道排序器 2(SEQ2)	16 级通道排序器(SEQ)
开始转换触发方式	EVA、软件和外部引脚	EVB、软件	EVB、EVA、软件和外部引脚
最大自动转换通道数（比如：排序器长度）	8	8	16
序列转换完成后自动停止	是	是	是
触发优先权	高	低	不适用
A/D 转换结果寄存器	0～7	8～15	0～15
排序控制器位分配(CHSELSEQn)	CONV00～CONV07	CONV08～CONV15	CONV00～CONV15

为了描述方便，以后描述排序器时作以下规定：

① 排序器SEQ1指CONV00～CONV07；

② 排序器SEQ2指CONV08～CONV15；

③ 级联排序器SEQ指CONV00～CONV15。

5.2.1 连续的自动排序模式

仅用于最多可实行8个通道的自动转换排序器（SEQ1和SEQ2）。该模式下，SEQ1/SEQ2在一次排序过程中对多达8个的任意通道进行排序转换，每次转换结果被保存到8个结果寄存器，SEQ1的结果寄存器位RESULT0～RESULT7，SEQ2的结果寄存器位RESULT8～RESULT15。

在一个排序中的转换个数受MAX CONVn（MAXCONV寄存器中的一个3位段域或4位段域）控制，该值在自动排序的转换开始时被装载到自动排序状态寄存器（AUTO_SEQ_SR）的排序计数器段域（SEQCNTR3～0）。MAX CONV*n*段域的值在0～7范围变化。当排序器从通道CONV00开始有顺序地转换时，SEQ CNTR*n*段域的值从装载值开始向下计数直到SEQ CNTR*n*为0，一次自动排序完成的转换数为MAX CONV*n*+1。

5.2.2 排序器的启动/停止模式

除了连续的自动排序模式外，任何一个排序器（SEQ1、SEQ2和SEQ）都可以工作在启动/停止方式。在该方式下可实现在时间上单独和多个自动信号触发源同步。在排序器完成第一个转换序列后，在中断服务程序中不需要被复位，即排序器指针不需要指到CONV00就可以被重新触发。因此一个转换序列之后，排序器指针指到当前的通道。在这种方式下，CONV RUN位必须被设置成为0。

5.2.3 输入触发源

每一个排序器都有一套能被使能或禁止的触发源。SEQ1、SEQ2和SEQ的有效输入触发源见表5.2。

表5.2 排序器有效输入触发源

排序器1(SEQ1)	排序器2(SEQ2)	级联排序器(SEQ)
软件触发 事件管理器A(EVA SOC)触发 外部引脚(ADC SOC)触发	软件触发 事件管理器B(EVB SOC)触发 外部引脚(ADC SOC)触发	软件触发 事件管理器A(EVA SOC)触发 事件管理器B(EVB SOC)触发 外部引脚(ADC SOC)触发

① 只要排序器处于空闲状态，SOC触发源就能启动一个自动转换排序。一个空闲状态是指：在收到触发信号前，排序器的指针指向CONV00，或者排序器已经完成了一个转换排序，也就是SEQ CNTR*n*为0时。

② 如果转换序列正在进行时，又到来一个新SOC触发信号，则ADCTRL2寄存器中的SOC SEQ*n*位置1。但如果又有一个SOC触发信号，则该信号将丢失，也就是当SOC SEQ*n*位被置1时（SOC挂起），随后的触发不起作用。

③ 一旦被触发，排序器不能在中途停止或中断。程序必须等待序列结束或者复位排序器，从而使排序器立即返回到初始空闲状态。

④ 当SEQ1/2用于级联模式时，到SEQ2的触发源被忽略，而SEQ1的触发源有效。因此，级联模式可以看做SEQ1有最多16个转换通道的情况。

5.3 ADC 时钟预定标

ADCTRL3 寄存器的 ADCCLKPS［3～0］位对外设时钟 HSPCLK 进行分频。ADCTRL1 寄存器的 CPS 位另外提供一个 2 分频。除此之外，调整 F281x 器件 ADC 的采样/保持模块可以适应输入信号阻抗的变化，通过改变 ADCTR1 寄存器中的 ACQ PS3～ACQ PS0 位段或 CPS 位来实现。这些位没有影响 S/H 和转换过程，但是通过扩展 SOC 脉冲，扩展了采样时间的长度。模拟到数字的转换可以被分成两个时间段，如图 5.1 所示。

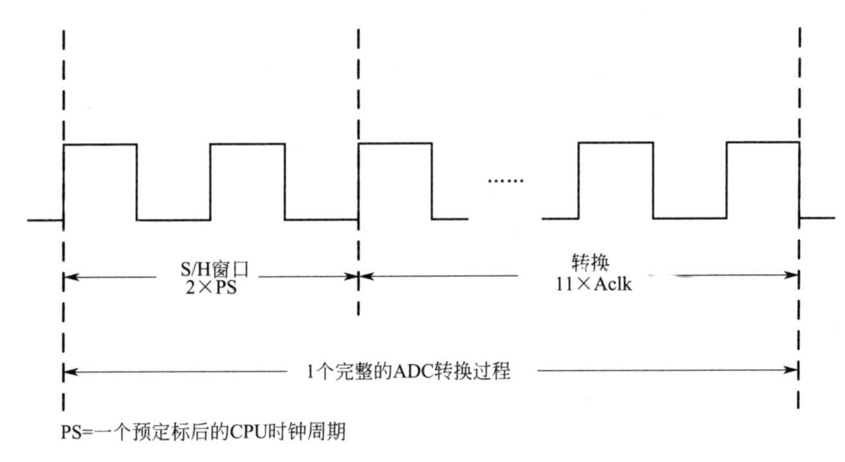

图 5.1　A/D 转换时间

如果 ACQ PS3～ACQ PS0 位段域的值全为 0，即预定标器的值为 1，并且 CPS 为 0 时，PS 时钟将和 CPU 时钟一样。对于预定标器的任何其他值，PS 都会被放大（即增加了采样/保持窗口时间）。PS 具体的放大倍数见对 ACQ PS3～ACQ PS0 位段域的描述。如果 CPS 为 1，则 S/H 窗口长度为原来的 2 倍。被扩大为原来的 S/H 窗口再加上被预定标器拉长的倍数才是最后的 PS。图 5.2 表明了各个预定标器的作用。注意，在 CPS 为 0 时，PS 和 ACLK 将和 CPU 时钟相等。

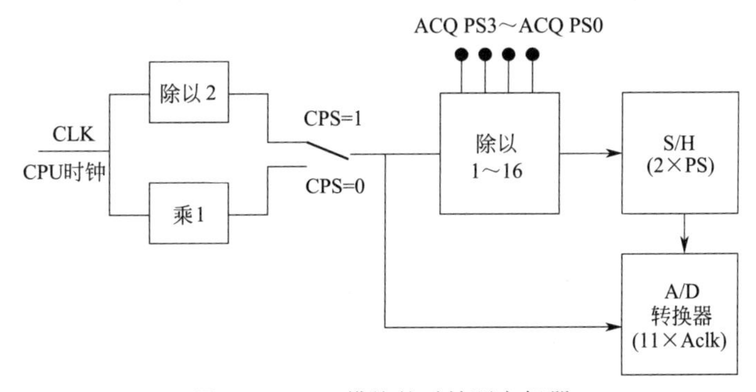

图 5.2　ADC 模块的时钟预定标器

5.4 低功耗方式

ADC 支持 3 种供电模式，通过 ADCTRL3 寄存器进行设置。这三种模式分别为：ADC 上电模式、ADC 掉电模式和 ADC 关闭模式，见表 5.3。

表 5.3 ADC 模块功耗模式选择

功能级别	ADCRFDN	ADCBGDN	ADCPWDN
ADC 上电模式	1	1	1
ADC 掉电模式	1	1	0
ADC 关闭模式	0	0	0
保留	1	0	X
保留	0	1	X

5.5 功耗上升顺序

ADC 模块复位时，进入关闭状态。当 ADC 上电时，要遵循下列顺序。

① 如果使用外部参考源，应设置控制寄存器 ADCTRL3 的第 8 位使能外部参考模式。在带隙（Bandgap）上电之前必须配置该位，以避免内部参考电路驱动外部参考源。

② 给参考电路和带隙上电至少 7ms 后，给 ADC 的其余电路上电。

③ ADC 模块全部上电后，需要等待 20μs 才能进行第一次 ADC 转换。

ADC 掉电时，所有 3 位同时被清除。必须通过软件来控制 ADC 的电源级别，它们是独立于器件电源模式的。

5.6 ADC 模块的寄存器

ADC 模块总共有 26 个寄存器，地址位于 7100h～7119h 之间，具体说明如表 5.4 所示。

表 5.4 ADC 模块寄存器地址列表

地址	寄存器	名称	地址	寄存器	名称
7100h	ADCTRL1	ADC 控制寄存器 1	710Eh	RESULT6	转换结果缓冲寄存器 6
7101h	ADCTRL2	ADC 控制寄存器 2	710Fh	RESULT7	转换结果缓冲寄存器 7
7102h	MAXCONV	最大转换通道数寄存器	7110h	RESULT8	转换结果缓冲寄存器 8
7103h	CHSELSEQ1	通道选择排序控制寄存器 1	7111h	RESULT9	转换结果缓冲寄存器 9
7104h	CHSELSEQ2	通道选择排序控制寄存器 2	7112h	RESULT10	转换结果缓冲寄存器 10
7105h	CHSELSEQ3	通道选择排序控制寄存器 3	7113h	RESULT11	转换结果缓冲寄存器 11
7106h	CHSELSEQ4	通道选择排序控制寄存器 4	7114h	RESULT12	转换结果缓冲寄存器 12
7107h	AUTO_SEQ_SR	自动排序状态寄存器	7115h	RESULT13	转换结果缓冲寄存器 13
7108h	RESULT0	转换结果缓冲寄存器 0	7116h	RESULT14	转换结果缓冲寄存器 14
7109h	RESULT1	转换结果缓冲寄存器 1	7117h	RESULT15	转换结果缓冲寄存器 15
710Ah	RESULT2	转换结果缓冲寄存器 2	7118h	ADCTRL3	ADC 控制寄存器 3
710Bh	RESULT3	转换结果缓冲寄存器 3	7119h	ADCST_SYS_FLG	状态寄存器
710Ch	RESULT4	转换结果缓冲寄存器 4	711Ah～711Fh	保留	
710Dh	RESULT5	转换结果缓冲寄存器 5			

(1) ADC 控制寄存器 1

(ADCTRL1)——地址 7100h。

15	14	13	12	11	10	9	8
保留位	RESET	SUSMOD1	SUSMOD0	ACQ PS3	ACQ PS2	ACQ PS1	ACQ PS0
	RW_0	RW_0	RW_0	RW_0	RW_0	RW_0	RW_0

7	6	5	4	3	2	1	0
CPS	CONT RUN	SEQ OVRD	SEQ CASC	保留位			
RW_0	RW_0	R_0	RW_0	R_0			

注：R=可读，W=可写，_0=复位值。

位15　　保留位。

位14　　复位位。ADC模块软件复位位。所有的寄存器和排序器指针都复位到器件复位引脚被拉低或者上电复位时的初始状态。这是一个一次性的影响位，它置1后会自动清零。读取该位返回0，ADC的复位信号需要锁存三个时钟周期，在此期间不能改变ADC寄存器。

0　无影响。

1　复位整个ADC模块。

位13～12　SUSMOD1和SUSMOD0位。这两位决定仿真悬挂时ADC模块的工作情况。可自由运行模式下，ADC模块的运行不受仿真影响，在停止模式下，仿真悬挂时，ADC模块可立即停止或者完成当前操作之后停止。

SUSMOD1　SUSMOD0

0　0　模式0　仿真挂起被忽略。

0　1　模式1　当前序列完成时，序列发生器和其他数字电路逻辑停止，锁存最后结果，更新状态机。

1　0　模式2　当前序列完成时，序列发生器和其他数字电路逻辑停止，锁存最后结果，更新状态机。

1　1　模式3　在仿真暂停时，序列发生器和其他数字电路逻辑立即停止。

位11～8　采样时间窗选择位ACQ PS3～ACQ PS0。这些位控制SOC的脉冲宽度，同时也决定了采样开关闭合的时间，SOC的脉冲宽度是（ADCTRL [11～8] +1）个ADCCLK周期数。具体见表5.5。

位7　　CPS位。内核时钟预定标位。使用该预定标器对外设时钟HSPCLK分频。

0　FCLK＝CLK/1。

1　FCLK＝CLK/2。

其中CLK为CPU的时钟频率。

位6　　连续转换位CONT RUN。这一位决定排序器工作在连续转换模式或启动/停止模式。用户可以在当前转换序列正被执行时向这一位写数，但是只有在当前转换序列完成之后才生效。在连续模式下，用户不用对排序器复位，而在启动/停止模式下，必须复位序列发生器，使排序器指针指到CONV00。

0　启动/停止模式　达到EOS后，序列发生器停止。除非复位序列发生器，否则，在下一个SOC，序列发生器将从它结束的状态开始。

1　连续转换模式　达到EOS后，序列发生器从状态CONV00（对于SEQ1和级联方式）或CONV08（对于SEQ2）开始。

位5　　时序发生器替换SEQ OVRD。在连续运行方式下，时序发生器转换位可提供灵活的序列发生器，通过设置MAXCONVn位结束转换。

0　禁止，允许序列发生器通过设置MAXCONVn位结束转换。

1　使能，通过设置好MAXCONVn位，使时序发生器发生转换。

位4　　级联排序器工作方式位SEQ CASC。本位决定SEQ1和SEQ2是作为两个8状态序列发生器运行还是一个16状态序列发生器。

0　双序列发生器工作模式。SEQ1和SEQ2作为两个最多可选择8个转换通道的排序器。

1　级联模式。SEQ1和SEQ2级联起来作为一个最多可选择16个转换通道的排序器SEQ。

位3～0　　保留位。

表5.5　ADC模块的预定标系数

CPU时钟为30MHz时ADC模块的预定标系数								
#	ACQ PS3	ACQ PS3	ACQ PS3	ACQ PS3	预定标因子（除以）	采样窗口时间	信号源阻抗 Z (CPS=0)/Ω	信号源阻抗 Z (CPS=1)/Ω
0	0	0	0	0	1	$2\times T_{CLK}$	67	385
1	0	0	0	1	2	$4\times T_{CLK}$	385	1020
2	0	0	1	0	3	$6\times T_{CLK}$	702	1655
3	0	0	1	1	4	$8\times T_{CLK}$	1020	2290
4	0	1	0	0	5	$10\times T_{CLK}$	1337	2925
5	0	1	0	1	6	$12\times T_{CLK}$	1655	3560
6	0	1	1	0	7	$14\times T_{CLK}$	1972	4194

续表

CPU时钟为30MHz时ADC模块的预定标系数								
#	ACQ PS3	ACQ PS3	ACQ PS3	ACQ PS3	预定标因子（除以）	采样窗口时间	信号源阻抗 Z (CPS=0)/Ω	信号源阻抗 Z (CPS=1)/Ω
7	0	1	1	1	8	$16\times T_{CLK}$	2290	4829
8	1	0	0	0	9	$18\times T_{CLK}$	2607	5464
9	1	0	0	1	10	$20\times T_{CLK}$	2925	6099
A	1	0	1	0	11	$22\times T_{CLK}$	3242	6734
B	1	0	1	1	12	$24\times T_{CLK}$	3560	7369
C	1	1	0	0	13	$26\times T_{CLK}$	3877	8004
D	1	1	0	1	14	$28\times T_{CLK}$	4194	8639
E	1	1	1	0	15	$30\times T_{CLK}$	4512	9274
F	1	1	1	1	16	$32\times T_{CLK}$	4829	9909

CPU时钟为40MHz时ADC模块的预定标系数								
#	ACQ PS3	ACQ PS3	ACQ PS3	ACQ PS3	预定标因子（除以）	采样窗口时间	信号源阻抗 Z (CPS=0)/Ω	信号源阻抗 Z (CPS=1)/Ω
0	0	0	0	0	1	$2\times T_{CLK}$	53	291
1	0	0	0	1	2	$4\times T_{CLK}$	291	767
2	0	0	1	0	3	$6\times T_{CLK}$	529	1244
3	0	0	1	1	4	$8\times T_{CLK}$	1767	1720
4	0	1	0	0	5	$10\times T_{CLK}$	1005	2196
5	0	1	0	1	6	$12\times T_{CLK}$	1244	2672
6	0	1	1	0	7	$14\times T_{CLK}$	1482	3148
7	0	1	1	1	8	$16\times T_{CLK}$	1720	3625
8	1	0	0	0	9	$18\times T_{CLK}$	1958	4101
9	1	0	0	1	10	$20\times T_{CLK}$	2196	4577
A	1	0	1	0	11	$22\times T_{CLK}$	2434	5053
B	1	0	1	1	12	$24\times T_{CLK}$	2672	5529
C	1	1	0	0	13	$26\times T_{CLK}$	2910	6005
D	1	1	0	1	14	$28\times T_{CLK}$	3148	6482
E	1	1	1	0	15	$30\times T_{CLK}$	3386	6958
F	1	1	1	1	16	$32\times T_{CLK}$	3625	7434

(2) ADC控制寄存器2

(ADCCTRL2)——地址7101h。

15	14	13	12	11	10	9	8
EVB SOC SEQ	RST SEQ1	SOC SEQ1	保留位	INT ENA SEQ1	INT MOD SEQ1	保留位	EVA SOC SEQ1
RW_0	RW_0	RW_0	R_0	RW_0	RW_0	R_0	RW_0

7	6	5	4	3	2	1	0
EXT SOC SEQ1	RST SEQ2	SOC SEQ2	保留位	INT ENA SEQ2	INT MOD SEQ2	保留位	EVB SOC SEQ2
RW_0	RW_0	RW_0	R_0	RW_0	RW_0	R_0	RW_0

位15　EVB SOC SEQ。级联排序器的EVB SOC使能位。

0　不起作用。

1　允许级联的排序器SEQ被事件管理器B的信号启动。可以对事件管理器编程，使用各种事件启动转换。

位 14　RST SEQ1。复位排序器 1。

0　不起作用。

1　将排序器立即复位到 CONV00 状态。向该位写 1，立即将排序器复位到一个初始的“预触发”状态。

位 13　SOC SEQ1。启动 SERQ1 转换位。如果序列发生器已经启动，该位自动清 0。因此，写 0 不起作用，即已经启动的序列发生器不能通过清 0 该位而停止。

以下触发源可以引起这一位被置 1。

S/W　软件向这一位写 1。

EVA　事件管理器 A。

EVB　事件管理器 B（仅在级联模式下）。

EXT　外部引脚（例如 ADC SOC 引脚）。

当一个触发源到来时有 3 种情况可能发生：

情况 1：SEQ1 处于空闲状态且 SOC 位被清 0 时，SEQ1 立即启动（在判优仲裁控制下），该位被置 1 后立即被清 0，允许任何触发源被悬挂。

情况 2：SEQ 处于忙状态但 SOC 位为 0 时，该位被置 1 以表示一个触发源请求正被悬挂，当 SEQ1 完成当前的转换又重新开始时，该位被清 0。

情况 3：SEQ1 处于忙状态且 SOC 位已经被置 1 时，此时来到的触发源被忽略。

0　清除一个悬挂的 SOC 请求。

1　软件触发启动 SEQ1，从当前停止的位置启动 SEQ1（空闲方式）。

位 12　保留位。

位 11　INT ENA SEQ1，SEQ1 中断使能控制位，该位使能 INT SEQ1 向 CPU 发出中断请求。

0　禁止 INT SEQ1 产生中断请求。

1　使能 INT SEQ1 产生中断请求。

位 10　INT MOD SEQ1，SEQ1 中断模式选择位，在 SEQ1 转换序列结束时，它影响 INT SEQ1 的设置。

0　每个 SEQ1 序列结束时，INT SEQ1 置位。

1　每隔一个 SEQ1 序列结束，INT SEQ1 置位。

位 9　保留位。

位 8　EVA SOC SEQ1 位。事件管理器 A 的 SEQ1 产生 SOC 信号的屏蔽位。

0　不能通过 EVA 的触发源启动 SEQ1。

1　允许 EVA 的触发源启动 SEQ1/SEQ。可对事件管理器编程，以便在各种事件下启动一个转换。

位 7　EXT SOC SEQ1 位。SEQ1 的外部信号启动转换位。

0　不起作用。

1　允许一个来自 ADCSOC 引脚上信号启动 ADC 自动转换序列。

位 6　RST SEQ2。复位排序器 2。

0　不起作用。

1　立即复位排序器 SEQ2 使排序器指针指到 CONV08，当前正在进行的转换序列被取消。

位 5　SOC SEQ2。启动 SEQ2 转换触发（仅用于双序列发生器模式）。

以下触发源可以引起这一位被置 1。

S/W　软件向这一位写 1。

EVB　事件管理器 B。

当一个触发源到来时有 3 种情况可能发生：

情况 1：SEQ2 处于空闲状态且 SOC 位被清 0 时，SEQ2 立即启动（在仲裁控制下），该位被置 1 后立即被清 0，允许后来的触发源被悬挂。

情况 2：SEQ2 处于忙状态但 SOC 位为 0 时，该位被置 1 以表示一个触发源请求正被悬挂，当 SEQ2 完成当前的转换又重新开始时，该位被清 0。

情况 3：SEQ2 处于忙状态且 SOC 位已经被置 1 时，此时来到的触发源被忽略。

0　清除一个悬挂的 SOC 请求。

1　从当前停止位软件触发启动 SEQ2。

位 4　保留位。

位 3　INT ENA SEQ2，SEQ2 中断使能位，该位使能 INT SEQ2 向 CPU 发出中断请求。

0　禁止 INT SEQ2 产生中断请求

1　使能 INT SEQ2 产生中断请求

位 2　INT MOD SEQ2，SEQ2 中断模式位。在 SEQ2 转换序列结束时，它影响 INT SEQ2 的设置。

0　每个 SEQ2 序列结束时，INT SEQ2 置位。

1　每隔一个SEQ2序列结束时，INT SEQ2置位。

位1　保留位。

位0　EVB SOC SEQ2位。事件管理器B对SEQ2产生SOC信号的屏蔽位。

0　SEQ2不能被EVB的触发源启动。

1　允许SEQ2被EVB的触发源启动。

(3) ADC控制寄存器3

(ADCCTRL3)——地址7118h。

15	14	13	12	11	10	9	8
保留位							
R_0							

7	6	5	4	3	2	1	0
ADCBGRFDN1	ADCBGRFDN0	ADCPWDN	ADCCLKPS[3～0]				SMODE_SEL
RW_0	RW_0	RW_0	RW_0				RW_0

位15～8　保留位。

位7～6　ADCBGRFDN [1～0]，ADC电源控制。这些位控制上电、带隙和掉电以及模拟内核内部的参考电路。

00　隙和参考电路掉电。

11　带隙和参考电路加电。

位5　ADCPWDN，ADC掉电。本位控制模拟核中的除带隙和参考电路外所有模拟电路的加电和掉电。

0　除能带隙和参考电路外的ADC其他模拟电路掉电。

1　除能带隙和参考电路外的ADC其他模拟电路上电。

位4～1　ADCCLKPS [3～0]，ADC的内核时钟分频器。除ADCCLKPS [3～0] 等于0000外（这种情况直接使用HSPCLK），对F281x外设时钟HSPCLK进行2×ADCCLKPS [3～0] 的分频，分频后的时钟再进行（ADCTRL [7] +1）分频，从而产生ADC的内核时钟ADCCLK。

ADCCLKPS [3～0]	ADC内核时钟分配数	ADCLK
0000	0	HSPCLK/（ADCRTL [7] +1）
0001	1	HSPCLK/（2×ADCRTL [7] +1）
0010	2	HSPCLK/（4×ADCRTL [7] +1）
0011	3	HSPCLK/（6×ADCRTL [7] +1）
0100	4	HSPCLK/（8×ADCRTL [7] +1）
0101	5	HSPCLK/（10×ADCRTL [7] +1）
0110	6	HSPCLK/（12×ADCRTL [7] +1）
0111	7	HSPCLK/（14×ADCRTL [7] +1）
1000	8	HSPCLK/（16×ADCRTL [7] +1）
1001	9	HSPCLK/（18×ADCRTL [7] +1）
1010	10	HSPCLK/（20×ADCRTL [7] +1）
1011	11	HSPCLK/（22×ADCRTL [7] +1）
1100	12	HSPCLK/（24×ADCRTL [7] +1）
1101	13	HSPCLK/（26×ADCRTL [7] +1）
1110	14	HSPCLK/（28×ADCRTL [7] +1）
1111	15	HSPCLK/（30×ADCRTL [7] +1）

位0　SMODE_SEL，采样模式选择，该位选择顺序或者同步采样模式。

0　选择顺序采样模式。

1　选择同步采样模式。

(4) 最大转换通道寄存器

(MAXCONV)——地址7102h。

最大转换通道寄存器MAX CONV*n*定义了自动转换中最多转换的通道数，该位根据排序器的工作模式变化而变化。

15	14	13	12	11	10	9	8
保留位							
R_0							

7	6	5	4	3	2	1	0
保留位	MAX CONV2_2	MAX CONV2_1	MAX CONV2_0	MAX CONV1_3	MAX CONV1_2	MAX CONV1_1	MAX CONV1_0
R_0	RW_0	RW_0	RW_0	RW_0	RW_0	RW_0	RW_0

位 15～7　保留位。

位 6～0　MAX CONV*n* 位域。这个位域决定了一次自动转换最多转换的通道个数。该位域和它们的操作随着排序器工作模式的变化而变化。

对于 SEQ1，使用 MAX CONV1 _ 2～0。

对于 SEQ2，使用 MAX CONV2 _ 2～0。

对于 SEQ，使用 MAX CONV1 _ 3～0。

自动转换序列总是从初始状态开始，连续运行直到转换结束，按转换顺序填充结果缓冲器。对于一个转换过程而言，转换数在 1 和（MAX CONV*n*+1）之间可以编程设置。

(5) 自动排序状态寄存器

(AUTO _ SEQ _ SR)——地址 7107h。

15	14	13	12	11	10	9	8
保留位				SEQ CNTR3	SEQ CNTR2	SEQ CNTR1	SEQ CNTR0
R_x	R_x	R_x	R_x	R_0	R_0	R_0	R_0

7	6	5	4	3	2	1	0
保留位	SEQ2-State2	SEQ2-State1	SEQ2-State0	SEQ1-State3	SEQ1-State2	SEQ1-State1	SEQ1-State0
R_x	R_0	R_0	R_0	R_0	R_0	R_0	R_0

位 15～12　保留位。

位 11～8　SEQ CNTR3～SEQ CNTR0。排序器计数状态位。SEQ1、SEQ2 和级联排序器使用 SEQ CNTRn4 位计数状态位，在级联模式中与 SEQ2 无关，在转换开始，排序器的计数位 SEQ CNTR [3：0] 初始化为在序列 MAX CONV 中的值。每次自动序列转换完成（或在同步采样模式中的一对转换完成）后，排序器计数减 1。在减计数过程中随时可以读取 SEQ CNTR*n* 位，检查序列器的状态。读取的值与 SEQ1 和 SEQ2 的忙标志位一起标示正在执行的排序状态。见表 5.6。

位 7　保留位。

位 6～4　SEQ2-State2～SEQ2-State0。这几位反映了 SEQ2 排序器指针的状态。如果需要，用户可以根据这几位的值，在结束转换（EOS）信号来到之前读取中间结果。

位 3～0　SEQ1-State3～SEQ1-State0。这几位反映了 SEQ1 排序器指针的状态。如果需要，用户可以根据这几位的值，在结束转换（EOS）信号来到之前读取中间结果。

表 5.6　SEQ CNTR*n* 位定义

SEQ CNTR*n*(只读)	剩余转换个数	SEQ CNTR*n*(只读)	剩余转换个数
0000	1	1000	9
0001	2	1001	10
0010	3	1010	11
0011	4	1011	12
0100	5	1100	13
0101	6	1101	14
0110	7	1110	15
0111	8	1111	16

(6) ADC 状态和标志寄存器

(ADC _ STS _ FLG)——地址 7119h。

15	14	13	12	11	10	9	8
保留位							
R_0							

7	6	5	4	3	2	1	0
EOS BUF2	EOS BUF1	INT SEQ2 CLR	INT SEQ1 CLR	SEQ2 BSY	SEQ1 BSY	INT SEQ2	INT SEQ1
R_0	R_0	RW_0	RW_0	R_0	R_0	R_0	R_0

位 15～8　保留位。

位 7　EOS BUF2，SEQ2 的排序缓冲结束位。在中断模式 0 下，即 ADCTRL2［2］＝0 时，该位该位不用或保持为 0。在中断模式 1，即 ADCTRL2［2］＝1 时，在每一个 SEQ2 序列结束时重复出现。设备复位时，该位清 0，序列复位或者中断标志的清除不影响该位。

位 6　EOS BUF1，SEQ1 的排序缓冲结束位。在中断模式 0 下，即 ADCTRL2［2］＝0 时，该位该位不用或保持为 0。在中断模式 1，即 ADCTRL2［2］＝1 时，在每一个 SEQ2 序列结束时重复出现。设备复位时，该位清 0，序列复位或者中断标志的清除不影响该位。

位 5　INT SEQ2 CLR，中断清除位。读该位总是返回 0，在向该位写 1 后清 0 标志位 INT SEQ2。

0　向该位写 0 无效。

1　向该位写 1，清除 SEQ2 中断标志位 INT_SEQ2。

位 4　INT SEQ1 CLR，中断清除位。读该位总是返回 0，在向该位写 1 后清 0 标志位 INT SEQ1。

0　向该位写 0 无效。

1　向该位写 1，清除 SEQ2 中断标志位 INT_SEQ1。

位 3　SEQ2 BSY，SEQ2 忙状态位。

0　SEQ2 处于空闲状态，等待触发。

1　SEQ2 正在进行中，写该位无效。

位 2　SEQ1 BSY，SEQ1 忙状态位。

0　SEQ1 处于空闲状态，等待触发。

1　SEQ1 正在进行中，写该位无效。

位 1　INT SEQ2，SEQ2 中断标志位，写该位无效。在中断模式 0 下，即 ADCTRL2［2］＝0 时，在 SEQ2 序列结束时将该位置 1。在中断模式 1，即 ADCTRL2［2］＝1 时，如果 EOS BUF2 置位，则在 SEQ2 序列结束时，该位置 1。

0　没有 SEQ2 中断。

1　已产生 SEQ2 中断。

位 1　INT SEQ1，SEQ1 中断标志位，写该位无效。在中断模式 0 下，即 ADCTRL2［2］＝0 时，在 SEQ1 序列结束时将该位置 1。在中断模式 1，即 ADCTRL2［2］＝1 时，如果 EOS BUF1 置位，则在 SEQ1 序列结束时，该位置 1。

0　没有 SEQ1 中断。

1　已产生 SEQ1 中断。

（7）ADC 输入通道选择排序控制寄存器（CHSELEQ*n*）——地址 7103h～7106h。

每个 4 位 CONV*nn* 为一自动排序转换，在 16 个模拟输入 ADC 通道中选择一个通道。见表 5.7。

15～12	11～8	7～4	3～0	
CONV03	CONV02	CONV01	CONV00	CHSELEQ1
RW_x	RW_0	RW_0	RW_0	

15～12	11～8	7～4	3～0	
CONV07	CONV06	CONV05	CONV04	CHSELEQ2
RW_x	RW_0	RW_0	RW_0	

15～12	11～8	7～4	3～0	
CONV11	CONV10	CONV09	CONV08	CHSELEQ3
RW_x	RW_0	RW_0	RW_0	

15～12	11～8	7～4	3～0	
CONV15	CONV14	CONV13	CONV12	CHSELEQ4
RW_x	RW_0	RW_0	RW_0	

表 5.7 ADC 输入通道选择定义

CONV*nn* 值	ADC 输入通道选择	CONV*nn* 值	ADC 输入通道选择
0000	通道 0	1000	通道 8
0001	通道 1	1001	通道 9
0010	通道 2	1010	通道 10
0011	通道 3	1011	通道 11
0100	通道 4	1100	通道 12
0101	通道 5	1101	通道 13
0110	通道 6	1110	通道 14
0111	通道 7	1111	通道 15

（8）ADC 转换结果缓冲寄存器

（RESULT*n*）——地址 7108h～7117h。

在级联排序模式中，寄存器 RESULT8～RESULT15 保持第 9～16 位的结果。

15	14	13	12	11	10	9	8
D11	D10	D9	D8	D7	D6	D5	D4
7	6	5	4	3	2	1	0
D3	D2	D1	D0	0	0	0	0

注：1. 缓冲区地址为 7108h～7117h（16 个寄存器）。

2. 12 位转换结果放在（D11～D0）。

5.7 ADC 转换时钟周期

转换时间与一个给定的序列中转换的个数有关。转换周期可被分成 5 个阶段，见表 5.8。

① 启动时序同步（SOS 同步），SOS 同步只在一个转换序列的第一个通道转换时需要；

② 采样时间（ACQ）；

③ 转换时间（CONV）；

④ 结束转换时间（EOC），ACQ、CONV 和 EOC 在每个转换中都需要。

序列转换完成后设置标志位时间，该时间仅在一个序列的最后一个转换时需要。

表 5.8 ADC 转换各个阶段需要的 CLKOUT 时钟周期

转换阶段	CLKOUT 时钟周期(CPS=0)	CLKOUT 时钟周期(CPS=1)
启动 SOS 时序 SOS 同步	2	2 或 3+
采样时间 ACQ	2++	4++
转换时间 CONV	10	20
结束转换时间 EOC	1	2
序列转换完成后设置标志位时间	1	1

注：+当 CPS=1 时，启动时序根据软件设置的触发方式使用相应的 CLKOUT 时钟周期同步 ADC 的时钟周期（ADCCLK）。

++采样时间和 ACQ PS*n* 上的位有关。采样时间在 ACQ PS=1、2 和 3 的值列于表 5.9。从中可推断其他的 ACQ PS*n* 的值对应的采样时间（ACQ）。

表 5.9　ACQ PS=1、2、3 时 ACQ 值

ACQ PS	(CPS=0)	(CPS=1)
1	ACQ=4	ACQ=8
2	ACQ=6	ACQ=12
3	ACQ=8	ACQ=16

5.8 实例：ADC 的应用

下面的例程为初始化 F2812 DSP 的 ADC 模块的实例程序。程序初始化 F2812 DSP 的 ADC 模块，并且对所有模拟输入通道进行转换，转换的结果可以在 RESULT [16] 寄存器中获得，用户程序可以访问该寄存器。ADC 以 16 状态排序器实现操作，一旦排序器到边 EOS（序列的结束）时，转换结束。

```
//主程序
//该程序用于进行 A/D 转换的演示,A/D 转换的结果存于数组 RESULT[16]中，
//寄存器 cesi 用于测试每个 A/D 转换的结果
#include "register.h"
int RESULT[16]                    //定义一个数组用于保存 A/D 转换的结果
void unsigned int *j;      //定义一个指针变量 j
int i=0x00.cesi;
//屏蔽中断子程序
void inline disable()
{
asm("setc INTM");
}
//开总中断子程序
void inline enable()
{
asm("clrc INTM");
}
//系统初始化子程序
void initial()
{
asm("setc SXM");              //符号位扩展有效
asm("clrc OVM"):       //累加器中结果正常溢出
asm("ctrc CNF");       //B0 被配置为数据存储空间
*SCSR1=0x81FE;      //CLKIN=6MHz,CLKOUT=4×CLKIN=24MHz
*WDCR=0x0E8;     //不使能看门狗,因为 SCSR2 中的 WDOVERRIDE
                 //即 WD 保护位复位后的缺省值为 1,故可以用
                 //软件禁止看门狗
*IMR=0x0001;     //允许 INT1 中断
*IFR=0x0FFFF;     //清除全部中断标志,"写 1 清 0"
}
//A/D 初始化子程序
void ADINIT()
{
```

```
*T4CNT＝0x0000；     //T4 计数器清 0
*T4CON＝0x170C；     //T4 为连续增计数模式，128 分频。且选用内部时钟源
*T4PER＝0x75；    //设置 T4 的周期寄存器
*GPTCONB＝0x400；    //T4 周期中断标志触发 A/D 转换
*EVBIFRB＝0x0FFFF；     //消除 EVB 中断标志，“写 1 清 0”
*ADCTRL1＝0x10；        //采样时间窗口预定标位 ACQ PS3～ACQ PS0 为 0，
                        //转换时间预定标位 CPS 为 0，A/D 为启动/停止模式，排
                      //序器为级连工作方式，且禁止特殊的两种工作模式
*ADCTRL2＝0x8404；      //可以用 EVB 的一个事件信号触发 A/D 转换
                        //且用中断模式 1
*ADCTRL2＝0x8404；      //可以用 EVB 的一个事件信号触发 A/D 转换
                      //且用中断模式 1
*MAXCONV＝0x0F；     //16 通道
*CHSELSEQ1＝0x3210；
*CHSELSEQ2＝0x7654；
*CHSELSEQ3＝0x0BA98；
*CHSELSEQ4＝0x0FBDC；         //转换通道是 0～15
}
//启动 A/D 转换子程序(通过启动定时器 4 的方式间接启动)
void ADSOD()
{
*T4CON＝*T4CON|0x40；     //启动定时器 4
}
//若是其他中断则直接返子程序
void interrupt nothing()
{
return
}
//A/D 中断服务子程序
void interrupt adint()
{
asm(“clrc  SXM”)；  //抑制符号位扩展
j RESULT0；           //取得 RESULT0 的地址
for(i＝0;i<＝15;i-1,j＋1)
{
ADRESULT[i]-*j≫6；     //把 A/D 转换的结果左移 6 位后存入规定的数组
cesi-ADRESULT[i]；     //检验每个 A/D 转换的结果
}
*ADCTRL2＝*ADCTRL2 0x4200；     //复位 SEQ1，且清除 INT FLAG SEQ1 标志“写 1 清 0”
enable()；        //开总中断，因为一进入中断总中断就自动关闭了
}
main()
{
disable()；     //禁止总中断
initial()；     //系统初始化
ADINIT()；    //A/D 初始化子程序
```

```
enable();    //开总中断
ADSOC();    //启动 A/D 转换
while(1)
{
if(i==0x10)break;        //如果 C 发生中断,则停止等待(发生中断后,i=0x10)
                        //等待中断发生
*T4CON=*T4CON&0x0FFBF;    //停止定时器 4,即间接停止 A/D 转换
while(1)
{
;                       //死循环,在实际的工程应用中在此可以利用 A/D 转
                       //换的结果用于一些运算
}
}
}
```

第 6 章 ▸▸ 串行外设接口模块（SPI）

6.1 串行外设接口概述

TMS320F2812 包括带 4 个引脚的串行外设接口（SPI）模块。SPI 是一个高速、同步串行 I/O 口，它允许长度可编程的串行位流（1～16 位）以可编程的位传输速度移入或移出器件。通常 SPI 用于 DSP 处理器和外部外设以及其他处理器之间的通信。典型的应用包括通过诸如移位寄存器、显示驱动器、DAC 以及日历时钟等器件所进行的外部 I/O 或器件的扩展。SPI 的主/从操作支持多处理器通信。

SPI 模块的特性包括：

① 4 个外部引脚：

SPISOMI：SPI 从动输出/主动输入引脚；

SPISIMO：SPI 从动输入/主动输出引脚；

SPISTE：SPI 从动发送使能引脚；

SPICLK：SPI 串行时钟引脚。

注意：在不使用 SPI 模块时，这 4 个脚可用作一般 I/O 引脚。

② 两种工作方式：主动或从动工作方式。

③ 波特率：125 种可编程的波特率，在 CPU 时钟方式下，当频率为 30MHz 时，波特率可达 7.5Mbps。

④ 数据字长：1～16 个数据位。

⑤ 4 种时钟方案（由时钟极性和时钟相位控制）包括：

a. 无延时的下降沿：串行外设接口在 SPICLK 信号下降沿发送数据，而在 SPICLK 信号上升沿接收数据。

b. 有延时的下降延：串行外设接口在 SPICLK 信号下降沿之前的半个周期时发送数据，而在 SPICLK 信号下降沿接收数据。

c. 无延时的上升沿：串行外设接口在 SPICLK 信号上升沿发送数据，而在 SPICLK 信号下降沿接收数据。

d. 有延时的上升沿：串行外设接口在 SPICLK 信号上升沿之前的半个周期时发送数据，而在 SPICLK 信号上升沿接收数据。

⑥ 同时接收和发送操作（发送功能可用软件禁止）。

⑦ 发送和接收操作可通过中断或查询方法完成。

⑧ 9 个 SPI 模块控制器地址位于 7040h～704Fh 之间。

⑨ 增强特点。

注意：SPI 模块内有的控制寄存器为 8 位，但是它又与 16 位的外设总线相连。因此当访问这些寄存器时，寄存器的数据在低字节（0～7 位），高字节（8～15 位）读作 0，对高字节的写操作无效。

6.2 串行外设接口操作

6.2.1 操作介绍

主控制器通过输出SPICLK信号来启动数据传送。对于主控制器和从控制器，数据都是在SPICLK的一个边沿移出移位寄存器，并在相对的另一个边沿锁存到移位寄存器。如果位CLOCK PHASE（SPICTL.3）为1，则在SPICLK跳变之前的半个周期时数据被发送和接收。因此，两个控制器可同时发送和接收数据。应用软件可决定数据的真伪。发送数据的方法有以下3种可能：

① 主控制器发送数据，从控制器发送伪数据；

② 主控制器发送数据，从控制器发送数据；

③ 主控制器发送伪数据，从控制器发送数据。

主控制器可在任一时刻启动数据发送，因为它控制着SPICLK信号，由软件决定了主控制器怎样检测从控制器何时准备发送数据以启动SPI传送数据。

6.2.2 串行外设接口模块的主动和从动方式

串行外设接口可以工作于主动方式和从动方式。用位MASTER/SLAVE（SPICTL1.2）来选择工作方式和SPICLK信号的来源。

（1）主动方式

在主动方式下（MASTER/SLAVE=1），串行外设接口在SPICLK引脚上提供整个串行通信网络的串行时钟。数据从SPISIMO引脚输出并在SPISOMI引脚输入。SPI波特率设置寄存器（SPIBRR）决定着发送和接收的位传输率，SPI可选择126种不同的数据传输率。

当写入到SPIDAT或SPITXBUF寄存器数据时就启动了SPISIMO引脚上的数据发送，先发送最高位。同时，接收到的数据通过PISOMI引脚移入SPIDAT的最低位。当选定数量的位发送完时，则整个数据发送完毕。首先将接收到的数据送到SPIRXBUF寄存器，并进行右对齐供CPU读取。

当指定数量的数据位已经通过SPIDAT移位后，则将发生下列事件：

① SPIDAT中的内容传送到SPIRXBUF寄存器中；

② SPI INT FLAG位置位。

如果SPITXBUF寄存器中还有有效的数据，或TXBUF FULL标志位为1，则这个数据将保留在SPIDAT寄存器中，否则把已经接收到的数据移出SPIDAT寄存器，SPICLK时钟停止；

如果SPI INT ENA使能，则将产生中断。

在典型的应用中，SPISTE引脚作为SPI从控制器的片选信号引脚（在接收主控制器的数据前把SPISTE引脚置低，在接收完主控制器的数据后把SPISTE引脚置高）。

（2）从动方式

在从动方式下（MASTER/SLAVE=0），数据从SPISOMI引脚移出并且由SPISIMO引脚移入。SPICLK引脚作为串行移位时钟的输入，该时钟由SPI网络主控制器提供。传输率由该时钟决定，SPICLK的输入频率应不超过器件系统时钟的四分之一。

当网络主控制器的 SPICLK 信号为合适的边沿时，写入到 SPIDAT 或 SPITXBUF，寄存器中的数据被传送到网络。当 SPIDAT 寄存器中的所有位被移出后，SPITXBUF 中的数据将传送到 SPIDAT 寄存器中。如果当前 SPITXBUF 寄存器中的数据没有往网络传送，则其数据立即传送到 SPIDAT 寄存器中。为了接收数据，串行外设接口等待网络主控制器送出的 SPICLK 信号，然后它将 SPISIMO 引脚上的数据移入到 SPIDAT 寄存器。如果从控制器同时也发送数据，则必须在 SPICLK 信号开始之前把数据写入到 SPIRXBUF 或 SPIDAT 寄存器中。

当 TALK（SPICTL.1）位被清 0，数据传送被禁止，从控制器输出引脚（SPISOMI）被置成高阻态。当数据发送期间，TALK 位被清 0，虽然 SPISOMI 引脚被强制置成高阻态，但当前正在发送的数据将完全发送完毕。这就使得同一个 SPI 网络上有多个从器件，但是任一时刻只能有一个从器件起作用。

当 SPISTE 引脚用作从控制器片选引脚时，引脚 SPISTE 上的低有效信号使得从串行外设接口将数据传送到串行数据线。而高无效信号则使得串行外设接口的串行移位寄存器终止，并且其串行输出引脚被置成高阻态。这使得同一网络上可以有多个从期间，但是同一时刻只能有一个从器件起作用。

6.2.3　串行外设接口中断

有五个控制位与串行外设接口中断相关：

① SPI 中断使能位 SPI INT ENA（SPICTL.0）；

② SPI 中断标志位 SPI INT FLAG（SPISTS.6）；

③ SPI 超时中断使能位 OVERRUN INT ENA（SPICTL.4）；

④ SPI 超时中断标志位 RECEIVE OVERRUN INT FLAG（SPISTS.7）；

⑤ SPI 中断优先级选择位 SPI PRIORITY（SPIPRI.6）。

在 SPI 中断使能的情况下，当数据被移入或移出 SPIDAT 寄存器后，中断标志位被置位，并产生中断。中断标志位保持置位，直到以下情况之一发生时才清除：

① 中断被响应；

② CPU 读取 SPIRXBUF 寄存器（注意读 SPIRXEMU 并不清除中断标志位）；

③ 软件清除 SPI SW RESET 位；

④ 系统复位。

当 SPI 中断发生时，接收到的数据已存放在 SPIRXBUF 寄存器中并等待 CPU 读取，如果 CPU 在下一个字符已经接收完毕时还没有读取 SPIRXBUF 寄存器中的数据，则新数据被写入到 SPIRXBUF 寄存器，覆盖旧数据，并且将置位 SPI 超时中断标志位。

6.2.4　数据格式

SPICCR.3～0 这 4 位确定了数据的位数（1～16 位），该信息指导状态控制逻辑计算接收和发送的位数，从而决定了何时处理完一个数据，下列情况适用少于 16 位的数据：

① 当数据写入到 SPIDAT 或 SPITXBUF 寄存器时必须左对齐。

② 数据从 SPIRXBUF 寄存器读取出时必须右对齐。

③ SPIRXBUF 中存放最新接收到数据位（右对齐），再加上那些已移位到左边的前次留下的位。

如果发送字符的长度为 1，且 SPIDAT 当前值为 737Bh，在主动方式下，现将 SPIDAT

和 SPIRXBUF 寄存器在数据发送前和发送后的数据格式表示如下：

SPIDAT(数据发送前)

0	1	1	1	0	0	1	1	0	1	1	1	1	0	1	1

SPIDAT(数据发送后)

发送 ← | 0 | 1 | 1 | 1 | 0 | 0 | 1 | 1 | 0 | 1 | 1 | 1 | 1 | 0 | 1 | 1 | ← 接收

SPIRXBUF(数据发送后)

0	1	1	1	0	0	1	1	0	1	1	1	1	0	1	1

注意，如果 SPISOMI 引脚上的电平为高，则 X＝1；如果 SPISOMI 引脚上的电平为低，则 X＝0。

6.2.5 串行外设接口波特率设置和时钟方式

串行外设接口支持 125 种不同的波特率和 4 种不同的时钟方式。根据串行外设接口处于从动工作方式还是主动工作方式，引脚 SPICLK 可分别接收一个外部的 SPI 时钟信号或由 DSP 提供 SPI 时钟信号。

① 在从动工作方式中，DSP 串行外设接口时钟由 SPI 外部的 SPI 时钟信号提供，并且该时钟信号的频率不能大于 CPU 时钟的四分之一。

② 在主动工作方式中，串行外设接口时钟由 DSP 串行外设接口产生并由 SPICLK 引脚输出。

(1) 波特率的计算

① 对于 SPIBRR＝3～127 时：

SPI 波特率＝SYSCLK/（SPIBRR＋1）；

SPIBRR＝(SYSCLK/SPI 波特率)－1。

② 对于 SPIBRR＝0，1 或 2 时：

SPI 波特率＝SYSCLK 为系统时钟频率。SPIBRR 为主串行外设接口器件的 SPIBRR 寄存器中的内容。

(2) 串行外设接口的时钟方式

时钟极性位 CLOCK POLARITY（SPICCR.6）和时钟相位位 CLOCK PHASE（SPICTL.3）控制着引脚 SPICLK 上的四种不同的时钟方式。时钟极性位选择时钟有效沿为上升沿还是下降沿；时钟相位位则选择时钟的二分之一周期延时。四种不同的时钟方式如下：

① 无延时的下降沿：串行外设接口在 SPICLK 信号下降沿发送数据，而在 SPICLK 信号上升沿接收数据。

② 有延时的下降沿：串行外设接口在 SPICLK 信号下降沿之前的半个周期时发送数据，而在 SPICLK 信号下降沿接收数据。

③ 无延时的上升沿：串行外设接口在 SPICLK 信号上升沿发送数据，而在 SPICLK 信号下降沿接收数据。

④ 有延时的上升沿：串行外设接口在 SPICLK 信号上升沿之前的半个周期时发送数据，而在 SPICLK 信号上升沿接收数据。

串行外设接口时钟方式选择如表 6.1 所示，这四种时钟方式与图 6.1 中发送和接收是一一对应的。

表 6.1　串行外设接口时钟方式选择

SPICLK 方式	时钟极性(SPICCR.6)	时钟相位(SPICTL.3)
无延时上升沿	0	0
有延时上升沿	0	1
无延时下降沿	1	0
有延时下降沿	1	1

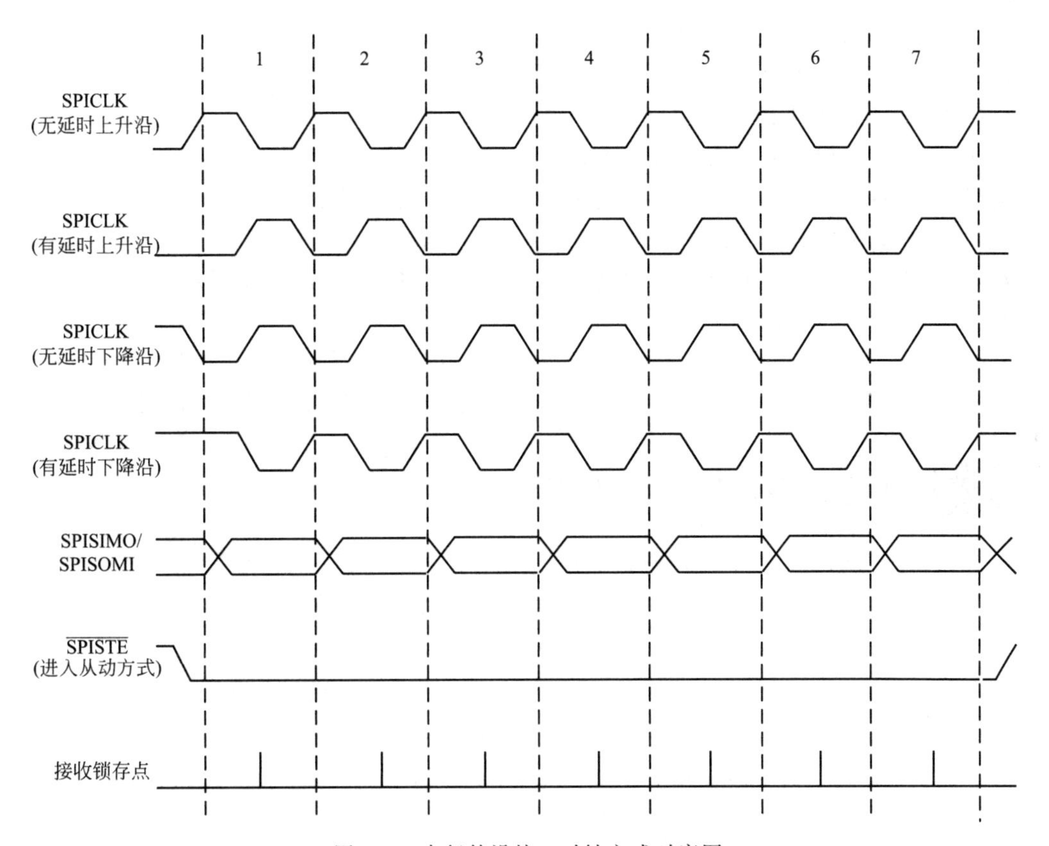

图 6.1　串行外设接口时钟方式时序图

对于串行外设接口，仅当 SPIBRR+1 的结果为偶数时才保持 SPICLK 的对称性。当 SPIBRR+1 为奇数并且 SPIBRR 大于 3 时，SPICLK 变成非对称。当 CLOCK POLARITY 位清 0 时，SPICLK 的低脉冲比它的高脉冲长一个系统时钟；当 CLOCK POLARITY 位置为 1 时，SPICLK 的高脉冲比它的低脉冲长一个系统时钟。

图 6.2 为当 SPIBRR+1 为奇数，SPIBRR>3 且 CLOCK POLARITY=1 时的 SPICLK 引脚的输出特性。

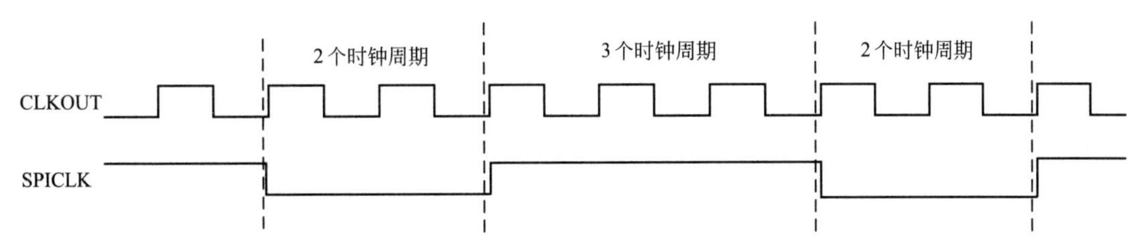

图 6.2　串行外设接口 SPICLK 引脚输出特性

6.2.6 串行外设接口的初始化

当系统复位时迫使SPI外设模块进入下列缺省的配置：

- 该单元被配置成从动模式（MASTER/SLAVE）；
- 禁止发送功能（TALK=0）；
- 在SPICLK信号的下降沿输入数据被锁存；
- 字符长度为1位；
- 禁止串行外设接口中断；
- SPIDAT寄存器中的数据被复位为0000h；
- SPI的四个引脚被配置成一般的I/O功能。

为了改变串行外设接口在系统复位后的配置，应进行如下操作：

- 将SPI SW RESET位清0，强制SPI进入复位状态；
- 初始化串行外设接口的配置、数据格式、波特率和所需引脚的功能；
- 将SPI SW RESET位置为1，使SPI进入工作状态；
- 写数据到SPIDAT或SPITXBUF寄存器中（这就启动了主方式下的通信过程）；
- 在数据传送完成后，即SPISTS.6=1，读取SPIRXBUF寄存器中的数据。

6.3 串行外设接口控制寄存器

串行外设接口总共有9个控制寄存器地址位于7040h～704Fh之间。

① 串行外设接口配置控制寄存器（SPICCR）——地址7040h。

7	6	5	4	3	2	1	0
SPI SW RESET	CLOCK POLARITY	保留位	SPILBK	SPI CHAR3	SPI CHAR2	SPI CHAR1	SPI CHAR0
R/W_0	R/W_0	R_0	R_0	R_0	R_0	R_0	R_0

位7　SPI SW RESET。SPI软件复位位。用户在改变配置前，应把该位清0，并在恢复操作前把该位设置1。

　0　初始化串行外设接口操作标志位至复位条件。

　1　串行外设接口准备发送或接收下一个字符。

位6　CLOCK POLARITY。移位时钟极性位，该位控制着SPICLK信号的极性。具体见表6.2。

　0　在SPICLK信号的上升沿输出数据，在下降沿输入数据；当无数据发送时，SPICLK保持低电平。

　1　在SPICLK信号的下降沿输出数据，在上升沿输入数据；当无数据发送时，SPICLK保持高电平。

位5　保留位。

位4　SPILBK。SPI自测模式。

　0　SPI自测模式禁止——复位后默认值。

　1　SPI自测模式使能，SIMO/SOMI线路在内部连接在一起。

位3～0　SPI CHAR3～SPI CHAR0。数据长度选择位。

表6.2　串行外设接口控制寄存器的配置

SPI CHAR3	SPI CHAR2	SPI CHAR1	SPI CHAR0	字符长度
0	0	0	0	1
0	0	0	1	2
0	0	1	0	3
0	0	1	1	4
0	1	0	0	5
0	1	0	1	6
0	1	1	0	7

续表

SPI CHAR3	SPI CHAR2	SPI CHAR1	SPI CHAR0	字符长度
0	1	1	1	8
1	0	0	0	9
1	0	0	1	10
1	0	1	0	11
1	0	1	1	12
1	1	0	0	13
1	1	0	1	14
1	1	1	0	15
1	1	1	1	16

② 串行外设接口操作控制寄存器（SPICTL）——地址7041h。

7~5	4	3	2	1	0
保留位	OVERRUN INT ENA	CLOCK PHASE	MASTER/SLAVE	TALK	SPI INT ENA
R_0	R/W_0	R/W_0	R/W_0	R/W_0	R/W_0

位7~5　保留位。

位4　OVERRUN INT ENA。超时中断使能位。

0　禁止超时中断。

1　使能超时中断。

位3　CLOCK PHASE。SPI时钟相位选择位。

0　正常的SPI时钟方式，依赖于CLOCK POLARITY。

1　延迟半个周期的SPICLK信号，极性由CLOCK POLARITY位决定。

位2　MASTER/SLAVE。SPI主从工作方式选择位。

0　从工作方式。

1　主工作方式。

位1　TALK。主/从工作方式下发送允许位。

0　禁止发送。

在从工作方式下：若以前没有被配置成一般的I/O功能，则引脚SPISOMI将置成高阻态。

在主工作方式下：若以前没有被配置成一般的I/O功能，则引脚SPISIMO将置成高阻态。

1　允许发送。

位0　SPI INT ENA。SPI中断使能位。

0　禁止中断。

1　使能中断。

③ 串行外设接口状态寄存器（SPISTS）——地址7042h。

7	6	5	4~0
RECEIVER OVERRUN FLAG	SPI INT FLAG	TX BUF FULL FLAG	保留位
R/C_0	R/C_0	R/C_0	R_0

位7　RECEIVER OVERRUN FLAG。SPI接收过冲标志位，该位只为读清除标志位。在前一个数据从缓冲器中读出之前又完成了下一个数据的接收或发送操作，则SPI硬件将设置该位。该位表明最后一个接收到的数据已经被覆盖，并因此而丢失。如果OVERRUN INT ENA位被置位为1，则该位每次置位时SPI就发生一次中断请求。该位可由以下三种操作来清除：写1到该位；写0到SPI SW RESET位；系统复位。

OVERRUN INT ENA被置位，则SPI将在第一次RECEIVER OVERRUN FLAG置位时产生一次中断请求。如果在该标志位仍置位时又发生了接收过冲事件，则SPI将不会再次申请中断。使得在每次发生接收过冲事件后，必须向SPI RW RESET位写0来清除该标志位，使下一次发生接收过程时，又能产生过程中断请求。换句话说，如果RECEIVER OVERRUN FLAG标志位由中断服务保留设置（未被清除），则当中断服务子程序退出时，将不会立即产生另一个过冲中断。无论如何，在中断服务子程序期间应清除 RECEIVER OVERRUN FLAG 标志位。因为 RECEIVER OVERRUN FLAG 标志位和 SPI INT FLAG 标志位公用相同的中断向量。在接收下一个数据时这将减少关于中断源的任何可能疑问。

0　无中断请求。

1　中断请求。

位 6　SPI INT FLAG。SPI 中断标志位。

0　无中断请求。

1　中断请求。

位 5　TX BUF FULL FLAG。SPI 发送缓冲器满标志位。当向 SPITXBUF 寄存器写入数据时，将置位该位。当 SPITXBUF 寄存器中的数据移入到 SPIDAT 寄存器中后，将自动清除该位。

位 4～0　保留位。

④ 串行外设接口波特率设置寄存器（SPIBRR）——地址 7044h。

7	6	5	4	3	2	1	0
保留位	SPI BIT RATE6	SPI BIT RATE5	SPI BIT RATE4	SPI BIT RATE3	SPI BIT RATE2	SPI BIT RATE1	SPI BIT RATE0
R_0	RW_0	RW_0	RW_0	RW_0	RW_0	RW_0	RW_0

位 7　保留位。

位 6～0　SPI BIT RATE6～SPI BIT RATE0。SPI 波特率设置位。

⑤ 串行外设接口仿真接收缓冲寄存器（SPIRXEMU）——地址 7046h。

15	14	13	12	11	10	9	8
ERXB15	ERXB14	ERXB13	ERXB12	ERXB11	ERXB10	ERXB9	ERXB8
R_0	R_0	R_0	R_0	R_0	R_0	R_0	R_0
7	6	5	4	3	2	1	0
ERXB7	ERXB6	ERXB5	ERXB4	ERXB3	ERXB2	ERXB1	ERXB0
R_0	R_0	R_0	R_0	R_0	R_0	R_0	R_0

位 15～0　ERXB15～ERXB0。仿真缓冲器接收的数据。SPIRXEMU 寄存器的功能与 SPIRXBUF 基本相同，只是读 SPIRXEMU 时不会清除 SPI INT FLAG 标志位。一旦 SPIDAT 已经接收到完整的数据，该数据被传送到 SPIRXEMU 和 SPIRXBUF 寄存器中，在这两个寄存器中的数据可被读取，与此同时 SPI INT FLAG 标志位置位。创建该镜像寄存器是为了支持仿真，读 SPIRXBUF 时清除 SPI INT FLAG 标志位。在仿真器的正常操作中，靠读取控制寄存器来不断地更新这些寄存器显示在屏幕上的内容。SPIRXEMU 寄存器允许仿真器更准确地模拟 SPI 的真实操作，因此建议在正常的仿真器工作方式下读取 SPIRXEMU 寄存器中的值。

⑥ 串行外设接口接收缓冲寄存器（SPIRXBUF）——地址 7047h。

15	14	13	12	11	10	9	8
RXB15	RXB14	RXB13	RXB12	RXB11	RXB10	RXB9	RXB8
R_0	R_0	R_0	R_0	R_0	R_0	R_0	R_0
7	6	5	4	3	2	1	0
RXB7	RXB6	RXB5	RXB4	RXB3	RXB2	RXB1	RXB0
R_0	R_0	R_0	R_0	R_0	R_0	R_0	R_0

位 15～0　RXB15～RXB0。接收到的数据。一旦 SPIDAT 已经接收到完整的数据，该数据被传送到 SPIRXBUF 寄存器，供 CPU 读取，同时 SPI INT FLAG 标志位被置位。因为数据首先被移位到 SPI 的最高有效位中，所以数据在该寄存器中采用右对齐方式存储。

串行外设接口发送缓冲寄存器（SPITXBUF）。该寄存器存储下一个要发送的数据，当写数据到该寄存器中将置位 TX BUF FULL 标志位。当正在发送的数据发送完毕，该寄存器中的数据自动装入到 SPIDAT 寄存器中，并清除发送缓冲器满 TX BUF FULL 标志位。如果当前发送没有被激活，则该寄存器中的数据将传送到 SPIDAT 寄存器中，且发送缓冲器满 TX BUF FULL 标志位不置位。

在主动工作方式下，如果发送没有被激活，则写入数据到该寄存器时将启动发送，同时数据被传送到 SPIDAT 寄存器中。

⑦ 串行外设接口发送缓冲寄存器（SPITXBUF）——地址 7048h。

15	14	13	12	11	10	9	8
TXB15	TXB14	TXB13	TXB12	TXB11	TXB10	TXB9	TXB8
R/W_0	R/W_0	R/W_0	R/W_0	R/W_0	R/W_0	R/W_0	R/W_0
7	6	5	4	3	2	1	0
TXB7	TXB6	TXB5	TXB4	RXB3	TXB2	TXB1	TXB0
R/W_0	R/W_0	R/W_0	R/W_0	R/W_0	R/W_0	R/W_0	R/W_0

位 15～0　TXB15～TXB0。发送的数据。

⑧ 串行外设接口发送/接收移位寄存器（SPIDAT）——地址 7049h。

串行外设接口发送/接收移位寄存器（SPIDAT），SPIDAT 寄存器中的数据在连续个 SPICLK 周期中被移出去（最高位）。移出 SPI 的每一位（最高位）的同时，将有一位移入到移位寄存器的最低位。

15	14	13	12	11	10	9	8
SDAT15	SDAT14	SDAT13	SDAT12	SDAT11	SDAT10	SDAT9	SDAT8
R/W_0	R/W_0	R/W_0	R/W_0	R/W_0	R/W_0	R/W_0	R/W_0
7	6	5	4	3	2	1	0
SDAT7	SDAT6	SDAT5	SDAT4	SDAT3	SDAT2	SDAT1	SDAT0
R/W_0	R/W_0	R/W_0	R/W_0	R/W_0	R/W_0	R/W_0	R/W_0

位 15～0　SDAT15～SDAT0。串行数据。写入 SPIDAT 的操作可执行两种功能：如果 TALK 位被置位，则该寄存器提供了将被输出到串行输出引脚的数据；当 SPI 处于主动工作方式时，数据开始发送。在主动工作方式下，将伪数据写入到 SPIDAT 用以启动接收器的排序功能，因为硬件不支持少于 16 位的数据进行对齐处理，所以发送的数据必须先进行左对齐，而接收的数据则用右对齐格式读取。

⑨ SPI FIFO 发送寄存器（SPIFFTX）——地址 704Ah。

15	14	13	12	11	10	9	8
SPIRST	SPIFFENA	TXFIFO	TXFFST4	TXFFST3	TXFFST2	TXFFST1	TXFFST0
R/W_0	R/W_0	R/W_1	R_0	R_0	R_0	R_0	R_0
7	6	5	4	3	2	1	0
TXFFINT FLAG	TXFFINT CLR	TXFFIENA	TXFFIL4	TXFFIL3	TXFFIL2	TXFFIL1	TXFFIL0
R_0	R/W_0	R/W_0	R/W_0	R/W_0	R/W_0	R/W_0	R/W_0

位 15　SPIRST，SPI 复位。

0　复位 SPI 发送和接收通道，SPI FIFO 寄存器的配置位保持不变。

1　SPI FIFO 能重新开始发送或接收，对 SPI FIFO 寄存器没影响。

位 14　SPIFFENA，SPI FIFO 使能位。

0　禁止 SPI FIFO 增强型功能，FIFO 处于复位状态。

1　使能 SPI FIFO 增强型功能。

位 13　TXFIFO，发送 FIFO 复位。

0　复位 TX FIFO 指针为 0，并保持复位状态。

1　重新使能 TX FIFO 操作。

位 12～8　TXFFST4～TXFFST0，发送 FIFO 状态。

00000　TX FIFO 为空。

00001　TX FIFO 中有 1 个字。

00010　TX FIFO 中有 2 个字。

00011　TX FIFO 中有 3 个字。

0xxxx　TX FIFO 中有 *X* 个字。

10000　TX FIFO 中有 16 个字。

位 7　TXFFINT FLAG，TX FIFO 中断使能标志位。

0　没有产生TX FIFO中断，该位只读。

1　产生了TX FIFO中断，该位只读。

位6　TXFFINT CLR，复位TX FIFO中断标志位。

0　该位写0对TXFFINT中断标志位无影响，读该位返回0。

1　清除TXFFINT中断标志位。

位5　TXFFIENA，TX FIFO中断使能。

0　禁止基于TXFFIVL匹配（小于或等于）的TX FIFO中断。

1　使能基于TXFFIVL匹配（小于或等于）的TX FIFO中断。

位4～0　TXFFIL4～TXFFIL0，TX FIFO中断级位。

当TX FIFO状态位（TXFFST4～TXFFST0）和FIFO级位（TXFFIL4～TXFFIL0）相匹配时，将产生中断。默认值为00000。

⑩ SPI FIFO接收寄存器（SPIFFRX）——地址704Bh。

15	14	13	12	11	10	9	8
RXFFOVF FLAG	RXFFOVF CLR	RXFIFO RESET	RXFFST4	RXFFST3	RXFFST2	RXFFST1	RXFFST0
R_0	R/W_0	R/W_1	R_0	R_0	R_0	R_0	R_0

7	6	5	4	3	2	1	0
RXFFINT FLAG	RXFFINT CLR	RXFFIENA	RXFFIL4	RXFFIL3	RXFFIL2	RXFFIL1	RXFFIL0
R_0	R/W_0	R/W_0	R/W_1	R/W_1	R/W_1	R/W_1	R/W_1

位15　RXFFOVF，RX FIFO溢出中断标志位。

0　RX FIFO没有溢出，该位只读。

1　RX FIFO溢出，该位只读，FIFO接收了多余16个字的信息，接收到的第一个字丢失。

位14　RXFFOVF CLR，RX FIFO溢出标志清零位。

0　该位写0对RX FIFO溢出中断标志无影响，读该位返回0。

1　清零第15位的RX FIFO溢出中断标志位。

位13　RXFIFO RESET，复位RX FIFO。

0　复位RX FIFO指针为0，并保持复位状态。

1　重新使能RX FIFO操作。

位12～8　RXFFST4～RXFFST0，发送FIFO状态。

00000　RX FIFO为空。

00001　RX FIFO中有1个字。

00010　RX FIFO中有2个字。

00011　RX FIFO中有3个字。

0xxxx　RX FIFO中有X个字。

10000　RX FIFO中有16个字。

位7　RXFFINT FLAG，RX FIFO中断使能标志位。

0　没有产生RX FIFO中断，该位只读。

1　产生了TX FIFO中断，该位只读。

位6　RXFFINT CLR，复位RX FIFO中断标志位。

0　该位写0对RXFFINT中断标志位无影响，读该位返回0。

1　清除RXFFINT中断标志位。

位5　TXFFIENA，TX FIFO中断使能。

0　禁止基于RXFFIVL匹配（小于或等于）的RX FIFO中断。

1　使能基于RXFFIVL匹配（小于或等于）的RX FIFO中断。

位4～0　RXFFIL4～RXFFIL0，RX FIFO中断级位。

当RX FIFO状态位（RXFFST4～RXFFST0）和FIFO级位（RXFFIL4～RXFFIL0）相匹配（大于或等于）时，将产生中断。复位后默认值为11111，这样能避免重复产生中断，因为RX FIFO大多数时间是空的。

⑪ SPI FIFO控制寄存器（SPIFFCT）——地址704Ch。

15	14	13	12	11	10	9	8
保留位							
R_0							

7	6	5	4	3	2	1	0
FFTXDLY7	FFTXDLY6	FFTXDLY5	FFTXDLY4	FFTXDLY3	FFTXDLY2	FFTXDLY1	FFTXDLY0
R/W_0	R/W_0	R/W_0	R/W_0	R/W_0	R/W_0	R/W_0	R/W_0

位15～8　保留位。

位7～0　FFTXDLY7～FFTXDLY0，TX FIFO发送延时位。

这些位定义了FIFO发送缓冲器和发送移位寄存器之间的每一次传输的延时。延时是在SPI串行时钟周期内确定的。8位寄存器可以确定0个串行时钟周期的最小延时时间和25个串行时钟周期的最大延时时间。FIFO模式中，移位寄存器和FIFO之间的缓冲器（TXBUF）要在移位寄存器完成最后一位的移送后加载。这需要在传输到数据流的过程中传递延时时间。FIFO模式中，TXBUF不应作为一个附加级别的缓冲器来对待。

⑫ 串行中断优先级控制寄存器（SPIPRI）——地址704Fh。

串行外设中断优先级控制寄存器（SPIPRI），该寄存器用于选择SPI中断优先级的级别，可选择INT1或INT5级中断。并确定当仿真器挂起时的SPI操作。

7	6	5	4	3～0
保留位		SPI SUSP SOFT	SPI SUSP FREE	保留位
R_0		R/W	R/W_0	R_0

位7～6　保留位。

位5～4　SPI SUSP SOFT，SPI SUSP FREE。SPI仿真挂起时的操作控制位。

00　一旦仿真挂起，立即停止。

01　一旦仿真挂起，在当前的接收或发送完成后才停止。

10　SPI操作与仿真挂起无关。

11　SPI操作与仿真挂起有关。

位3～0　保留位。

6.4 实例：SPI端口输出DAC串行数据

下面的程序实例可以通过SPI端口输出串行数据。该程序通过SPI输出一系列递增的字，如果一个数模转换连接到SPI，则DAC可以输出一个锯齿波。如果使用TLC5618DAC芯片连接到SPI，那么该程序可以通过SPI发送数据到串行DAC，如图6.3所示。

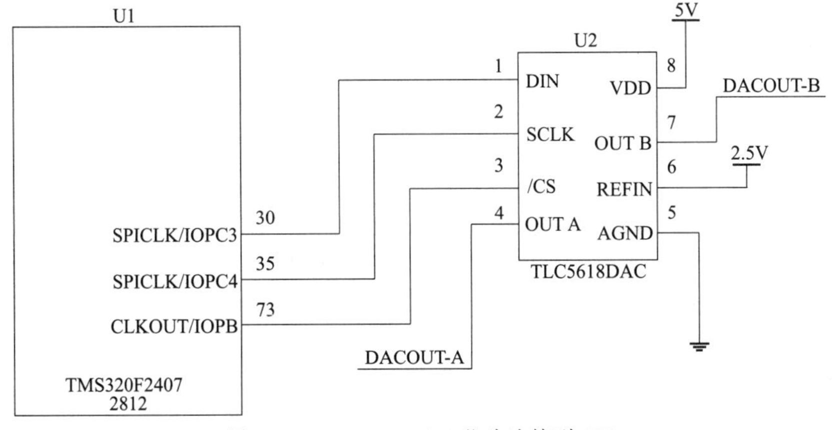

图6.3　TLC5618DAC芯片连接到SPI

```
//主程序
//文件名:SPI.asm
   {
   *include 240xA.h          ;变量和寄存器定义
   *include vector.h         ;向量表定义
   }
   //RAM块中的变量定义
   bss GPR0,1                  ;通用目标寄存器
   bss GPR3,3
   {
   //MACRO宏定义
   {
   KICK_DOG..macro              ;看门狗复位宏
   LDP  #00E0h
   SPLK  #0055bbh,WDKEY
   SPLK  #0AAAAh,WDKEY
   LDP  #0h
   .endm
   }
   //主代码
   {
   START:LDP HU
         SETC INTM      ;初始化时禁止中断
   SPLK  #0h,GPR3
   OUT  GPR3,WSGR     ;设置XMIF在无等待状态下运行
   CLRC  SXM              ;清除符号扩展
   CLRC  OVM       ;复位溢出方式
   CLRC  CNF          ;配置块B0为数据存储空间
   LDP  #WDCR≫7
   SPLK  #006Fh,WDCR      ;禁止WD
   KICK_DOG
   LDP  #SCSR1≫7           ;设置锁相环倍频系数为×4
   SPLK  #0020h,SCSR1      ;使能SPI模块的时钟
   }
   //SPI初始化
   {
   SPI_INIT:  LDP  #SPICCR≫7
       SPLK  #0000Fh,SPICCR     ;16个字符长度
       SPLK  #0006h,SPICTL      ;使能主模式,正常的SPI时钟和TALK
       SPLK  #0002h,SPIBRR      ;设置SPI通信速度最大
       LDP  #MCRB≫7            ;设置GPIO引脚为SPI功能
       SPLK  #003CH,MCRB
       LDP  #SPICCR≫7
       SPLK  #008Fh,SPICCR      ;复位则放弃SPI
   }
   //锯齿波代码程序
```

下面的程序为产生锯齿波的代码，通过将一个计数按一个固定斜率减计数到0，每当发生溢出后就重载计数值，进行增计数。

```
{
LP:  LAR AR0,#07FEh      ;载入一个计数值到A0
XNIT_VALUE;LDP  #0
    SAR  AR0,GPR0
ADD  #8000H        ;最高位为1,这是DAC所要求的
XOR  #07FFH      ;改变计数方向判断,符合条件则变为增计数
LDP  #SPITXBUF≫7
XNIT_RDY:BIT  SPISTS,BIT 6     ;测试SPI_INT位
  BCND  XNIT_RDY,NTC        ;如果SPI_INT=0,则重复循环
                            ;并等待数据发送完毕进行下一步操作
LDP  #SPIRBXUF≫7          ;否则读取SPIRBXUF
LACCSPIRBXUF               ;伪读取数据清除SPI_INT标志位
MAX  *,AR0
HANZ  XMIT_VALUE           ;如果计数器非0,则发送下一个值
BLP                        ;加以计数据到0,则重载计数器重复循环

PILANTOM  RET
GISR1  RET
GISR2  RET
GISR3  RET
GISR4  RET
GISR5  RET
GISR6  RET
}
}
```

第7章 ▶▶ 串行通信接口模块（SCI）

TMS320F2812芯片提供的异步串行通信接口模块（SCI）是采用双线制通信的异步通信接口。SCI模块采用标准的非归零码（NRZ）数据格式，能够实现多CPU之间或同其他具有兼容数据格式SCI端口的外设进行数据通信。异步串行通信接口主要应用于使用上位机实现系统调试及现场数据的采集和控制。一般是通过上位机本身配置的串行口，通过串行通信技术和嵌入式系统进行连接通信。

7.1 串行通信接口概述

TMS320F2812器件提供两个串行通信SCI接口。SCI模块支持CPU与其他使用标准格式的外设之间的数字通信。为了减少串口通信的开销，F2812的串口支持16级接收和发送FIFO。也可以不使用FIFO缓冲，SCI的接收器和发送器可以使用双级缓冲传送数据，并且SCI的接收器和发送器都有各自独立的中断和使能位。两者可以独立工作实现半双工通信，或者在全双工的方式下同时工作。为了确保数据的完整性，SCI对接收到的数据进行间断检测、奇偶性校验、超时和帧出错的检查。通过一个16位的波特率选择寄存器，数据传输的速度可以被编程为65535种不同的方案。

SCI模块的特性包括：

① 两个外部引脚：

- SCITXD：SCI发送数据引脚；
- SCIRXD：SCI接收数据引脚。

注意：在不使用SCI时，这两个引脚可用作通用I/O口。

② 波特率：通过一个16位的波特率选择寄存器，可编程为65535种不同速率的波特率；在40MHz的CPU时钟方式下，波特率范围从76bps～2500kbps。

③ 数据格式：一个启动位；1～8位的可编程数据字长度；可选择的奇/偶/无校验位；一个或两个停止位。

④ 4种错误检测标志位：奇偶错、帧出错、超时、间断检测。

⑤ 两种唤醒多处理器方式：空闲线唤醒或地址位唤醒。

⑥ 半双工或全双工通信模式。

⑦ 双缓存接收和发送功能。

⑧ 发送和接收的操作可以利用状态标志位通过中断驱动或查询算法来完成。

- 发送器：TXRDY标志（发送缓冲寄存器准备接收另一个字符）和TX EMPTY标志位（发送移位寄存器空）。
- 接收器：RXRDY标志（接收缓冲寄存器准备接收另一个字符）、BRKDT标志（间断条件发生）和RX EERR标志（监视4个中断条件）。

⑨ 发送器和接收器的中断位可独立使能（除BRKDT外）。

⑩ 非归零（NRZ）格式。

⑪ SCI 模块的 13 个控制寄存器地址位于 7050h～705Fh 之间。

⑫ 自动通信速率检测硬件逻辑。

⑬ 16 级发送/接收 FIFO。

注意：SCI 模块内有的寄存器为 8 位，但是它又与 16 位的外设总线相连。因此当访问这些寄存器时，寄存器的数据在低字节（0～7 位），高字节（8～15 位）读出 0，对高字节的写操作无效。

在全双工模式下 SCI 模块包括以下部件：

① 一个发送器（TX）及和相关的主要寄存器：

- SCITXBUF：发送数据缓冲寄存器，存放要发送的数据；
- TXSHF：发送数据到移位寄存器，从发送数据缓冲寄存器（SCITXBUF）中装入数据，并将数据移位至 SCITXD 引脚，一次移 1 位。

② 一个接收器（RX）和它相关的主要寄存器：

- RXSHF：接收移位寄存器，从 SCIRXD 引脚移入数据，一次移 1 位；
- SCIRXBUF：接收数据缓冲寄存器，存有需 CPU 读取的数据。来自串行通信线上的数据装载到接收移位寄存器（RXSHF）后，又被装入到接收数据缓冲寄存器（SCIRXBUF）和接收仿真缓冲寄存器（SCIRXEMU）。

③ 一个可编程的波特率发生器。

④ 数据从存储器映射的控制和状态寄存器。

串行通信接口的接收器和发送器可以实现半双工和全双工工作方式。

7.2 多处理器（多机）异步通信模式

串行通信接口模块有两个多处理器通信协议：空闲线多处理器模式和地址位多处理器模式。这些通信协议保证多处理器间进行有效的数据传送。

串行通信接口模块提供了与许多通用异步接收/发送（UART）通信外设的接口。如异步通信使用 3 条线（地线、发送线、接收线）连接诸如采用 RS-232 格式的终端和打印机等众多标准器件。数据发送特征如下：

- 一个起始位；
- 1～8 个数据位；
- 一个奇/偶校验位和无奇/偶校验位；
- 1～2 个停止位。

7.2.1 串行通信接口可编程的数据格式

串行通信接口的数据，无论是接收和发送都采用 NRZ（非归零）格式。NRZ 数据格式包括：

- 一个起始位；
- 1～8 个数据位；
- 一个奇/偶校验位和无奇/偶校验位；
- 1～2 个停止位。
- 一个用于区分数据和地址的额外位。

数据的基本单位被称作帧，为 1～8 位长。每个数据帧的格式为一个启动位，1～2 个停止位，可选的奇偶位和地址位。其格式如图 7.1 所示。用户可通过设置串行通信接口通信控制寄存器（SCICCR）来编程数据格式。

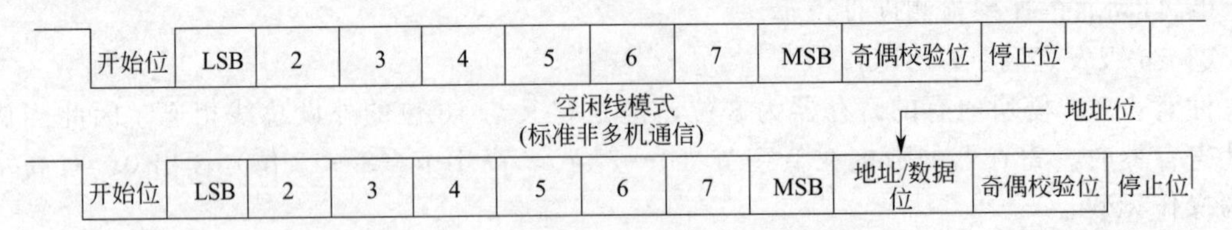

图 7.1　典型的串行通信接口数据帧格式

7.2.2　串行通信接口的多处理器通信

多处理器通信模式使得一个处理器能有效地在同条连接线上将数据传送到其他的处理器。一条串行线上一次只能进行一次传送，即一条串行线上只能有一个人说话（广播方式）。说话者发送的数据块的第一个字节包括一个地址字节，它被所有的听众读取（侦听方式），但只有地址相符的听众才能接收跟在地址字节后面的数据，地址不相符的听众不接收地址字节后面的数据，且等待接收下一个地址字节。

SLEEP 位：串行连接的所有处理器将它们的串行通信接口的 SLEEP 位（SCICTL. 2）置成 1，使得它们在检测到地址字节时才被中断。当处理器读取到的地址与应用软件设置的本处理器地址相符时，用户程序必须清除 SLEEP 位来确保串行通信接口在收到每个数据字节时产生一个中断。

虽然接收器在 SLEEP 位为 1 时仍能工作，除非检测到地址字节并且接收帧中的地址位是 1，否则它不能将 RXRDY、RXINT 或任何接收错误状态位置成 1，串行通信接口不会改变 SLEEP 位，必须由用户软件改变 SLEEP 位。

处理器根据多处理器的模式来识别地址字节，例如：

① 空闲线模式在地址前留有一个固定空间。该模式没有附加的地址/数据位，它在处理包含多于 10 个字节的数据块方面比地址模式更有效。空闲线模式应用于典型的非多处理器的 SCI 通信。

② 地址模式在每个字节中加入一个额外位（地址位）来区分地址和数据。这种模式在处理多个小数据块时更有效。因此它不像空闲线模式在数据块之间那样需要等待。当处于高速发送时，空闲线模式的程序速率不足以避免传送中的 10 位空闲位。

多处理器的模式可通过 ADDR/IDLE MODE 位（SCICCR. 3）来设置。两种模式都使用发送唤醒标志位 TXWAKE（SCICTL. 3）、接收唤醒标志位 RXWAKE（SCIRXST. 1）和休眠标志位 SLEEP（SCICTL. 2）来控制串行通信接口发送器和接收器的工作状态。

在两种多处理器模式中，接收步骤如下。

① 接收地址块时，串行通信接口唤醒并请求中断，所以必须使能 RX/BK INTENA 位（SCICTL2. 1）以请求中断；它读取地址块的第一帧数据，其中包括目的处理器的地址。

② 通过中断和校对程序得到的地址进入软件子程序，并且该地址字节与存在内存中的器件地址再次进行校对。

③ 如果校对表明地址与该 DSP 控制器的地址相符，则 CPU 就清除 SLEEP 位并读取块中剩余的数据；否则，退出软件子程序并且 SLEEP 位依旧置位，直到下一个地址块的开始才接收中断。

7.2.3　串行通信接口通信格式

串行通信接口异步通信格式可使用半双工或全双工通信方式。这种模式下，一帧包括一个起始位，1～8 个数据位，一个可选的奇偶校验位，1～2 个停止位。如图 7.2 所示，每个数据位占用 8 个 SCICLK 周期。

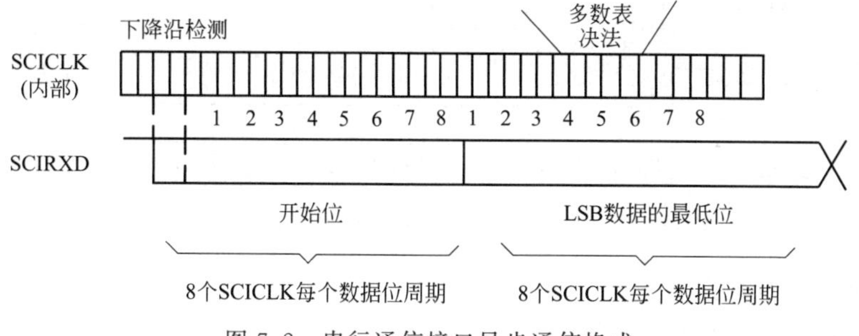

图 7.2 串行通信接口异步通信格式

接收器在收到一个有效的起始位后开始操作。有效的起始位由如图 7.2 所示的四个连续内部 SCICLK 周期的零位标志识别出来。如果任一位不为 0，则处理器的启动结束并开始寻找另一个起始位。

对于数据帧的起始位后的位，处理器在每位的中间采样 3 次来决定其位值。这 3 个采样点出现在第 4、5 和 6 个 SCICLK 周期，位值取决于多数（多数指三分之二以上）。图 7.2 表明了这种异步通信格式，其中的起始位表示了如何找到边沿和哪里做出多数决定。

因为接收器本身能够按帧进行同步，所以外部发送和接收器不必使用同步串行时钟，该时钟可局部生成。

（1）通信模式中的接收器信号

图 7.3 描述了在如下假设条件下接收器的信号时序：

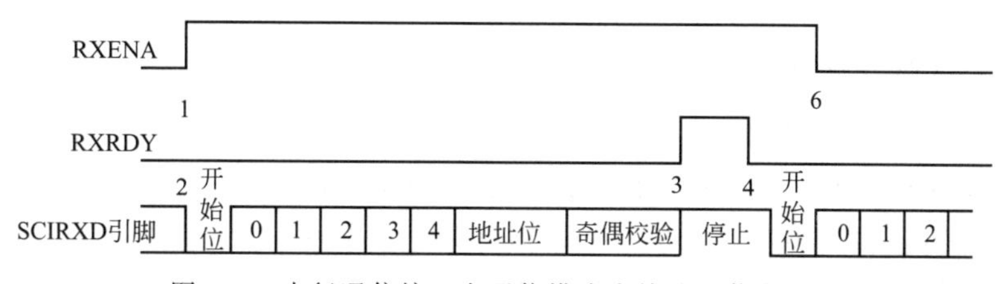

图 7.3 串行通信接口在通信模式中接收器信号时序

① 地址位唤醒模式（地址不出现在空闲线模式中）；

② 每个字符 6 位。

在使用接收器时应注意以下几点：

① 设置 RXENA 位为 1 来使能接收器接收数据；

② 数据到达 SCIRXD 引脚后，检测到起始位；

③ 数据从 RXSHF 寄存器移到 SCIRXBUF 寄存器中，产生中断请求。标志位 RXRDY（SCITXST.6）变为 1 表示已收到一个新字符；

④ 当读 SCIRXBUF 寄存器时，标志位 RXRDY 自动被清除；

⑤ 如 RXRDY 变低，则禁止接收器接收数据。数据继续保持在 RXSHF 寄存器中，但没有移入到 SCIRXBUF 寄存器中。

（2）通信模式中的发送器信号

图 7.4 描述了在如下假设条件下发送器的信号时序：

① 地址位唤醒模式（地址位不出现在空闲线模式中）；

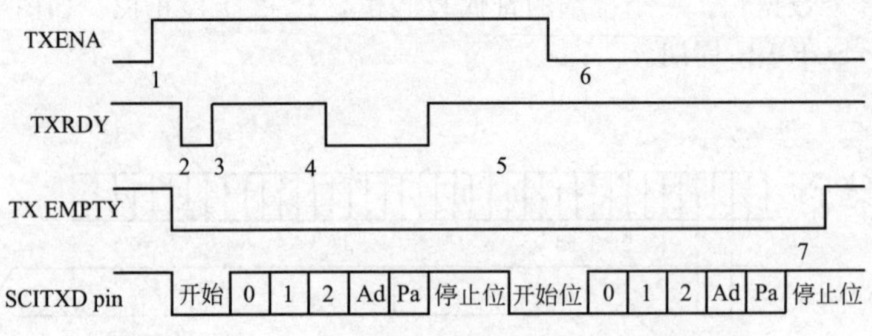

图 7.4　串行通信接口在通信模式中的发送信号时序

② 每个字符3位数据。

在使用发送器时应注意以下几点：

① 设置TXENA位为1来使能发送器发送数据。

② 写数据到SCITXBUF寄存器，使发送器不再为空，TXRDY变低。

③ 串行通信接口将数据传送到TXSHF寄存器。发送器准备传送第2个字符（TXRDY变高），并发出发送中断请求［为使能发送中断，必须将TXINT ENA（SCICTL2.0）位置为1］。

④ TXRDY变高后，程序将第2个字符传送到SCITXBUF寄存器，写入后TXRDY又变低。

⑤ 发送完第1个字符后，TX EMPTY位暂时升高。将第2个字符传送到TXSHF寄存器的操作开始。

⑥ 如TXENA位变低，则发送器被禁止。串行通信接口结束发送当前字符。

⑦ 发送完第2个字符后，发送器变空并准备发送新字符。

7.2.4　串行通信接口中断

串行通信接口的接收器和发送器可由中断来控制，SCICTL2有一个标志位（TXRDY）用来指示有效的中断条件，SCIRXST寄存器中有两个中断标志位（RXRDY和RBKDT）。发送器和接收器有各自的中断使能位。当中断屏蔽时，中断不会产生。但条件标志位仍然有效，该位反映了发送和接收的状态，可用于查询方式。

串行通信接口的发送器和接收器有自己独立的外设中断向量。外设中断请求可使用高优先级或低优先级，中断优先级由SCIPRI寄存器中相应的位来控制，当接收和发送中断都设置为相同的优先级时，接收中断往往具有更高的优先级，这是为了减少接收超时错误。

如果RX/BK INTEN位置位，则当发生以下情况之一就产生一次接收中断：

① 串行通信接口接收到一个完整的帧并将RXSHF寄存器中的数据传送到SCIRXBUF寄存器中，该操作置位RXRDY标志位，并初始化中断；

② 间断检测条件发生（在一个停止位后SCIRXD引脚保持10个周期的低电平），该操作置位BRRDY标志位，并初始化中断；

③ 如果TX INT ENA位置位，无论何时SCITXBUF寄存器中的数据传送到TXSHF寄存器中都将确定一个发送中断，用以指示CPU可以把新数据写入到SCITXBUF寄存器中，该操作置位TXRDY标志位，并使中断复位。

7.2.5　串行通信接口波特率计算

内部生成的串行时钟由系统时钟SYSCLK频率和波特率选择寄存器决定。串行通信接口使用16位波特率选择寄存器，数据传输的速率可以被编程为65000多种不同的方式。

不同通信模式下的串行通信接口异步波特率由下列方法决定：

① BRR＝1～65535时的串行通信接口异步波特率位：

SCI异步波特率＝SYSCLK/[(BRR＋1)×8]

其中BRR＝SYSCLK/(SCI异步波特率×8)－1；

② BRR＝0时的串行通信接口异步波特率为：

SCI异步波特率＝SYSCLK/16

这里等于波特率选择寄存器的16位值。

7.2.6 串行通信接口增强特征

TMS320F2812的SCI串口支持自动波特率检测和发送/接收FIFO操作。

(1) SCI FIFO描述

下面介绍FIFO特征和使用FIFO时SCI的编程。

● 复位：在上电复位时，SCI工作在标准SCI模式，禁止FIFO功能。FIFO的寄存器SCIFFTX、SCIFFRX和SCIFFCT都被禁止。

● 标准SCI：标准F24xSCI模式，TXIT/RXIT中断作为SCI的中断源。

● FIFO使能：通过将SCFFTX寄存器中的SCIFFEN位置1，使能FIFO模式。在任何操作状态下SCIRST都可以复位FIFO模式。

● 寄存器有效：所有SCI寄存器和SCI FIFO寄存器（SCIFFIX，SCIFFRX和SCIFFCT）有效。

● 中断：FIFO模式有两个中断，一个是发送FIFO中断TXINT，另一个是接收FIFO中断REINT。FIFO接收、接收错误和接收FIFO溢出共用RXINT中断。标准SCI的RXINT将被禁止，该中断将作为SCI发送FIFO中断使用。

● 缓冲：发送和接收缓冲器增加了两个1级的FIFO，发送FIFO寄存器是8位宽，接收FIFO寄存器是10位宽。标准SCI的一个字的发送缓冲器作为发送FIFO和移位寄存器间的发送缓冲器。只有移位寄存器的最后一位被移出后，一个字的发送缓冲才从发送FIFO装载。在使能FIFO后，经过一个可选择的延迟（SCIFFCT），TXSHF被直接装载而不使用TXBUF。

● 延迟的发送：FIFO中的数据传送到发送移位寄存器的速率是可编程的，可以通过SCIFFCT寄存器的位FFTXDLY（7～0）设置发送数据间的延迟。FFTXDLY（7～0）确定延迟的SCI波特率时钟周期数，8位寄存器可以定义0个波特率时钟周期的最小延迟到256个波特率时钟周期的最大延迟。当使用0延迟时，SCI模块的FIFO数据移出时数据间没有延时，一位紧接一位地从FIFO移出，实现数据的连续发送。当选择256个波特率时钟的延迟时，SCI模块工作在最大延迟模式，FIFO移出的每个数据字之间有256个波特率时钟的延迟。在慢速SCI/UART的通信时，可编程延迟可以减少CPU对SCI通信的开销。

● FIFO状态位：发送和接收FIFO都有状态位TXFFST或RXFFST（位12～0），这些状态位显示当前FIFO内有用数据的个数。当发送FIFO复位位TXFIFO和接收复位位RXFIFO将FIFO指针复位为0时，状态位清零。一旦这些位被设置为1，则FIFO开始运行。

● 可编程的中断级：发送和接收FIFO都能产生CPU中断，只要发送FIFO状态位TXFFST（位12～8）与中断触发优先级位TXFFIL（位4～0）相匹配，就能产生一个中断触发，从而为SCI的发送和接收提供了一个可编程的中断触发逻辑。接收FIFO的默认触发优先级为0x11111，发送FIFO的默认触发优先级为0x00000。图7.5和表7.1给出了在FIFO或非FIFO模式下SCI中断的操作和配置。

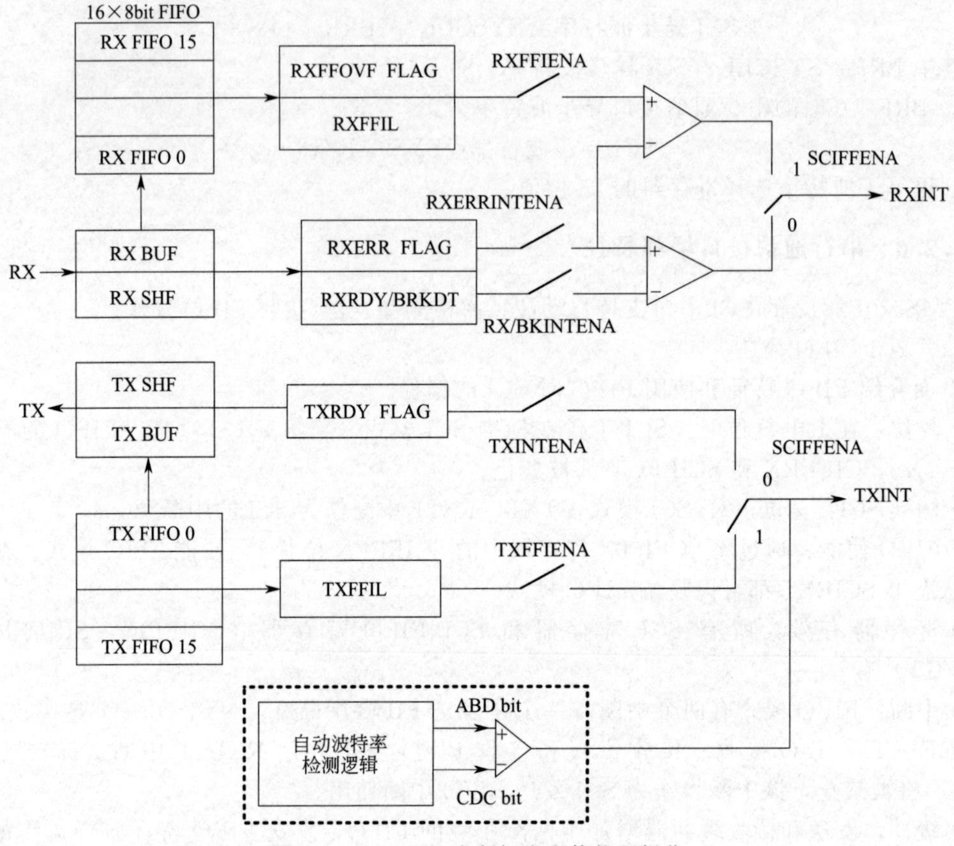

图7.5 SCIFIFO中断标志和使能逻辑位

表7.1 中断标志位

FIFO选项	SCI中断源	中断标志	中断使能	FIFO使能SCIFFENA	中断线
SCI不使用FIFO	接收错误	RXERR	RXERRINTENA	0	RXINT
	接收终止	BRKDT	RX/BKINTENA	0	RXINT
	数据接收	RXRDY	RX/BKINTENA	0	RXINT
	发送空	TXRDY	TXFFIENA	0	TXINT
SCI使用FIFO	接收错误和接收终止	RXERR	RXERRINTENA	1	RXINT
	FIFO接收	RXFFIL	RXFFIENA	1	RXINT
	发送空	TXFFIL	TXFFIENA	1	TXINT
自动波特率	自动波特率	ABD	无关	X	TXINT

注：1. RXERR能由BRKDT、FE、OE和PE标志位置位。在FIFO模式下，BRKDT中断仅仅通过RXERR标志位产生；

2. FIFO模式，在延迟后，TXSHF被直接装入，不使用TXBUF。

（2）SCI自动波特率

大多数SCI模块硬件不支持自动波特率检测。一般情况下，嵌入式控制器的SCI时钟由PLL提供，系统工作后往往会改变PLL复位时的状态，这样很难支持自动波特率检测功能。而在TMS320F2812处理器上，增强功能的SCI模块硬件支持自动波特率检测逻辑。寄存器SCIFFCT位ABD和CDC位控制自动波特率逻辑，使能SCIRST位使自动波特率逻辑工作。

当 CDC 为 1 时，如果 ABD 也置位，表示自动波特率检测开始工作，就会产生 SCI 发送 FIFO 中断（TXINT），同时在中断服务程序中必须使用软件将 CDC 位清零，否则，如果中断服务程序执行完 CDC 仍然为 1，则以后不会产生中断。具体操作步骤如下。

步骤 1：将 SCIFFCT 中的 CDC 位（位 13）置位，清除 ABD 位（位 15），使能 SCI 的自动波特率检测模式。

步骤 2：初始化波特率寄存器为 1 或限制在 500kbps 内。

步骤 3：允许 SCI 以期望的波特率从一个主机接收字符“A”或字符“a”。如果第一个字符是“A”或“a”，则说明自动波特率检测硬件已经检测到 SCI 通信的波特率，然后将 ADD 位置 1。

步骤 4：自动检测硬件将用检测到的波特率的十六进制值刷新波特率寄存器的值，这个刷新逻辑器也会产生一个 CPU 中断。

步骤 5：通过向 SCIFFCT 寄存器的 ABD CLR 位（位 13）写入 1，清除 ADB 位，响应中断。写 0，清除 CDC 位，禁止自动波特率逻辑。

步骤 6：读到接收缓冲为字符“A”或“a”，清空缓冲和缓冲状态位。

步骤 7：当 CDC 为 1 时，如果 ABD 也置位，表示自动波特率检测开始工作，就会产生 SCI 发送 FIFO 中断（TXINT），同时在中断服务程序中必须使用软件将 CDC 位清 0。

7.3 串行通信接口控制寄存器

串行外设接口总共有 13 个控制寄存器地址位于 7050h～705Fh 之间。串行通信接口的功能可由软件配置。通过设置相应控制寄存器的位来初始化所需的串行通信接口通信格式，包括操作模式、协议、波特率、字符长度、奇/偶校验位、停止位的位数、中断优先级和使能控制位。现将它们分别介绍如下：

（1）串行通信接口通信控制寄存器

（SCICCR）——地址 7050h。

串行通信接口通信控制寄存器（SCICCR）定义了用于 SCI 的字符格式、协议和通信模式。

7	6	5	4	3	2	1	0
STOP BITS	EVEN/ODD PARITY	PARITY ENABLE	LOOP BACK ENA	ADDR/IDLE MODE	SCICHAR2	SCICHAR1	SCICHAR0
RW_0	RW_0	RW_0	RW_0	RW_0	RW_0	RW_0	RW_0

位 7　STOP BITS。SCI 停止位个数选择位。

0　一个停止位。

1　两个停止位。

位 6　EVEN/ODD PARITY。SCI 奇/偶校验位，如果 PARITY ENABLE 被置位，则校验才有效，即判定发送和接收的字符中一个位数为奇数或偶数。

0　奇校验。

1　偶校验。

位 5　PARITY ENABLE。SCI 奇/偶校验使能位。

0　禁止奇/偶校验。

1　使能奇/偶校验。

位 4　LOOP BACK ENA。自测试模式使能位。如果使能了该位，则发送引脚与接收引脚在系统内部连接在一起。

0　禁止自测试模式。
1　使能自测试模式。

位 3　ADDR/IDLE MODE。SCI 多处理器模式选择位。
0　选择空闲线多处理器模式。
1　选择地址位多处理器模式。

位 2～0　SCICHAR2～SCICHAR0。SCI 字符长度选择位。少于 8 位的字符在 SCIRXBUF 和 SCIRXEMU 中右对齐，且在 SCIRXBUF 中前面的位填 0。
000　1 位；　001　2 位；
010　3 位；　011　4 位；
100　5 位；　101　6 位；
110　7 位；　111　8 位。

(2) 串行通信接口控制寄存器 1

(SCICTL1)——地址 7051h。

串行通信控制寄存器 1（SCICTL1）控制着接收器和发送器使能位、TXWAKE 和 SLEEP 功能、内部时钟使能以及串行通信接口的软件复位。

7	6	5	4	3	2	1	0
保留位	RX ERR INT ENA	SW RESET	保留位	TXWAKE	SLEEP	TXENA	RXENA
R_0	RW_0	RW_0	R_0	RS_0	RW_0	RW_0	RW_0

位 7　保留位。

位 6　RX ERR INT ENA。SCI 接收错误中断使能位。如果置位了该位，当接收发生错误时 RX ERROR 位将被置位，并且发出接收错误中断。
0　禁止接收错误中断。
1　使能接收错误中断。

位 5　SW RESET。SCI 软件复位位（低有效）。
- 将 0 写入该位来初始化 SCI 状态机和操作标志（SCICTL2 和 SCIRXST 寄存器）至复位条件。SW RESET 置位。
- 并不影响其他任何配置位。
- 所有起作用的逻辑都保持确定的复位状态直至将 1 写入 SW RESET 位。因此，系统复位后，应将该位置为 1 来重新使能 SCI。
- 当接收间断检测（BRKDT 标志位）发生后，将清除 SW RESET 位。
- SW RESET 影响串行通信接口的操作标志，但不影响配置位，也不恢复复位位。一旦置位了 SW RESET，标志位就被不再改变直到位被清 0。

注意，当 SW RESET 位=1 时不要改变配置，SCI 的配置只有在 SW RESET 位清 0 后才能设置或改变。所有置位 SW RESET 前，应设置好所有的配置寄存器，否则将会产生不可预测的结果。

位 4　保留位。

位 3　TXWAKE。SCI 发送器唤醒方法选择位。
0　没有选定的发送特征。
在空闲线模式下：写 1 到 TXWAKE，然后将数据写入 SCITXBUF 寄存器来产生一个 11 位数据位的空闲周期。
在地址位模式下：写 1 到 TXWAKE，然后将数据写入 SCITXBUF 寄存器并设置该帧的地址位为 1。TXWAKE 位不由 SW RESET 位（SCICTL1.5）清除，它由一个系统复位或发送到 WUF 标志位的 TXWAKE 清除。
1　选定的发送特征取决由空闲线模式或地址位模式。

位 2　SLEEP。SCI 休眠位。
0　禁止休眠。
1　使能休眠。

位 1　TXENA。SCI 发送使能位。仅当 TXENA 置位时，数据才能从 SCITXD 引脚上发送出去，如果复位，则把已写入到 SCITXBUF 寄存器中的数据发送完后才停止发送。
1　启动发送器工作。
0　禁止发送器工作。

位 0　RXENA。SCI 接收使能位。清除 RXENA 将停止把接收到的字符传送到两个接收缓冲器，并停止产生接收中断，但接收移位寄存器仍然能继续装配字符，如果在接收一个字符过程中 RXENA 被置位，完整的字符将会被发送到接收缓冲寄存器 SCIRXEMU 和 SCIRXBUF 中。

0　禁止将接收到的数据传送到 SCIRXBUF 和 SCIRXEMU 接收缓冲器。

1　发送将接收到的数据传送到 SCIRXBUF 和 SCIRXEMU 接收缓冲器。

(3) 串行通信接口控制寄存器 2

(SCICTL2)——地址 7054h。

串行通信接口控制寄存器 2（SCICTL2）用来反映发送准备好和发送缓冲器空，及使能间断检测和 SCITXBUF 中断。

7	6	5～2	1	0
TXRDY	TX EMPTY	保留位	RX/BK INT ENA	TX INT ENA
R_1	R_1	R_0	RW_0	RW_0

位 7　TXRDY。发送缓冲寄存器准备好标志位。写数据到 SCITXBUF 寄存器的操作将自动清除该位。如果发送中断使能 TX INT ENA 位被置位，则当 TXRDY 置位时，该标志位使能发送器中断请求。通过使能 SW RESET 位或系统复位来将该 TXRDY 复位。

0　SCITXBUF 满。

1　SCITXBUF 空，准备接收下一个数据。

位 6　TX EMPTY。发送器空标志位。

0　SCITXBUF 寄存器、TXSHF 寄存器或两者都装入了数据。

1　SCITXBUF 寄存器、TXSHF 寄存器都空。

位 5～2　保留位。

位 1　RX/BK INT ENA。接收缓冲器/间接中断使能位。该位控制着 TXRDY 标志位或 BRKDT 标志位（SCIRXST 的 5、6 位）置位引起的中断请求，但是，并不阻止 RX/BK INT 标志位的置位。

0　禁止 RXRDY/BRKDT 中断。

1　使能 RXRDY/BRKDT 中断。

位 0　TX INT ENA。发送器（SCITXBUF）中断使能位。该位控制由 TXRDY 标志位引起的中断，但并不阻止 TXRDY 标志位的置位。

0　禁止 TXRDY 中断。

1　使能 TXRDY 中断。

(4) 串行通信接口波特率选择高字节寄存器

(SCIHBAUD)——地址 7052h。

串行通信接口波特率高字节寄存器用于存放写入波特率的高 8 位字节。

15	14	13	12	11	10	9	8
BAUD15 (MSB)	BAUD14	BAUD13	BAUD12	BAUD11	BAUD10	BAUD9	BAUD8
RW_0	RW_0	RW_0	RW_0	RS_0	RW_0	RW_0	RW_0

(5) 串行通信接口波特率选择低字节寄存器

(SCILBAUD)——地址 7053h。

串行通信接口波特率高字节寄存器用于存放写入波特率的低 8 位字节。

7	6	5	4	3	2	1	0
BAUD7	BAUD6	BAUD5	BAUD4	BAUD3	BAUD2	BAUD1	BAUD0 (LSB)
RW_0	RW_0	RW_0	RW_0	RS_0	RW_0	RW_0	RW_0

位 15～0　BAUD15～BADU0。串行通信接口 16 位波特率选择位。SCIHBAUD（高字节）和 SCILBAUD（低字节）连接在一起形成 16 位的波特率值。具体内容见波特率计算。

(6) 串行通信接口接收状态寄存器

(SCIRXST)——地址 7055h。

串行通信接口接收状态寄存器（SCIRXST）包括7个接收状态标志位，其中2个可产生中断请求。每次将一个完整的数据传送到接收缓冲器（SCIRXEMU和SCIRXBUF）时，这些状态标志位都被更新。每次读接收缓冲器时，标志位被清除。

7	6	5	4	3	2	1	0
RX ERROR	RXRDY	BRKDT	FE	OE	PE	RXWAKE	保留位
R_0	R_0	R_0	R_0	R_0	R_0	R_0	R_0

位7　RX ERROR。SCI接收器错误标志位。RX ERROR标志位表明接收状态寄存器中的一个错误标志位被置位。RX ERROR是间断检测、帧错误、超时和校验允许标志的逻辑或。该错误标志位不能被直接清除，它由有效的SW RESET或系统复位来清除。

0　无错误标志置位。

1　错误标志置位。

位6　RXRDY。SCI接收器准备好标志位。当从SCIRXBUF寄存器中读一个新的字符时，接收器置位该位，如果RX/BK INT ENA位是1，则产生接收中断。可通过读SCIRXBUF寄存器、有效的SW RESET或系统复位将RXRDY位清零。

0　准备从SCIRXBUF读字符。

1　SCIRXBUF中没有字符。

位5　BRKDT。SCI间断检测标志位。产生中断条件时SCI置位该位。当SCI的接收数据引脚SCIRXD在从失去第1个停止位开始后连续保持低电平至少10位是，就满足了间断条件。如果RX/BK INT ENA位是1，就产生接收中断。但是这并不会影响接收器缓冲器的装入操作。即使接收器的SLEEP位置为1，也将产生BRKDT中断。该位可通过有效的SW RESET或系统复位来清除，接收字符不能清除该位。为了接收更多的字符，必须通过触发软件复位位或者系统复位来复位SCI。

0　没有产生间断中断条件。

1　间断中断发生。

位4　FE。SCI帧错误标志位。当没有找到预期的停止位时，串行通信接口将对该位置位。只检测到第一个停止位。丢失的停止位表明起始位的同步性已丢失，数据帧格式错误，该位可通过有效的SW RESET或系统复位来清除。

0　未检测到帧错误。

1　检测到帧错误。

位3　OE。SCI超时错误标志位。当前一个数据被CPU或DMAC完成读取前，下一个数据又传送到SCIRXEMU和SCIRXBUF寄存器中，串行通信接口将置位该位。表明以前的数据被重写并丢失。该位可通过有效的SW RESET或系统复位来清除。

0　未检测到超时错误。

1　检测到超时错误。

位2　PE。SCI奇/偶校验错误标志位。当收到的数据中1的数目与它的奇/偶校验不匹配时，该标志位被置位。地址位包含在计算之内，如果奇/偶校验位的产生和检测未被使能时，则PE标志位禁止并读出总为0。该位可通过有效的SW RESET或系统复位来清除。

0　未检测到奇/偶校验错误。

1　检测到奇/偶校验错误。

位1　RXWAKE。SCI接收器唤醒检测标志位。该位为1表明检测到接收器唤醒条件，在地址位多处理器模式中，RXWAKE反映了保存SCIRXBUF寄存器中的地址位的值。在空闲多处理器模式中，如果检测到SCIRXD数据线空闲就置位RXWAKE。该位可通过下列方式之一清除：

① 在地址字节送至SCIRXBUF后传送第1个字节；

② 读SCIRXBUF寄存器；

③ 有效的SW RESET；

④ 系统复位。

位0　保留位。

(7) 串行通信接口接收数据缓冲寄存器

(SCIRXEMU)——地址7056h。

接收数据缓冲寄存器SCIRXEMU，接收的数据从RXSHF传送到接收数据缓冲寄存器中。当传送操作完成时，RXRDY标志位置位，这表明接收到的数据已经准备好。两个寄存器中存放着相同的数据；它们有分开的地址但在物理上并不是分开的缓冲器。它们的区别是：SCIRXEMU 寄存器主要是由仿真器（EMU）使用，读 SCIRXEMU 操作并不清除 RXRDY 标志位，而读 SCIRXBUF 操作会清除该标志位。

7	6	5	4	3	2	1	0
ERXDT7	ERXDT6	ERXDT5	ERXDT4	ERXDT3	ERXDT2	ERXDT1	ERXDT0
R_0	R_0	R_0	R_0	R_0	R_0	R_0	R_0

（8）串行通信接口接收数据缓冲寄存器

（SCIRXBUF）——地址 7057h。

接收数据缓冲寄存器 SCIRXBUF，接收的数据从 RXSHF 传送到接收数据缓冲寄存器中。当传送操作完成时，RXRDY 标志位置位，这表明接收到的数据已经准备好。

15	14	13～8
SCIFFFE	SCIFFPE	保留位
R_0	R_0	R_0

7	6	5	4	3	2	1	0
RXDT7	RXDT6	RXDT5	RXDT4	RXDT3	RXDT2	RXDT1	RXDT0
R_0	R_0	R_0	R_0	R_0	R_0	R_0	R_0

位 15　SCIFFFE。SCI FIFO 帧错误标志位。

1　在位 7～0 上接收字符就产生一个帧错误。该位与 FIFO 顶端的字符相关联。

0　在位 7～0 上接收字符不产生一个帧错误。该位与 FIFO 顶端的字符相关联。

位 14　SCIFFPE。SCI FIFO 极性错误标志位。

1　在位 7～0 上接收字符就产生一个极性错误。该位与 FIFO 顶端的字符相关联。

0　在位 7～0 上接收字符不产生一个极性错误。该位与 FIFO 顶端的字符相关联。

位 7～0　RXDT7～RXDT0　接收字符位。

（9）串行通信接口发送数据缓冲寄存器

（SCITXBUF）——地址 7059h。

发送缓冲寄存器（SCITXBUF）发送的数据被写入到发送数据缓冲寄存器中。数据从该寄存器传送到发送移位寄存器（TXSHF）的操作将置位 TXRDY 标志位，这表明可向 SCITXBUF 寄存器写入新数据。如果 TX INT ENA（SCICTL2.7）位为 1，该数据的发送会产生一个中断。

7	6	5	4	3	2	1	0
TXDT7	TXDT6	TXDT5	TXDT4	TXDT3	TXDT2	TXDT1	TXDT0
RW_0	RW_0	RW_0	RW_0	RW_0	RW_0	RW_0	RW_0

（10）串行通信接口发送 FIFO 寄存器

（SCIFFTX）——地址 705Ah。

串行通信接口通信发送 FIFO 寄存器（SCIFFTX）定义了用于 SCI 发送 FIFO 的控制位和 FIFO 中断功能。

15	14	13	12	11	10	9	8
SCIRST	SCIFFENA	TXFIFO RESET	TXFFST4	TXFFST3	TXFFST2	TXFFST1	TXFFST0
RW_1	RW_0	RW_1	R_0	R_0	R_0	R_0	R_0

7	6	5	4	3	2	1	0
TXFFINT FLAG	TXFFINT CLR	TXFFIENA	TXFFIL4	TXFFIL3	TXFFIL2	TXFFIL1	TXFFIL0
R_0	W_0	RW_0	RW_0	RW_0	RW_0	RW_0	RW_0

位 15　SCIRST　0　写入 0，以复位 SCI 发送和接收通道。SCI FIFO 寄存器配置位继续保持原有状态。

1　SCI　FIFO 重新开始发送和接收。即使在自动波特率逻辑工作时 SCIRST 也为 1。

位14　SCIFFENA　0　禁止SCI　FIFO的增强型功能。FIFO处于复位状态。
　　1　使能SCI FIFO的增强型功能。
位13　TXFIFO RESET　0　向该位写0，复位FIFO指针为0，并保持复位。
　　1　重新使能接收FIFO的操作。
位12～8　TXFFST4～TXFFST0　00000　发送FIFO中空。
　　00001　发送FIFO中有1个字。
　　00010　发送FIFO中有2个字。
　　00011　发送FIFO中有3个字。
　　0xxxx　发送FIFO中有X个字。
　　10000　发送FIFO中有16个字。
位7　TXFFINT FLAG　0　不产生TXFIFO中断，只读位。
　　1　产生TXFIFO中断，只读位。
位6　TXFFINT CLR　0　向该位写0对TXFFINT标志位没有影响，读该位返回一个0。
　　1　向该位写1，清除第7位TXFFINT标志位。
位5　TXFFIENA　0　禁止基于TXFFIVL匹配（小于或等于）的TXFIFO中断。
　　1　使能基于TXFFIVL匹配（小于或等于）的TXFIFO中断。
位4～0　TXFFIL4～TXFFIL0　TXFFIL4～TXFFIL0发送FIFO中断级位。
　　当FIFO状态位（TXFFST4～TXFFST0）和FIFO级位（TXFFIL4～TXFFIL0）匹配（小于或等于）时，发送FIFO产生中断。这些位复位后默认值是00000。

(11) 串行通信接口接收FIFO寄存器(SCIFFRX)——地址705Bh。

串行通信接口通信接收FIFO寄存器（SCIFFRX）定义了用于SCI接收FIFO的控制位和FIFO中断功能。

15	14	13	12	11	10	9	8
RXFFOVF	RXFFOVR CLR	RXFIFO RESET	RXFFST4	RXFFST3	RXFFST2	RXFFST1	RXFFST0
R_0	W_0	RW_1	R_0	R_0	R_0	R_0	R_0

7	6	5	4	3	2	1	0
RXFFINT FLAG	RXFFINT CLR	RXFFIENA	RXFFIL4	RXFFIL3	RXFFIL2	RXFFIL1	RXFFIL0
R_0	W_0	RW_0	RW_1	RW_1	RW_1	RW_1	RW_1

位15　RXFFOVF　0　接收FIFO没有溢出，只读位。
　　1　接收FIFO溢出，只读位，多于16个字接收到FIFO，接收到的第一个字丢失。
位14　RXFFOVF CLR　0　写0对RXFFOVF标志位无影响，读返回0。
　　1　使能SCI FIFO的增强型功能。
位13　RXFIFO RESET　0　写0复位FIFO指针为0，并保持复位状态。
　　1　重新使能接收FIFO操作。
位12～8　RXFFST4～RXFFST0　00000　接收FIFO中空。
　　00001　接收FIFO中有1个字。
　　00010　接收FIFO中有2个字。
　　00011　接收FIFO中有3个字。
　　0xxxx　接收FIFO中有X个字。
　　10000　接收FIFO中有16个字。
位7　RXFFINT FLAG　0　没有产生RXFIFO中断，只读位。
　　1　产生RXFIFO中断，只读位。
位6　RXFFINT CLR　0　向该位写0对RXFFINT标志位没有影响，读该位返回一个0.。
　　1　向该位写1，清除第7位TXFFINT标志位。
位5　RXFFIENA　0　禁止基于RXFFIVL匹配（小于或等于）的RXFIFO中断。
　　1　使能基于RXFFIVL匹配（小于或等于）的RXFIFO中断。
位4～0　RXFFIL4～RXFFIL0　RXFFIL4～RXFFIL0接收FIFO中断级位。
　　当FIFO状态位（RXFFST4～RXFFST0）和FIFO级位（TXFFIL4～TXFFIL0）匹配

（大于或等于）时，接收 FIFO 产生中断。这些位复位后默认值是 11111。这将避免频繁的中断，复位后，作为接收 FIFO 在大多数时间里是空的。

（12）串行通信接口 FIFO 控制寄存器

（SCIFFCT）——地址 705Ch。

串行通信接口通信 FIFO 控制寄存器（SCIFFCT）定义了用于 SCI FIFO 自动波特率检测以及传送延时。

位 15	ABD	自动波特率检测（ABD）位。仅当 CDC 为 1，使能自动波特率检测位功能才能工作。 0　自动波特率检测未完成。“A”“a” 字符没有成功接收到。 1　自动波特率硬件在 SCI 接收寄存器中检测到 “A”“a” 字符。自动检测完成。
位 14	ABD CLR	ABD 清除位。 0　写 0 对 ABD 标志位无影响，读返回 0。 1　写 1 清除第 15 位的 ABD 标志位。
位 13	CDC	CDC 校准自动检测位。 0　校准自动波特率校验。 1　使能自动检测率校验。
位 12～8	RESERVED	保留位。
位 7～0	FFTXDLY7～FFTXDLY0	RXFFDLY4～RXFFDLY0 传送延时。 一次传送的延时。通过 SCI 串行波特率时钟周期的个数来确定延时时间。8 位的寄存器可以定义最小 0 周期延迟，最大 256 波特率时钟周期延迟。在 FIFO 模式中，移位寄存器完成最后一位的移位后，位于移位寄存器与 FIFO 之间的 TXBUF 缓冲器被填满。在发送器到数据流之间的传送必须有延迟。在 FIFO 陌生中，TXBUF 不应被作为一个附加级别的缓冲器。在标准的 UARTS 中，延迟的发送特征有助于在没有 RTS/CTS 的控制下建立一个自动传输方案。

（13）串行通信接口通信控制寄存器

（SCIPRI）——地址 705Fh。

串行通信接口通信控制寄存器（SCIPRI）定义了用于仿真挂起选择方式。

7～5	4	3	2～0
保留位	SCI SOFT	SCI FREE	保留位
R_0	RW_0	RW_0	R_0

位 7～5　保留位。

位 4～3　SCI SOFT 和 SCI FREE。SCI 仿真挂起选择位。

00　　一旦仿真挂起，立即停止。

01　　一旦仿真挂起，在完成当前的接收/发送操作后停止。

X1　　操作不受仿真挂起影响。

位 2～0　保留位。

7.4 实例：SCI 的应用——串行通信接口与 RS-232 串行口的异步通信

下面的设计是用 TMS320F2812 的串行通信接口与 RS-232 串行口进行 DSP 与 PC 机之间的异步通信。由于上位机（PC）都带有 RS-232 接口，所以我们可利用上位机的串行口与下位机（测控单元）进行 RS-232 通信，进行上位机与下位机之间的数据交换，实现计算机对生产现场的监测和控制。

7.4.1 串行通信硬件电路设计

图 7.6 是 TMS320F2812 串行通信接口电路图，该电路采用了符合 RS-232 标准的驱动

芯片MAX232，进行串行通信。MAX232芯片功耗低、集成度高，+5V供电，具有两个接收和发送通道。由于TMS320F2812采用+3.3V供电，故在MAX232与TMS320F2812之间加了TI公司提供的典型电平匹配电路。整个接口电路简单、可靠性高。

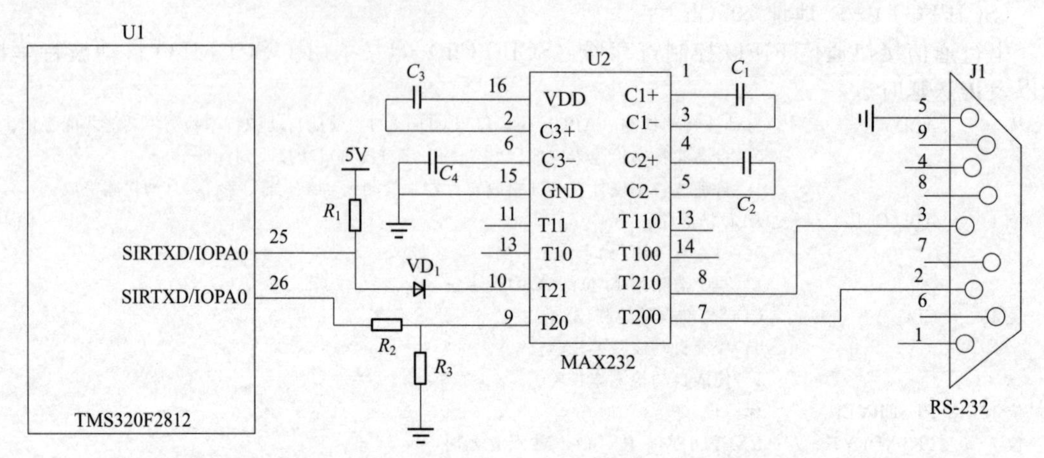

图7.6　TMS320F2812与MAX232接口电路

7.4.2　串行通信软件设计

TMS320F2812串行通信的软件设计可以采用查询和中断两种不同的方式，其中查询方式是在查询到相应标志（如发送寄存器空标志）成立时，就执行相应的动作（如发送一个字节）。这种工作方式要在串行口和接口电路之间交换数据、状态和控制三种信息，它使DSP陷于等待和反复查询，其DSP的利用率受到严重影响。现在常用其改进的查询方法，即当要上传数据时，在中断程序或其他的子程序中置发送标志位，在主程序中查询该标志，如成立则进行发送数据，否则跳过发送程序，执行其他的程序。在中断方式下，DSP启动串行口后就不再询问它的状态，依然执行自己的程序（主程序），实现DSP与串行口的并行工作。当串行口产生中断时，先向DSP申请中断，DSP响应中断后就暂时中断自己的程序，执行相应的串口中断服务程序。执行完后又返回主程序，它能使信息得到及时处理。

要正确实现DSP的上位机的通信，除一般串行通信设置外，还必须正确设置SLEEP位（SCICTL1寄存器第2位），方法是：上电复位时，将所有参与多机通信的DSP的SLEEP位都设成1，使得它们仅当检测到地址字节时才被中断；在中断服务程序里，将接收到的地址与相应软件设置的地址进行比较，若相同则用户程序清除SLEEP位确保串行通信接口在收到每个数据字节时都产生一个中断，否则SLEEP位保持1以接收下一个地址。

下面给出一个在两个DSP之间实现简单异步通信的通用程序。

```
//双DSP异步通信程序
{
include  "register.h"
//禁止总中断子程序
void inline disable()
{
asm("setc INTM");
asm("setc SXM");
}
//使能总中断子程序
```

```
void inline enable()
{
asm("clrc INTM");
}
main()
{
disable();              //禁止所有中断
*IFR=0xFFFF;           //清除中断标志
*SCSR1=0x81FE;   //CLKIN=6MHz,CLKOUT=24MHz
*WDCR=0xE8;      //不使能看门狗
*SCICCR=0x7;     //1个停止位,不使能奇偶校验,空闲线多处理器模式,8位字符
*SCICTL1=0x13;   //#0013h使能接收和发送,SLEEP=0禁止休眠
                 //方式,禁止接收错误中断、TXWAKE=0即没
               //有选定的发送特征
*SCICTL2=0x3;//使能接收和发送中断
*SCIHBAUD=0x2;
*SCIHBAUD=0x70;         //波特率=4800bps
*SCICTL1=0x33;         //使SCI脱离复位状态
*SCIPR1=0x60;     //SCI中断(接收和发送中断)为低优先级中断
*MCRA=0x3;
*PADATDIR=0x100;
*IMR=0x10;      //使能UART中断-INT5
enablc();              //使能总中断
*SCITXBUF=*;
while(1);
}
void UartSent()         //发送服务程序
{
const char *var="F2812  UART  is fine";         //定义一段需要发送的字符串
static int i=0;
if(i> strlen(var))return;           //如果需要发送的字符都已经发送完,则中断直接返回
*SCITXBUF=var[i++];      //依次发选定义的字符串中的各个字符
*IFR=0x0010;  //清除IFR中相应的中断标志
enablc();  //开总中断,因为一进入中断服务程序总中断就自动关闭了
}
void UartRec()      //接收服务程序
{
static int receive[10],j=0;
rcceive[j-+]=*SCIRXBUF;      //依次接收字符
if(j>9)j=0;
*IFR=0x0010;      //清除IFR中相应的中断标志
eanable();     //开总中断,因为一进入中断服务程序总中断就自动关闭
}
void interrup uarttr()      //中断服务程序
{
switch(*PVIR)     //根据中断向量寄存器PVIR的值区别是接收还是发送中断
{
case 6:UartRec();      //如果PIVR=6,则发生了接收中断,执行接收服务程序
case 7:UartSent(),      //如果PIVR=7,则发生了发送中断,执行发送服务程序
```

```
        }
}
//当由于干扰而引起其他中断时,中断进入此程序直接返回主程序
void interrupt nothing()
{
return;
}
}
```

第8章 ▸▸ eCAN控制器模块

TMS320F28x系列数字信号处理器集成了增强型eCAN总线通信接口，该接口与eCAN2.0B标准接口完全兼容。eCAN总线是一种串行通信协议，具有较强的抗干扰能力，可以应用在电磁噪声比较大的场合。带有32个完全可配置邮箱和定时邮递（Time-Stamping）功能的增强型eCAN总线模块，能够实现灵活稳定的串行通信接口。

8.1 eCAN控制器模块概述

eCAN总线采用多主串行通信协议，具有高级别的安全性，可以有效地支持分布式适时控制，通信速率最高达1Mpbs。eCAN总线具有较强的抗干扰能力，能够在强噪声干扰和恶劣工作环境中可靠地工作。因此，在自动控制、工业生产等领域eCAN总线具有广泛的应用。eCAN总线的数据最长为8个字节，根据消息的优先级的不同，采用仲裁协议和错误检测机制将消息发送到多主方式的串行总线上，从而有效地保证了数据的完整性。

8.1.1 eCAN技术简介

eCAN（Controller Area Network）即控制器区域网，主要用于各种设备监测及控制的一种网络。eCAN最初是由德国Bosch公司为汽车的监测、控制系统而设计的。eCAN具有独特的设计思想、良好功能特性和极高的可靠性，现场抗干扰能力强。具体来讲，eCAN具有如下特点：

- 结构简单，只有两根线与外部相连，而内部含有错误探测和管理模块。
- 通信方式灵活。可以多主方式工作，网络上任意一个节点均可以在任意时刻主动地向网络上的其他节点发送信息，而不分主从。
- 可以点对点、点对多点及全局广播方式发送和接收数据。
- 网络上的节点信息可分成不同的优先级，可以满足不同的实时要求。
- eCAN通信格式采用短帧格式，每帧字节数最多为8个，可满足通常工业控制领域在两个控制命令、工作状态及测试数据的一般要求。同时，8个字节也不会占用总线时间过长，从而保证了通信的实时性。
- 采用非破坏总线仲裁技术。当两个节点同时向总线发送数据时，优先级低的节点主动停止数据发送，而优先级高的节点可不受影响地继续传输数据，这大大地节省了总线仲裁冲突时间，在网络负载很重的情况下也不会出现网络瘫痪。
- 直接通信距离最大可达10km（速率5kbps以下），最高通信速率可达1Mbps（此时距离最长为40m）。节点可达110个，通信介质可以是双绞线、同轴电缆或光导纤维。
- eCAN总线通信接口中集成了eCAN协议的物理层和数据链路层功能，可完成对通信数据的成帧处理，包括填充、数据块编码、循环冗余校验、优先级判别等工作。
- eCAN总线采用CRC校验并可提供相应的错误处理功能，保证了数据通信的可靠性。

由于eCAN总线具有以上的一些特点，因此为工业控制系统中高可靠性的数据传送提供了一种新的解决方案。其在国外工业测控领域已经有了广泛的应用，现国内的许多工业控制领域也开始使用基于 eCAN 的现场总线。eCAN 总线已成为最有发展前途的现场总线之一。

8.1.2 F2812 eCAN 控制器概述

eCAN 控制器模块是一个完全的 eCAN 控制器，该控制器是一个 32 位的外设模块，具有以下特性：

① 完全支持 eCAN2.0B 协议。

- 标准和扩展标识符。
- 数据帧和远程帧。

② 对象有 6 个邮箱，其数据长度为 0～8 个字节。

- 2 个接收邮箱（MBOX0、1），2 个发送邮箱（MBOX4、5）。
- 2 个可配置为接收或发送邮箱（MBOX2、3）。

③ 对邮箱 0、1 和 2、3 有局域接收屏蔽寄存器（LAMn）。

④ 可编程的位定时器。

⑤ 中断配置可编程。

⑥ 可编程的 eCAN 总线换新功能。

⑦ 自动恢复远程请求。

⑧ 但发送时出现错误或仲裁时丢失数据，eCAN 控制器有自动重发功能。

⑨ 总线错误诊断功能。

⑩ 自测试模式。

eCAN 控制器在自测试模式下，接收邮箱接收 eCAN 自身的发送邮箱发送的信息帧，并产生自应答信号。

eCAN 控制器的结构框图如图 8.1 所示，eCAN 控制器必须通过 eCAN 驱动芯片才能与其他的 eCAN 控制器进行通信。

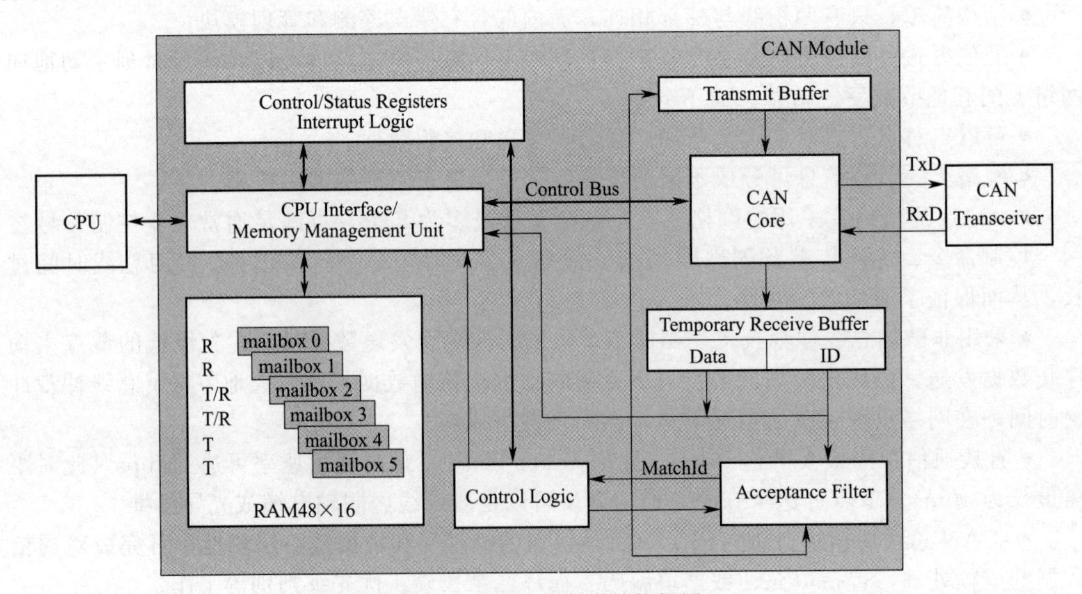

图 8.1 eCAN 控制器结构框图

eCAN 模块是一个 32 位的外设，对它的访问分成控制/状态寄存器的访问和邮箱的

RAM 访问。

邮箱位于一个 48×16 位的 RAM 中，它可被 CPU 或 eCAN 读写。eCAN 读写访问和 CPU 读访问需要一个时钟周期，而 CPU 的写访问需要两个时钟周期。在这两个时钟周期里，eCAN 完成读一修改一写循环，因此 CPU 插入一个等待状态。

当访问 RAM 时，地址总线的第 0 位用来决定取 32 位字的低 16 位字（地址总线的第 0 位为 0）还是高 16 位（地址总线的第 0 位为 1）。RAM 的位置由地址总线的第 1～5 位决定。

8.2 邮箱

eCAN 模块有 32 个不同的消息邮箱，每个消息对象可以配置成发送或接收邮箱，每个消息目标都有自己独立的接收滤波器。消息邮箱用来存储接收到的 eCAN 消息，或存放等待发送的 eCAN 消息。这些消息邮箱映射到 DSP 的 RAM 存储器，当消息邮箱没有存储消息时，CPU 可以将相应的 RAM 空间当作通用存储器使用。

8.2.1 eCAN 信息包格式说明

一个有效的 eCAN 的数据帧由起始、仲裁域、控制域、数据域、校验域、应答域和帧结束组成。TMS320F2812A 的 eCAN 控制器支持两种不同的帧格式，即标准格式和扩展格式，它们的主要区别在于仲裁域由 11 位标识符和远程发送请求位 RTR 组成。扩展帧仲裁域由 29 位标识符和替代远程请求 SRR 位、标志位和远程发送请求位 RTR 组成。如图 8.2 所示。

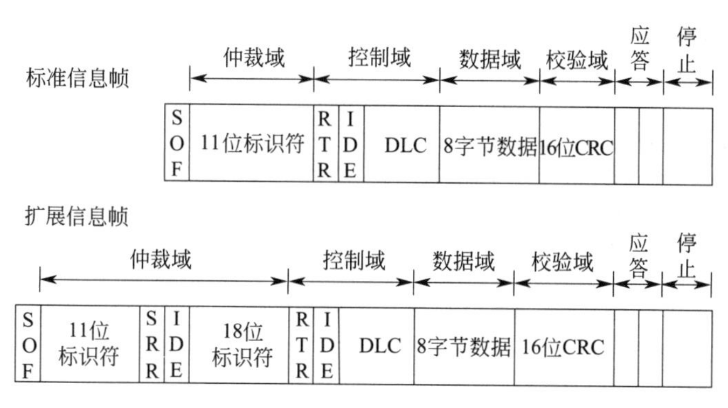

图 8.2　eCAN 信息帧

标识符是作为报文的名称，在仲裁过程期间，它首先被送到总线。在接收器的验收判断中和仲裁过程确定访问优先权中都要用到。

远程发送请求位（RTR）用来是发送远程帧还是数据帧，当 RTR 为高电平时，eCAN 控制器发送远程帧；为低电平时则发送数据帧。

数据长度码（DLC）用来确定每帧要发送几个字节的数据，最多为 8 个字节。

8.2.2 eCAN 邮箱寄存器

邮箱位于一个 48×16 位的 RAM 空间，它可被 CPU 或 eCAN 读写。eCAN 读写访问和 CPU 读访问需要一个时钟周期，而 CPU 的写访问需要两个时钟周期。在这两个时钟周期里，eCAN 完成读一修改一写循环，因此为 CPU 插入一个等待状态。

邮箱寄存器地址如表8.1所示，每个邮箱由邮箱标识寄存器、邮箱控制寄存器及4×16位的存储空间组成。这些空间用于存储发送的数据帧或接收到的数据帧，每个最大可存储8字节数据（MBXnA、MBXnB、MBXnC、MBXnD）。当它们不用作邮箱的信息存储空间时，可用作一般的RAM空间供CPU使用。

表8.1　邮箱寄存器地址列表

寄存器	邮箱					
	MBOX0	MBOX1	MBOX2	MBOX3	MBOX4	MBOX5
MSG IDnH	7200	7208	7210	7218	7220	7228
MSG IDnH	7201	7209	7211	7219	7221	7229
MSG IDnH	7202	720A	7212	721A	7222	722A
保留位						
MBXnA	7204	720C	7214	721C	7224	722C
MBXnB	7205	720D	7215	721D	7225	722D
MBXnC	7206	720E	7216	721E	7226	722E
MBXnD	7207	720F	7217	721F	7227	722F

（1）邮箱标识符

每个邮箱都有各自独立的邮箱标识符，它们存储在两个16位的寄存器（MSGIDnH和MSGIDnL）中。

① 邮箱标识符高位寄存器（MSGIDnH）——其中 $n=0\sim5$。

15	14	13	12～0
IDE	AME	AAM	IDH[28～16]
RW	RW	RW	RW

位15　IDE。标识符扩展位。

0　用标准标识符。

1　用扩展标识符。

位14　AME。接收屏蔽使能位。这一位只与接收邮箱有关，对发送邮箱无影响。

0　禁止相应的标识符屏蔽，即接收邮箱的标识符必须与被接收的邮箱标识符相符才能接收信息。

1　使能相应的标识符屏蔽，即接收邮箱可以接收与它的标识符不符的信息。

位13　AAM。自动应答模式位。这一位域配置与发送邮箱2和3有关。

0　邮箱不自动应答远程帧请求。

1　如果接收到一个标识符匹配的远程请求，则eCAN外设将发送邮箱中的数据。

位12～0　IDH［28～16］。标识符。相对于扩展信息帧的高13位标识符；IDH［28～14］即MSGIDnH；［12～0］位相对于标准信息帧的11位标识符。

② 邮箱标识符低位寄存器（MSGIDnL）——其中 $n=0\sim5$。

15～0
IDH[15～0]
RW

（2）邮箱控制寄存器

每个邮箱都有一个自己的控制域，即决定信息是远程帧还是数据帧，每帧的字节数。

邮箱控制寄存器（MSGCTRLn）——其中 $n=0\sim5$。

15～5	4	3～0
保留位	RTR	DLC[3～0]
	RW	RW

位15～5　保留位。

位4　RTR。远程发送请求位。

0　　数据帧。

1　　远程帧。

位 3～0　　DLC [3～0]。数据长度选择位。对于发送邮箱来说这几位决定发送数据的字节数；对于接收邮箱则无效，即接收数据的字节数由被接收的信息决定。

0001　　1 字节；　　0010　　2 字节；

0011　　3 字节；　　0100　　4 字节；

0101　　5 字节；　　0110　　6 字节；

0111　　6 字节；　　1000　　7 字节。

8.3 eCAN 控制寄存器

eCAN 控制器总共有 15 个 16 位的控制寄存器，如表 8.2 所示。这些寄存器控制着 eCAN 的位定时器、邮箱的发送或接收使能、错误状态及 eCAN 的中断等。

表 8.2　eCAN 控制寄存器地址列表

地址	名称	描述
7100h	MDER	邮箱方向/使能控制寄存器(位 7～0)
7101h	TCR	发送控制寄存器(位 15～0)
7102h	RCR	接收控制寄存器(位 15～0)
7103h	MCR	主控制寄存器(位 13～6,1,0)
7104h	BCR2	位定时器配置寄存器 2(位 7～0)
7105h	BCR1	位定时器配置寄存器 1(位 10～0)
7106h	ESR	错误状态寄存器(位 8～0)
7107h	GSR	全局状态寄存器(位 5～3,1,0)
7108h	CEC	eCAN 错误计数寄存器(位 15～0)
7109h	CAN_IFR	中断标志寄存器(位 13～8,6～0)
710Ah	CAN_IMR	中断屏蔽寄存器(位 15,13～0)
710Bh	LAM0_H	对于 MBOX0 和 MBOX1 的局部接收屏蔽高位寄存器(位 31,28,16)
710Ch	LAM0_L	对于 MBOX0 和 MBOX1 的局部接收屏蔽低位寄存器(位 15～0)
710Dh	LAM1_H	对于 MBOX2 和 MBOX3 的局部接收屏蔽高位寄存器(位 31,28,16)
710Eh	LAM1_L	对于 MBOX2 和 MBOX3 的局部接收屏蔽低位寄存器(位 15～0)
710Fh	保留位	用以声明来自 eCAN 外设的 CANDRX 信号(可以声明非法的地址错误)

① 邮箱方向/使能控制寄存器（MDER）。它决定邮箱的使能位（ME）、邮箱 2 和邮箱 3 的方向，即是配置为发送邮箱还是接收邮箱。

邮箱方向/使能控制寄存器（MDER）——地址 7100h。

15～8							
保留位							
7	6	5	4	3	2	1	0
MD3	MD2	ME5	ME4	ME3	ME2	ME1	ME0
RW_0	RW_0	RW_0	RW_0	RW_0	RW_0	RW_0	RW_0

位 15～8　　保留位。

位 7　　MD3。邮箱 3 发送/接收配置位。上电时该位复位为 0。

0　　配置成发送邮箱。

1　　配置成接收邮箱。

位 6　　MD2。邮箱 2 发送/接收配置位。上电时该位复位为 0。

0　　配置成发送邮箱。

1　配置成接收邮箱。

位5～0　ME5～ME0。邮箱使能位。每个邮箱对应一个使能位，在初始化时必须禁止相应邮箱的使能位。

0　禁止邮箱。

1　使能邮箱。

② 发送控制寄存器（TCR）。该寄存器控制着邮箱的发送及状态，对发送请求的设置和复位可以进行独立的写操作。该寄存器对发送邮箱有效，即邮箱4、5及被配置为发送方式的邮箱2和邮箱3。寄存器中的TA5、AA5、TRR5为邮箱5的发送控制位，其他类似。上电后该寄存器的全部位被清0。

发送控制寄存器（TCR）——地址7101h。

15	14	13	12	11	10	9	8
TA5	TA4	TA3	TA2	AA5	AA4	AA3	AA2
RC_0	RC_0	RC_0	RC_0	RC_0	RC_0	RC_0	RC_0

7	6	5	4	3	2	1	0
TRS5	TRS4	TRS3	TRS2	TRR5	TRR4	TRR3	TRR2
RS_0	RS_0	RS_0	RS_0	RS_0	RS_0	RS_0	RS_0

位15～12　TA5～TA2。发送应答位。

如果邮箱 n（n=5～2）发送信息帧成功，则TAn被置位1，并且置位邮箱中断标志位MIFn，在相应中断使能的情况下将产生中断。向该位写1则复位，写入1则复位，写入0无影响。

位11～8　AA5～AA2。忽略应答位。

如果发送的信息帧被忽略，则AAn被置位，并且置位邮箱忽略应答中断标志位AAIFn，在相应中断使能的情况下将产生邮箱错误中断。向该位写1则复位，写入0无影响。

位7～4　TRS5～TRS2。邮箱发送请求位。

当TRSn位被置位1时，eCAN控制器将发送相应发送邮箱的信息帧。

当该位被置位1后，则拒绝对邮箱 n 的信息帧进行更新，直到该位被复位。eCAN控制器允许不同的邮箱同时设置该位。

当TRSn位被置位1时，对邮箱 n 进行写操作无效，并且会产生WDIF中断。

当发送成功或发送被忽略时，就自动复位该位。

位3～0　TRR5～TRR2。发送请求复位位。

用户程序将设置该位，中断逻辑将清除该位，用户程序向该位写1将设置该位，写0无影响。当TRRn位被置位1时，对邮箱 n 进行写操作无效，并且产生WDIF中断；当成功发送后，则产生邮箱中断（在相应中断使能的条件下）。

当信息成功发送、发送忽略丢失数据和侦测到eCAN总线错误时，将复位该位。

当TRSn处于复位时，该位不起作用，因为当TRSn复位，TRRn也立即复位。

③ 接收控制寄存器（RCR）。该寄存器控制接收到的信息状态和远程帧处理。该寄存器对接收邮箱有效，即邮箱0、1及被配置为接收方式的邮箱2和邮箱3。

接收控制寄存器（RCR）——地址7102h。

15	14	13	12	11	10	9	8
RFP3	RFP2	RFP1	RFP0	RML3	RML2	RML1	RML0
RC_0	RC_0	RC_0	RC_0	R_0	R_0	R_0	R_0

7	6	5	4	3	2	1	0
RMP3	RMP2	RMP1	RMP0	OPC3	OPC2	OPC1	OPC0
RC_0	RC_0	RC_0	RC_0	RW_0	RW_0	RW_0	RW_0

位15～12　RFP3～RFP0。远程请求悬挂位。

无论何时eCAN外设接收到远程帧请求时将把相应接收邮箱 n 的RFPn置位。

如果用户程序要清除该位,同时eCAN外设要设置该位,则该位被清除。

如果MSGIDnH寄存器中的AAM位没有被置位(即不具有自动发送应答信号功能),则用户程序必须在远程请求悬挂事件发生后清除该位。

如果信息被成功发送,则eCAN外设清除该位。在发送过程中不能产生远程请求中断。

位 11～8　RML3～RML0。接收到的信息丢失标志位。
当接收邮箱 n 的旧信息被新接收到的信息覆盖时，该位将置位。如果覆盖保护控制为 OPCn 为 1，则不发生信息覆盖，且新的信息将丢失。
该位只能由用户程序复位，并且由中断逻辑置位。当写 1 到 RMPn 位，将清除该位。如果用户程序要清除该位，同时置位 eCAN 外设要置位该位，则该位被置位。
如果 1 个或多个 RMLn 位被置位，同时将置位 eCAN 中断标志寄存器（CAN _ IFR）中的 RMLIM 标志位。eCAN 中断屏蔽寄存器（CAN _ IMR）中的 RMLIM 使能，则将产生中断。

位 7～4　RMP3～RMP0。接收信息悬挂位。
如果被接收的信息帧存储到接收邮箱 n 中，将把 RMPn 置位。
该位只能由用户程序复位，并且由中断逻辑置位。当写 1 到 RMPn 位，将清除 RMPn 和 RMLn 位。如果用户程序要清除该位，同时 eCAN 外设要置位该位，则该位被置位。
如果 OPCn 位为 0，则新信息将覆盖旧信息，并且相应的 RMLn 位被置位。
如果 eCAN 中断使能且相应的中断没有被屏蔽，则 RMLn 位被置位的同时将产生中断。

位 3～0　OPC3～OPC0。信息覆盖保护使能位。
如果 OPCn 位为 21，则邮箱 n 中的旧信息被保护，即不能被新信息覆盖。从而查找下一个标识符匹配的接收邮箱，如不匹配则信息丢失。
如果 OPCn 位为 0，则邮箱 n 中的旧信息被覆盖。

④ 主控制器（MCR）——地址 7103h。

15～14	13	12	11	10	9	8
保留位	SUSP	CCR	PDR	DBO	WUBA	CDR
	RC_0	RC_0	RW_0	RW_0	RW_0	RW_0

7	6	5～2	1～0
ABO	STM	保留位	MBNR[1～0]
RW_0	RW_0		RW_0

位 15～14　保留位。

位 13　SUSP。仿真器操作选择位。这一位对接收邮箱无效。
0　Soft 模式，即一旦仿真挂起，把当前的信息完全发送完毕才关闭 eCAN 外设。
1　Free 模式，即 eCAN 外设继续运行不受仿真挂起影响。

位 12　CCR。改变配置请求位。当 eCAN 控制器处于脱离 eCAN 总线状态或 ABO 位为 0，将把该位自动置位。当 eCAN 控制器回复总线时，该位被清除。
0　eCAN 控制器处于正常工作方式。
1　eCAN 控制器处于复位工作方式，即在 GSR 看寄存器的 CCE 位为 1 时，允许对位定时器（BCRn）进行配置。此时 eCAN 控制器处于脱离 eCAN 总线状态，因此当配置完位定时器后，应将该位清 0，使 eCAN 控制器回复总线。

位 11　PDR。低功耗模式请求位。在进入休眠模式之前，用户程序必须将该位置 1，当相应的应答位 PDA 被置位后，eCAN 控制器就进入休眠模式。

位 10　DBO。数据字节次序。
0　接收或发送的数据排列成以下的次序：3—2—1—0—7—6—5—4。
1　接收或发送的数据排列成以下的次序：0—1—2—3—4—5—6—7。
其中 CLK 为 CPU 的时钟频率。

位 9　WUBA。总线唤醒位。
0　只有在用户程序把 PDR 位清 0 后，eCAN 控制器才退出低功耗模式。
1　当检测到 eCAN 总线上任何有效信息时，eCAN 控制器就退出低功耗模式。

位 8　CDR。数据域改变请求位。当要改变邮箱的数据域时应把该位置 1，eCAN 控制器就允许对数据域进行更新，并且在此期间发送被禁止，所以更新完数据域后应将该位清 0。
0　eCAN 控制器处于正常工作模式。
1　数据域改变请求使能。

位 7　ABO。自动恢复总线位。
0　在 CCR 位被复位后和在总线上产生连续 128×11 个隐性位后，eCAN 控制器恢复总线。
1　在 eCAN 控制器脱离总线后产生连续 128×11 个隐性位后，eCAN 控制器恢复总线。

位 6　STM。自测试模式使能位。

0　eCAN控制器处于正常工作模式。

1　eCAN控制器处于自测试模式,在这种模式下eCAN控制器能自己产生应答信号,因此不需要与eCAN总线连接,信息帧没有真正发送出去,但是信息帧能被相应的邮箱接收。在自测试模式下,不能进行远程帧悬挂自动应答。也不能接收信息帧的标识符。

位5～2　保留位。

0　满的参考电压被接到ADC输入。

1　参考的中性点电压被接到ADC输入。

位1～0　MBNR。邮箱2和邮箱3选择位。对邮箱2或3的数据域进行写操作及配置远程帧悬挂。

00　无效。

01　无效。

10　选择邮箱2。

11　选择邮箱3。

⑤ 位定时器配置寄存器（BCR1和BCR2)。这两个寄存器用于配置eCAN节点的时间参数。必须在eCAN控制器处于复位模式下（即CCR=1)，才能对位定时器进行配置。

● 位配置寄存器2（BCR2)——地址7104h。

15～8
保留位

7～0
BRP[7～0]
RW_0

位15～8　保留位。

位7～0　BRP[7～0]。波特率分频位。

BRP[7～0]决定着eCAN控制器的时间片(TQ),TQ定义为:

$$TQ=\frac{(BRP+1)}{I_{\text{CLK}}}$$

这里I_{CLK}为eCAN控制器的系统时钟，也就是DSP的系统时钟。

● 位配置寄存器1（BCR1)——地址7105h。

15～11	10	9～8
保留位	SBG	SJW[1～0]
	RW_0	RW_0

7	6～3	2～0
SAM	TSEG1[3～0]	TSEG2[2～0]
RW_0	RW_0	RW_0

位15～11　保留位。

位10　SBG。边沿重同步方式选择位。

0　eCAN控制器仅在下降沿时发生重新同步。

1　eCAN控制器在上升沿和下降沿时发生重新同步

位9～8　SJW[1～0]。同步跳转宽度选择位。

为了补偿在不同总线控制器的时钟振荡器之间的相位偏移,任何总线控制器必须在当前传送的相关信号边沿重新同步。同步跳转宽度定义了每一位周期可以被重新同步缩短或延长的时钟周期的最大数目,同步跳转宽度可设置为1～4个TQ值。

位7　SAM。采样次数选择位。

0　eCAN控制器仅采样1次。

1　eCAN控制器采样3次,并以多数为准。

位6～3　TSEG1[3～0]。时间段1。其包含传播延时时间段(PROG SEG)和相位延时时间段1(PHASE SEG1)。TSEG1[3～0]决定时间段1有多少个TQ时间片,时间段1的值可编程为3～16个TQ时间片,且时间段1必须大于或等于时间段2。

位2～0　TSEG2[2～0]。时间段2。其决定着相位延时时间段2(PHASE SEG2)的长度。

当在下降沿时发生重新同步(即SBG=0)时,时间段2的最小值为:

$$TSEG2_{\min}=1+SJW$$

因此时间段2的值可编程为2～8个TQ时间片，且满足以下条件：

$$(SJW+BSG+1) \leqslant TSEG2 \leqslant 8$$
$$TSEG2 \leqslant TSEG1$$

⑥ 错误状态寄存器（ESR）——地址 7106h。

15～9	8
保留位	FER
	RC_0

7	6	5	4	3	2	1	0
BEP	SA1	CRCE	SEG	ACKE	BO	CAL ENA	BRG ENA
RC_0	RC_0	RC_0	RC_0	RC_0	R_0	R_0	R_0

位 15～9　保留位。

位 8　FER。形式错误。

0　eCAN 控制器进行正确的发送和接收。

1　总线上存在一个形式错误，即固定形式的位场中出现 1 位或多位非法位时，就产生一个形式错误。

位 7　BEP。位错误。

0　eCAN 控制器进行正确的发送和接收。

1　在仲裁域外接收到的位和发送的位不匹配，或在发送仲裁期间一个显性位被发送，但接收到的是一个隐性位。

位 6　SA1。显性保留错误。

0　eCAN 控制器检测到一个隐性位。

1　eCAN 控制器没有检测到一个隐性位，当硬件、软件复位或总线关闭时 SA1 置 1。

位 5　CRCE。CRC 错误。

0　eCAN 控制器没有发生 CRC 错误。

1　eCAN 控制器发生 CRC 错误。

其中 CLK 为 CPU 的时钟频率。

位 4　SEG。填充错误。

0　无填充错误。

1　违反了填充位规则，即发生了填充错误。

位 3　ACKE。应答错误。

0　eCAN 控制器接收到应答信号。

1　eCAN 控制器没有接收到应答信号。

位 2　BO。总线关闭状态。

0　操作正常，即在线。

1　eCAN 总线发生错误，当发送错误计数器的值达到 256 时，就发生了总线关闭。在总线关闭期间 eCAN 控制器不能进行发送和接收操作。清除 CCR 或设置 ABO 位将恢复总线，一旦总线恢复，该位自动清 0。

位 1　偏差校准使能位 CAL ENA。

0　eCAN 控制器不在消极错误模式。

1　eCAN 控制器处于消极错误模式。

位 0　桥使能位 BRG ENA。

0　接收和发送错误计数器的值都小于 96。

1　至少有一个错误计数器的值达到 96。

⑦ 全局状态寄存器（GSR）——地址 7107h。

15～8
保留位

7～6	5	4	3	2	1	0
保留位	SMA	CCE	PDA	保留位	RM	TM
	R_0	R_1	R_0		R_0	R_0

位 15～6　保留位。

位 5　SMA。悬挂模式应答。

0　eCAN 控制器不处于悬挂模式。

1　eCAN 控制器处于悬挂模式。

位4　　CCE。改变配置使能位。
　　0　禁止配置寄存器进行写操作。
　　1　允许对配置寄存器进行写操作。
位3　　PDA。低功耗模式应答。
　　0　正常工作模式。
　　1　eCAN控制器已进入低功耗模式。
位2　　保留位。
位1　　RM。eCAN控制器处于接收模式。这一位反映eCAN控制器的实际操作与邮箱的配置无关。
　　0　eCAN控制器没有接收信息。
　　1　eCAN控制器正在接收信息。
位0　　TM。eCAN控制器处于发送模式。这一位反映eCAN控制器的实际操作与邮箱的配置无关。
　　0　eCAN控制器没有接收信息。
　　1　eCAN控制器正在接收信息。

⑧ eCAN错误计数寄存器（CEC）。eCAN控制器包含两个错误计数器，它们分别是接收错误计数器（REC）和发送错误计数器（TEC），它们的计数值都是可读的。

当接收错误计数器（REC）的值超过其最大计数值128后，就不再增加。此后当正确接收到一个信息时，计数器的值将被设置在119～127之间。当总线处于关闭状态，发送错误计数器的值是不确定的，但REC将被清0，REC清0后其功能将发生改变。当总线上连续出现11个隐性位后，则REC加1，这11位相对于总线上两个报文之间的间隔。REC的值达到128后，如果MCR寄存器中的ABO位置位则eCAN控制器自动恢复总线，否则在经过连续128个11位的总线空闲信号和MCR寄存器中CCR位被复位后，eCAN控制器恢复总线。在eCAN控制器恢复总线后，eCAN控制器的全部内部标志位、错误计数器清0，配置寄存器保持原来的值。

在低功耗模式下，错误计数器的值保持不变；当eCAN控制器进入配置模式，错误计数器的值被清0。

错误计数寄存器（CEC）——地址7108h。

15～8
TEC[7～0]
R_0

7～0
BREC[7～0]
R_0

⑨ 中断逻辑。eCAN控制器能产生邮箱中断和错误中断，它们分别可配置为高优先级中断INT1和低优先级中断INT5。中断使能的情况下，当信息帧被成功地发送或接收将发生邮箱中断。当发生忽略应答、写拒绝、信息丢失、总线唤醒、总线关闭等错误时将发生错误中断。

当产生eCAN中断时，用户程序必须判断eCAN中断标志寄存器（CAN_IFR）是否有1个或多个标志位被置位，如果有多于1个标志位被置位，则在相应的中断服务程序中应对每个置位的标志位作相应的处理，无论有多少个中断标志位被置位，只响应eCAN中断一次。

eCAN中断标志寄存器（CAN_IFR），如果eCAN中断屏蔽寄存器（CAN_IMR）中相应的中断屏蔽寄存器位被置位，则当eCAN中断标志寄存器（CAN_IFR）中的相应位被置位时，就产生了eCAN中断。中断标志位不能自动清除，用户程序只有写1到相应的中断标志位才能清除。但是MIFx标志位不能用到这种方法来清除，用户程序只用写1到TCR寄存器中的TAn位（相对于发送邮箱2～5）和写1到RCR寄存器中的RMPn（相对于接收邮箱0～3）才能清除中断标志位。

- eCAN中断标志寄存器（CAN_IFR）——地址7109h。

15～14		13	12	11	10	9	8
保留位		MIF5	MIF4	MIF3	MIF2	MIF1	MIF0
		R_0	R_0	R_0	R_0	R_0	R_0

7	6	5	4	3	2	1	0
保留位	RMLIF	AAIF	WDIF	WUIF	BOIF	EPIF	WLIF
	RC_0	RC_0	RC_0	RC_0	RC_0	RC_0	RC_0

位 15～14　保留位。

位 13～8　MIF5～MIF0。邮箱 5～0 中断标志位(接收或发送)。

0　没有信息被发送或接收。

1　相应的邮箱成功地发送或接收了信息。

位 7　保留位。

位 6　RMLIF。接收丢失中断标志位。

0　没有信息丢失。

1　至少一个接收邮箱发生了接收上溢。

位 5　AAIF。忽略应答中断标志位。

0　发送操作没有忽略。

1　发送操作被忽略。

位 4　WDIF。写拒绝中断标志。

0　成功地对邮箱进行了写操作。

1　写操作遭拒绝。

位 3　WUIF。唤醒中断标志位。

0　eCAN 控制器处于休眠模式或正常工作模式。

1　eCAN 控制器离开休眠模式。

位 2　BOIF。总线关闭中断标志位。

0　eCAN 控制器处于在线状态。

1　eCAN 控制器进入总线关闭状态。

位 1　EPIF。消极错误中断标志位。

0　eCAN 控制器不处于消极错误模式。

1　eCAN 控制器进入消极错误模式。

位 0　WLIF。错误警告中断标志位。

0　错误计数器的值没有达到错误警告值。

1　至少一个错误计数器的值达到错误警告值。

- eCAN 中断屏蔽寄存器（CAN_IMR）——地址 710Ah。

15	14	13	12	11	10	9	8
MIF	保留位	MIM5	MIM4	MIM3	MIM2	MIM1	MIM0
RC_0		RW_0	RW_0	RW_0	RW_0	RW_0	RW_0

7	6	5	4	3	2	1	0
EIL	RMLIM	AAIM	WDIM	WUIM	BOIM	EPIM	WLIM
RW_0	RW_0	RW_0	RW_0	RW_0	RW_0	RW_0	RW_0

位 15　MIF。邮箱中断优先级选择位(对于邮箱 5～0 的中断标志位 MIF5～MIF0)。

0　高中断优先级。

1　低中断优先级。

位 14　保留位。

位 13～8　MIM5～MIM0。邮箱 5～0 中断屏蔽位。

0　禁止中断。

1　使能中断。

位 7　EIL。错误中断优先级选择位。

0　禁止中断。

1　使能中断。

位 6　RMLIM。接收丢失中断屏蔽位。

0　禁止中断。

1　使能中断。

位5　AAIM。忽略应答中断屏蔽位。
　0　禁止中断。
　1　使能中断。
位4　WDIM。写拒绝中断屏蔽位。
　0　禁止中断。
　1　使能中断。
位3　WUIM。唤醒中断屏蔽位。
　0　禁止校准模式。
　1　使能校准模式。
位2　BOIM。总线关闭中断屏蔽位。
　0　禁止中断。
　1　使能中断。
位1　EPIM。消极错误中断屏蔽位。
　0　禁止中断。
　1　使能中断。
位0　WLIM。错误警告中断屏蔽位。
　0　禁止中断。
　1　使能中断。

⑩ eCAN控制器在接收信息时，先将要接收的信息标识符与相应接收邮箱的标识符（位于邮箱的MSGID*n*H和MSGID*n*L寄存器中）进行比较，只有标识符相同的信息才能被接收。eCAN控制器的接收滤波器使得接收邮箱可以忽略更多的位来接收信息，即如果只有被屏蔽的那几位标识符不相符，则仍能接收此信息。但当接收屏蔽使能位（AME）为0时，则局部接收屏蔽寄存器将失效。LAM1相对应于被配置为接收方式下的邮箱2和邮箱3，LAM0对应于邮箱0和1。

- 局部接收屏蔽高位寄存器*n*（LAM*n*_H）——地址710Bh、710Dh。

15	14～13	12～0
LAM1	保留位	LAM*n*[28～16]
RW_0		RW_0

位15　LAM1。局部接收屏蔽标识符扩充位。
　0　接收邮箱是接收标准信息帧还是扩展信息帧由被接收信息的这一位(LAM1)决定。
　1　标准信息帧和扩展信息帧都可以接收，当接收到扩展信息帧时，接收到29位标识符都可以进行滤波处理；当接收到标准信息帧时，接收到11位标识符只与局部接收屏蔽高位寄存器中的LAM*n*_H[12～2]位进行滤波处理。
位14～13　保留位。
位12～0　LAM*n*[28～16]。高13位局部接收屏蔽位。
　0　相应接收标识符的位值必须相符才能被接收，即接收严格匹配的标志位。
　1　相应接收标识符的位值不相符也能接收，即可接收0或1。

- 局部接收屏蔽低位寄存器*n*(LAM*n*_L)——地址710Ch、710Eh。

15～0
LAM*n*[15～0]
RW_0

位15～0　LAM*n*[15～0]。低16位局部接收屏蔽位。
　0　相应接收标识符的位值必须相符才能被接收，即接收严格匹配的标志位。
　1　相应接收标识符的位值不相符也能接收，即可接收0或1。

8.4 eCAN控制器的操作

在使用eCAN模块之前，必须进行初始化，并且只有eCAN模块工作在初始化模式下才能进行初始化。

初始化模式和正常操作模式之间的转换是通过eCAN网络同步实现的。也就是在

eCAN 控制器改变工作模式之前，要检测总线空闲序列（等于 11 接收位），如果产生支配总线错误，eCAN 控制器将不能检测到总线空闲状态，因此也就不能完成模式切换。

8.4.1　初始化 eCAN 控制器

在使用 eCAN 控制器前必须对它的一些内部寄存器进行设置，如位定时器的设置及对邮箱进行初始化。

（1）初始化或重新配置位定时器

位定时器主要由 BCR1 和 BCR2 两个寄存器组成，配置位定时器也就是设置这两个寄存器。BCR1 和 BCR2 两个寄存器决定了 eCAN 控制器的通信波特率、同步跳转宽度、采样次数和重同步方式，对位定时器的配置步骤如下：

① 设置 MCR 寄存器中的改变配置请求位为 1，即 CCR=1；

② 判 GSR 寄存器中的改变配置使能位是否为 1，如 CCE=1 则进入下一步；

③ 设置 BCR1 和 BCR2 寄存器，即配置正确的波特率、同步跳转宽度、采样次数和重同步方式；

④ 清 MCR 寄存器中的改变配置请求位为 0，即 CCR=0；

⑤ 判 GSR 寄存器中的改变配置使能位是否为 0，即 CCE 是否为 0，如 CCE=0 则进入下一步；

⑥ 配置完成进入正常工作模式；

⑦ 图 8.3 给出了配置定时器的流程图。

（2）初始化邮箱

对邮箱初始化主要是设置邮箱的标识符，发送的是远程帧及对发送的数据区（即对 MBXnA～MBXnB）赋初值。

设置邮箱的流程图如图 8.4 所示，下面是它的具体步骤：

① 设置 MDER 寄存器中的邮箱使能位为 0，即 MEn=0（n=0～5）；

② 设置 MCR 寄存器中数据域改变请求位为 1，即 CDR=1；

③ 配置邮箱的内容如标识符寄存器、控制寄存器及数据区；

④ 清 MCR 寄存器中数据域改变请求位为 0，即 CDR=0 进入正常模式；

⑤ 设置 MDER 寄存器中的邮箱使能位为 1，即 MEn=1。

通过初始化位定时器和邮箱就完成了对 eCAN 控制器的初始化，只要满足一定的条件，相应的邮箱就能进行正常的发送和接收操作了。

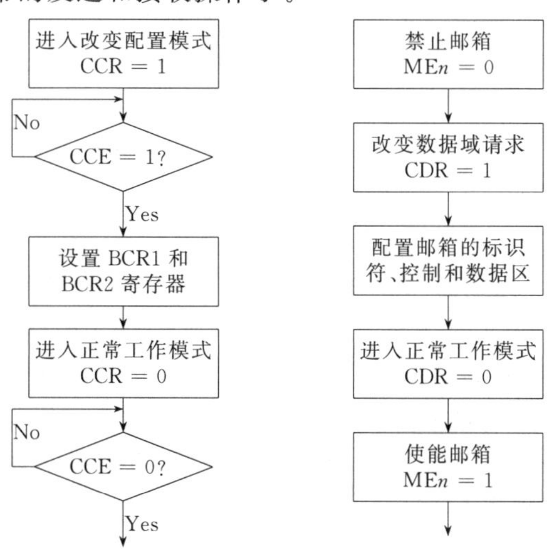

图 8.3　配置位定时器流程图　　图 8.4　初始化邮箱流程图

8.4.2 信息的发送

eCAN控制器的发送邮箱有邮箱4和邮箱5及被配置为发送方式的邮箱2和邮箱3。在写数据到发送邮箱的数据区后，如果相应的发送请求位使能，则信息帧被发送到eCAN总线上。

信息发送的流程图如图8.5所示，下面是它的具体步骤：

① 初始化发送邮箱；

② 设置MDER寄存器中的邮箱使能位为1，即MEn=1（n=2～5）；

③ 设置TCR寄存器中发送请求位为1，即TSRn=1；

④ 等待发送应答信号TAn或发送中断标志位MIFn置位，如TAn=1或MIFn=1，则发送成功，进入下一步；

⑤ 向TCR寄存器中的发送应答位（TAn）写1，清除发送中断标志位和发送应答位。

如果多个发送邮箱的发送请求位置位，则信息帧将一个接一个地发送出去，邮箱权限高的先发送。如果发送失败，则发送邮箱将再次发送。

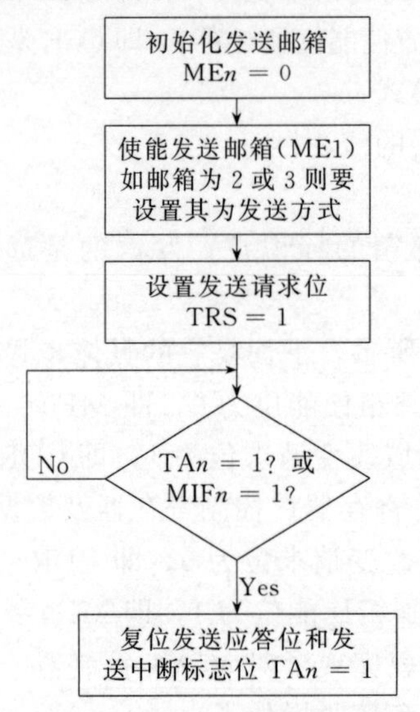

图8.5 信息发送流程图

8.4.3 信息的接收

eCAN控制器的接收邮箱有邮箱0和邮箱1及被配置为接收方式的邮箱2和邮箱3。收邮箱初始化时要设置及标识符相关的局部屏蔽寄存器（LAM）。

（1）接收滤波器

eCAN控制器在接收信息时，先将要接收的信息的标识符与相应接收邮箱的标识符（位于邮箱的MSGIDnH和MSGIDnH寄存器中），只有标识符相同的信息才能被接收。eCAN控制器的接收滤波器使得接收邮箱可以忽略更多的位来接收信息，即如只有被屏蔽的那几位标识符不相符，则接收邮箱仍能接收此信息。但当接收屏蔽使能位（AME）为0时，则局部接收屏蔽寄存器将失效。LAM1对应于被配置为接收方式下的邮箱2和邮箱3，LAM0对应于邮箱0和邮箱1。

（2）接收信息的步骤

邮箱接收信息的流程图如图8.6所示，下面是它的具体步骤：

① 设置局部屏蔽寄存器（LAM）；

② 设置接收邮箱的标识符和控制寄存器；

③ 等待接收信息悬挂为 RMPn 或接收中断标志位 MIFn 置位，如 RMPn=1 或 MIFn=1 则接收成功，进入下一步；

④ 向 RCR 寄存器中的接收信息悬挂位（RMPn）写 1，清除接收中断标志位或接收信息悬挂位。

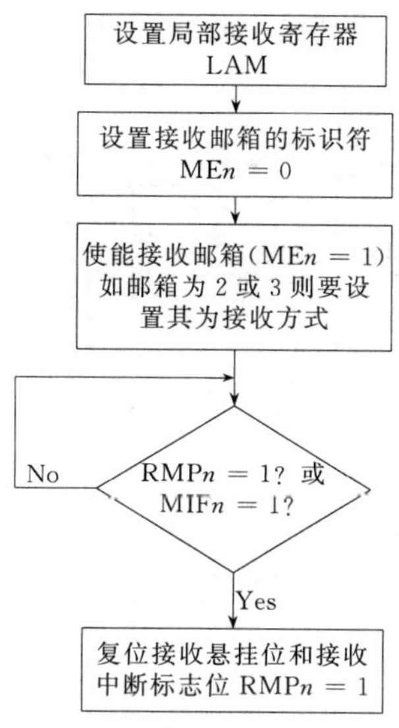

图 8.6　信息接收流程图

8.4.4　远程帧

当邮箱要发送远程帧时，应设置远程发送请求位（RTR）为 1。远程帧和数据帧具有相同的形式，它也有标准信息帧和扩展信息帧这两种格式，但远程帧中不含数据区。

远程帧主要用于请求信息，当节点 A 向节点 B 发送一个远程帧，如果节点 B 中的远程帧信息与节点 A 有相同的标识符，节点 B 将做出应答，并发送相应的数据帧到总线上。

（1）发送远程帧

① 邮箱 4 和邮箱 5 及被配置位发送方式的邮箱 2 和邮箱 3 都可作为远程帧的发送邮箱。

② 设置 MSGCTRLn 寄存器的远程发送请求位为 1，即 RTR=1。

③ 设置 TCR 寄存器中的发送请求位为 1，即 RTR=1。

④ 远程帧被发送到 eCAN 总线上。如果远程帧发送邮箱为 2 或邮箱 3，则当发送成功后，将不置位发送应答 TAn 和发送中断标志位 MIFn，且 TRSn 自动复位，这里 n=2、3。

（2）自动应答远程帧

当邮箱接收到远程帧时，将自动发送一个数据帧作为应答。

① 只有被配置位发送方式的邮箱 2 和邮箱 3 才有这个功能。

② 设置 MSGIDn _ H 寄存器中的自动应答模式位为 1，即 AAM=1。

③ 当接收节点的标识符与发送邮箱 2 和邮箱 3 的标识符相符时，接收节点将自动发送一个数据帧作为应答。

（3）接收远程帧

① 邮箱 0 和邮箱 1 及被配置为接收方式的邮箱 2 和邮箱 3 都可作为远程帧的接收邮箱。

② 当接收到远程帧时，将接收信息悬挂位和接收中断标志位置位 1，即 RPMn=1，

MIFn＝1。这里 n＝0～3。

③ CPU 相应地中断。

8.4.5 中断

有两种类型的中断，一类是同邮箱相关的中断，例如，接收消息挂起中断或中止响应中断。另一类是使系统中断，处理错误或者与系统相关的中断，比如错误消极中断或唤醒中断。如图 8.7 所示，各事件可产生邮箱中断或系统中断。

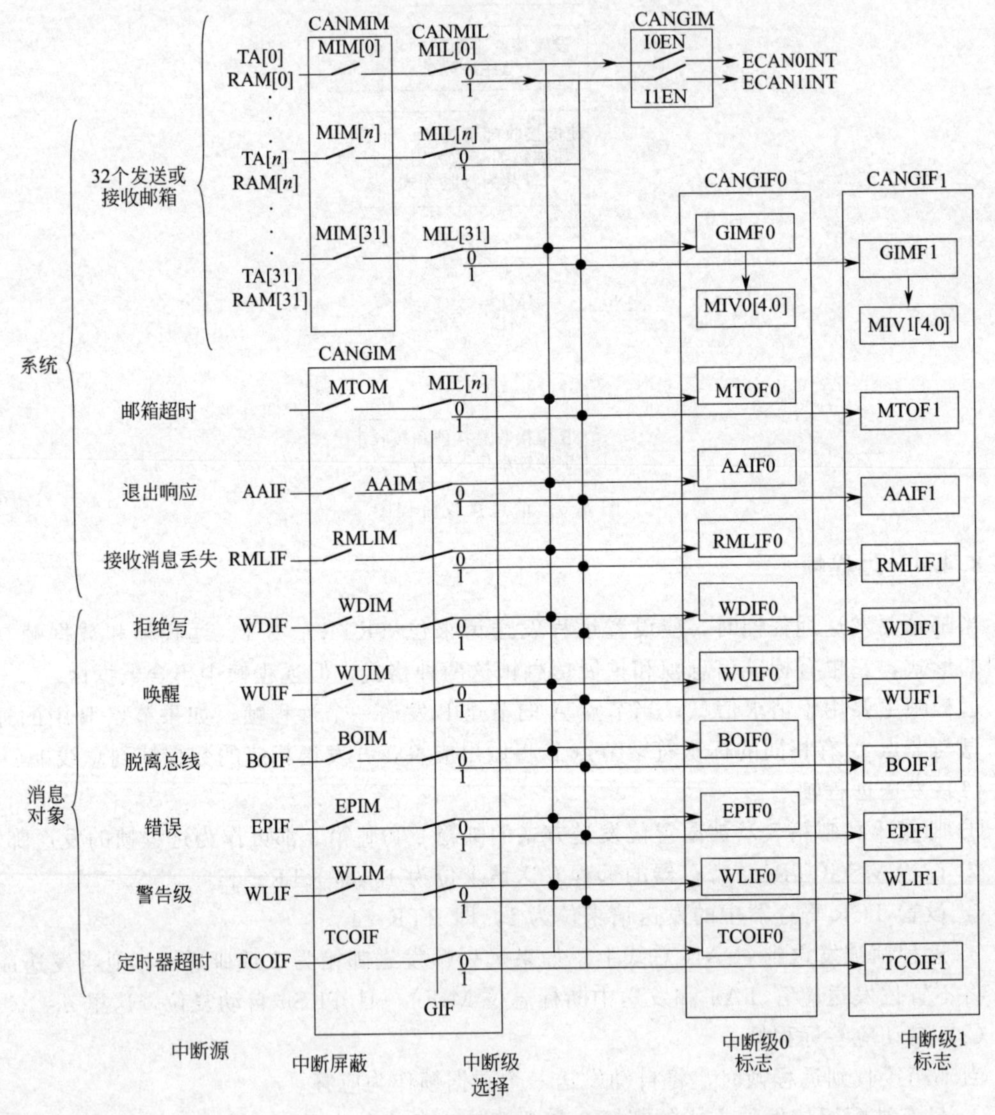

图 8.7 CAN 模块中断结构图

(1) 邮箱中断

- 消息接收中断：接收到一个消息。
- 消息发送中断：成功发送一个消息。
- 中止响应中断：挂起发送被中止。
- 接收消息丢失中断：接收到的旧消息被新消息覆盖（旧消息被读取之前）。

- 邮箱超时中断（只有 eCAN 模式存在）：在预定的时间内没有发送或接收消息。

（2）系统中断

- 拒绝写中断：CPU 试图写邮箱，但被拒绝。
- 唤醒中断：唤醒后产生该中断。
- 脱离总线中断：CAN 模块进入脱离总线状态。
- 错误消极中断：CAN 模块进入错误消极模式。
- 警告级别中断：一个或两个错误计数器大于等于 96。
- 定时邮箱计数器溢出，中断（只有 eCAN 存在）；定时邮箱计数器产生溢出。

8.4.5.1　中断配置

如果满足中断条件，相应的中断标志位就会置位：根据 GIL（ CANGIM. 2）系统中断标志被置位。如果被置位，全局中断设置 CANGIF1 寄存器中的位，其他在 CARTGIF1 寄存器中置位。

根据产生中断邮箱的 MIL[n] 置位情况，GMIF0/GMIF1（CANGIF0. 15/CANGIF1. 15）位进行置位。MIL[n] 位置位，相应邮箱的中断标志 MIL[n] 将寄存器 CANGIF1 中的 GMIF1 标志置位，否则，将 GMIF0 标志置位。

如果所有中断清除且有新的中断标志置位，相应的中断屏蔽位被置位，CAN 模块的中断输出线（ECAN0INT 或 ECAN1INT）有效。除非 CPU 向相应的位写 1 清除中断标志，否则中断线一直保持有效状态。

向 CANTA 或 CANRMP 寄存器（和邮箱配置有关）相应的位写 1，清除 GMIF0（CANGIF0. 15）或 GMIF1（CANGIF0. 15）中的中断标志。不能直接对 CANGIF0/CANGIF1 清零。

如果 GMIF0 或 GMIF1 置位，邮箱中断向量 MIV0（ CANGIF0. 4～0）或 MIV1（CANGIF1. 4～0）给出使 GMIF0/1 置位的邮箱的编号，总是显示分配到中断线上最高的邮箱中断向量。

8.4.5.2　邮箱中断

CAN 模块的每个邮箱都可以在中断输出线 1 或 0 上产生一个中断，eCAN 模式有 32 个邮箱，标准 CAN 模式有 16 个邮箱。根据邮箱配置的不同，可以产生接收或发送中断。

每个邮箱有一个专用的中断屏蔽位（MIM［n］）和一个中断级位（MIL［n］），为使邮箱能够在接收或发送消息时产生中断，MIM 位必须置位。接收邮箱接收到 CAN 的消息（RMP［n］＝1）或者从发送邮箱发出消息（TA［n］＝1），都会产生中断。如果邮箱配置成远程请求邮箱（CANMD［n］＝1，MSGCTRL. RTR＝1 ），一旦接收到远程帧应答就会产生中断。远程应答邮箱在成功发送应答帧后（CANMD［n］＝0，MSGID. AAM＝1），产生一个中断。

如果相应的中断屏蔽位置位，RMP［n］和 TA［n］置位的同时也会将寄存器 GIF0/GIF1 中的 GMIF0/GMIF1（GIF0. 15/GIF1. 15）标志置位。GMIF0/GMIF1 标志位就会产生一个中断，而且可以从 GIF0/GIF1 寄存器的 MIV0/MIV1 区读取相应的邮箱向量（邮箱编号）。除此之外，中断的产生还与邮箱中断级寄存器的设置有关。

TRR［n］位置位后中止发送消息，GIF0/GIF1 寄存器中的中止响应标志 AA［n］和中止响应中断标志都被置位。如果 GIM 寄存其中的屏蔽位 AAIM 置位，发送中止就会产生一个中断。清除 AA［n］标志位并不能使 AAIF0/AAIF1 标志复位，中断标志不许独立清除。中止响应中断选择哪个中断线，取决于相关邮箱的 MIL［n］位的设置。

当丢失接收消息时，会使接收消息丢失标志 RML［n］和 GIF0/GIF1 寄存器中的接收消息丢失中断标志RMLIF0/RMLIF1置位。如果接收消息丢失中断屏蔽位（RMLIM）置位，接收消息丢失发生时就会产生中断。中断标志RMLIF0/RMLF1必须独立清除。根据邮箱的中断级（MIL［n］）设置，接收消息丢失中断选择相应的中断线。

每个eCAN邮箱都与一个消息对象寄存器和超时寄存器相连。如果发生超时事件（TOS［n］=1），且CANGIM寄存器中的邮箱超时中断屏蔽位（MTOM）置位，在其中一条中断线上将会产生一个超时中断。根据邮箱中断级（MIL［n］）的设置，选择相应的中断线。清除TOS［n］标志并不能使MTOF0/MTOF1标志复位。

8.4.5.3 中断处理

中断通过中断线向CPU申请中断，CPU处理完中断后，CPU还要清除中断源和中断标志。为此，必须清除CANGIF0或CANGIF1寄存器中的中断标志，通过向相应的标志位写1，即可清除相应的中断标志。但也会存在例外情况，如表8.3所示。

表8.3 eCAN中断声明/清除

中断标志	中断条件	GIF0/GIF1的确定	清除机制
WLIFn	一个或两个错误计数器值大于等于96	GIL位	写1清除
EPIFn	CAN模块进入“错误消极”模式	GIL位	写1清除
BOIFn	CAN模块进入“脱离总线”模式	GIL位	写1清除
RMLIFn	有一个邮箱满足溢出条件	GIL位	写1将RMPn位置位
WUIFn	CAN模块已经退出局部掉电模式	GIL位	写1清除
WDIFn	写邮箱操作被拒绝	GIL位	写1清除
AAIFn	发送请求被拒绝	GIL位	通过清除AAn的置位，清除
GMIFn	其中一个邮箱成功发送或接收消息	MILn位	适当的处理引起中断的条件进行清除，写1到寄存器CANTA或CANRMP相应的位进行清除
TCOFn	TSC的最高位MSB从0～1	GIL位	写1清除
MTOFn	在规定时间内没有邮箱成功发送或接收消息	MILn位	清除TOSn的置位，清除

注：1. 中断标志：寄存器CANGIF0/CANGIF1使用的中断标志的名称；

2. 中断条件：该列描述了引起中断产生的条件；

3. GIF0/GIF1的确定：中断标志位可以在CANGIF0或CANGIF1寄存器中置位，这主要取决于CANGIM寄存器中的GIL位或CANMIL寄存器中的MILn位，该列描述了特定的中断置位决定于GIL位还是MILn位；

4. 清除机制：该列描述了如何清除中断标志，有些位直接写1进行清除，其他位则需要对CAN控制寄存器的某些位进行操作。

(1) 中断处理的配置

中断处理的配置主要包括：邮箱中断级寄存器（CANMIL）、邮箱中断屏蔽寄存器（CANMIM）以及全局中断屏蔽寄存器（CANGIM）的配置。具体操作步骤如下。

① 写CANMIL寄存器。定义成功发送消息在中断线0还是1上产生中断，例如，CANMIL=0xFFFFFFFF，设置中断级为1。

② 配置邮箱中断屏蔽寄存器（CANMIM），屏蔽不应该产生中断的邮箱。寄存器可以设置为0xFFFFFFFF，使能所有的邮箱中断。无论如何，不使用的邮箱不会产生中断。

③ 配置CANGIM寄存器，标志位AAIM、WDIM、WUIM、BOIM、EPIM和WLIM（GIM.14～9）要一直置位（使能这些中断）。除此之外，GIL（GIM.2）也可以置位使能另外一个中断级上的全局中断。I1EN（GIM.1）和I0EN（GIM.0）两个标志位置位使能两个中断线。根据CPU的负载占用情况，标志位RMLIM（GIM.11）置位。

该设置将所有邮箱中断配置在中断线1上，其他系统中断在中断线0上。这样CPU处理其他系统中断具有更高的优先级，而邮箱中断优先级相对较低。所有具有高优先级的邮箱中断也可以设置在中断线 0 上。

（2）处理邮箱中断

邮箱中断有 3 个中断标志，GMIF0/GMIF1：表示其中一个对象成功接收或发送消息。MIV0/MIV1（GIF0. 4～0/GIF1. 4～0 ）中的邮箱编号。邮箱中断的处理过程如下：

① 产生中断时，读取全局中断寄存器 GIF 半字。如果值是负的，是邮箱产生的中断；否则检查 AAIF0/AAIF1（GIF0. 14/GIF1. 14）位（中止响应中断标志）或 RMLIF0/RMLIF1（GIF0. 11/GIF1. 11 ）（接收消息丢失中断标志）。如果上述都不是，则产生了系统中断。在这种情况下，必须检查每一个中断标志。

② 如果 RMLIF（ GIF0. 11 ）标志引起中断，有一个邮箱的消息被新的消息覆盖。在正常操作情况下，不应该发生这种情况。CPU 需要向标志位写 1 清除标志。然后 CPU 检查接收消息丢失寄存器（RML），找出是哪个邮箱产生的中断。根据应用，CPU 确定下一步如何处理。该中断也会产生一个全局中断 GMIF0/GMIF1。

③ 如果 AAIF（GIF. 14）标志引起中断，CPU 中止了发送操作，CPU 应该检查中止响应寄存器（AA. 31～0 ），确认哪个邮箱产生的中断，如果需要的话重新发送消息。必须写 1 清除中断标志。

④ 如果 GMIF0/GMIF1（GIF0. 15/GIF1. 15）标志引起中断，可以从 MIV0/MIV1（GIF0. 4～0/GIF1. 4～0）区获取产生中断的邮箱编号，该向量可以用来跳转到相应的邮箱处理程序。如果是接收邮箱，CPU 应该读取数据，并通过写 1 清除 RMP. 31～0 标志；如果是发送邮箱，除非 CPU 需要发送更多的数据，否则不需要其他操作，在这种情况下，前面阐述的正常发送过程是必要的。CPU 需要写 1 清除发送响应位（TA. 31～0）。

（3）中断处理顺序

为使 CPU 内核能够识别并处理 CAN 中断，在 CAN 中断服务子程序中必须进行如下处理。

① 首先清除 CANGIF0/CAIVGIF1 寄存器中引起中断的标志位，在该寄存器中有两种类型的标志位。

- 一种类型的标志位，通过向相应的标志位写 1，即清除标志。主要包括：TCOF*n*、WDIF*n*、WUIF*n*、BOIF*n*、EPIF*n*、WLIF*n*。
- 另一种需要对相关的寄存器进行操作才能清除标志，主要包括：MTOF*n*，GMIF*n*，AAIF*n*，RMLIF*n*。

a. 通过清除 TOS 寄存器中相应的位来清除 MTOF*n* 位。例如，由于 MTOF*n* 置位，邮箱 27 产生超时，如果中断服务子程序 ISR 需要清除 MTOF*n* 位，就需要清除 TOS27 位。

b. 清除 TA 或 RMP 寄存器中相应的位，即可清除 GMIF*n* 位。例如，如果邮箱 19 配置位发送邮箱，且已经成功发送了一个消息，TA19、GMIF*n* 将被依次置位。为了清除 GMIF*n*，中断服务子程序就需要清除 TA19。如果邮箱 8 配置位接收邮箱且已经接收到一个消息，RMP8、GMIF 依次置位。为了清除 GMIF*n*，中断服务子程序就需要清除 RMP8。

c. 清除 AA 寄存器中相应的位，清除 AAIF*n* 标志位。例如，如果由于 AAIF*n* 置位邮箱 13 的发送被中止，中断服务子程序需要通过清除 AA13 位来清除 AAIF*n* 位。

d. 清除 RMF 寄存器中相应的位，清除 RMLIF*n* 标志位。例如，如果由于 RMLIF*n* 置位使邮箱 13 被覆盖，中断服务子程序需要通过清除 RMP13 位来清除 RMLIF*n* 位。

② CAN 模块相应的 PIEACK 位必须写 1，可以通过下面的 C 语言完成。

```
PieCtrlRegs.PIEACK.位.ACK9=1;  //使能 PIE 向 CPU 发送脉冲
```

③ 必须使能 CAN 模块到 CPU 相应的中断线，可以通过下面的 C 语言完成。

```
IER|=0x0100;  //使能 INT9
```

④ 清除 INTM 位，全局使能 CPU 中断。

8.5 实例：采用 eCAN 控制器发送和接收消息

（1）eCAN 模块发送一个远程帧请求

下面为在 LF28xA DSP 的 eCAN 模块发送一个远程帧请求的程序。该程序发送一个远程帧，并且等待一个数据帧响应。

```
{
文件名:REN_REQ.asm
title  REM_REQ           ;标题
include "LF28xA.h"       ;变量和寄存器定义
include  vector.h        ;向量表定义
global  START
{
//其他常量定义
DP_PF1  .set  0E0h       ;外设寄存器的数据页 7000h～707Fh
DP_CAN  .set  0E2h       ;eCAN 寄存器数据页 7100h
DP_CAN2 .set  0E4h       ;CAN RAM 数据页 7200h
MACRO ;宏定义
}
KICK_LOG .macro      ;看门狗复位宏
LDP    #00E0h
SPLK   #05555h,WDKEY
SPLK   #0AAAAh,WDKEY
LDP    #0h
.endm
}
//主代码
{
.text
START:  KICK_DOG  ;  复位看门狗计数器
SPLK  #0,50h
OUT   60h,WSGR           ;为外部存储器设置等待状态,零等待状态
SETC  IXTM               ;禁止中断
SPLK  #000h,IMB          ;屏蔽所有核心中断
LDP  #0E0h
SPLK  #006Fh,WDCR   ;禁止看门狗 WD
SPLK  #0010h,SCSR   ;使能 eCAN 模块的时钟
LDP  #225h
SPLK  #00C0h,MCRB   ;配置 eCAN 引脚
LDP  #DP_CAN
SPLK  #1011111111111111b,CAN_IMR;使能所有 eCAN 中断
}
//写 eCAN 邮箱
```

```
{
LDP     #DP_CAN2
SPLK    #1001111111111111b,MSGTD3H
;位 0~12      ;扩展标志位的高 13 位
;位 13        ;自动应答模式位
;位 14        ;接收屏蔽使能位
;位 15        ;标识符扩展位
SPLK   #1111111111111111b,MSGTD3B
;位 0~15      ;扩展标识符的低位
SPLK   #0000000000011000b,MSGCTL3
;位 0~3  ;数据长度码,1000=8 位字节
;位 4     ;1:远程帧
}
//使能邮箱
{
LDP   #DP_CAN
SPLK   #00000000 00001 000b,MDER
;位 0~5  ;使能邮箱 3
;位 7  0:邮箱 3 为发送邮箱
}
//位定时寄存器配置
{
SPLK   #0001000000000000b,MCR
;位 12      ;为写访问 BCR 而改变配置请求(CCR=1)
W_CCE    BJT     GSR,#0Bh      ;等待改变配置使能位,在 GSR 中被设置
BCND W_CCC, NTC
SPLK   #0000000000000001b,BCR2  ;对于 150MHz 的 CLKOUT,则速度为 1Mpbs
;位 0~7    波特率预定标器
;位 8~15   保留位
{
SPLK     #000000001111010b,BCR1  ;采样设置
;位 0~2    TSEG2
;位 3~6    TSEG1
;位 7           ;采样点设置(1:3 次,0:1 次)
:位 6~9;     同步跳转宽度
{
  SPLK     #0000000000 00000b,MCR
    ;位 12     修改配置寄存器
}
W_NCCE  BIT     GSR,#0Bh     ;等待改变配置禁止
BCND W_NCCE,TC
}
//发送
{
SPLK #0020h,TCR  ;为邮箱 MBX3 发送请求
W_TA  BIT    TCR,2    ;等待发送应答
```

```
SPLK #2000h,TCR    ;  复位 TA
{
RX_LOOP:
W_RA  BIT    CANRCR,BIT7     ;等带将要写入 MBX 3 的远程节点的数据
BGND W_RA,NTC
LOOP  B    LOOP
GISR1:
GISR2:
GISR3:
GISR4:
GISR5:
GISR6:
PHANTOM  RET
.end
}
```

(2) eCAN模块自动应答一个远程帧请求

下面为在LF28xA DSP的eCAN模块应答一个远程帧请求的程序。MBX2执行数据的发送和接收，采用低优先级中断。在运行该程序并且发送了信息后，设置MBX2的发送应答。

```
{
文件名: REM_ANS.asm
.title  REM_ANS       ;标题
include  "LF28xA.H" ;变量和寄存据定义
include  vector.H    ;向量表定义
global  START
}
//常量定义
{
DP_PF1  .set    050h     ;外设寄存器的数据页 7000h～707Fh
DP_CAN  .set    0E2h     ;eCAN 寄存器数据页 7100h
DP_CAN2  .set    0E4h     ;eCAN  RAM 数据页 7200h
}
//MCRO-宏定义
{
 KICK_DOG.macro     ;看门狗复位宏
LDP  #00E0h
SPLK  #05555h,WDKEY
SPLK  #0AAAAh,WDKEY
LDP  #0h
.endm
}
//主代码
{
.text
START  KICK_DOG        ;复位看门狗计数器
SPLK  #0,60h,
OUT  60h,WSGR          ;为外部存储器设置等待状态,零等待状态
```

```
LDP   #0E0h
SPLK  #006Fh,WDCR   ;禁止看门狗 WD
SPLK  #006Fh,WDCR   ;使能 eCAN 模块的时钟
LDP   #225h
SPLK  #00C0h,MCRB      ;配置 eCAN 引脚
LDP   #DP_CAN
}
//中断子程序
{
LDPK  #0
SPLK  #0000000000100000b,IMR    ;使能 INT5
SPLK  #000FFh,IFR          ;清除所有核心中断标志
CLRC INTM                  ;使能中断
LDP   #DP_CAN
SPLK  #10111111111111111111b, CANIMR  ;使能所有 eCAN 中断
}
//写 eCAN 邮箱
{
LDP     #DP_CAN2
SPLK  #1011111111111111111b,MSGID2H
SPLK  #1111111111111111111b,MSGID2L
SPLK  #0000000000001000b,CANHSGCTRL2
LDP   #DP_CAN
SPLK  #0000000000100000b,MCR     ;写之前设置 CDR 位
LDP     #DP_CAN2
SPLK  #0BBBEH,MBX2A     ;  发送信息
SPLK  #0BABAH,MBX2B
SPLK  #0DEDEH,MBX2C
SPLK  #0DADAH,MBX2D
LDP     #DP_CAN
SPLK  #0000000000000000b,MCR     ;写之后清除 CDR 位
}
//使能邮箱
{
SPLK  #0000000000000100b,MDER
}
//位定时寄存器配置
{
SPLK  #0000000000000001b,MCR
W_CCE   BIT   GSR,#0Bh  ;等待改变配置使能位,在 GSR 中被设置
BCND  W_CCR,NTC
SPLK  #000000000000001b,BCR2  ;对于 150MHz 的 CLKOUT,则速度加 1Mpbs
SPLK  #000000011111010b,BCR1  ;采样设置
SPLK  #000000000000000b,MCR
W_NCCE   BIT   CANGSR,#0Bh  ;等待改变配置禁止
BCND    W_NCCE,TC
```

```
ELOOP    B    ELOOP  ;等待接收中断
}
//中断服务程序
{
GISR5:

LOOP2  MAR  *,AR0
SETC  XF
CALL  DELAY
CLRC XF
CALL DELAY
B  LOOP2
DELAY  LAR  AR0,#0FFFFH
LOOP RPT #080H
NOP
BANZ  LOOP
RET
{
GISR1:    RET
GISR2:    RET
GISR3:    RET
GISR4:    RET
GISR5:    RET
GISR6:    RET
PHANTOM    RET
.end
}
}
```

Chapter 03

第3篇 综合应用篇

第9章 DSP在电力系统中的应用

9.1 实例：光伏并网逆变器设计

9.1.1 实例功能

本实例的设计目的是研制智能化、高性能具有光伏并网/独立逆变功能的正弦波逆变电源，要求该逆变电源具有各种保护和运行控制功能，具有完善的运行参数显示和键盘监控能力，具有远程数据通信能力，可以实现光伏发电和独立逆变供电功能。

光伏并网发电系统与光伏独立供电系统是光伏系统技术中的重要应用领域，其适宜于不同的应用场合，两者的有效结合即将并网发电功能与独立逆变供电功能集于一体，可以进一步拓展其应用范围并简化结构和减少投资。在对并网逆变和独立逆变技术研究的基础上，根据其结构和控制的特点，设计出以DSP芯片TMS320F2812A为控制核心的光伏并网逆变器装置，实现了监控、显示和通信功能，成功实现并网发电与独立供电的系统集成。

9.1.2 设计思路

要构成一台输出为正弦波电压并具有一定保护功能的逆变器电路，原理框图如图9.1所示。

其工作过程简述如下：由太阳电池方阵经DC/DC变换器（最大功率控制）送来的直流电进入逆变器主回路，经逆变转换成交流方波，再经滤波器滤波后成为正弦波电压，最后由变压器升压后送至用电负载。逆变器主回路中功率开关管的开关过程，是由系统控制单元通过驱动回路进行控制的。逆变器电路各部分的工作状态及工作参量，经由不同功能的传感器变换为可识别的电信号后，通过检测回路将信息送入系统控制单元进行比较、分析与处理。根据判断结果，系统控制单元对逆变器各回路的工况进行调控。例如：通过电压调节回路可调节逆变器的输出电压值。当检测回路送来的是短路信息时，系统控制单元通过保护回路，立即关断逆变器主回路的功率开关管，从而起到保护逆变器的作用，逆变器工作的主要状态信息及故障情况，通过系统控制单元可以送至显示与报警回路。

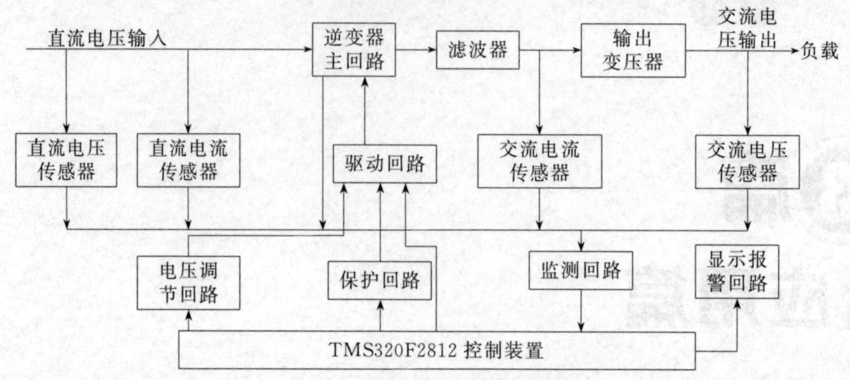

图 9.1　逆变器电路原理框图

太阳光发电系统中的逆变器，不仅要求其小型、重量轻、高品质、高效率，还需满足对交流电网的电压、电流波形畸变和电压波动、瞬时停电的种种补偿和抑制功能。形成的综合系统，由于技术含量高，将产生显著的附加值。诚然，达到多功能的目标就会引起主回路的复杂化，不易实现价廉、体积小、重量轻。所以，应尽可能用简单的主回路来实现上述目标。SPWM 逆变器是目前应用最广泛和最普及的一种形式。本系统也采用脉冲宽度调制（PWM ）技术。

9.1.3　工作原理

我们所研制的光伏并网发电系统所采用逆变器应能在太阳光伏系统能量不足时，利用电网能源进行弥补；太阳光伏系统能量过剩时，把能量反馈到电网。

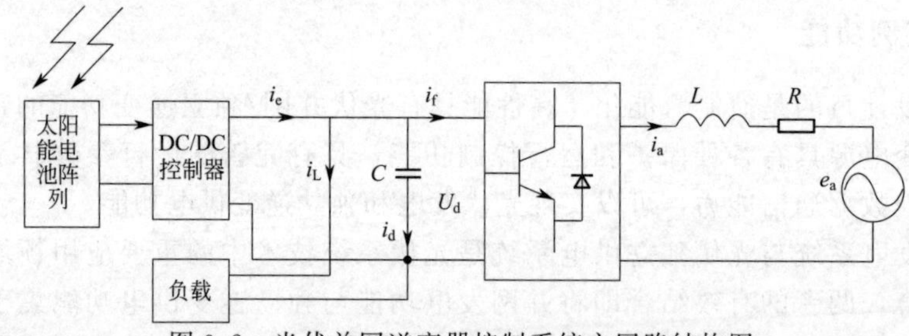

图 9.2　光伏并网逆变器控制系统主回路结构图

常用的逆变系统有电压型、电流型、功率型等，这里我们选用电压型逆变器。其控制系统结构简图如图 9.2 所示。这里，假使 DC/DC 电路单元的输出较高，可将负载接在 DC/DC 输出端。

由图 9.2 可知，要使负载稳定运行，只需保证系统直流部分电压 U_d 保持恒定。为了保持 U_d 恒定，当太阳能电池输出功率小于负载消耗的功率时，U_d 降低，此时可通过电网电流 i_a 来补充；当太阳能电池输出功率大于负载消耗的功率时，U_d 升高，此时可控制电网电流 i_a 向电网发送能量，从而达到控制 U_d 的目的。

这里通过小信号分析法得出系统 U_d 和电网电流 i_a 的数学模型，设计出使系统稳定的控制方案和相应参数选择的方法，并给出系统的实验结果。

（1）数学模型的建立

在图 9.2 所示系统中，L 为扼流电感，将直流侧 PWM 电压转换成补偿电流。因为开关频率一般较高（为数千赫兹到数十千赫兹），所以高频开关纹波影响很小，可忽略。电阻 R 代表逆变器损耗、电感器的电阻及线路损耗的等效电阻。

基于以上分析，系统交直流侧瞬时功率平衡关系式为：

$$e_a i_a + R i_a^2 + \frac{1}{2}L\frac{\mathrm{d}i_a^2}{\mathrm{d}t} = (i_e - i_L - i_d)U_d(t) \tag{9.1}$$

为了避免逆变系统对电网产生谐波干扰和附加的无功损耗，应使电流 i_a 与电压 e_a 相位相同（发电状态）或相差 180°（补充电能状态），系统的功率因数也应保持 1。显然 i_a 的有效值 $I(t)$ 随时间发生改变，为了处理方便，取 i_a 与 e_a 相位相同，$I(t)>0$ 表示发电状态，$I(t)<0$ 表示补充电能。

假设系统平衡状态下，

$$I(t)=I, u_d(t)=U_d, i_L=I_L, i_e=I_e$$

由式(9.1) 可得：

$$EI(t) + RI^2(t) + \frac{1}{2}L\frac{\mathrm{d}}{\mathrm{d}t}I^2(t) = u_d\left(i_e - i_L - C\frac{\mathrm{d}u_d}{\mathrm{d}t}\right) \tag{9.2}$$

取：$I(t)=I+\Delta I(t), u_d(t)=U_d+\Delta u_d(t), i_L=I_L+\Delta i_L, i_e=I_e+\Delta i_e$

代入式(9.2)，得

$$\begin{aligned}&E(I+\Delta I)+R(I+\Delta I)^2+\frac{1}{2}L\frac{\mathrm{d}}{\mathrm{d}t}(I+\Delta I)^2=\\&(U_d+\Delta u_d)\left[(I_e+\Delta i_e)-(I_L+\Delta i_L)-C\frac{\mathrm{d}(U_d+\Delta u_d)}{\mathrm{d}t}\right]\end{aligned} \tag{9.3}$$

系统在平衡状态下的能量平衡方程为：

$$EI+RI^2=U_d(I_e-I_L)$$

代入式(9.3)，可得：

$$\begin{aligned}&E\Delta I+2RI\Delta I+LI\frac{\mathrm{d}}{\mathrm{d}t}\Delta I=\\&U_d(\Delta i_e-\Delta i_L)+\Delta u_d(I_e-I_L)-CU_d\frac{\mathrm{d}\Delta u_d}{\mathrm{d}t}\end{aligned} \tag{9.4}$$

对式(9.4) 进行拉普拉斯变换可得：

$$\begin{aligned}&(E+2RI+LIS)\Delta I(s)=\\&(I_e-I_L)\Delta U_d(s)-CU_dS\Delta U_d(s)+U_d[\Delta I_e(s)-\Delta I_L(s)]\end{aligned} \tag{9.5}$$

由以上分析可得光伏并网系统直流侧控制开环传递函数结构框图如图 9.3 所示。

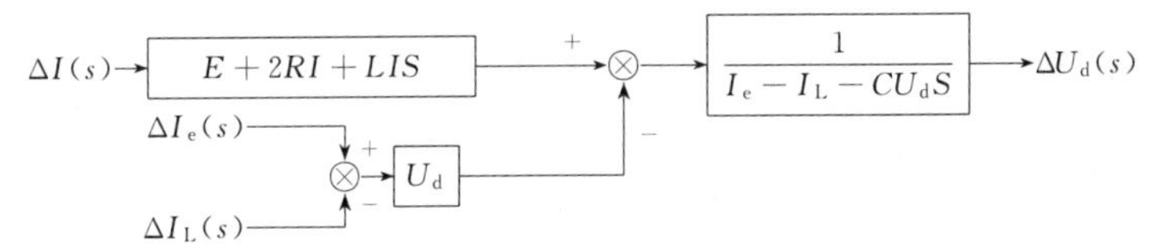

图 9.3　直流侧控制开环传递函数结构框图

为了较好地控制直流电容两端的电压 $U_d(t)$，对 $U_d(t)$进行闭环控制。调节器采用比例积分环节，$G_e(S)=K_p+K_i/s$，K_p 和 K_i 分别为比例常数和积分常数。由系统的特点可知：当外界因素的影响使 $\Delta U_d(s)$增大时，必须通过增大 $\Delta I(s)$来提高电网对能量的吸收能力，达到抑制 $\Delta U_d(s)$ 的提高，直至回到平衡点。系统闭环结构如图 9.4 所示。

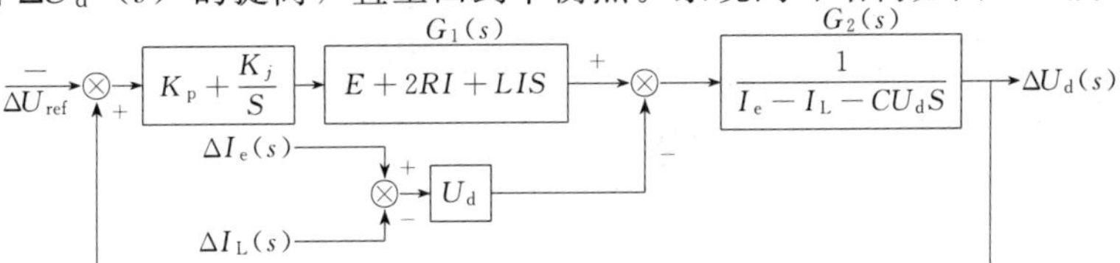

图 9.4　直流侧电压闭环控制传递结构图

（2）控制参数的确定

由图9.4可求得系统的特征方程为：

$$(LIK_p+CU_d)S^2+(EK_p+2RIK_p+LIK_i-I_e+I_L)S+K_i(E+2RI)=0 \tag{9.6}$$

根据劳斯判据，为了使系统稳定，K_p 和 K_i 应满足下列条件：

$$LIK_p+CU_d>0 \tag{9.7}$$

$$EK_p+2RIK_p+LIK_i-I_e+I_L>0 \tag{9.8}$$

当系统处于向电网发电状态（$I>0$）时，式(9.7）和式(9.8）总是成立的。

$$K_i(E+2RI)>0 \tag{9.9}$$

由式(9.8）可得：

$$K_i>\frac{(I_e-I_L)-(EK_p+2RIK_p)}{LI} \tag{9.10}$$

当系统处于从电网吸收电能状态（$I<0$）时，由式(9.7)、式(9.8）和式(9.9）可得：

$$K_p<\frac{CU_d}{L|I|} \tag{9.11}$$

$$K_i<\frac{(I_e-I_L)-(EK_p+2RIK_p)}{L|I|} \tag{9.12}$$

$$I>-\frac{E}{2R} \tag{9.13}$$

在满足系统稳定性的同时，适当选择 K_p 和 K_i，可使系统获得良好的瞬态和稳态性能。

9.1.4 硬件电路

（1）DSP控制系统设计

由于本系统是多种控制算法高速运行的系统，不仅要求执行指令快速性，还需要A/D采样的快速性，同时要具有适合电力电子控制的各种外设模块。根据比较选取了TI公司的TMS320F2812A芯片。

由以上理论分析可得光伏并网双向逆变器DSP控制系统硬件框图如图9.5所示。

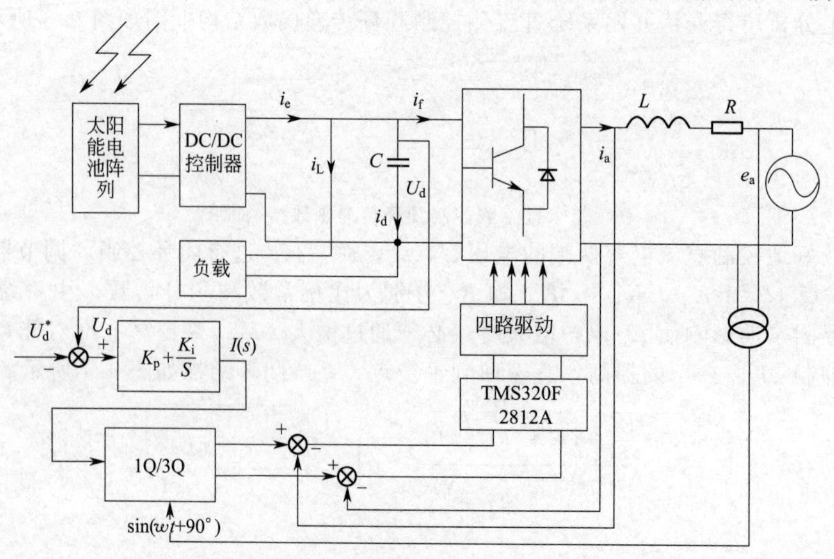

图9.5 控制系统硬件框图

（2）DSP 控制器的设计

系统的控制由模拟、数字控制电路两部分组成，如图 9.6 所示，模拟控制电路作为功率电路和数字控制电路的接口，将电网电压、变换器输出电压电流、蓄电池电压电流等各种模拟信号转换成数字信号给数字控制电路，数字控制电路必须准确地处理这些信息，以此决定工作模式，并通过模拟控制电路去执行数字控制器发出各种信号。

（3）系统的驱动电路设计

系统的主电路可以采用四只 IGBT 组成单相全桥电路，也可以采用 IPM 模块。这里采用三菱公司的 PM100CSA060 型 IPM 模块，它的功率等级是 600V/100A，它是集输出功率电路、门极驱动电路、逻辑保护电路于一体的模块，具有短路保护、过流保护、过热保护、驱动欠压保护。下面给出所采用的 IPM 应用电路见图 9.7。为了使控制驱动电路与主电路更安全地隔离，在驱动信号和主电路之间又加了一级光耦隔离。采用了安捷伦公司的 HCPL-4504 光耦。

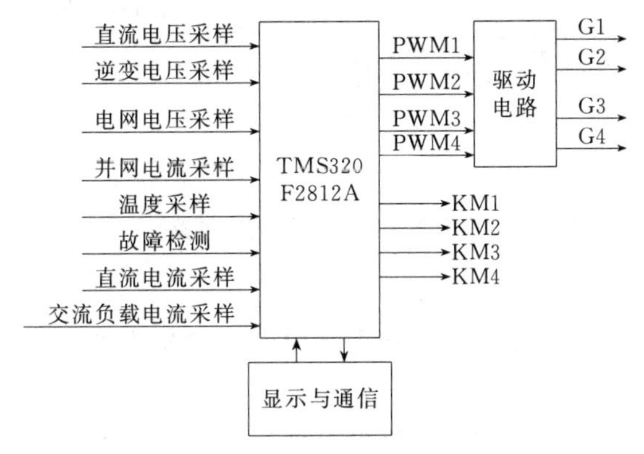

图 9.6　系统控制电路

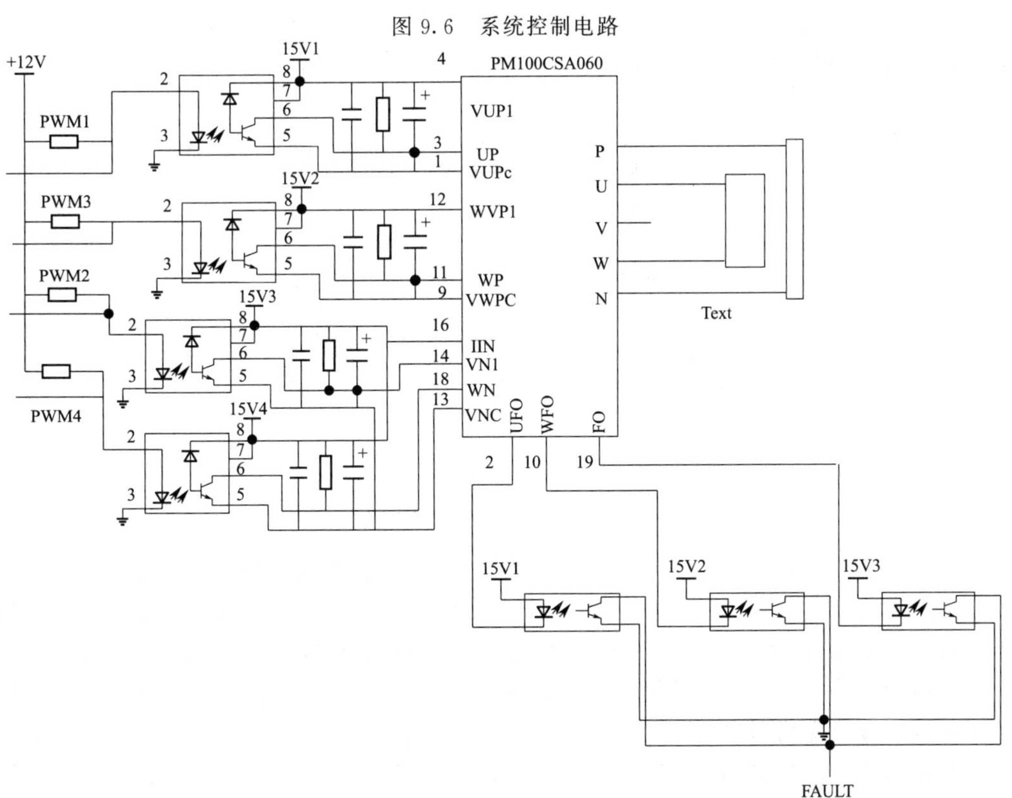

图 9.7　IPM 模块驱动电路示意图

（4）通信接口设计

DSP 控制的通信接口电路如图 9.8 所示。设计采用 MAX3082 收发器芯片完成接口通信。MAXIM 公司生产的 MAX3082 收发器芯片，适合于 RS-422/RS-485 通信标准。

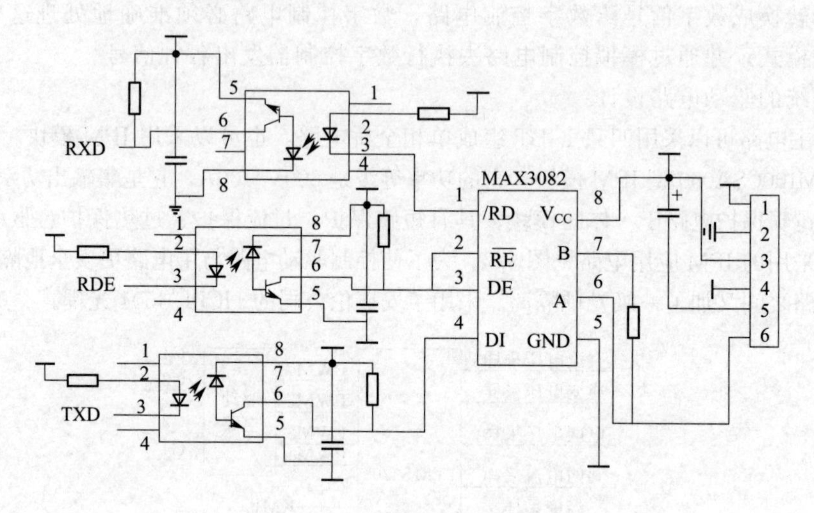

图 9.8 串口通信接口电路

（5）键盘监控系统的硬件组成结构

键盘监控系统主要由液晶显示模块和键盘电路、通信电路三部分构成，如图 9.9、图 9.10 所示。

显示屏采用的是 OCM12864 系列点阵型液晶模块，它是 128×64 点阵型，可以显示各种字符和图形，一屏一共可以显示 32 个汉字或 64 个 ASCⅡ码，具有 8 位数据线可以和 DSP 相连，控制也比较简单。图 9.9 是 DSP 和液晶的接口电路。

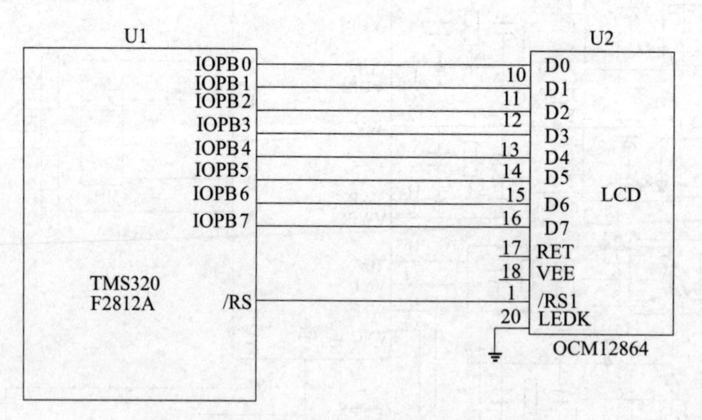

图 9.9 DSP 与 LCD 显示屏接口电路

键盘采用薄膜按键，如图 9.10 所示。一共设了七个键，分别是模式键、UP 键、DOWN 键、运行键、停止键、确认键、退出键。模式键主要是选择运行模式；UP 键具有光标上移和数字增加功能；DOWN 键具有光标下移和数字减少功能；运行键用于启动运行；停止键用于停止运行；确认键用于进入下一层菜单或数据设定时；退出键用于退出下层菜单或数据设定完后退出。

通信电路主要由光耦和 MAX3082 组成，光耦采用 6N136 快速光耦，能满足高速传输的要求。如图 9.11 所示。

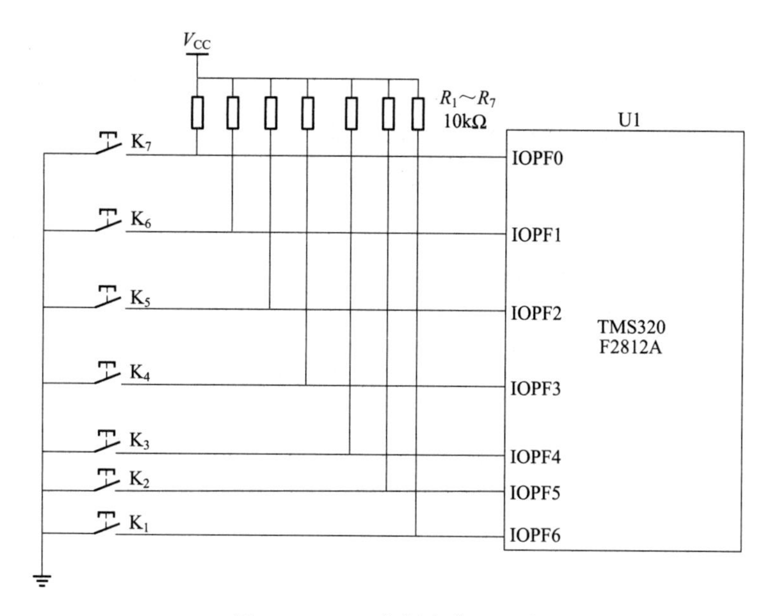

图 9.10　DSP 与键盘接口电路

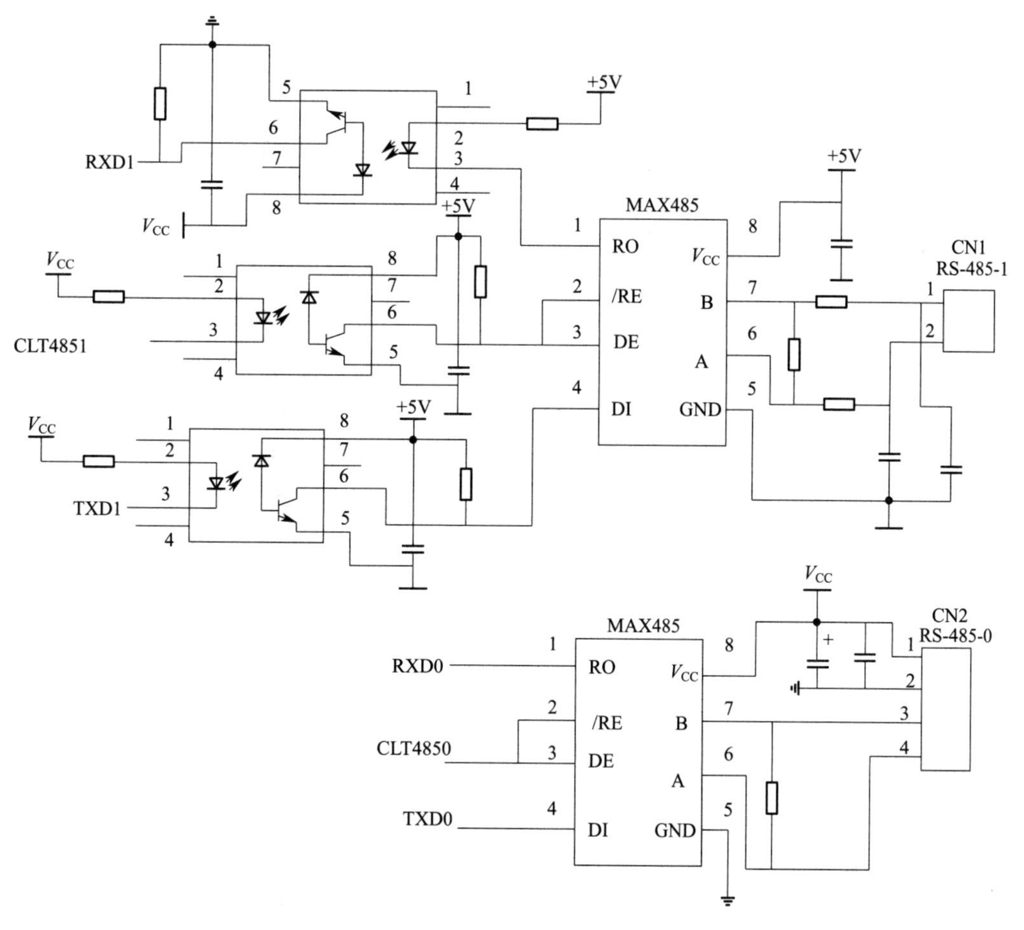

图 9.11　双串口通信电路

（6）系统的保护功能设计

对于具有并网发电和独立供电的逆变器，除了要具备一般的逆变电源保护功能外，如交流过流、直流过流、短路、直流过压、散热器超温等，特别还应有防止孤岛效应的保护功能。图 9.12～图 9.14 为采用的几种硬件保护电路。

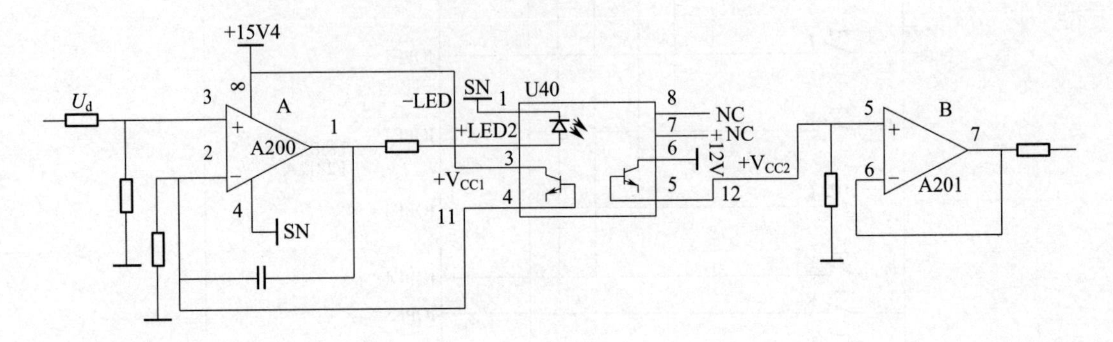

图 9.12　直流过压保护

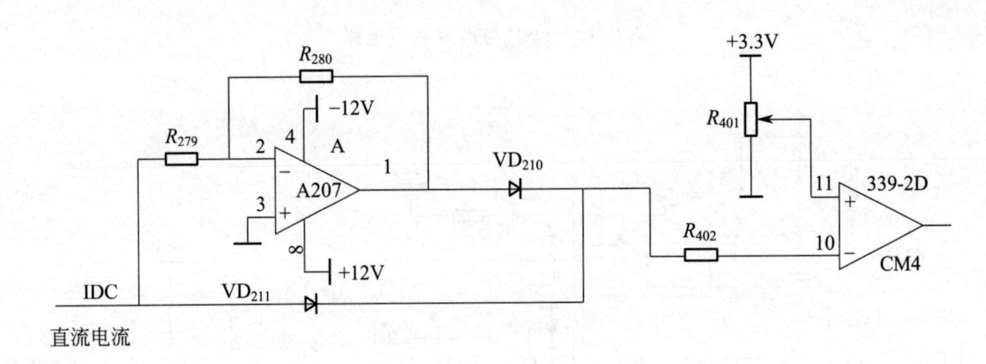

图 9.13　直流过流保护

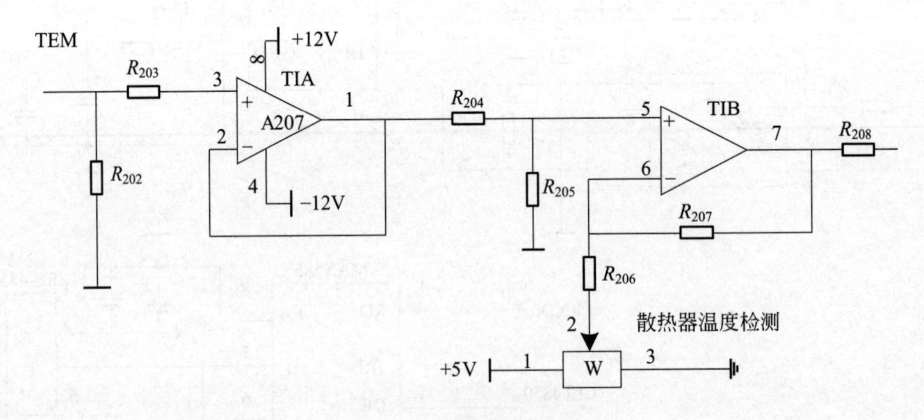

图 9.14　散热器过热保护

9.1.5　软件设计

(1) 具有并网发电/独立供电功能的逆变电源程序设计

系统下位机的程序主要由三块组成：主程序流程图、PWM 中断流程图和捕捉中断流程图，分别如图 9.15～图 9.17 所示。

主程序流程主要实现下位机的运行停止、故障检测保护、最大功率点跟踪、独立逆变电压环调节、通信等功能；PWM 中断主要实现并网逆变电流环调节、A/D 检测、SPWM 波的输出功能；捕捉中断主要实现电网电压的同步锁相功能。

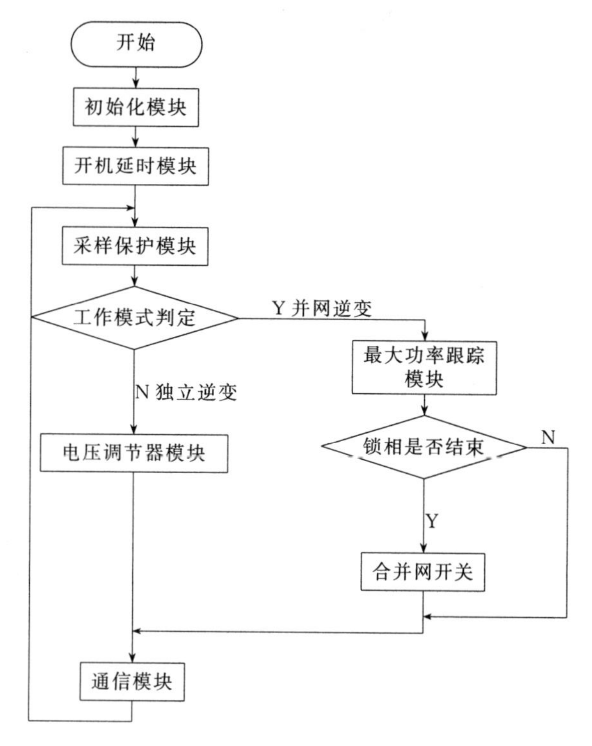

图 9.15　主程序流程图

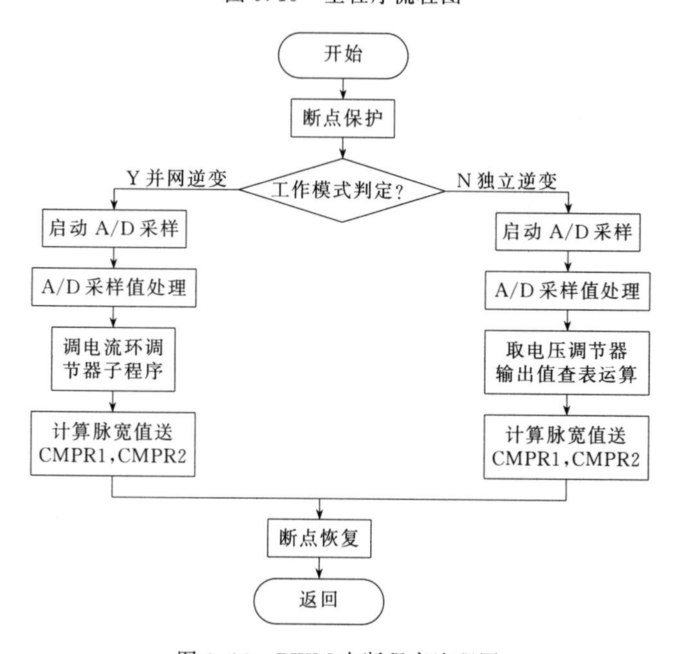

图 9.16　PWM 中断程序流程图

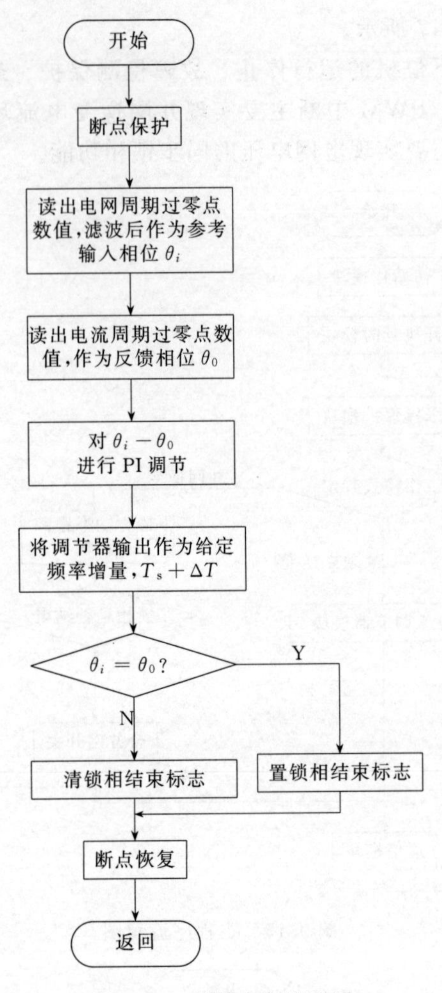

图9.17 捕捉中断流程图

(2) 键盘监控系统的软件设计

监控程序主要由以下几部分组成：监控程序、键盘模块、显示模块、通信模块、中断程序等，具体流程图分别如图9.18～图9.23所示。

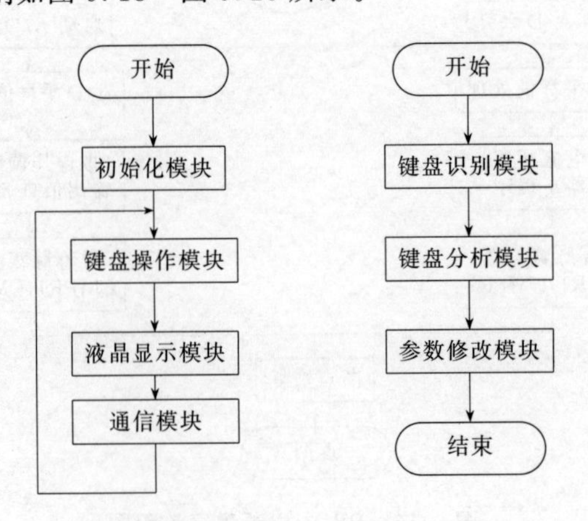

图9.18 监控系统程序流程图　　图9.19 键盘模块流程图

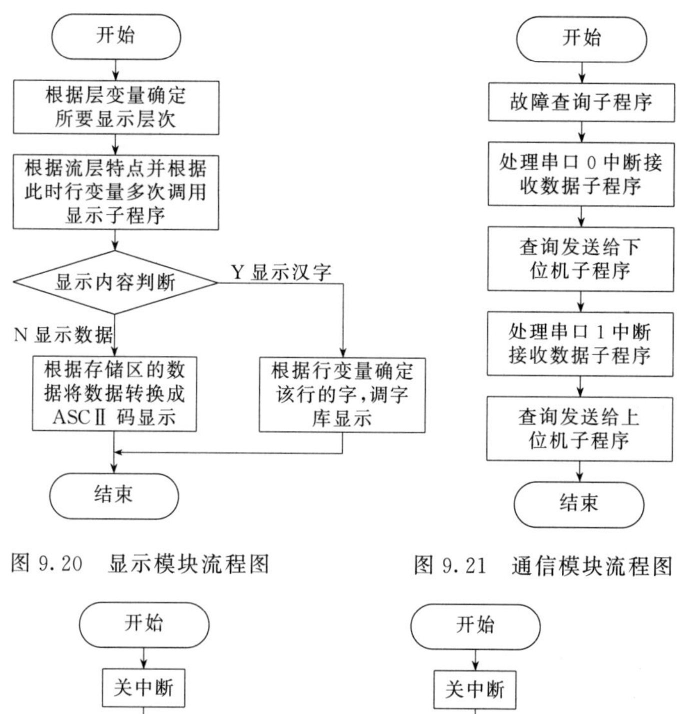

图 9.20　显示模块流程图　　　图 9.21　通信模块流程图

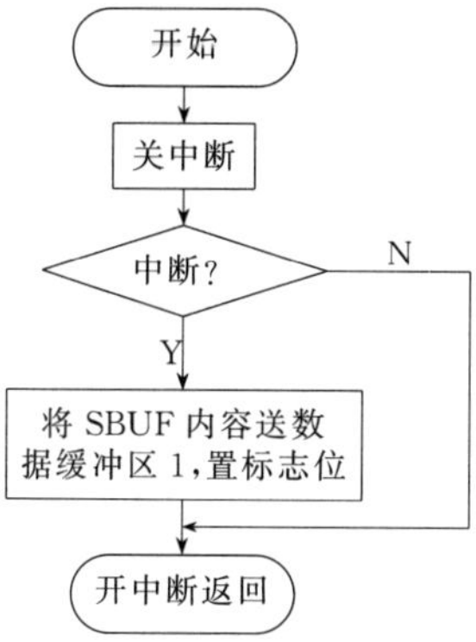

图 9.22　串口 0 中断程序流程图 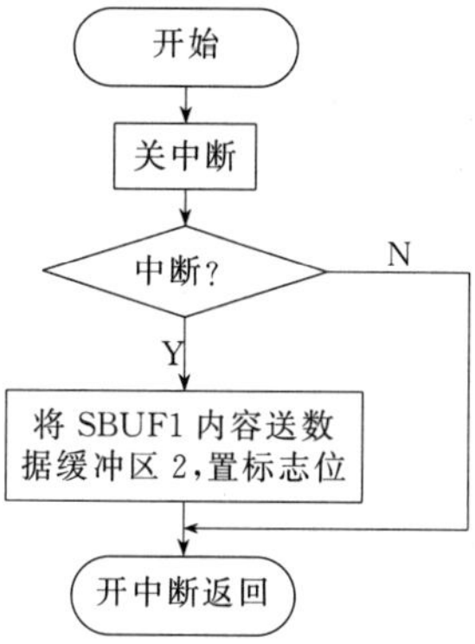　　　图 9.23　串口 1 中断流程图

9.1.6　参考程序

```
//主程序
#include "lf2812regs.h";  /*定义 LF2812 寄存器头文件*/
#include "string.h";//字符串处理
ioport  unsigned  port000C;
#define    LED  port000C;
void Initsys();
void UartRec();
void UartSend();
void Communication();
extern int Udc[I00];
extern void Monitor();
main()
{
Initsys();
InitSCI();
Enable();
```

```
while(1)
    {
Communication();
Monitor();
…
}
}
//PWM控制子程序
mpower:do;
$ include(dsp.plm)
declare(a0,a1,da1) byte;
declare (ad4,ad6) word;
declare (p0,p1) dword;
pwm: procedure(da);        /*PWM输出*/
        declare da byte;
        pwm_contnol=da;
        end pwm;
sampl: procedure;   /*A/D转换*/
      declare i shortint;
      declare (d,t) word;
      declare k byte at(.ad_result+ 1);
      declare (m,n) byte at(.d);
      declare pp dword;
      ad_conuriand=0ch;  /*04通道*/
          do i=1 to 5;
            end;
        do while bittst(.ad_result,3) ;/*等待*/
      end;
        d=low(ad_result);
          n=k;
        ad4=shr(d,6);     /*结果*/
      ad_command=0eh;     /*06通道*/
          doi=1to5;
                end;
          do while bittst(.ad_result,3);   /*等待*/
      end;
          t=low(ad_result);
        n=k
        ad6=shr(t,6);     /*结果*/
          end  sampl;
        a0=128;              /*设a的初值*/
        ioc1=01h;
        call pwm(a0);        /*启动PWM输出*/
        call sampl;          /*采集U,I数据*/
        p0=ad4*ad6;
        dal=2;
```

```
      goto mpl;
      mp0:p0=p1;
      mpl :if a0>220 then a1=220;
          else a1=a0+ da1;
          goto mp3;
      mp2: if a0<50 then a1=50;
          else a1=a0-da1;
          p0=p1;
      mp3:call pwm(a1);
          call sampl;
          pl=ad4 *ad6;
          a0=a1;
      if p1=p0 then goto mp3;
      if p1 >p0 then goto mp0;
      else goto mp2;
      END mpower,
      RETE
//键盘监控子程序
 void KeyTimerIntrDealWith(void)
  {
      UINT8  i;
      UINT16 tmpKeyBit=ScanAColumn(s_CheckColumn);
    ses KeyChecked=tmpKeyBit&ses KeyWaitForCheck;//得到新确认的按键
    s_KeyWaitForRelease &= tmpKeyBit;//清除掉已释放的按键标记
    ses KeyWaitForCheck=tmpKeyBit;//更新
      if(ses HoldKeyNum! =0xF}
      {
   if(!( tmpKeyBit&(1+ s_HoldKeyNum) ))//}-长按按键,但长按时间不够就释放
        {//长按时间不够
          s_Key=ses HoldKeyNum+ 1;
          systemEvent}=KEY EVENT;
          s_KeyHoldTime[ses HoldKeyNum]=0;//复位
          s_HoldKeyNum =0xFF;//长按处理完毕,后面与短按处理相同
            /B_Beep};
              return;
        }
      }
      if(s_KeyChecked)
      {//确有按键按下
    if(s_KeyChecked&s_KeyWaitForRelease)//仍然有键没释放,不响应新的按键
        {//检测长按按键持续时间是否达到
          if(ses HoldKeyNum==0xFF);//没有长按按键,不做任何处理
              else
          {
              s_KeyHoldTime[s_HoldKeyNum]+ + ;
              if(s_KeyHoldTime(ses HoldKeyNum]>HOLD- TIME)
```

```
                {
                    sse Key=s_HoldKeyNum+ 1;
                    s_Key|= KEY_HOLD;
            systemEvent}=KEY_EVENT;
              s_KeyHoldTime[s_HoIdKeyNum]=0;//复位
          s_HoldKeyNum=0xFF;//长按处理完,后面与短按处理相同
            B_Beep();
            }
        }
    }
    else
  {//新的按键,由于有可能有多个按键,
   //按照 1~12 的顺序响应键值最小的其他的有可能被忽略
     tmpKeyBit=s KeyChecked;
     for(i=0;i<9;i+ + )
     {
       if(tmpKeyBit&0x0001)
         {
           if(s_KeyHoldTime[i]==0xFF)//不使用长按功能
             {
               s_Key=i+ 1;
             systemEvent }= KEY EVENT;
             B_Beep;
             }
           else//使用一长按功能
             {
               s _HoldKeyNum = i;
             s_KeyHoldTime[i]+ + ;
             B_Beep;
             }
           s_KeyWaitForRelease}=1 + i;
             break;
         }
         tmpKeyBit=tmpKeyBit;1;
     }
  }
  return;
}
//到这里,还要检查一种情况,其他列是否还有按键
P4OUT&=(~ROW_MASK);
P4DIR }= ROW_MASK;
if(P1IN&COL MASK=COL MASK)
{//已经没有按键按下
   //全局变量复位
  s_KeyWaitForCheck=0x0000;
  s_KeyWaitForRelease = 0x0000;
```

```
    s_KeyChecked=0x0000;
    s_HoldKeyNum=0xFF;
    //重新恢复按键中断
    P4OUT&=(~ROW_MASK);
    P4DIR|=ROW_MASK;
    P1IFG=0;
    P1IE|=COL_MASK;
    B_topKeyBoardTimer();
    return;
    //停止按键定时中断
    }
    else
    {//仍然有键按下
        if(!(P1IN&COL1))
        {
            s_KeyWaitForCheck=ScanAColumn(1);
            if(s_KeyWaitForCheck)
            {
              s_CheckColumn = 1;
                return;
            }
        }
        if(! (P 1 IN&COL2))
        {
          s_KeyWaitForCheck= ScanAColumn(2);
          if(s_KeyWaitForCheck)
          {
            s_CheckColumn=2;
              return;
          }
    }
    if(!(P1IN&COL3))
    {
        s_KeyWaitForCheck=ScanAColumn(3);
        if(s_KeyWaitForCheck)
        {
            ses CheckColumn=3;
              return;
        }
//液晶屏显示子程序
        .title "exx";
        .global _c_int00;
        .mmregs;
LCDAWD  .set  7009h  ;液晶屏片选 1 写数据
LCDARO  .set  700Ah  ;液晶屏片选 1 读状态
LCDAWO  .set  7008h  ;液晶屏片选 1 写命令
```

```
LCDBWD  .set   6009h  ;液晶屏片选2写数据
LCDBRO  .set   600Ah  ;液晶屏片选2读状态
LCDBWO  .set   6008h  ;液晶屏片选2写命令
STATE  .set    60h    ;状态
CONTROL  .set    61h    ;控制
DAT  .set    62h    ;数据
XPOS  .set    66h    ;列指针
YPOS  .set    67h    ;行指针
VXPOS  .set    68h
VYPOS  .set    69h

     .data
     ;.word 2100h,0900h,1100h,2400h,2200h,0100h,0900h,2000h,2400h
     .byte
000H,010H,008H,006H,001H,082H,008cH,040H,030H,00cH,003H,00cH,010H,060H,0c0H,040H,000H,
004H,034H,0c4H,04H,0c4H,03cH,020H,010H,00fH,0e8H,008H,008H,028H,018H,000H.
     .byte
14h,24h,44h,84h,64h,1Ch,20h,18h,0Fh,0E8h,08h,08h,28h,18h,08h,00h,20h,10h,4Ch,43h,43h,
2Ch,20h,10h,0Ch,03h,06h,18h,30h,60h,20h,00h
     .byte
40h,41h,0CEh,04h,00h,0FCh,04h,02h,02h,0FCh,04h,04h,04h,0FCh,00h,00h,40h,20h,1Fh,20h,
40h,47h,42h,41h,40h,5Fh,40h,42h,44h,43h,40h,00h
     .byte
40h,20h,0F0h,1Ch,07h,0F2h,94h,94h,94h,0FFh,94h,94h,94h,0F4h,04h,00h,00h,00h,7Fh,00h,
40h,41h,22h,14h,0Ch,13h,10h,30h,20h,61h,20h,00h
     .byte
00h,00h,00h,0FEh,22h,22h,22h,22h,0FEh,22h,22h,22h,22h,0FEh,00h,00h,80h,40h,30h,0Fh,
02h,02h,02h,02h,0FFh,02h,02h,42h,82h,7Fh,00h,00h
     .byte
00h,04h,84h,84h,84h,84h,84h,84h,84h,84h,84h,84h,84h,04h,00h,00h,00h,20h,20h,20h,20h,
20h,20h,20h,20h,20h,20h,20h,20h,20h,20h,00h
     .byte
40h,0A0h,98h,8Fh,88h,0F8h,88h,88h,00h,0F8h,08h,08h,08h,0F8h,00h,00h,80h,40h,20h,18h,
07h,02h,04h,18h,00h,7Fh,10h,10h,10h,3Fh,00h,00h
     .byte
08h,0F8h,08h,08h,08h,10h,0E0h,00h,00h,00h,00h,00h,00h,00h,00h,00h,20h,3Fh,20h,20h,20h,
10h,0Fh,00h,00h,00h,00h,00h,00h,00h,00h,00h
     .byte
00h,70h,88h,08h,08h,08h,38h,00h,00h,00h,00h,00h,00h,00h,00h,00h,00h,38h,20h,21h,21h,
22h,1Ch,00h,00h,00h,00h,00h,00h,00h,00h,00h
     .byte
08h,0F8h,08h,08h,08h,08h,0F0h,00h,00h,00h,00h,00h,00h,00h,00h,00h,20h,3Fh,21h,01h,01h,
01h,00h,00h,00h,00h,00h,00h,00h,00h,00h,00h
     .byte
00h,10h,0Ch,04h,4Ch,0B4h,94h,05h,0F6h,04h,04h,04h,14h,0Ch,04h,00h,00h,82h,82h,42h,42h,
23h,12h,0Ah,07h,0Ah,12h,0E2h,42h,02h,02h,00h
     .byte
```

```
02h,0FAh,82h,82h,0FEh,80h,40h,60h,58h,46h,48h,50h,20h,20h,20h,00h,08h,08h,04h,24h,40h,
3Fh,22h,2Ch,21h,2Eh,20h,30h,2Ch,23h,20h,00h
      .byte
40h,20h,0F0h,0Ch,03h,00h,38h,0C0h,01h,0Eh,04h,0E0h,1Ch,00h,00h,00h,00h,00h,0FFh,00h,
40h,40h,20h,10h,0Bh,04h,0Bh,10h,20h,60h,20h,00h
      .byte
0H,40H,020H,01fH,020H,047H,042H,041H,00H,07fH,040H,042H,044H,023H,060H,010H,00H,042H,
044H,088H,00H,0fcH,04H,02H,03H,0feH,02H,02H,02H,0feH,00H,00H
      .byte
00,00,00,0ffH,00,080H,043H,045H,029H,019H,017H,021H,021H,041H,0c3H,040H,00H,040H,020H,
0f8H,07H,04H,0f4H,014H,014H,014H,0ffH,014H,014H,014H,0f6H,04H
      .byte
00H,080H,060H,01fH,02H,02H,02H,02H,07fH,02H,02H,042H,082H,07fH,00H,00H,00H,00H,00H,
0feH,022H,022H,022H,022H,0feH,022H,022H,022H,022H,0ffH,02,00
      .byte
00h,020h,020h,020h,020h,020h,020h,020h,020h,020h,020h,020h,020h,020h,030h,020h,00h,
00h,04h,084h,084h,084h,084h,084h,084h,084h,084h,084h,0c4h,086h,04h,00h
DELAY  .macro sec_tenth         ;延时 sec_tenth/10 s
        STM sec_tenth-1,AR5
loop1?  STM #09h,AR6
loop0?  STM #49999,AR7
        BANZ $ ,*AR7-
        BANZ loop0?,*AR6-
        BANZ loop1?,*AR5-
        .endm

        .sect ".vectors"
rst:B _c_int00
        NOP
        NOP
        .space 15 *4 *16

            .text
_c_int00

        LD #0h,DP
        STM #3000h,SP
        SSBX INTM
        STM #07FFFh,SWWSR      ;I/O总线外部等待时间14个周期
        STM #01h,2Bh

        STM #0h,CLKMD          ;20MHz工作
tst     BITF CLKMD,#1h
        BC tst,TC
        STM #01007h,CLKMD
        RPT #0FFh
        NOP

        ST #0FFFFh,IFR
        ORM #0001h,IMR
```

```
        RSBX INTM
        LD #0h,DP
        call LCDRESET;read state
        st #4h,ar1
        ST #0H,DAT
        CALL FILL
Bb:     st #2000h,AR0
        st #1fh,XPOS
        st #02H,YPOS
        CALL WRITE
        ST #1fH,XPOS
        ST #03H,YPOS
        CALL WRITE

        st #2fh,XPOS
        st #02H,YPOS
        CALL WRITE
        ST #2fH,XPOS
        ST #03H,YPOS
        CALL WRITE

        st #3fh,XPOS
        st #02H,YPOS
        CALL WRITE
        ST #3fH,XPOS
        ST #03H,YPOS
        CALL WRITE

        st #4fh,XPOS
        st #02H,YPOS
        CALL WRITE
        ST #4fH,XPOS
        ST #03h,YPOS
        CALL WRITE

        st #0bh,XPOS
        st #04H,YPOS
        CALL WRITE
        ST #0bH,XPOS
        ST #05h,YPOS
        CALL WRITE

        st #1ah,XPOS
        st #04H,YPOS
        CALL WRITE
        ST #1aH,XPOS
        ST #05h,YPOS
        CALL WRITE

        st #29h,XPOS
```

```
st ＃04H,YPOS
CALL WRITE
ST ＃29H,XPOS
ST ＃05h,YPOS
CALL WRITE

st ＃31h,XPOS
st ＃04H,YPOS
CALL WRITE
ST ＃31H,XPOS
ST ＃05h,YPOS
CALL WRITE

st ＃39h,XPOS
st ＃04H,YPOS
CALL WRITE
ST ＃39H,XPOS
ST ＃05h,YPOS
CALL WRITE

st ＃041h,XPOS
st ＃04H,YPOS
CALL WRITE
ST ＃041H,XPOS
ST ＃05h,YPOS
CALL WRITE

st ＃50h,XPOS
st ＃04H,YPOS
CALL WRITE
ST ＃50H,XPOS
ST ＃05h,YPOS
CALL WRITE

st ＃5fh,XPOS
st ＃04H,YPOS
CALL WRITE
ST ＃5fH,XPOS
ST ＃05h,YPOS
CALL WRITE
NOP
NOP
CALL DELAY
call DELAY
CALL DELAY
ST ＃00H,DAT
CALL FILL
CALL DELAY
banz bb,*ar1-
nop
```

```
        nop
        nop
        bbb
FILL    ST  #00H,YPOS
LFLPB   ST  #00H,XPOS
LFLPA   CALL LCDPOS
        nop
        nop
        nop
        rpt #10
        CALL LCDWD
        ADDM #01H,XPOS
        BITF XPOS,#80H
        BC  LFLPA,NTC
        ADDM #01H,YPOS
        BITF YPOS,#08H
        BC LFLPB,NTC
        RET
WRITE    MVDK XPOS,VXPOS
        ST #0FH,AR2
WRITE1  MVDK *AR0+ ,DAT
        ANDM #0FFH,DAT
        CALL LCDPOS
        CALL LCDWD
        ADDM #01H,XPOS
        BANZ WRITE1,*AR2-
        MVDK VXPOS,XPOS
        ST #0FH,AR2
        RET
WAITIDLE1    PORTR  LCDAR0,STATE ;读CS1状态
             nop
             nop
             BITF STATE,#80H      ;为0表示准备好
             BC WAITIDLE1,tc
             ret
WAITIDLE2    PORTR  LCDBR0,STATE  ;读CS2状态
             nop
             nop
             BITF STATE,#080H
             BC WAITIDLE2,tc
             ret
LCDWC1          CALL WAITIDLE1      ;写CS1控制
             PORTW  CONTROL,LCDAW0
             RET
LCDWC2          CALL WAITIDLE2              ;写CS2控制
             PORTW  CONTROL,LCDBW0
```

```
            RET
LCDWD1         CALL WAITIDLE1              ;写 CS1 数据
            PORTW DAT,LCDAWD
            RET
LCDWD2         CALL WAITIDLE2              ;写 CS2 数据
            PORTW DAT,LCDBWD
            RET
LCDRESET       ;ST #003EH,CONTROL          ;复位 LCD
            ;CALL LCDWC1
            ;CALL LCDWC2
            ST #003FH,CONTROL          ;复位 LCD
            CALL LCDWC1
            CALL LCDWC2
            ST #00C0H,CONTROL
            CALL LCDWC1
            CALL LCDWC2
            RET
LCDWD          BITF XPOS,#0040H
            BC LWDLAY,tc
            CALL LCDWD1
            ;RPT #1AH
            B LWDLAX
LWDLAY         CALL LCDWD2
            ;RPT #1AH
LWDLAX         RET

LCDPOS        BITF XPOS,#0040H        ;XPOS 列方向小于 64 则对 CS1 操作
          BC LPSLAY,tc
          MVDK YPOS,VYPOS
          ANDM #0007H,VYPOS
          ADDM #0B8H,VYPOS
          MVDK VYPOS,CONTROL
          CALL LCDWC1               ;设页码
          MVDK XPOS,VXPOS
          ANDM #03FH,VXPOS
          ORM   #40H,VXPOS
          MVDK VXPOS,CONTROL          ;设列码
          CALL LCDWC1
          B LCDLAX
LPSLAY    MVDK YPOS,VYPOS
          ANDM #0007H,VYPOS        ;XPOS 列方向大于等于 64 则对 CS1 操作
          ADDM #0B8H,VYPOS
          MVDK VYPOS,CONTROL
          CALL LCDWC2               ;设页码
          MVDK XPOS,VXPOS
          ANDM #03FH,VXPOS
          ORM   #40H,VXPOS
```

```
            MVDK VXPOS,CONTROL
            CALL LCDWC2                 ;设列码
LCDLAX        RET
DELAY   ST #0100h,AR7                   ;延时子程序
        BANZ $ ,*AR7-
        BANZ DELAY,*AR6-
        RET
testxf      stm #ST1,AR0
            bitf *AR0,#2000h
            bc clrxf,TC
            ssbx xf
            ret
clrxfrsbx xf
            ret
testxf      ssbx xf
            DELAY #1
            rsbx xf
            DELAY #1
            b testxf
}
```

9.2 实例：风力发电并网逆变器设计

9.2.1 实例功能

近年来随着大功率风力发电并网系统的开发和利用，采用PWM控制技术的并网逆变器由于其交流侧具有可控功率因数，以及正弦化输出电流波形，同时可以实现电能的双向传输，在分布式风力发电系统中作为连接电网的关键装置获得广泛应用。由于风力发电用并网逆变器功率容量较大，直流母线两端的电压较高，为降低应力功率器件开关频率受到限制，频率范围通常在1～3kHz之间，开关频率的降低导致逆变器网侧输出电流中的高频谐波分量增加，因此如何保障系统稳定运行的同时减少输出电流谐波含量，满足系统EMI要求成为研究的重点。

为降低输出电流的开关频率谐波分量，在并网逆变器设计中引入三阶的T型滤波器，但由于T型滤波器提高了系统阶数，采用并网电流直接控制的闭环控制策略不利于系统的稳定性，因此提出了采用桥臂电流间接控制并结合前馈补偿的控制策略。通过DSP控制的150kW原型样机，进行了采用两种滤波器结构的并网逆变器对比试验，实验结果证明采用T型滤波器可以有效降低了系统输出电流谐波污染，采用所提出的控制策略，可以使系统具有较好的稳定性和动态性能。

9.2.2 设计思路

图9.24所示为交流侧采用T型滤波器的三相电压源型并网逆变器主电路拓扑。假定不考虑并网逆变器直流母线两端电压波动，三相电网电压对称且稳定，主电路开关元器件为理想开关元件，根据基尔霍夫电压电流定律和三相电压源型PWM并网逆变器工作原理，

可得到并网逆变器基于开关函数的数学模型。其数学模型可由下列方程式(9.14)～(9.19)描述：

$$c_1\frac{\mathrm{d}u_{\mathrm{dc}}}{\mathrm{d}t}=i_{\mathrm{d}}-\sum_{k=\mathrm{a,b,c}}i_{1k}s_k \tag{9.14}$$

$$L_1\frac{\mathrm{d}i_{1k}}{\mathrm{d}t}+R_1i_{1k}=u_{\mathrm{dc}}(s_k-\frac{1}{3}\sum_{n=\mathrm{a,b,c}}s_n)-u_{\mathrm{c}k} \tag{9.15}$$

$$i_{2k}=i_{1k}+i_{\mathrm{c}k} \tag{9.16}$$

$$\begin{aligned}u_{\mathrm{dc}}&=(1/c_2)\times\int i_{\mathrm{c}k}\mathrm{d}t=e_k+L_2\frac{\mathrm{d}i_{2k}}{\mathrm{d}t}+R_2i_{2k}\\&=u_{\mathrm{s}k}-(L_1\frac{\mathrm{d}i_{1k}}{\mathrm{d}t}+R_1i_{1k})\end{aligned} \tag{9.17}$$

$$\sum_{k=\mathrm{a,b,c}}e_k=\sum_{k=\mathrm{a,b,c}}i_{1k}=\sum_{k=\mathrm{a,b,c}}i_{\mathrm{c}k}-\sum_{k=\mathrm{a,b,c}}i_{2k}=0 \tag{9.18}$$

其中开关函数定义为：

$$s_k=\begin{cases}1,(\text{上臂导通,下臂关断})\\0,(\text{上臂关断,下臂导通})\end{cases} \tag{9.19}$$

式中，k=a，b，c。

上述方程中 L_1、L_2、C_2 为构成并网逆变器交流侧 T 型滤波器的电感电容参数，R_1 为电感 L_1 中的寄生电阻，R_2 为电感 L_2 中的寄生电阻。$u_{\mathrm{s}k}$（k=a，b，c）为逆变器桥臂输出电压，$u_{\mathrm{c}k}$（k=a，b，c）为滤波电容电压，e_k（k=a，b，c）为电网电压，i_{1k}（k=a，b，c）为逆变器桥臂输出电流，$i_{\mathrm{c}k}$（k=a，b，c）为电容电流，i_{2k}（k=a，b，c）为逆变器并网输出电流。

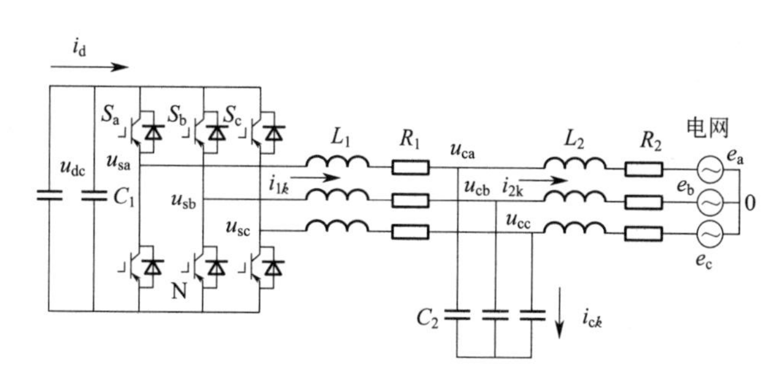

图 9.24　带 T 型滤波器的三相并网逆变器

从数学模型可知同典型采用电感滤波的并网逆变器相比，采用 T 型滤波器的并网逆变器提高了系统的阶数，降低了开关频率谐波的输出阻抗有利于电流滤波，但数学模型中由于滤波器增加了变量数目，影响了系统的稳定性，因此必须采用与典型并网逆变器不同的控制策略。

9.2.3　工作原理

根据图 9.24 可知分布式发电系统中的并网逆变器通过滤波器与电网相连，电网电压对逆变器而言是不可控量，所以滤波器的输出电流 i_{2k}（k=a，b，c）决定着输出电能的质量，而应用于并网逆变器的控制策略其目的就是控制并网逆变器注入电网电流的幅值和相位，从而控制输出的有功和无功分量。

从图 9.24 所示拓扑结构的交流侧电路可知，同独立逆变不同，并网逆变器注入电网的

电流 i_{2k}（k＝a，b，c）由加在输出滤波器两端的电压 u_{sk}（k＝a，b，c）和 e_k（k＝a，b，c）决定，但考虑到 e_k 不可控，输出电流 i_{2k} 由逆变器桥臂的输出电压 u_{sk} 决定，因此并网逆变器的控制策略就是选择合适的变量控制桥臂输出电压，在保证系统稳定运行的同时，控制输出电流 i_{2k}（k＝a，b，c）满足系统要求。如果采用T型滤波器的并网逆变器直接选择输出电流 i_{2k} 作为电流内环控制变量，其电流闭环控制结构如图9.25(a）所示。系统的开环传递函数可由式(9.20）表示：

$$G(s)=\frac{G_c(s)G_1(s)G_2(s)G_3(s)}{1+G_1(s)G_2(s)+G_2(s)G_3(s)} \tag{9.20}$$

式（9.20）中：

$$G_1(s)=\frac{1}{L_1s+R_1} \tag{9.21}$$

$$G_2(s)=\frac{1}{C_2s} \tag{9.22}$$

$$G_3(s)=\frac{1}{L_2s+R_2} \tag{9.23}$$

$$G_f(s)=G_c(s)G_1(s) \tag{9.24}$$

$$\frac{u_k}{i_{2k}}=\frac{G_1(s)G_2(s)G_3(s)}{1+G_1(s)G_2(s)+G_2(s)G_3(s)} \tag{9.25}$$

当内环调节器 $G_c(s)$采用比例调节器时，根据式(9.20）所示的传递函数根轨迹如图9.26(a）所示，从图9.26(a）中可知由于系统开环传递函数的部分根轨迹落入相平面的右半平面，因此选择输出电流 i_{2k} 作为内环控制变量系统处于不稳定状态。因此考虑选择 i_{1k} 作为内环变量间接控制，其闭环结构如图9.25(b）所示，其传递函数可由式(9.24）表示。从图9.26(b）可知选择 i_{1k} 作为内环控制变量，系统开环传递函数根轨迹全部落在左半平面，系统具有很好的稳定性，但采用间接控制不利于系统的动态性能，因而在电流环引入并网电流 i_{2k} 的前馈补偿控制以提高系统增益，前馈系数根据式(9.25）所示 i_{2k} 与 u_{1k} 之间的幅值相角传递方程 G_f（s）决定，代入 L_1、L_2、C_2 的参数可以计算得知。

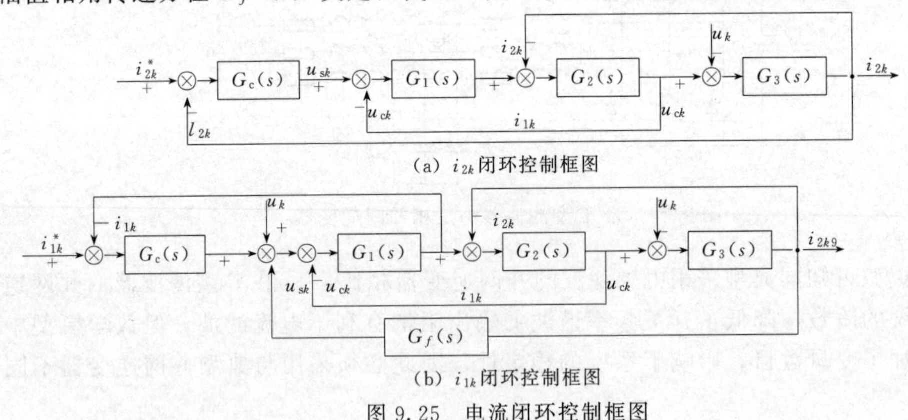

图9.25　电流闭环控制框图

9.2.4　硬件电路

前面介绍了风力发电用并网逆变器的控制系统和输出滤波器的设计，通过建立DSP芯片TMS320F2812A控制的试验系统进一步验证控制策略的可行性、可靠性。三相并网逆变器的硬件组成原理如图9.27所示。

从图9.27中可以看出整个三相VSR系统主要由以下几部分构成：

① 智能功率模块电路（IPM）；

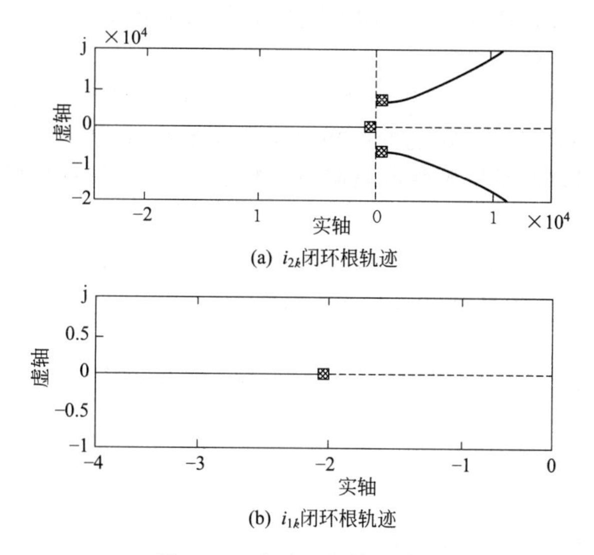

图 9.26　电流环根轨迹曲线

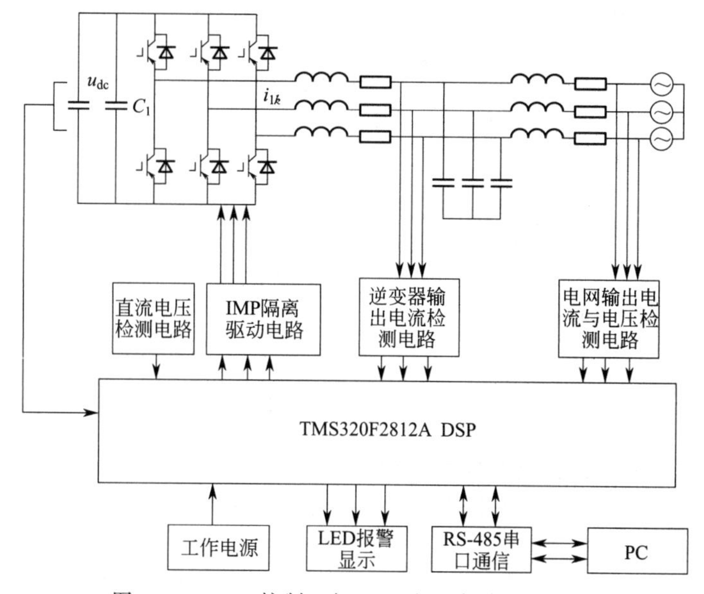

图 9.27　DSP 控制三相 VSR 的硬件模块原理图

② DSP 芯片（TMS320F2812A）作为控制电路的处理器；

③ 检测电路（主要有逆变器输出电流检测，网侧二相电压检测，网侧交流电流检测，直流母线电压检测，A 相、B 相电网电压同步信号检测）；

④ IPM 驱动电路；

⑤ 报警显示模块；

⑥ 工作电源（为控制电路和驱动电路提供能量）；

⑦ 通信单元（与上位机进行通信）。

（1） 主电路智能功率模块（IPM）的选取

由于实验系统功率等级较低，所以从经济性、可靠性以及整个系统的设计简单性考虑选用智能功率模块。智能功率模块采用了许多在 IGBT 模块已得到验证的功率模块隔离封装技术。由于使用了新的封装技术，使得内置的栅驱动电路和保护电路能适用的电流范围很宽，同时使造价维持于合理水平。

图 9.28 为智能功率模块内部的功能结构图，由图可知 IPM 先进的混合集成功率器件，由高速、低功耗的 IGBT 芯片和优选的门极驱动及保护电路构成。与其他功率模块相比，选用智能功率模块，可以使系统硬件电路简单，减小尺寸，提高可靠性，并可以缩短系统的开发时间。

IPM 与普通 IGBT 模块相比，在系统性能和可靠性上有进一步的提高，使设计和开发变得简单。由于 IPM 通态损耗和开关损耗都比较低，使得散热器减小，因而系统尺寸也减小。

尤其是 IPM 集成了驱动和保护电路，使系统的硬件电路简单可靠，并提高了故障情况下的自保护能力。

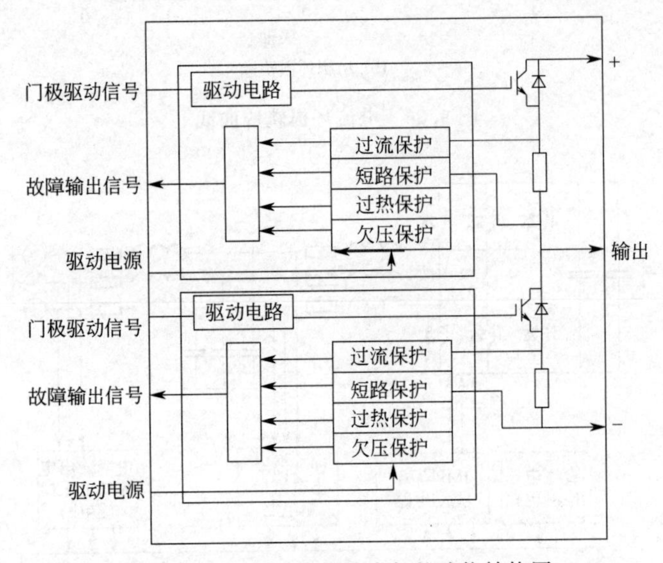

图 9.28　智能功率模块内部的功能结构图

IPM 内置保护功能有：控制电源欠压锁定、过热保护、过流保护、短路保护等。如果 IPM 中有一种保护电路动作，IGBT 栅驱动单元就会关断电流并输出一个故障信号（FO）。各种保护功能简单介绍如下。

① 控制电源欠压锁定（UV）　内部控制电路由一个 15V 直流电源供电。如果由于某种原因这一电源电压低于规定的欠压动作数值（UV）IGBT 将被关断并输出一个故障信号。但是小毛刺干扰（低电压时间低于规定的 t_{duv}）时欠压保护电路不动作。

应该注意的是，在控制电源上电后未稳定之前，如果主电路直流母线电压上升速率大于 20V/μs，可能会损坏功率器件。控制电源的电压毛刺的 dV/dt 大于 5V/μs 时，有可能引起欠压锁定误动作。

② 过热保护（OT）　在靠近 IGBT 芯片的绝缘基板上安装了一个温度传感器，如果基板温度超出过热动作数值（OT），IPM 内部控制电路将截止栅驱动，不响应控制输入信号，直到温度恢复正常，从而保护了功率器件。过热保护的动作是一种只能工作几次的苛刻操作，应避免反复动作。

③ 过流保护（OC）　如果流过 IGBT 的电流超出过流动作数值（OC）的时间大于 t_{off}（OC），IGBT 将被关断。因为超出过 OC 数值但时间很短[小于 t_{off}(OC)]的电流短脉冲并

不危险，所以过流保护电路将不动作。

不同于普通系统采用去饱和母线电流传感设计，IPM采用带电流传感器的IGBT来测量器件实际电流。这一电流监控技术能检测到各类过流故障，包括电阻性的和电感性的接地短路。

（2）基于DSP的控制器设计

控制器是三相电压源换流器（Voltage Source Converter，简称VSC）的核心，决定着三相电压型变流器的性能。而数字信号处理器DSP又是三相并网变流器控制器的核心。

三相VSC的控制策略包含有复杂的实时控制算法，需要选择高速的数字处理芯片作为系统的核心控制器。TI公司生产的DSP芯片TMS320F2812A不但运算速度快，而且在片内集成了可编程的I/O端口、相位捕获单元、A/D模数转换器、SPWM和SVPWM脉宽调制模块以及独立的死区控制单元等，特别适合于本系统的设计。整个变流器系统需要TMS320F2812A完成的主要功能有：

① 数据采集（包括负载电流、交流侧电流、三相电压同步信号、直流母线电压等）；

② 数据处理（计算、生成指令电流、查表生成正弦波、前馈补偿等）；

③ 电流跟踪控制（电压外环电流内环调节运算等）；

④ 系统保护（直流侧母线过流保护、直流过压保护、缺相保护）等。

TMS320F2812A的外设库包括：事件管理器模块、16通道的PWM、16通道12位A/D转换模块、串行通信接口模块、串行外设模块、看门狗和实时中断模块、内部FLASH存储器模块、外部存储器接口、数字I/O端口、PLL时钟模块。在使得系统设计获得极大简化。

外设库中事件管理模块和双十位模/数转换模块在完成三相VSC系统控制中至关重要。其结构如图9.29所示

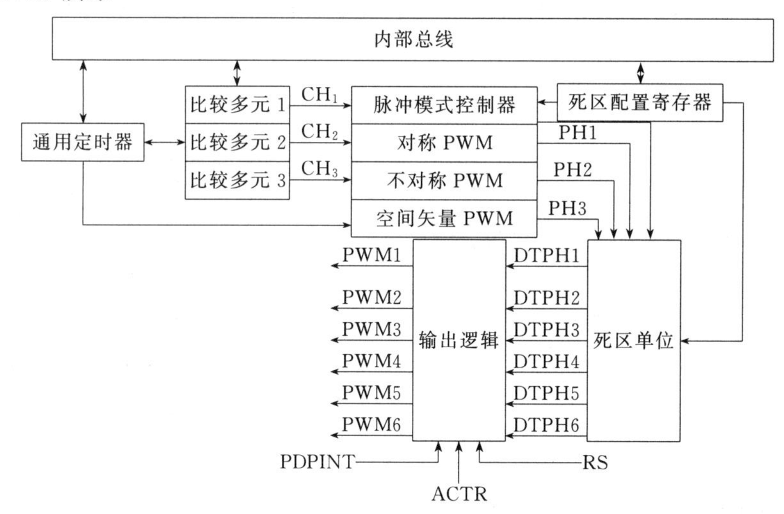

图9.29　事件管理器模块结构图

从图9.29中可知事件管理模块为用户提供了一整套用于运动控制和电机控制的功能和特性，这同样非常适用于电压型变流器的PWM控制实现简化了电路的设计。

（3）检测电路的设计

图9.30是交流电压与同步信号检测电路，图中网侧三相交流电压经变压器降压后，经滤波后经反向跟随电路放大输出，中心点电压提高到1.65V输入TMS320F2812A的A/D

引脚。同时交流电压信一号经过零比较电路生成网侧交流电几的同步信号输入到CAP口。

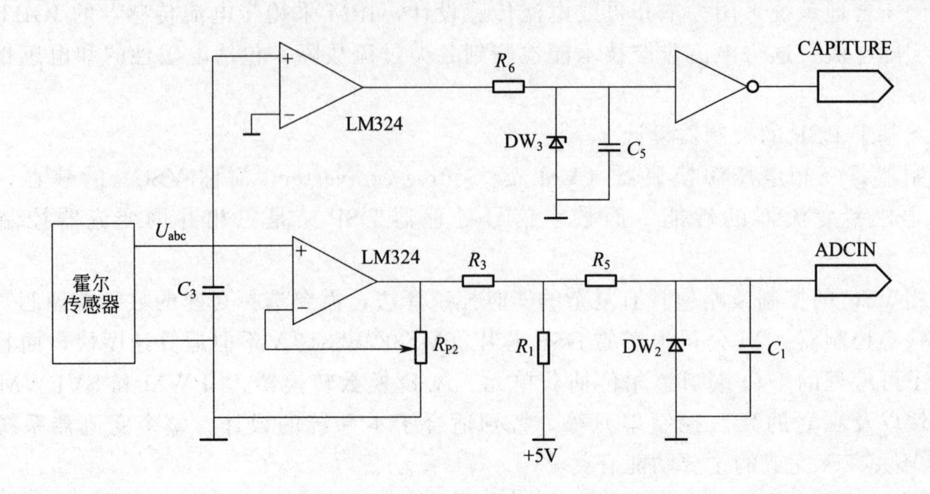

图9.30　交流电压与同步信号检测电路

（4）显示模块

图9.31所示为显示模块。通过对TMS320F2812A芯片的一些可编程I/O口进行编程选择作为输出口，输出的电平信号通过接口芯片来驱动报警显示用的显示模块，用来通报系统发生的故障原因，同时提供系统主电路的继电开关信号。

（5）驱动模块

图9.32所示隔离驱动电路是把由X2812发出的PWM信号经隔离放大后输出到智能模块的驱动信号输入引脚，用来驱动主电路IGBT模块，为防止同一桥臂上下两个开关器件的直通现象，在PWM三相电压整流器的PWM驱动信号中，控制信号中必须设定几微秒的死区时间，开关死区时间是在TMS320F2812A芯片内部完成的，所以在驱动电路中不必考虑。

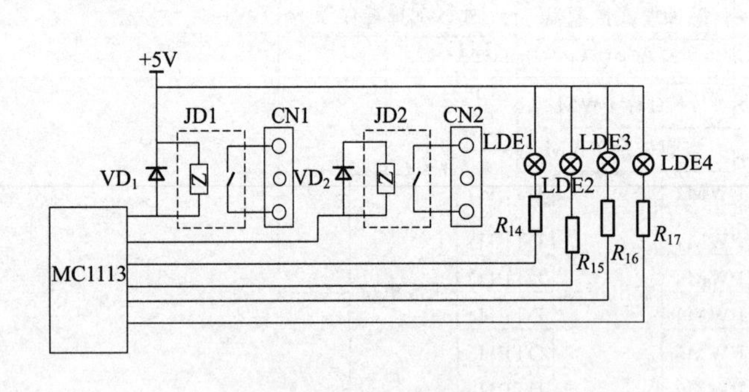

图9.31　显示模块

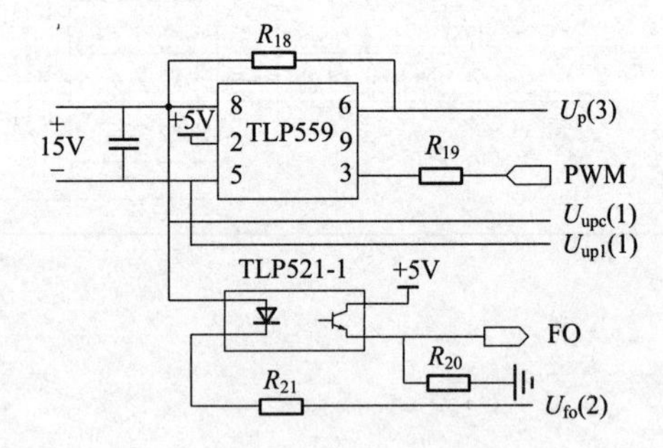

图9.32　驱动电路

9.2.5　软件设计

系统软件设计主要是对前面所述控制算法的数字实现，并网逆变器双环控制结构为电流内环和电压外环的双环控制结构，且电流环中包含有电网电压和电流两种前馈。为提高软件的灵活性，底层控制软件采用模块化编程思想，把不同控制策略中需要实现的算法编成不同的软件功能模块，而通过对功能模块的组合就可以快速构成相应的控制系统。如此不仅极大地减少了软件编程的工作量，同时可以提高系统软件的可靠性。

（1）主程序模块设计

主程序主要完成系统运行前的一些初始状态检测初始化工作，主要包括设置系统的时钟，TMS320F2812A 芯片内部的一些专用寄存器的定义与初始化，对集成外设控制寄存器设置来选择外设模块在系统运行时的工作方式，同时对电网和逆变器目前的状态进行检测判断三相电压信号相位与相位差，如果电网一切正常就开全局中断，开事件管理器全比较中断进入工作模式，主程序流程如图 9.33 所示。

（2）中断服务程序设计

三相并网逆变器系统软件设计中最重要部分就是生成 PWM 驱动信号的中断服务程序。

此外，电压电流信号的采样处理、控制器的计算以及出现故障时的保护都是在中断服务程序中完成的，所以中断资源的运用需要周密的考虑和技巧。中断程序的编写要注意以下几个方面：

进入中断服务程序要保护现场以避免数据丢失。

在中断服务程序中要生成 IGBT 所需的 PWM 驱动信号，而 PWM 的频率为 10kHz，因此每次响应中断的服务时间只有大约 100μs，并且中断服务过程中要进行两次加载操作。因此，PWM 中断服务程序软件的编写要十分讲究效率。PWM 中断服务程序流程框图如图 9.34 所示。前馈子程序如图 9.35 所示。

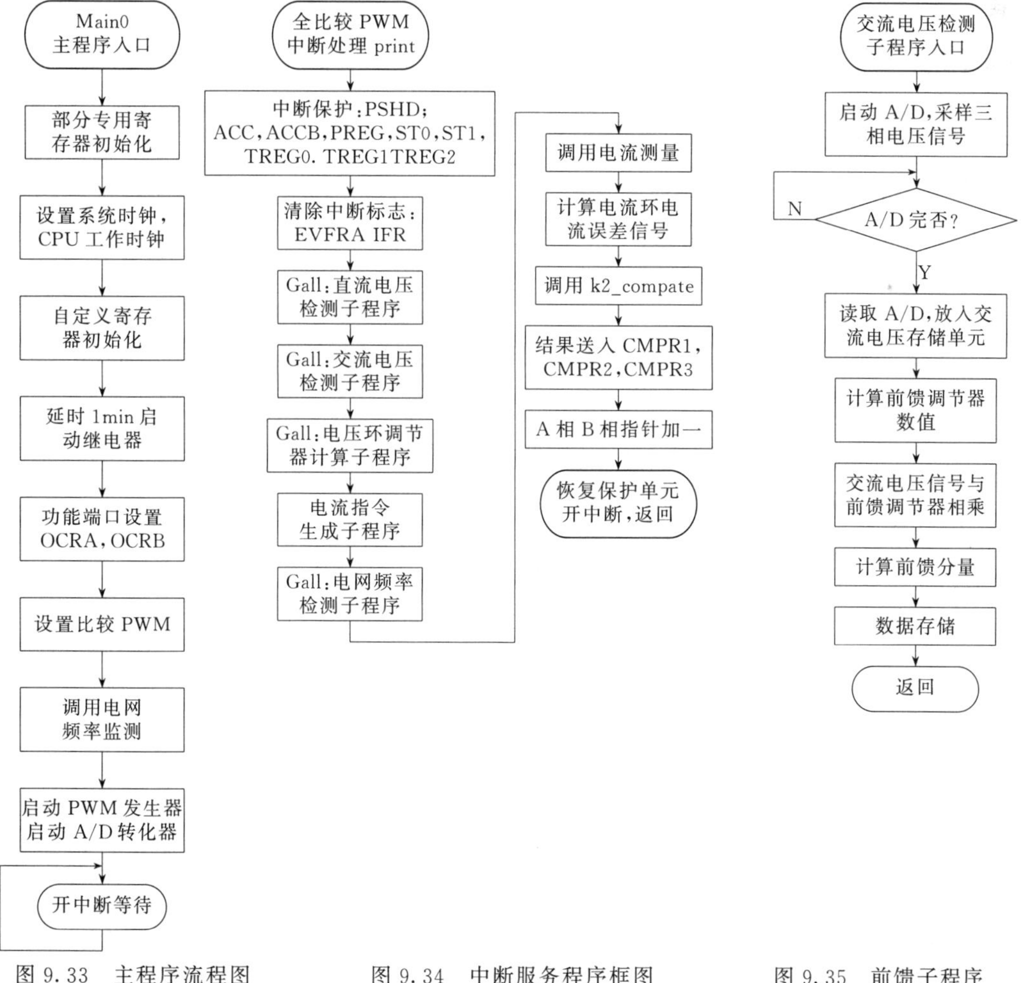

图 9.33　主程序流程图　　图 9.34　中断服务程序框图　　图 9.35　前馈子程序

9.2.6 参考程序

```
//电压检测程序
{
    LACC  GivUdc
    SUB    Udc
    SACL    EKUdc
    LACC  RKUdc,12
    LT      EKUdc
    MPY    KPUdc
    APAC
    SACH    UdcTEST,4
    BIT      UdcTEST,0
    BCND    UdcPIMAG ,NTC
    LACC    Udcmin
    SUB      UdcTEST
    BCND    NEG_SATUdc,GT
    LACC  UdcTEST
    B       LIMUdc
NEG_SATUdc:
                LACC      Udcmin
                B         LIMUdc
LIMITERS:
                SACL      UdcPI_OUT
                SUB       UdcTEST
                SACL      ELPIUdc
                LT        ELPIUdc
                MPY       KCUdc
                PAC
                LT        EKUdc
                MPY       KIUdc
                APAC
                ADD       RKUdc,12
                SACH      RKUdc,4
                CACC      Udc2
                SUB       Udc1
                SACL      EKUdc12
                LACC      RKUdc12,12
                LT        EKUdc12
                ......
NEG_SATUdc 12:
                              LACC        Udc12min
                              B           LIMUdc12
  Udc12PIMAG:
                              LACC        Udc12max
                              SUB         Udc12TEST
```

```
                                BCND      POS_SATUdc 12,LT
                                LACC      Udc12TEST
                                B         LIMUdc12
  POS_SATUdc12:
                                LACC      Udc12max
  LIMLUdc12:
                                SACL      Udc12PI OUT
                                SUB       Udc12TEST
                                SACL      ELPIUdc12
                                ……
      }
```

```
//PWM 控制程序
{
      LACC  VA
      BOND  POSH,GEQ
      NEG
      SACL  UmA
      LT    UmA
      MPY   COEF
      PAC
      RPT   ＃15
      SUBC  Udc_SET
      SACL  TEMPA
      LACC  ＃2048
      SUB   TEMPA
      SACL  TEMPA
      B     MIULA
POSA:
      SACL  UmA
      LT    UmA
      MPY   COEF
      PAC
      RPT   ＃15
      SUBC  Udc_SET
      SACL  TEMPA
      ……
MULA:
      BIT   TEMPA,0
      BCND  NEGA,TC
      PAC
      SACH  DATI01,4
      ……
EXCEA:
      SPLK  ＃50,DATI01
      B     PWMB
```

```
NEGA:
     SPLK  #950,DATI01
     }
//异步串行口与PC机的接口通信程序
   {
     .title      "ex3"
     .global _c_int00
     .mmregs
     .def _c_int00
UART_BASE.set0x0000
THR        .setUART_BASE+ 0x00
RBR        .setUART_BASE+ 0x00
IIR        .setUART_BASE+ 0x20
IER        .setUART_BASE+ 0x10
FCR        .setUART_BASE+ 0x20
LCR        .setUART_BASE+ 0x30
MCR            .setUART_BASE+ 0x40
LSR        .setUART_BASE+ 0x50
MSR            .setUART_BASE+ 0x60
SCR        .setUART_BASE+ 0x70
DLL        .setUART_BASE+ 0x00
DLM            .setUART_BASE+ 0x10

BAUDLOW        .set  60h
BAUDHIGH  .set  61h
BAUDCTL        .set  62h
RDDLM     .set  63h
RDDLL     .set  64h
RDTEMP         .set  65h
IER_ADDR  .set  66h
FCR_ADDR  .set  67h
UART_STATUS    .set  68h
REV_ADDR  .set  69h
SEND_ADDR .set  6ah
THRE      .set  0x0020
DR        .set  0x0001
LEN  .set 48

     .data
SENDBUF:
     .string
     .sect ".vectors"
rst: _c_int00
     NOP
     NOP
```

```
     .space 15* 4* 16
int0:B_comm;              ST16550C中断信号连到外部中断0
     NOP
     NOP
int1:B_comm
     NOP
     NOP
int2:B_comm
     NOP
     NOP
     .space 13* 4* 16
     .text
_c_int00:
     LD #0h,DP
     STM #3000h,SP
     STM #07FFFh,SWWSR
     STM #28h,AR1;          设置外部等待时间倍数
     ST #0001h,* AR1
     SSBX INTM
     STM #0000h,CLKMD;          5MHz工作
tst  BITF CLKMD,#1h
     BC tst,TC
uart_init:
     ST #00H,IER_ADDR;          禁止所有中断
     PORTW IER_ADDR,IER
     ST #00H,FCR_ADDR;          禁止FIFO
     PORTW FCR_ADDR,FCR
     PORTR LCR,RDTEMP;          设置波特率为9600bps
     ORM #0080H,RDTEMP
     PORTW RDTEMP,LCR
     LD #0018H,A
     AND #00FFH,A
     STL A,BAUDLOW;          置波特率低位
     PORTW BAUDLOW,DLL
     LD #00H,A
     STL A,BAUDHIGH
     PORTW BAUDHIGH,DLM;          置波特率高位
     ANDM #0FF7FH,RDTEMP
     PORTW RDTEMP,LCR
     LD #03H,A;          8字节,1停止,无奇偶性
     STL A,BAUDCTL
     PORTW BAUDCTL,LCR
     STM #SENDBUF,AR0;          发送字符串
     STM #LEN,BRC;          设置字符串长度
     RPTB LOOP
```

```
    READY:PORTR LSR,UART_STATUS
          BITF UART_STATUS,THRE
          BC READY,NTC;          等待发送完成
          PORTW * AR0+ ,THR
     LOOP:NOP
          NOP
          ST #01H,IER_ADDR;            打开接收中断
          PORTW IER_ADDR,IER
          STM #0ffffh,IFR
          STM #IMR,AR0
          ORM #0007H,* AR0
          RSBX INTM
     susp:;IDLE 1
          NOP
          NOP
          B susp;                     等待接收中断
    _comm:PSHM 08h;           接收中断服务程序
          PSHM 09h
          PSHM 0ah
          PSHM ST0
          PORTR LSR,UART_STATUS
          BITF UART_STATUS,DR
          BC end_comm,NTC
          PORTR RBR,REV_ADDR;把接收到的字符再发送出去
          PORTW REV_ADDR,THR
     end_comm:
          POPM ST0
          POPM 0Ah
          POPM 09h
          POPM 08h
          RETE
}
/*****中断1处理子程序********/
{
GISR1:
SST       #0,ST0_TEMP
SST       #1,ST1_TEMPSST
LDP       #0
SACL      CONTEXT
SACH      CONTEXT+ 1      ;以上保护现场
LDP       #0E0H
LACC      #OEOH           ;读取外设中断向量寄存器(PIVR)并左移一位
                          ;因为向量中每个跳转指令占2个字地址
                          ;所以要乘2
ADD       #PVECTORS       ;加上外设中断入口地址
```

```
                        ;中断向量表见 vector.h
RACC                    ;跳到相应向量地址处执行
    }
/******A/D转换中断服务子程序*******/
{
ADCINT_ISR:
    LDP     #DP PF2
    LACL    RESULT0
    RPT
    SFR     #5H
    SCAL    *+ ,AR2     ;读结果 0,得电压值并保存
    LACL    RESULT 1
    RPT     #5H
    SFR
    SACL *+ ,ARI;       读结果 1,得电流值并保存
    LACL  ADCCTRL2
    OR   #4000H
    SACL    ADCCTRL2;  复位 SEQ1
    LDP     #4
    LACL    COUNTER
    ADD     #1
    SACL    COUNTER
    SUB     #1024;计数器加 1
    BCND    GISR1_RET,LT;  不到 1024 点则继续采样
    LDP     #DP_EVA
    LACL    T1CON
    AND     #0FFBFH
    SACL    T1CON           ;采样够 1024 点数据
                            ;停止定时器 1,即停止 A/D 转换
GISRI_RET:
        LDP         #0
        LACC        CONTEXT+ 1,16
        ADDS        CONTEXT
        LST         #1,ST1_TEMP
        LST         #0,ST0_TEMP     ;以上恢复现场
        CLRC        INTM            ;开总中断
        RET
        }
```

第10章 ▸▸ DSP在开关电源中的应用

10.1 实例：直流斩波电源的设计

10.1.1 实例功能

直流斩波电源是一种把恒定直流电压变换成为负载所需的直流电压的变流装置。它通过周期性地快速通、断，把恒定直流电压斩成一系列的脉冲电压，而改变这一脉冲宽度或频率就可以实现输出电压平均值的调节。直流斩波电源可调节直流电压的大小外，还可以用来调节电阻的大小和磁场的大小。直流斩波电源作为直流电动机调速的有效手段，在运输车上得到了广泛应用，如直流电网供电的地铁车辆、电力机车、城市无轨电车、高速电动车组以及有蓄电池供电的搬运车、叉车、电动汽车等。

DC/DC变换的方式主要有两种。一种是通过开关期间器件的通断操作将直流电变换成不同电压的直流斩波电源，变换器中没有变压器。另一种先将直流电变换成交流电，经过变压器，再将交流点整流成直流电。后者主要用于开关电源的控制，前者主要用于传动领域的直接变换。

斩波是电力电子控制中的一项变流技术，其实质是直流控制的脉宽调制（PWM），将固定的直流电压变换成可变的直流电压。这种技术已被广泛应用于无轨电车、地铁列车、蓄电池供电的机车车辆的无级变速以及20世纪80年代兴起的电动汽车控制，从而使上述控制获得加速平稳、快速响应的性能，并同时收到节约电能的效果。通常用直流斩波电源代替变阻器调速可节约电能20%～30%。直流斩波不仅能起到调压的作用，同时还能起到有效地抑制网侧谐波电流的作用。

10.1.2 工作原理

直流斩波电源其实是一个可通过弱电控制强电的装置。

图10.1是基本直流斩波电源电路的原理图和波形图。当开关器件闭合时，母线端以及直流斩波电源直流电容上的电流就会流向负载，在器件关断期间，由于绝大多数的负载都是感性的，因此电流必须连续，续流整流管（freewheeling diode）能够为电流提供续流途径。对于小电感或零电感的负载，输出电流会下陷至零而变得不连续，此时对应的电压波形上也有一个缺角，但这种情况在大电流的应用场合极少，因为负载线路布局电感（layoutinductance）的大小就足以保证纹波电流（ripple current）很低。

对于不同的负载情况，主要部件的要求也会改变。例如，如果负载的电阻下降，输出电流不变，所以输出电压会下降，因而开关元件的导通时间会成比例地下降，这样的操作减少了对直流母线的电流和通过开关元件的平均电流需求，但续流整流管（freewheeling diode）的平均电流却相应增加。

设开关元件导通，并持续 T_{on}时间：开关元件断开，并持续 T_{off}时间，那么 $T=T_{on}+$

T_{off}为直流斩波电源的工作周期。可得直流斩波电源的输出电压平均值为：

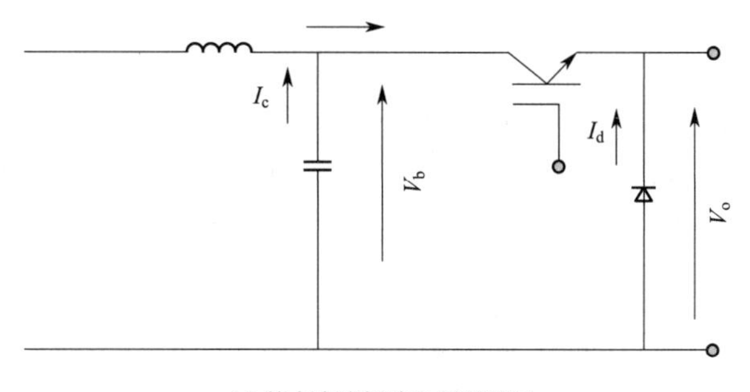

(a) 基本直流斩波电源原理图

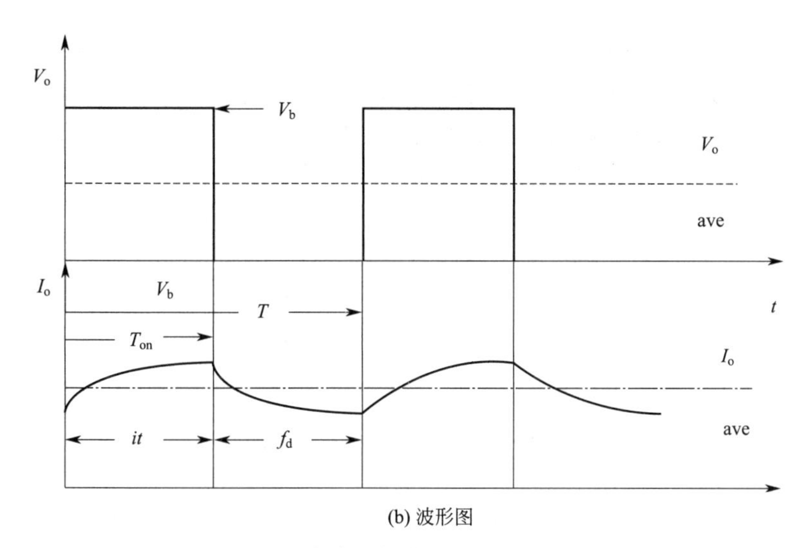

(b) 波形图

图 10.1　基本直流斩波电源原理图和波形图

$$V_o = \int_0^{T_{on}} V_b \mathrm{d}t = \frac{T_{on}}{T} V_b = kV_b \tag{10.1}$$

当 k 从零变到 1 时，输出电压的平均值从零变到 V_b。k 的改变可以通过改变 T_{on}、T_{off} 或 T 来改变。通常直流斩波电源的工作方式有三种：

① 脉宽调制工作方式：维持 T 不变，改变 T_{off}。

② 频率调制工作方式：维持 T_{on}不变，改变 T。

③ 脉宽、频率混合调制工作方式：T、T_{on}都改变。

但被普遍采用的是脉宽调制工作方式。因为采用频率调制工作方式，容易产生谐波干扰，而且滤波器的设计也比较难。

10.1.3　硬件电路

(1) 系统的主电路设计

在设计当中，主电路的设计也是不容忽视的。近年来，在交-直-交变频器、不间断电源、开关电源等应用场合，大都采用三相桥式不可控整流电路经滤波后提供直流电源，供后级的逆变器、直流斩波电源等使用。而在这里也采用这种电路，搭配降压直流斩波电源来完成系统对主电路的设计。直流降压变流器（buck chopper）用于降低直流电源的电压，使负载侧电压低于电源电压。主电路的电路图如图 10.2 所示。

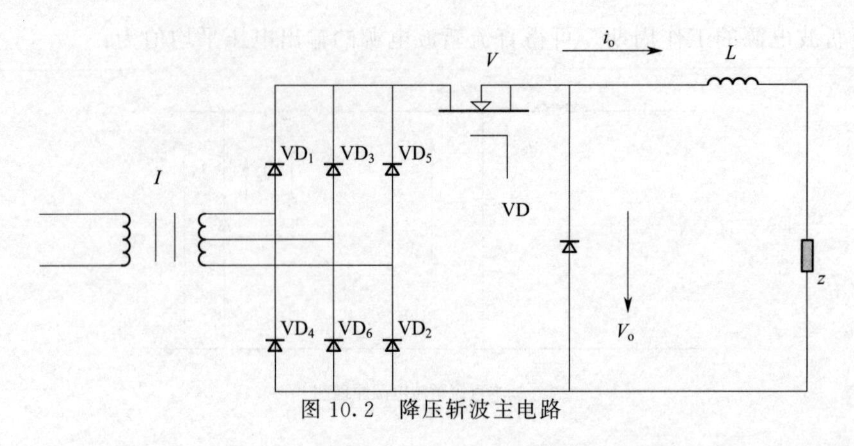

图 10.2　降压斩波主电路

图 10.3 为设计斩波电源的整体结构图，三相输入的工频交流电流经过高频整流后，得到的不稳定不可调的直流电压作为斩波器的输入，然后通过 Buck 降压、Boost 升压斩波电路以获得负载所要求的稳定可调的直流输出电压。其中可调脉宽输出控制信号产生、驱动电路和按键输入、数码管显示输出电路主要由数字处理芯片 DSP 模块完成。

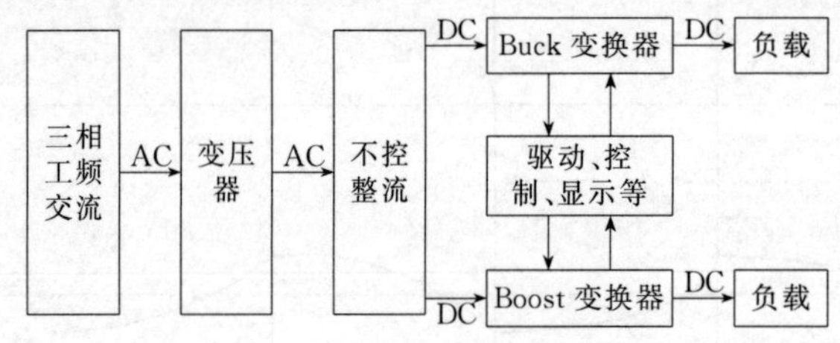

图 10.3　开关电源主体结构图

（2）硬件控制电路设计

斩波电源硬件控制电路框图如图 10.4 所示，在斩波电源的电路中，主控器采用 TMS320F2812A 芯片，它具备优秀的运算能力和强大的控制功能，使得主控制器的硬件电路设计变得简单。根据设计需求，主控制器主要包括下述几个部分：①DSP 最小系统设计；②模拟通道调理电路；③测频电路；④光电码盘脉冲信号隔离、整形电路；⑤时序逻辑控制电路；⑥PWM 电平转换电路；⑦隔离的串行通信接口电路；⑧系统状态指示；⑨键盘和故障信号输入处理电路。

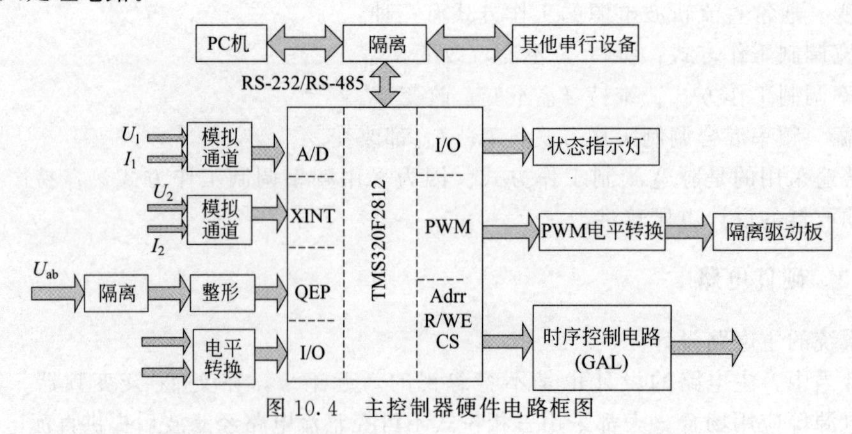

图 10.4　主控制器硬件电路框图

（3）驱动电路的设计

本文设计的斩波电源选用绝缘栅双极性晶体管（IGBT）作为斩波的功率开关管。绝缘栅双极型晶体管（IGBT）是近年来发展起来的半导体器件，它集功率场效应管 MOSFET

和功率晶体管 GTR 的优点于一身，具有输入阻抗高、开关频率高（10～40kHz）、峰值电流容量大、自关断、低功耗和易于驱动等特点，是目前发展最为迅速的新一代电力电子器件之一，被广泛用于各种电机控制驱动、不间断电源、医疗设备和逆变焊机等领域。IGBT 的驱动和保护是其应用中的关键技术。

IGBT 是在功率 MOSFET 漏区加入结构构成的，导通电阻降低到普通功率 MOSFET 的 1/10，其等效电路如图 10.5 所示，其中 R 是厚基区调制电阻，IGBT 可认为是由具有高输入阻抗、高速 MOSFET 驱动的双极型晶体管。

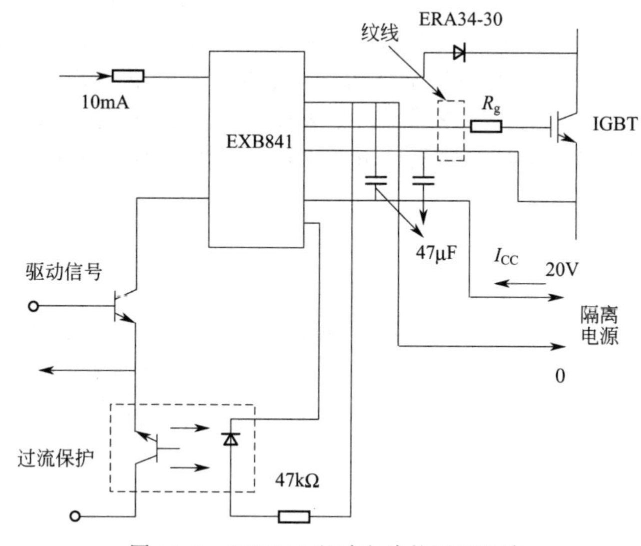

图 10.5　EXB841 驱动电路的原理电路

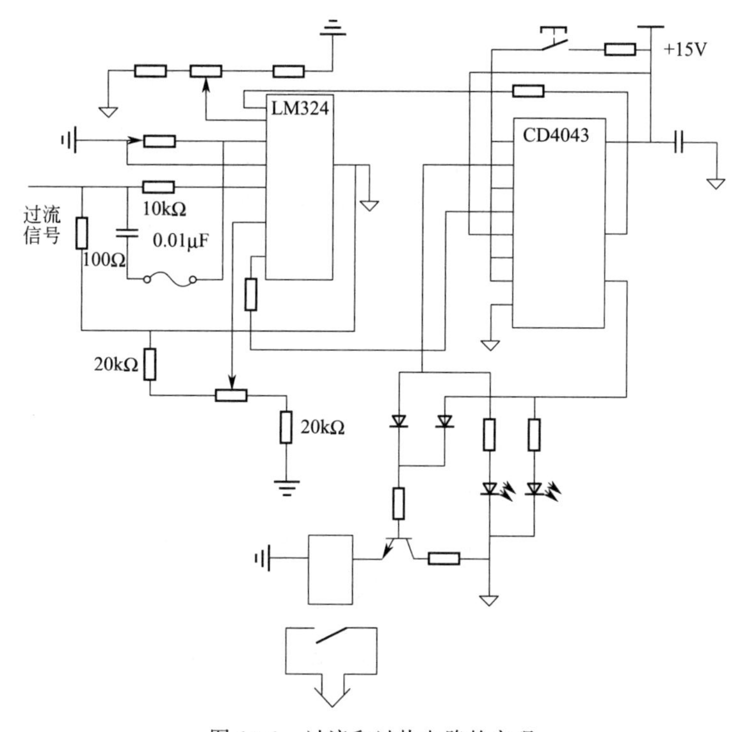

图 10-6　过流和过热电路的实现

（4）保护电路的设计

本电源设计的保护电路包括过电流保护和过热保护，如图10.6所示。

10.1.4 软件设计

（1）主程序与中断程序设计

图10.7是这个斩波电源主程序流程图，在斩波电源的面板上有四个可以调节直流电压大小的按键，分为两组，对应250V/2A和100V/4A两个完全独立的斩波电源。可以向上向下按动调节斩波输出电压的大小。每次按动一下增加或减少2V，连续按动时间在0.5s以内。在打开斩波电源后，首先程序初始化，这时设定部分特定字节作为存储器，开中断后，计时器将计时，0.5s是否到，时间到了之后，对数据计算，再变化处理；如果没有到，则反复查询按键是否按下，没有按下就返回，如果按下了，则处理按键后再返回，返回时，计时器清零，重新计时。这就表明了在斩波电源工作时间内，主程序反复循环执行，更新显示的数据。

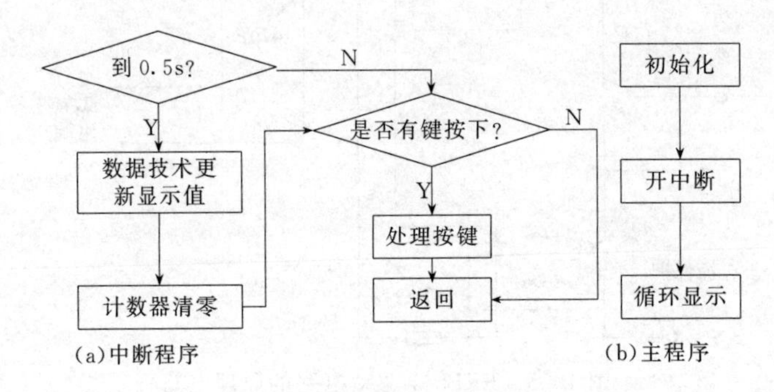

图10.7 斩波电源程序流程图

（2）电压电流计算程序

斩波电源主计算模块被主程序调用，它的功能是计算出斩波电源输出的直流电压电流值。对于产生250V/2A，如果过电压（$U>250\text{V}$）过电流（$I>2\text{A}$）则给出过压过流标志，结果返回到主程序。主计算模块调用两个子程序，它们是电压测量子程序以及电流测量子程序，这两个子程序的运行结果是分别得出输出直流电压测量结果和输出直流电流测量结果。斩波电源主计算程序流程图如图10.8所示。

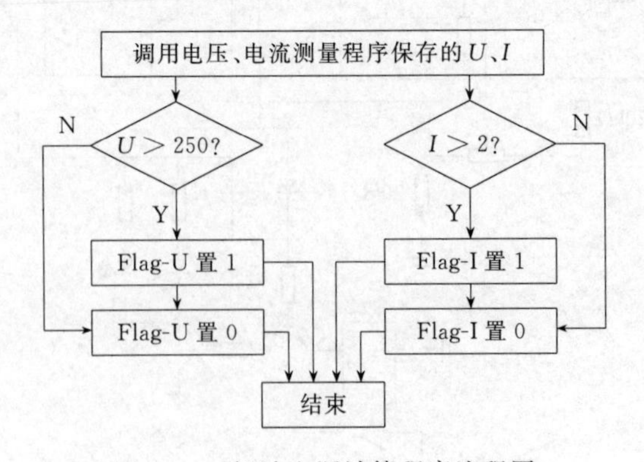

图10.8 斩波电源计算程序流程图

（3）键盘程序设计

键盘加抖动的软件程序和键盘扫描程序框图如图10.9所示。

10.1.5　参考程序

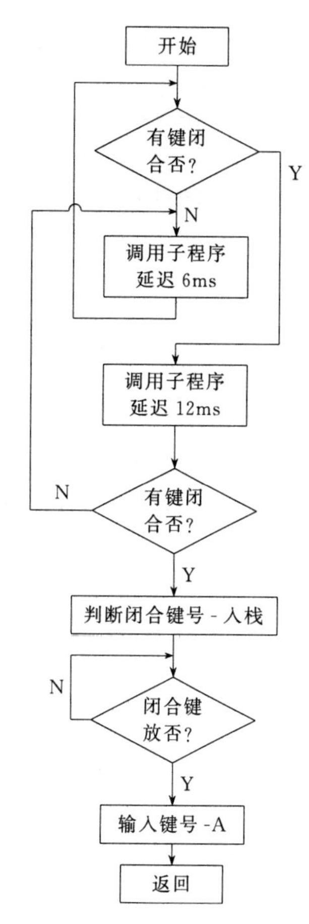

图 10.9　键盘扫描程序框图

```
//SCI 串口程序
{
#include "DSP281X_Device.h"
unsigned int Sci_VarRx[100];
unsigned int i,j;
unsigned int Send_Flag;
void main(void)
{
    /*初始化系统*/
    InitSysCtrl();
    /*关中断*/
    DINT;
    IER=0x0000;
    IFR=0x0000;
    /*初始化 PIE 中断*/
    InitPieCtrl();
    /*初始化 PIE 中断矢量表*/
    InitPieVectTable();
    /*初始化 SCIA 寄存器*/
  InitSci();
  for(i=0;i<100;i++)
  {
     Sci_VarRx[i]=0;
  }
  i=0;
  j=0;
  Send_Flag=0;
  #if SCIA_INT
    /*设置中断服务程序入口地址*/
    EALLOW;     //这需要写到 EALLOW 保护寄存器
    PieVectTable.TXAINT=&SCITXINTA_ISR;
    PieVectTable.RXAINT=&SCIRXINTA_ISR;
    EDIS;  //需要写到 EALLOW 保护寄存器
    /*开中断*/
    IER |=M_INT9;
    #endif
    EINT;  //允许整体中断 INTM
    ERTM;    //允许整体实时中断 DBGM
    for(;;)
    {
```

```
        if((SciaTx_Ready()==1) &&(Send_Flag==1))
        {
            SciaRegs.SCITXBUF=Sci_VarRx[i];
            Send_Flag=0;
            i++;
            if(i==j)
            {
                i=0;
                j=0;
            }
        }
        #if ! SCIA_INT
        if(SciaRx_Ready()==1)
        {
            Sci_VarRx[j]=SciaRegs.SCIRXBUF.all;
            Send_Flag=1;
            j++;
            if(j==100)
            {
                j=0;
            }
        }
        #endif
    }
}
//=========================================================
//No more.
//=========================================================
void InitSci(void)
{
    //Initialize SCI-A:
    *UART_MODE=0x44;
    EALLOW;
    GpioMuxRegs.GPFMUX.all=0x0030;
    EDIS;
    /*loopback   8 bit data */
    SciaRegs.SCICCR.all=0x07;
    SciaRegs.SCICTL1.all=0x03;
    SciaRegs.SCICTL2.all=0x03;
    SciaRegs.SCIHBAUD=0x00;
    SciaRegs.SCILBAUD=0xF3;
    SciaRegs.SCICTL1.all=0x23;
}
```

```
//D/A 转换程序
{
#include "DSP281x_Device.h"      //DSP281x 头文件
#include "DSP281x_Examples.h"    //DSP281x 实例文件
#include "Example_DPS2812M_SCI.H"
SCI_DRV SCI=SCI_DRV_DEFAULTS;
const  long Tp=7500;              //周期计数器=控制周期×频率(μs×MHz);HISPCP
const  longCPUTime_T0=100;                     //CPU 定时时间
interrupt void cpu_timer0_isr(void);
void main(void)
{
//Step 1. Initialize System Control:
//PLL,WatchDog,enable Peripheral Clocks
//This example function is found in the DSP281x_SysCtrl.c file.
   InitSysCtrl();
//Step 2. Initalize GPIO:
//This example function is found in the DSP281x_Gpio.c file and
//illustrates how to set the GPIO to it's default state.
InitGpio();  //跳转实例
//Step 3. Clear all interrupts and initialize PIE vector table:
//禁止 CPU 中断
   DINT;
//初始化 PIE 控制寄存器默认状态
//默认状态为所有 PIE 中断禁止与标识
//清除
//This function is found in the DSP281x_PieCtrl.c file.
   InitPieCtrl();
//禁止 CPU 中断和清除所有 CPU 中断标识
   IER=0x0000;
   IFR=0x0000;
//Initialize the PIE vector table with pointers to the shell Interrupt
//Service Routines(ISR).
//This will populate the entire table,even if the interrupt
//is not used in this example.  This is useful for debug purposes.
//The shell ISR routines are found in DSP281x_DefaultIsr.c.
//This function is found in DSP281x_PieVect.c.
   InitPieVectTable();
//Interrupts that are used in this example are re-mapped to
//ISR functions found within this file.
   EALLOW;  //允许写 EALLOW 保护寄存器
   PieVectTable.TINT0=&cpu_timer0_isr;
   EDIS;      //禁止写 EALLOW 保护寄存器
   //Step 4. Initialize all the Device Peripherals:
```

```
//This function is found in DSP281x_InitPeripherals.c
//InitPeripherals();//Not required for this example
  InitCpuTimers();   //初始化 CPU 时间
//Configure CPU- Timer 0 to interrupt every second:
//100MHz CPU Freq,1 second Period(in uSeconds)
  ConfigCpuTimer(&CpuTimer0,150,CPUTime_T0);
  StartCpuTimer0();
//Step 5. User specific code,enable interrupts:
  if(SCI.PortSel==RS485)
  InitSciRS485();
 else
  InitSciRS232();
//Enable CPU INT1 which is connected to CPU-Timer 0:
  IER |=M_INT1;
//Enable TINT0 in the PIE: Group 1 interrupt 7
  PieCtrlRegs.PIEIER1.bit.INTx7=1;
//Enable global Interrupts and higher priority real- time debug events:
  EINT;   //用 Global 中断 INTM
  ERTM;   //用 Global 实时中断 DBGM
//Step 6. IDLE loop. Just sit and loop forever(optional):
  for(;;)
  {
  };
}
interrupt void cpu_timer0_isr(void)
{
 SCI.Comm(&SCI);
  PieCtrlRegs.PIEACK.all=PIEACK_GROUP1;
}
void Comm(SCI_DRV *v)
{
/******************************************************************************/
// *RS-485 数据发送接收处理
/******************************************************************************/
//  int i;
    if(SCI.PortSel==RS232)
    {
        if((v->CommFlag==RX)&&(ScibRegs.SCIRXST.bit.RXRDY==1))
        {
            v->CommData[v->Count]=ScibRegs.SCIRXBUF.all;
            v->Count++;
            if(v->Count==v->CommLen)
            {
```

```
                v->CommFlag=TX;
                v->Count=0;
                GpioDataRegs.GPDDAT.bit.GPIOD5=1;
            }
        }
        else if((v->CommFlag==TX)&&(ScibRegs.SCICTL2.bit.TXRDY==1))
        {
            if(v->Count<=v->CommLen)
            ScibRegs.SCITXBUF=v->CommData[v->Count++];
            else
            {
                v->Count=0;
                v->CommFlag=RX;
                GpioDataRegs.GPDDAT.bit.GPIOD5=0;
            }
        }
    }
/************************************************************************/
// *RS-232数据发送接收处理
/************************************************************************/
 else
    {
        if((v->CommFlag==RX)&&(SciaRegs.SCIRXST.bit.RXRDY==1))
        {
            v->CommData[v->Count]=SciaRegs.SCIRXBUF.all;
            v->Count++;
            if(v->Count==v->CommLen)
            {
                v->CommFlag=TX;
                v->Count=0;
            }
        }
        else if((v->CommFlag==TX)&&(SciaRegs.SCICTL2.bit.TXRDY==1))
        {
            if(v->Count<v->CommLen)
            SciaRegs.SCITXBUF=v->CommData[v->Count++];
            else
            {
                v->Count=0;
                v->CommFlag=RX;
            }
        }
    }
/************************************************************************/
// *SCI数据处理
```

```
/**********************************************************************/
}
void InitSciRS485(void)
{
    EALLOW;
    GpioMuxRegs.GPGMUX.all |=0x0030;
    GpioMuxRegs.GPDMUX.bit.T3CTRIP_PDPB_GPIOD5=0;
    GpioMuxRegs.GPDDIR.bit.GPIOD5=1;
    EDIS;
    GpioDataRegs.GPDDAT.bit.GPIOD5=0;
    ScibRegs.SCICCR.all=0x07;
    ScibRegs.SCICTL1.all=0x03;
    ScibRegs.SCICTL2.all=0x00;
    ScibRegs.SCIHBAUD=0x01;
    ScibRegs.SCILBAUD=0xe7;
    ScibRegs.SCICTL1.all=0x23;
    EALLOW;
    GpioMuxRegs.GPFMUX.all |=0x0030;
    EDIS;
    SciaRegs.SCICCR.all=0x07;
    SciaRegs.SCICTL1.all=0x03;
    SciaRegs.SCICTL2.all=0x00;
    SciaRegs.SCIHBAUD=0x01;
    SciaRegs.SCILBAUD=0xe7;
    SciaRegs.SCICTL1.all=0x23;
}
void InitSciRS232(void)
{
    EALLOW;
    GpioMuxRegs.GPGMUX.all |=0x0030;
    EDIS;
    ScibRegs.SCICCR.all=0x07;
    ScibRegs.SCICTL1.all=0x03;
    ScibRegs.SCICTL2.all=0x00;
    ScibRegs.SCIHBAUD=0x01;
    ScibRegs.SCILBAUD=0xe7;
    ScibRegs.SCICTL1.all=0x23;
    EALLOW;
    GpioMuxRegs.GPFMUX.all=0x0030;
    EDIS;
    SciaRegs.SCICCR.all=0x07;
```

```
    SciaRegs.SCICTL1.all=0x03;
    SciaRegs.SCICTL2.all=0x00;

    SciaRegs.SCIHBAUD=0x01;
    SciaRegs.SCILBAUD=0xe7;

    SciaRegs.SCICTL1.all=0x23;
}
```

10.2 实例：三相高精度逆变电源的设计

10.2.1　实例功能

三相逆变电源的主电路多采用三相桥式结构输出带 *LC* 滤波器。这种电路结构不能保证三相电压平衡输出，其原因是：三相电路参数不一致，即使在三相平衡负载下，输出三相电压波形也会不同；在线性负载下，即使逆变器输出的三相电压是平衡的，但由于负载不平衡导致滤波电感压降不一致，也会引起三相输出电压的不平衡。大容量三相逆变电源通常都带混合型负载，其负载无法保持平衡，相输出电压也就很难保证平衡。随着工业技术的发展，对逆变电源的性能提出了更高的要求，维持三相电压的平衡输出是最基本的一个要求。

针对上述问题，研究一种主电路拓扑，并结合多环反馈控制方案，使三相电源的每一相均可独立控制，从而使电源具备了带不平衡负载的能力。

采用这种电路拓扑的三相逆变电源，每相相位的精确控制是关键。利用电压瞬时值能使电源每相输出相位都严格跟踪该相的给定标准正弦相位，可实现相位的精确控制。采用多环反馈控制方案，可使系统更具有优异的稳压特性、动态特性和对非线性负载的适应性。

10.2.2　工作原理

图 10.10 所示为三相逆变电源主电路系统结构图。

从输出特性看，该电源与 3 台单相电源极为相似，这 3 个独立单相逆变电源共用一条直流母线，有各自的单相全桥逆变器、变压器和滤波器，其变压器次级星形连接，从而耦合成三相逆变电源。这种接线方式的最大优点是三相电源的每一相均可独立控制，从而具备了带不平衡负载的能力。由于三相采用统一的控制器，从而使 3 个独立单相逆变电源相互之间的相位满足了 120°要求。

(1) 新型的逆变电源相位控制方案

采用一种新型的逆变电源相位控制方案：在电流瞬时值环调节器的输出加一相位超前网络，此超前网络只对信号波的相位进行控制而不改变信号波的波形。这种新型的逆变电源相位控制方案可以使逆变电源输出正弦波的相位严格跟踪标准正弦波的相位而没有滞后，同时不影响输出波形的正弦度。相位超前网络电路图如图 10.11 所示。

如果输入信号源的内阻为零，且输出端的负载阻抗为无穷大，由图 10.11 可得相位超前网络的传递函数可写成：

$$G(s)=\frac{1}{\alpha}\times\frac{1+\alpha Ts}{1+Ts} \tag{10.2}$$

式中，$\alpha=1+\frac{R_1}{R_2}>1$，$T=\frac{R_1R_2}{R_1+R_2}\times C$。

由相位超前网络的传递函数式(10.2) 知：相位超前网络的相角为：

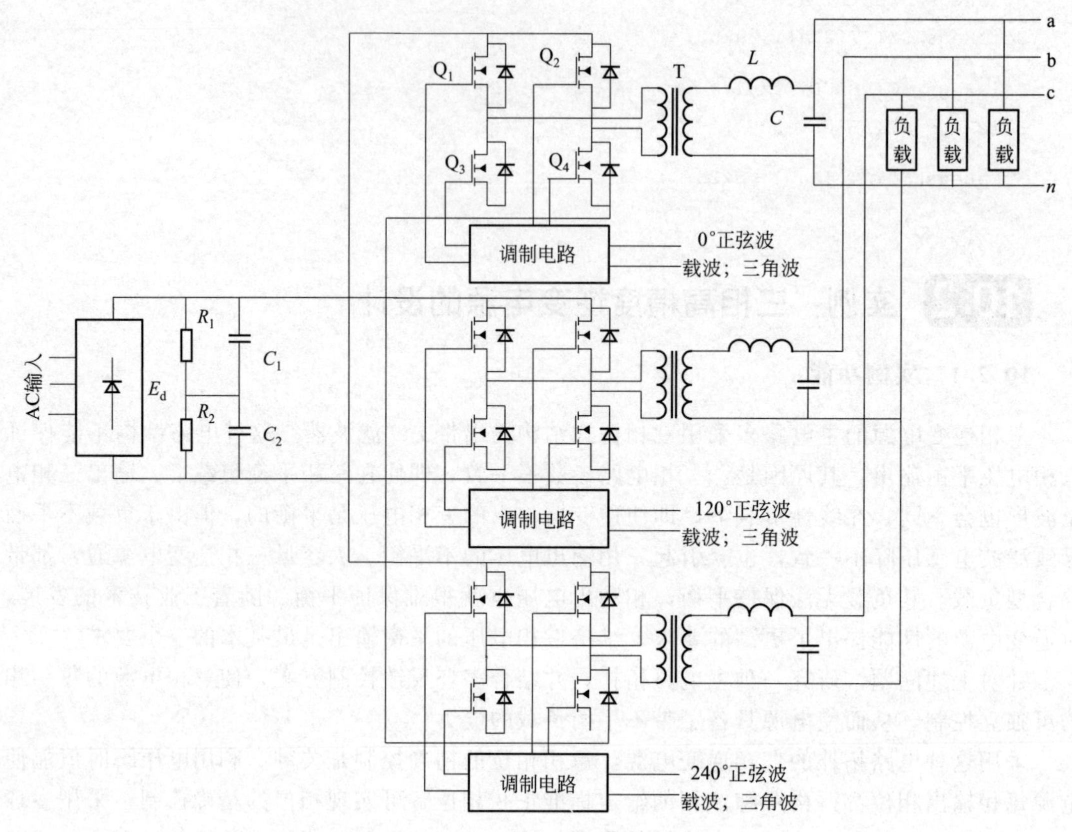

图 10.10　三相逆变电源系统结构图

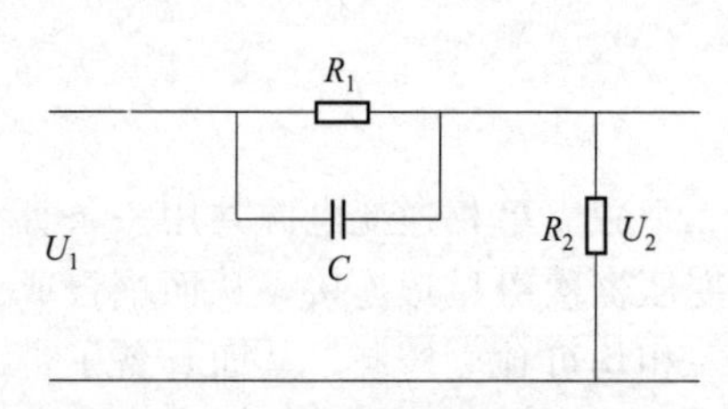

图 10.11　相位超前网络电路图

$$\delta_c(\omega_0)=\arctan(\alpha T\omega_0)-\arctan(T\omega_0)=\arctan\frac{(\alpha-1)T\omega_0}{1+\alpha T^2\omega_0^2} \tag{10.3}$$

式中　ω_0——基波角频率。

因为$\alpha>1$，由式(10.3)知相位超前网络的输出信号相角比输入信号相角永远超前，具体超前多少度与α和T的取值有关。带相位超前网络的单相逆变电源多环控制系统结构图如图10.12所示。三相逆变电源由3个独立的单相逆变电源输出星形连接构成，反馈信号取自各单相的输出，调节任何一相，都不会影响其他两相的输出，故三相逆变电源的控制可等效为3个独立的单相逆变电源的控制。

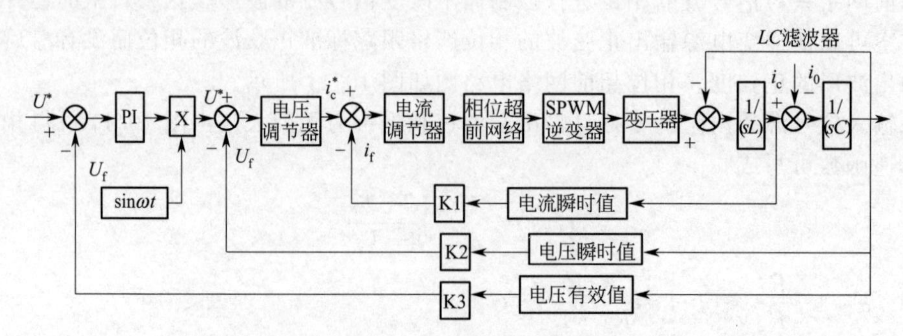

图 10.12　带相位超前网络的单相逆变电源多环控制系统结构图

根据图 10.12，加电压瞬时环进行相位控制后，可得系统的相角误差为：

$$\delta_p'=\arctan\frac{\omega_0(CK_1AK_i+L/R)}{1-\omega_0^2LC+AK_uK_iK_2}=\delta_c(\omega_0)=\arctan\frac{(\alpha-1)T\omega_0}{1+\alpha T^2\omega_0^2} \tag{10.4}$$

由式(10.4) 可得：

$$\frac{\omega_0(CK_1AK_i+L/R)}{1-\omega_0^2LC+AK_uK_iK_2}=\frac{(\alpha-1)T\omega_0}{1+\alpha T^2\omega_0^2}\quad(\alpha>0) \tag{10.5}$$

只要 α 和 T 的取值满足式(10.5)，逆变电源系统输出相位就可做到稳态无差。

(2) 逆变电源输出正弦波的幅值控制

输入电网电压波动或负载变化均会影响电源输出正弦波的幅值，要想使电源输出幅值恒定，必须对电源进行电压有效值控制。同理，为了使三相电源每一相输出幅值都恒定，必须对每一相进行电压有效值控制。图 10.12 中电压有效值外环用于对三相电源每一单相进行电压有效值控制，三相电源中有 3 个互为独立的电压有效值控制外环。在每一单相电源中，PI 调节器输出调节标准正弦波的幅值，采用 PI 调节器来确保系统输出电压的有效值是稳态无差的。

(3) 三相逆变电源输出正弦波的相位补偿控制

相对各相的标准正弦信号而言，三相电源每一单相输出的 SPWM 波，经过 LC 滤波后的正弦波相位都发生了变化，又因为各相 LC 滤波时间常数存在差异，因此输出三相相位会出现偏差。现对电源进行相角误差分析。

忽略小时间常数 T_u，根据图 10.12 可得不进行相位控制即第二环断开时，系统的相角误差为：

$$\delta_p=\theta^*-\theta=\arctan\frac{\omega_0(CK_1AK_i+L/R)}{1-\omega_0^2Lc} \tag{10.6}$$

式中 θ^*，θ——给定电压和输出电压的相角；

ω_0——基波角频率；

R——负载等效电阻。

设逆变电路的输出频率为 f_0，滤波电路的截止频率为 f_c，要保证基波无衰减传输，则必须有：

$$f_0=[\omega_0/(2\pi)]\ll f_c=1/(2\pi\sqrt{LC}) \tag{10.7}$$

由式(10.7) 得 $1-\omega_0LC>0$，结合式(10.6) 知 $\delta_p>0$。可以看出，不进行相位控制时，系统的输出正弦波相位总是落后该相给定的标准正弦波相位。实验结果表明，若不进行相位控制，主电路输出正弦波相位相对该相的标准正弦信号相位滞后了 22.5°，又因为三相中每相滞后的相角都不一致，若要使三相电源任两相之间的相位满足 120°，必须对三相电源每一单相进行相位控制，使每相输出正弦波相位跟踪该相给定标准正弦波的相位。如图 10.12 所示，利用电压瞬时值内环使输出正弦电压跟踪该相给定标准正弦参考电压，同时对输出正弦电压的相位进行补偿控制。分析表明，当电压瞬时值内环的调节器增益很大时，电压反馈正弦波的幅值几乎接近于标准正弦波幅值，设此时的幅值均为 A，反馈正弦波的相位滞后标准正弦波相位为 θ，角频率为 ω，于是标准正弦波 $U^*=A\sin\omega t$，反馈正弦波 $U_f=A\sin(\omega t-\theta)$。标准正弦波与电压反馈正弦波的差值为：

$$\begin{aligned}U&=U^*-U_f=A\sin\omega t-A\sin(\omega t-\theta)\\&=(A/2)\cos(\theta/2)\sin[\omega t+(\pi-\theta)/2]\end{aligned} \tag{10.8}$$

推导式(10.8) 可知，标准正弦波与电压反馈正弦波的差值为相位超前 $(\pi-\theta)$，幅值

为 $(A/2)\cos(\theta/2)$ 的正弦波。电压瞬时值内环正是利用该超前相位角来对输出正弦电压滞后的相位进行补偿控制。实验表明，电压调节器的增益 K_u 越大，输出正弦波的相位越接近该相给定标准正弦波的相位，但系统的稳定性问题限制了 K_u 的上限。

比较式(10.6) 和式(10.4) 可得：

$$\delta'_p < \delta_p \tag{10.9}$$

由式(10.9) 可知，加电压瞬时值控制后，输出正弦波滞后给定标准正弦波的相角明显小于开环不进行相位控制时滞后的相角。分析表明，K_u 越大，δ'_p 越是小于 δ_p，这与实验结果一致。开环时输出正弦波相位相对标准正弦信号相位滞后了 22.5°，加闭环控制后相位控制到 1°左右，并且正弦度较开环时有所改善。实验结果表明，利用电压瞬时值环对逆变电源输出正弦波进行相位补偿控制取得了良好的效果。

(4) 滤波电容电流内环的反馈控制

图 10.12 中的最内环即为滤波电容电流内环的反馈控制环。滤波电容电流内环的引入，使滤波电容电流成为可控的电流源，这样从电压调节器的输出 i_c^* 到电容电流 i_f 之间的部分可以看成一个近似的比例环节，使得系统的稳定性大大提高。同时，滤波电容电流内环对于包含在环内的扰动，如死区时间的影响变压器铁芯励磁特性非线性的影响、电感参数的变化、负载电流的变化等都能起到及时的调节作用，使系统的稳态特性、动态特性、对非线性负载的适应性等大大提高。

10.2.3 硬件电路

(1) 数字控制系统硬件部分

对上述所设计的模拟多环逆变电源控制系统实现数字化，数字化三环控制系统框图如图 10.13 所示。

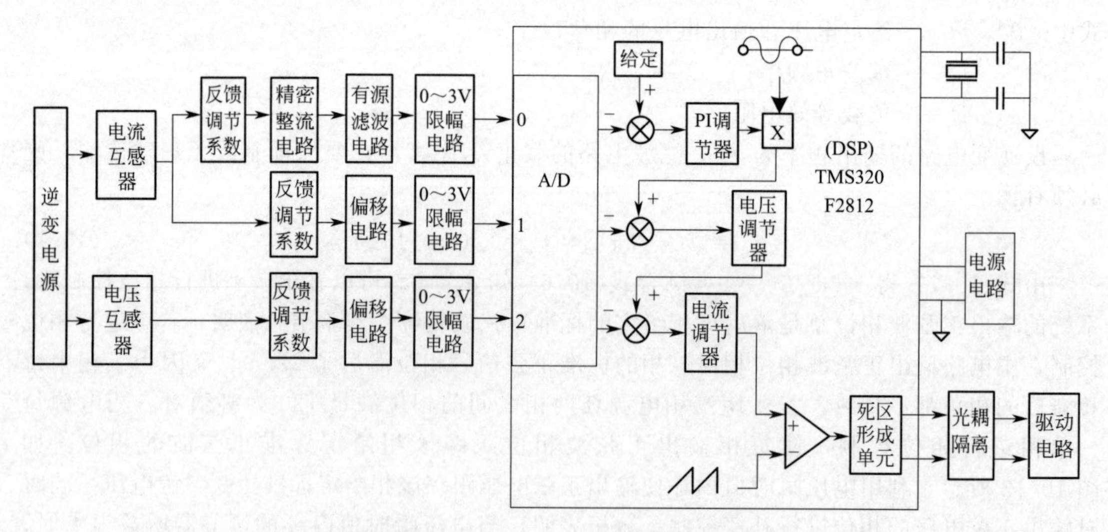

图 10.13 数字化三环控制系统框图

数字化有效值闭环实现：先用电压互感器从主电路负载两端取出输出电压波形，然后经精密整流电路整成馒头波形状的直流信号，该直流信号再经过有源滤波电路滤成无纹波的恒直直流信号，此直流信号与主电路输出正弦电压的幅值成线性对应关系。由于 TMS320F2812 ADC 模块模拟输入电压范围为：0～3V，故必须对进入 A/D 通道的模拟信号进行限幅，以防止损坏 A/D 通道。限幅电路如图 10.14 所示，有源滤波电路的输出信号经电压跟随器后送入限幅电路，电压跟随器主要起阻抗匹配作用，VD_2 主要起上限幅作用，VD_3 起下限幅作用，但 VD_3 只能限幅到－0.7V 以上，故在电压跟随器前串二极管 VD_1，R_4 为限流电阻。有效值直流模拟信号经 DSP A/D 通道转化成数字量，DSP 内部的数字量给定与上面的直流信号数字量偏差送入数字 PI 调节器，PI 调节器的输出用来调节 DSP 内部的标准正弦波幅值。

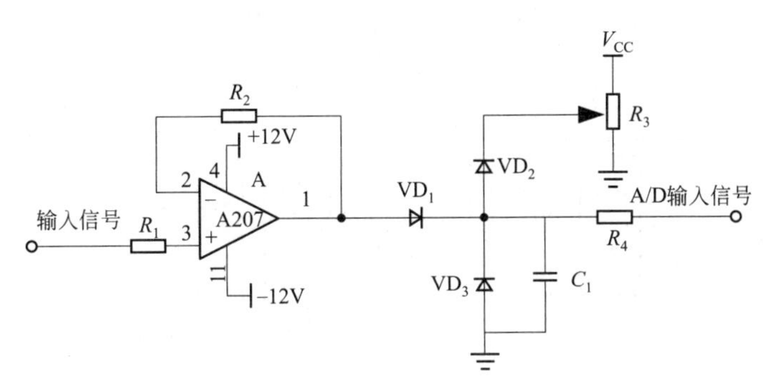

图 10.14　限幅电路

（2）模拟控制系统实现

模拟三环控制系统框图如图 10.16 所示，本文所设计的模拟逆变电源多环控制系统采用数字部分与模拟部分混合方式构成。数字部分使系统具有参数设置方便、系统调试简单、所设置的参数不存在漂移等优点：模拟控制部分具有调节速度快的优点，使电源输出电压波形能够得到有效的控制。本文要求主电路输出正弦波的频率精度要达到±0.1%，即输出频率范围（399.6Hz，400.4Hz），于是标准正弦的频率精度至少要达到±0.1%。本文采用一种数字存储方式的波形产生方法产生 400Hz 标准正弦信号，如图 10.16 所示。晶振产生的 2.048MHz 脉冲信号经过分频器 4017 进行 5 分频后得到 409.6kHz 的脉冲信号，该信号作为二进制计数器 4040 的输入时钟，计数器 4040 的输出 A0～A9，作为存储标准正弦波数据的存储器 2764 的地址选通信号。由于 2764 中存储的是正弦波一个周期 1024 点的数据，因此存储器 2764 将输出频率为 400Hz 的正弦波数字信号，该数字信号经 D/A 转换器 DAC0832 变换，再经偏移电路处理，输出频率为 400Hz 的正弦波，用此正弦波调制出的 SPWM 波去触发单个全桥逆变器，逆变器输出经变压器隔离，滤波器滤波则可做成单相逆变电源。把图 10.16 中存储器定义为 A，如果再有两块相同的存储器把它们分别定义为 B 和 C，在三块存储器中分别存储互差 120°的标准正弦波数据，而地址选通信号是共用的，用三路相位互差 120°正弦信号调制出的 SPWM 波分别去触发三个独立单相逆变电源，独立单相逆变电源主电路结构图如图 10.15 所示。三个此类独立单相逆变电源共用一条直流母线，三个逆变器输出的三路 SPWM 波经过三个独立变压器隔离，然后经过三个独立滤波器滤波，

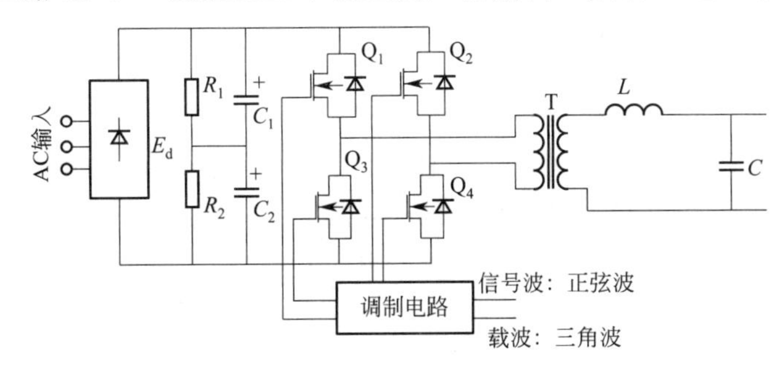

图 10.15　单相逆变电源主电路结构图

它们变压器副边星形连接，便可耦合成三相逆变电源。单相逆变电源相互之间的相位满足120°要求。在图10.16所示的正弦波发生方式中，正弦波的频率与晶振的频率存在着严格的比例关系，由于晶振的频率稳定度在10^{-4}以上，因此用本文数字存储方式产生正弦波的频率精度将达很高，电源的输出电压具有极好的频率稳定性。

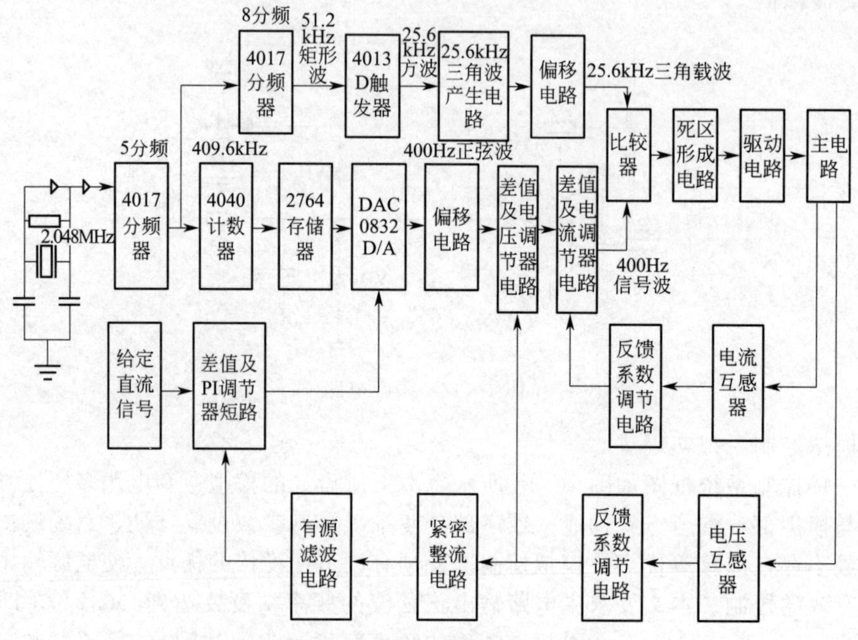

图10.16　模拟三环控制系统框图

(3) 逆变电源死区形成电路

逆变电源死区形成电路如图10.17所示，SPWM波经过比较器1和比较器2形成两路互差180°的SPWM波，两路SPWM波分别经过相同的上升沿延迟回路（1）如图10.17虚线所示，形成很缓的上升沿；经过相同的下降沿延迟回路（2）如图10.17实线所示，形成较缓的下降沿。由于回路（1）和回路（2）中充放电电容一样但电阻却不一样［回路（2）放电电阻为比较器内部电阻］，并且充电电阻大于放电电阻，于是形成的上升沿延迟时间大于下降沿延迟时间，然后与同一电平经过比较器比较整形便可形成两路互差180°并带死区

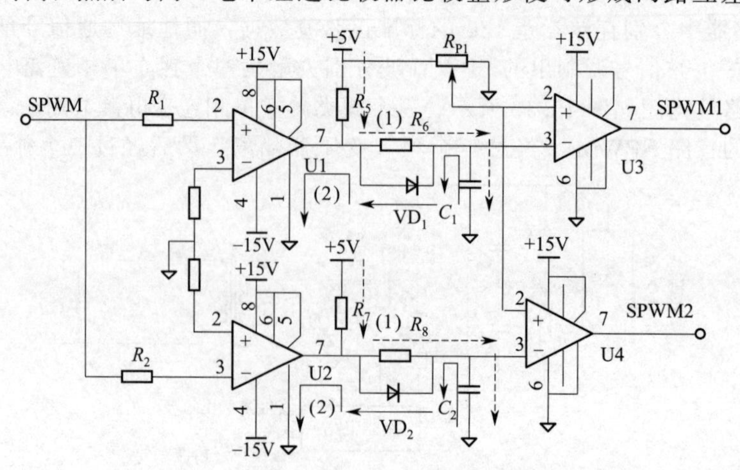

图10.17　逆变电源死区形成电路

的 SPWM 波。

有效值闭环实现：先用电压互感器从主电路负载两端取输出电压波形，用电压互感器目的是把主电路与控制电路进行电气隔离并且变压，电压互感器原副边匝数比为 10∶1，从主电路取得的输出交流电压经过精密整流电路整成馒头波形状的直流信号，该直流信号再经过有源滤波电路滤成无纹波的直流信号，此直流信号与主电路输出正弦电压的幅值成线性对应关系。给定恒直信号与上面直流信号的偏差送入 PI 调节器，PI 调节器的采用使主电路输出正弦波幅值跟踪给定并且稳态无差。PI 调节器的输出接入 DAC0832 的第 8 引脚 V_{REF}，因为调节 DAC0832 的第 8 引脚 V_{REF} 就可调节标准正弦的幅值，从而可以调节主电路输出正弦电压幅值。

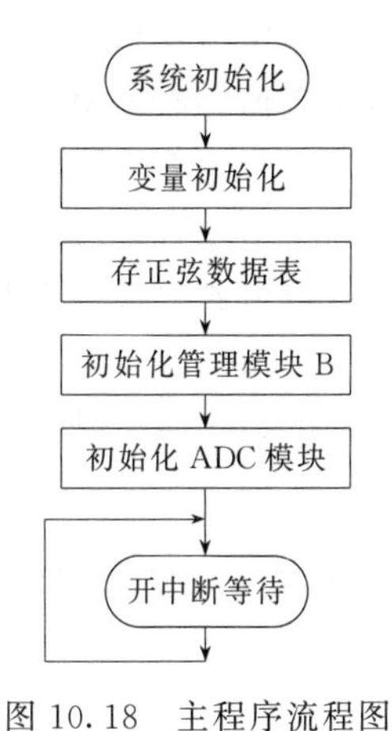

图 10.18　主程序流程图

10.2.4　软件设计

(1) 主程序设计

全数字化逆变电源主程序流程图如图 10.18 所示，在主程序中主要对各模块进行初始始，系统初始化主要配置头文件和设置系统时钟频率，变量初始化主要给各变量分配地址空间和赋初始值，存正弦数据表以备中断子程序中计算标准正弦信号时调用，接下来还有事件管理器模块 B 初始化、ADC 模块初始化，初始化完成后，DSP 程序进入死循环，循环等待中断发生，如果定时器 3 周期中断发生则进入中断子程序。

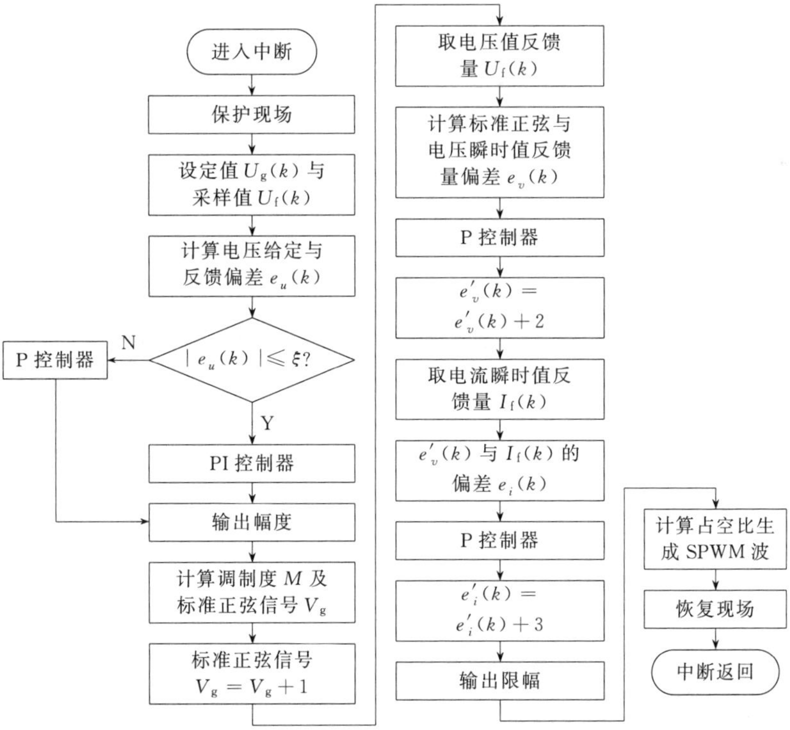

进入中断
保护现场
设定值 $U_g(k)$ 与采样值 $U_f(k)$
计算电压给定与反馈偏差 $e_u(k)$
$|e_u(k)| \leqslant \xi$?
N：P 控制器
Y：PI 控制器
输出幅度
计算调制度 M 及标准正弦信号 V_g
标准正弦信号 $V_g = V_g + 1$
取电压值反馈量 $U_f(k)$
计算标准正弦与电压瞬时值反馈量偏差 $e_v(k)$
P 控制器
$e'_v(k) = e'_v(k) + 2$
取电流瞬时值反馈量 $I_f(k)$
$e'_v(k)$ 与 $I_f(k)$ 的偏差 $e_i(k)$
P 控制器
$e'_i(k) = e'_i(k) + 3$
输出限幅
计算占空比生成 SPWM 波
恢复现场
中断返回

图 10.19　三环中断子程序流程图

(2) 中断子程序设计

三环中断子程序流程图如图 10.19 所示，当定时器 3 周期中断发生时，找到中断入口地址，然后加上偏移量，进入中断子程序中。电压有效值最外环：读出 A/D 通道电压有效值反馈量$U_f(k)$求出给定数字量$U_g(k)$与$U_f(k)$的偏差量，对偏差量采用积分分离控制算法，经调节器调节后的偏差量必须限幅以保证调制度$M<1$，计算调制度M，调用正弦数据表，计算标准正弦信号$V_g=[T_3PR/2+(T_3PR/2)M\sin(2\pi I/N)]$，此时标准正弦信号中心值与反馈电压信号中心值不一致，必须把标准正弦信号中心值上移583个数字量才能保证两者中心值一致；电压瞬时值外环：读取瞬时值电压反馈量$U_f(k)$求出中心值上移后的标准正弦信号与$U_f(k)$的偏差量，对偏差量进行调节，此时调节器输出是中心值为零的正弦信号，故必须加上2048才能保证中心值与电流瞬时值反馈信号中心值一致；电流瞬时值内环：取电流瞬时值反馈量$I_f(k)$求中心值上移后的电压瞬时值调节器输出信号与$I_f(k)$的偏差量，偏差量进行P调节，为了保证信号波中心值与三角载波中心值一致，电流瞬时值调节器的输出量必须加上1465个数字量，经限幅程序限幅，限幅后的数字量赋给比较寄存器比较生成SPWM波。

10.2.5 参考程序

```
//ADC程序
{
#include "DSP281x_Device.h"      //DSP281x头文件
#include "DSP281x_Examples.h"    //DSP281x实例头文件
#include "Example_DPS2812M_AD.H"
#include "Example_DPS2812M_DA.H"
DAC_DRV DAC=DAC_DRV_DEFAULTS;
ADC_DRV AD=ADC_DRV_DEFAULTS;

Uint16 EVAInterruptCount;
Uint16 temp[128],x=0,temp2[128];
unsigned int ADflag=1;
unsigned int channal=5;

interrupt void ADC_T1TOADC_isr(void);
interrupt void ADC_SampleINT(void);
//ADC start parameters
//#define ADC_MODCLK 0x3    //HSPCLK=SYSCLKOUT/(2×ADC_MODCLK2)=150/(2×3)
=25MHz
//Global变量实例

void main(void)
{
//Step 1.初始化系统控制：
//PLL,WatchDog,enable Peripheral Clocks
//This example function is found in the DSP281x_SysCtrl.c file.
   InitSysCtrl();

//Step 2. I初始化GPIO：
//This example function is found in the DSP281x_Gpio.c file and
//illustrates how to set the GPIO to it's default state.
//InitGpio();

//Step 3.清除所有中断和初始化PIE向量表：
//禁止CPU中断
```

```
    DINT;
    IER=0x0000;
    IFR=0x0000;
//初始化 PIE 控制寄存器.
//默认状态为所有 PIE 中断被禁止和标识
//清除.
//This function is found in the DSP281x_PieCtrl.c file.
    InitPieCtrl();
//禁止 CPU 中断和清除所有 CPU 中断标识:
    //IER=0x0000;
    //IFR=0x0000;
//Initialize the PIE vector table with pointers to the shell Interrupt
//Service Routines(ISR).
//This will populate the entire table,even if the interrupt
//is not used in this example.  This is useful for debug purposes.
//The shell ISR routines are found in DSP281x_DefaultIsr.c.
//This function is found in DSP281x_PieVect.c.
    InitPieVectTable();
//初始化 EVA 定时器 1
    ADREG=0;
    EvaRegs.GPTCONA.all=0;
//设置通用目的定时器 1 的周期为 0x200
    EvaRegs.T1PR=0x0200;         //周期
    EvaRegs.T1CMPR=0x0000;       //比较寄存器
//使能通用目的定时器 1 的周期中断
//向上计数、预定标 x128、内部时钟、使能比较、使用自己的周期值
    EvaRegs.EVAIMRA.bit.T1PINT=1;
    EvaRegs.EVAIFRA.bit.T1PINT=1;
//清除通用目的定时器 1 的计数器值
    EvaRegs.T1CNT=0x0000;
    EvaRegs.T1CON.all=0x1742;
//当通用目的定时器 1 产生中断时启动 ADC 变换
    EvaRegs.GPTCONA.bit.T1TOADC=2;
//Interrupts that are used in this example are re-mapped to
//ISR functions found within this file.
    EALLOW;  //允许写 EALLOW 保护寄存器
    PieVectTable.T1PINT=&ADC_T1TOADC_isr;
    PieVectTable.XINT1  =&ADC_SampleINT;
    EDIS;     //禁止写 EALLOW 保护寄存器
    XIntruptRegs.XINT1CR.all=0x0001;
    XIntruptRegs.XINT2CR.all=0x0001;
    PieCtrlRegs.PIEIER1.bit.INTx3=1;
    PieCtrlRegs.PIEIER1.bit.INTx4=1;
```

```
    PieCtrlRegs.PIEIER2.all=M_INT4;
//Step 4. 初始化所有外设:
//This function is found in DSP281x_InitPeripherals.c
//InitPeripherals();
      DAC.DACChannelSel=0x00;
      DAC.DACDataCycle=128;
      DAC.DACDataOffset=0;
      DAC.DataSel=0;
//Step 5. 使用特殊代码来中断:
   //Step 5. User specific code,enable interrupts:
   IER |=(M_INT2|0x0001);
//用整体中断和较高优先权实时调试工具:
   EINT;   //用 Global 中断 INTM
   ERTM;   //用 Global 实时中断 DBGM
   for(;;)
   {
     if(AD.ADCFlag.bit.ADCSampleFlag==1)
     {
             if(AD.LoopVar>=128) AD.LoopVar=0;
             //AD.ADChannelSel=0;
             if(ADflag==0)
                  ADCSmplePro(&AD);
             //AD.LoopVar++;
             AD.ADCFlag.bit.ADCSampleFlag=0;
     }
   }
}
interrupt void ADC_T1TOADC_isr(void)
{
     if(ADflag==1)
     {
          DAC.DACPro(&DAC);
          ADflag=0;
         *AD_CONVST=0;
          EvaRegs.EVAIMRA.bit.T1PINT=1;
          EvaRegs.EVAIFRA.all=BIT7;
     }
     PieCtrlRegs.PIEACK.all=PIEACK_GROUP2;
     return;
}
interrupt void ADC_SampleINT(void)
{
     XIntruptRegs.XINT1CR.all=0x0000;
     AD.ADCFlag.bit.ADCSampleFlag=1;
     XIntruptRegs.XINT1CR.all=0x0001;
```

```
    PieCtrlRegs.PIEACK.all=PIEACK_GROUP1;
    return;
}
void ADCSmplePro(ADC_DRV *v)
{
    unsigned int Temp1;
    if(v->ADChannelSel==6) v->ADChannelSel=0;
    if(v->ADCFlag.bit.ADCCS0==1)
    {
        v->ADSampleResult0[x]=*AD_CHIPSEL0;
        v->ADSampleResult1[x]=*AD_CHIPSEL0;
        v->ADSampleResult2[x]=*AD_CHIPSEL0;
        v->ADSampleResult3[x]=*AD_CHIPSEL0;
        v->ADSampleResult4[x]=*AD_CHIPSEL0;
        v->ADSampleResult5[x]=*AD_CHIPSEL0;
    }
    if(v->ADCFlag.bit.ADCCS1==1)
    {
        v->ADSampleResult0[x]=*AD_CHIPSEL1;
        v->ADSampleResult1[x]=*AD_CHIPSEL1;
        v->ADSampleResult2[x]=*AD_CHIPSEL1;
        v->ADSampleResult3[x]=*AD_CHIPSEL1;
        v->ADSampleResult4[x]=*AD_CHIPSEL1;
        v->ADSampleResult5[x]=*AD_CHIPSEL1;
    }
    if(channal==0)
    {
        Temp1=v->ADSampleResult0[x];
    }
    else if(channal==1)
    {
        Temp1=v->ADSampleResult1[x];
    }
    else if(channal==2)
    {
        Temp1=v->ADSampleResult2[x];
    }
    else if(channal==3)
    {
        Temp1=v->ADSampleResult3[x];
    }
    else if(channal==4)
    {
        Temp1=v->ADSampleResult4[x];
    }
    else if(channal==5)
```

```
    {
        Temp1=v->ADSampleResult5[x];
    }
    if(Temp1>32768)
        temp2[x]=0- Temp1;
    else
        temp2[x]=Temp1;
    ADflag=1;
    x++;
    if(x>=128)
        x=0;
}
void DAC_Core(DAC_DRV *v)
{
    Uint16 OutData;
    /**********************************************************/
    /*数据处理                                                */
    /**********************************************************/
    if(v->DataSel==0)
    {
        if((v->DACDataOffset>100)||(v->DACDataOffset<- 100))
            v->DACDataOffset=0;
        else
            OutData=65536*(v->DACDataOffset/10+10)/20;
    }
    else if(v->DataSel==1)
    {
        OutData=(int)((sin((v->DACCycleCount)/6.2832)/2+1)*32767);
    }
    else if(v->DataSel==2)
    {
        float TempVar;
        TempVar=v->DACDataCycle/2;
        TempVar=(abs(v->DACDataCycle/2- v->DACCycleCount))/(TempVar);
        OutData=(int)((TempVar)*32767)+16384;
    }
    else
        OutData=0;
    temp[x]=OutData;
    /**********************************************************/
    /*数据输出                                                */
    /**********************************************************/
    switch(v->DACChannelSel)
    {
        case 0:
```

```
        {
            *DA_CHANNEL0=OutData;
        }break;
        case 1:
        {
            *DA_CHANNEL1=OutData;
        }break;
        case 2:
        {
            *DA_CHANNEL2=OutData;

        }break;
        case 3:
        {
            *DA_CHANNEL3=OutData;
        }break;
        case 4:
        {
            *DA_CHANNEL0=v->DACch0Data;
            *DA_CHANNEL1=v->DACch1Data;
            *DA_CHANNEL2=v->DACch2Data;
            *DA_CHANNEL3=v->DACch3Data;
        }break;
        default:
        {
            *DA_CHANNEL0=OutData;
            *DA_CHANNEL1=OutData;
            *DA_CHANNEL2=OutData;
            *DA_CHANNEL3=OutData;
        }break;
    }
    *DA_OUT=0;
    /**************************************************************/
    /*数据周期                                                     */
    /**************************************************************/
    if(v->DACCycleCount<v->DACDataCycle)
        v->DACCycleCount++;
    else
        v->DACCycleCount=0;
}
//初始化程序
//---------------------------------------------------------------------
//初始化外设:
//---------------------------------------------------------------------
```

```
//The following function initializes the peripherals to a default state.
//It calls each of the peripherals default initialization functions.
//This function should be executed at boot time or on a soft reset.
//
void InitPeripherals(void)
{
        #if DSP281X_F2812
        //Initialize External Interface To default State:
        InitXintf();
        #endif
    //Initialize CPU Timers To default State:
    InitCpuTimers();
    //Initialize McBSP Peripheral To default State:
    InitMcbsp();
    //Initialize Event Manager Peripheral To default State:
    InitEv();
        //Initialize ADC Peripheral To default State:
        InitAdc();
}
//中断服务程序
{
#include "DSP281x_Device.h"      //DSP281x 头文件
#include "DSP281x_Examples.h"   //DSP281x 实例头文件
//-----------------------------------------------------------
//XINT13,TINT2,NMI,XINT1,XINT2 Default ISRs:
//-----------------------------------------------------------
//
//Connected to INT13 of CPU(use MINT13 mask):
#if(INT13PL ! =0)
interrupt void INT13_ISR(void)    //XINT13
{
    IER &=MINT13;                 //设置 "global" 优先权
    EINT;
    //Insert ISR Code here……
    //Next line for debug only(remove after inserting ISR Code):
    ESTOP0;
}
#endif
//Connected to INT14 of CPU(use MINT14 mask):
#if(INT14PL ! =0)
interrupt void INT14_ISR(void)        //CPU-Timer2
{
    IER &=MINT14;                          //设置 "global"优先权
```

```
    EINT;
    // Insert ISR Code here……
    // Next line for debug only(remove after inserting ISR Code):
    ESTOP0;
}
#endif
// Connected to NMI of CPU(non-maskable):
interrupt void NMI_ISR(void)        //非屏蔽中断
{
    EINT;
    // Insert ISR Code here……
    // Next line for debug only(remove after inserting ISR Code):
    ESTOP0;
}
// Connected to PIEIER1_4(use MINT1 and MG14 masks):
#if(G14PL != 0)
interrupt void  XINT1_ISR(void)
{
    // Set interrupt priority:
    volatile Uint16 TempPIEIER=PieCtrlRegs.PIEIER1.all;
    IER |=M_INT1;                          //设置 "global"优先权
    IER &=MINT1;                           //设置 "global"优先权
    PieCtrlRegs.PIEIER1.all &=MG14;    //设置 "group" 优先权
    PieCtrlRegs.PIEACK.all=0xFFFF;    //使用 PIE 中断
    EINT;
    // Insert ISR Code here……

    // Next line for debug only(remove after inserting ISR Code):
      ESTOP0;
    // Restore registers saved:
    DINT;
    PieCtrlRegs.PIEIER1.all=TempPIEIER;
}
#endif
// Connected to PIEIER1_5(use MINT1 and MG15 masks):
#if(G15PL != 0)
interrupt void  XINT2_ISR(void)
{
    // Set interrupt priority:
    volatile Uint16 TempPIEIER=PieCtrlRegs.PIEIER1.all;
    IER |=M_INT1;                       //设置 "global" 优先权
    IER &=MINT1;                        //设置 "global" 优先权
    PieCtrlRegs.PIEIER1.all &=MG15;    //设置 "group" 优先权
```

```
    PieCtrlRegs.PIEACK.all=0xFFFF;    //使用 PIE 中断
    EINT;

    //Insert ISR Code here……

    //Next line for debug only(remove after inserting ISR Code):
      ESTOP0;

    //Restore registers saved:
    DINT;
    PieCtrlRegs.PIEIER1.all=TempPIEIER;
}
#endif
//-----------------------------------------------------------
//DATALOG,RTOSINT,EMUINT Default ISRs:
//-----------------------------------------------------------
//
//Connected to INT15 of CPU(use MINT15 mask):
#if(INT15PL !=0)
interrupt void DATALOG_ISR(void)    //数据采集中断
{
    IER &=MINT15;                        //设置 "global"优先权
    EINT;

    //Insert ISR Code here……

    //Next line for debug only(remove after inserting ISR Code):
      ESTOP0;
}
#endif
//Connected to INT16 of CPU(use MINT16 mask):
#if(INT16PL !=0)
interrupt void RTOSINT_ISR(void)    //RTOS 中断
{
    IER &=MINT16;                          //设置 "global" 优先权
    EINT;

    //Insert ISR Code here……

    //Next line for debug only(remove after inserting ISR Code):
      ESTOP0;
}
#endif
//Connected to EMUINT of CPU(non-maskable):
interrupt void EMUINT_ISR(void)      //仿真中断
{
    EINT;

    //Insert ISR Code here……

    //Next line for debug only(remove after inserting ISR Code):
```

```
    ESTOP0;
}
//-----------------------------------------------------
// ILLEGAL Instruction Trap ISR:
//
interrupt void ILLEGAL_ISR(void)    // Illegal 运行 TRAP
{
    EINT;
    // Insert ISR Code here……
    // Next line for debug only(remove after inserting ISR Code):
    ESTOP0;
}
//-------------------------------------------------------
// USER Traps Default ISRs:
//
interrupt void USER0_ISR(void)      // 使用定义 trap 0
{
    EINT;
    // Insert ISR Code here……
    // Next line for debug only(remove after inserting ISR Code):
    ESTOP0;
}
interrupt void USER1_ISR(void)      // 使用定义 trap 1
{
    EINT;
    // Insert ISR Code here……
    // Next line for debug only(remove after inserting ISR Code):
    ESTOP0;
}
interrupt void USER2_ISR(void)      // 使用定义 trap 2
{
    EINT;
    // Insert ISR Code here……
    // Next line for debug only(remove after inserting ISR Code):
    ESTOP0;
}
interrupt void USER3_ISR(void)      // 使用定义 trap 3
{
    EINT;
    // Insert ISR Code here……
    // Next line for debug only(remove after inserting ISR Code):
```

```
    ESTOP0;
}
interrupt void USER4_ISR(void)        //使用定义 trap 4
{
    EINT;
    //Insert ISR Code here……
    //Next line for debug only(remove after inserting ISR Code):
    ESTOP0;
}
interrupt void USER5_ISR(void)        //使用定义 trap 5
{
    EINT;
    //Insert ISR Code here……
    //Next line for debug only(remove after inserting ISR Code):
    ESTOP0;
}
interrupt void USER6_ISR(void)        //使用定义 trap 6
{
    EINT;
    //Insert ISR Code here……
    //Next line for debug only(remove after inserting ISR Code):
      ESTOP0;
}
interrupt void USER7_ISR(void)        //使用定义 trap 7
{
    EINT;
    //Insert ISR Code here……
    //Next line for debug only(remove after inserting ISR Code):
      ESTOP0;
}
interrupt void USER8_ISR(void)        //使用定义 trap 8
{
    EINT;
    //Insert ISR Code here……
    //Next line for debug only(remove after inserting ISR Code):
      ESTOP0;
}
interrupt void USER9_ISR(void)        //使用定义 trap 9
{
    EINT;
    //Insert ISR Code here……
```

```
    //Next line for debug only(remove after inserting ISR Code):
      ESTOP0;
}
interrupt void USER10_ISR(void)      //使用定义 trap 10
{
    EINT;
    //Insert ISR Code here……
    //Next line for debug only(remove after inserting ISR Code):
      ESTOP0;
}
interrupt void USER11_ISR(void)      //使用定义 trap 11
{
    EINT;
    //Insert ISR Code here……
    //Next line for debug only(remove after inserting ISR Code):
      ESTOP0;
}
//--------------------------------------------------------
//ADC Default ISR:
//
//Connected to PIEIER1_6(use MINT1 and MG16 masks):
#if(G16PL != 0)
interrupt void  ADCINT_ISR(void)      //ADC
{
    //Set interrupt priority:
    volatile Uint16 TempPIEIER=PieCtrlRegs.PIEIER9.all;
    IER |=M_INT1;
    IER&=MINT1;                              //设置 "global" 优先权
    PieCtrlRegs.PIEIER9.all &=MG16;    //设置 "global" 优先权
    PieCtrlRegs.PIEACK.all=0xFFFF;    //使用 PIE 中断
    EINT;
    //Insert ISR Code here……
    //Next line for debug only(remove after inserting ISR Code):
    ESTOP0;
    //Restore registers saved:
    DINT;
    PieCtrlRegs.PIEIER9.all=TempPIEIER;
}
#endif
//----------------------------------------------------------
//CPU Timer 0 Default ISR:
//
//Connected to PIEIER1_7(use MINT1 and MG17 masks):
```

```
#if(G17PL != 0)
interrupt void  TINT0_ISR(void)        // CPU-Timer 0
{
    // Set interrupt priority:
    volatile Uint16 TempPIEIER=PieCtrlRegs.PIEIER1.all;
    IER |=M_INT1;
    IER&=MINT1;                                  // 设置 "global" 优先权
    PieCtrlRegs.PIEIER1.all &=MG17;   // 设置 "group"  优先权
    PieCtrlRegs.PIEACK.all=0xFFFF;   // 使用 PIE 中断
    EINT;

    // Insert ISR Code here……

    // Next line for debug only(remove after inserting ISR Code):
      ESTOP0;

    // Restore registers saved:
    DINT;
    PieCtrlRegs.PIEIER1.all=TempPIEIER;
}
#endif
//--------------------------------------------------------
// Watchdog/Low Power Modes Default ISR:
//
// Connected to PIEIER1_8(use MINT1 and MG18 masks):
#if(G18PL != 0)
interrupt void  WAKEINT_ISR(void)     // WD/LPM
{
    // Set interrupt priority:
    volatile Uint16 TempPIEIER=PieCtrlRegs.PIEIER1.all;
    IER |=M_INT1;
    IER&=MINT1;                                  // 设置 "global" 优先权
    PieCtrlRegs.PIEIER1.all &=MG18;   // 设置 "group" 优先权
    PieCtrlRegs.PIEACK.all=0xFFFF;   // 使用 PIE 中断
    EINT;

    // Insert ISR Code here……

    // Next line for debug only(remove after inserting ISR Code):
      ESTOP0;

    // Restore registers saved:
    DINT;
    PieCtrlRegs.PIEIER1.all=TempPIEIER;
}
#endif
//--------------------------------------------------
// EV-A Default ISRs:
//
// Connected to PIEIER1_1(use MINT1 and MG11 masks):
```

```
#if(G11PL ! =0)
interrupt void PDPINTA_ISR(void)     //EV-A
{
    //Set interrupt priority:
    volatile Uint16 TempPIEIER=PieCtrlRegs.PIEIER1.all;
    IER |=M_INT1;
    IER&=MINT1;                            //设置 "global" 优先权
    PieCtrlRegs.PIEIER1.all &=MG11;    //设置 "group"优先权
    PieCtrlRegs.PIEACK.all=0xFFFF;    //使用 PIE 中断
    EINT;

    //Insert ISR Code here……

    //Next line for debug only(remove after inserting ISR Code):
      ESTOP0;

    //Restore registers saved:
    DINT;
    PieCtrlRegs.PIEIER1.all=TempPIEIER;
}
#endif

//Connected to PIEIER2_1(use MINT2 and MG21 masks):
#if(G21PL ! =0)
interrupt void CMP1INT_ISR(void)     //EV-A
{
    //Set interrupt priority:
    volatile Uint16 TempPIEIER=PieCtrlRegs.PIEIER2.all;
    IER |=M_INT2;
    IER&=MINT2;                            //设置 "global" 优先权
    PieCtrlRegs.PIEIER2.all &=MG21;    //设置 "group" 优先权
    PieCtrlRegs.PIEACK.all=0xFFFF;    //使用 PIE 中断
    EINT;

    //Insert ISR Code here……

    //Next line for debug only(remove after inserting ISR Code):
      ESTOP0;

    //Restore registers saved:
    DINT;
    PieCtrlRegs.PIEIER2.all=TempPIEIER;
}
#endif

//Connected to PIEIER2_2(use MINT2 and MG22 masks):
#if(G22PL ! =0)
interrupt void CMP2INT_ISR(void)     //EV-A
{
    //Set interrupt priority:
    volatile Uint16 TempPIEIER=PieCtrlRegs.PIEIER2.all;
    IER |=M_INT2;
```

```
    IER&=MINT2;                                    //设置 "global" 优先权
    PieCtrlRegs.PIEIER2.all &=MG22;     //设置 "group"优先权
    PieCtrlRegs.PIEACK.all=0xFFFF;     //使用 PIE 中断
    EINT;
    //Insert ISR Code here……
    //Next line for debug only(remove after inserting ISR Code):
      ESTOP0;
    //Restore registers saved:
    DINT;
    PieCtrlRegs.PIEIER2.all=TempPIEIER;
}
#endif
//Connected to PIEIER2_3(use MINT2 and MG23 masks):
#if(G23PL ! =0)
interrupt void CMP3INT_ISR(void)      //EV-A
{
    //Set interrupt priority:
    volatile Uint16 TempPIEIER=PieCtrlRegs.PIEIER2.all;
    IER |=M_INT2;
    IER&=MINT2;                                    //设置 "global" 优先权
    PieCtrlRegs.PIEIER2.all &=MG23;     //设置 "group"优先权
    PieCtrlRegs.PIEACK.all=0xFFFF;     //使用 PIE 中断
    EINT;
    //Insert ISR Code here……
    //Next line for debug only(remove after inserting ISR Code):
      ESTOP0;
    //Restore registers saved:
    DINT;
    PieCtrlRegs.PIEIER2.all=TempPIEIER;
}
#endif
//Connected to PIEIER2_4(use MINT2 and MG24 masks):
#if(G24PL ! =0)
interrupt void T1PINT_ISR(void)      //EV-A
{
    //Set interrupt priority:
    volatile Uint16 TempPIEIER=PieCtrlRegs.PIEIER2.all;
    IER |=M_INT2;
    IER&=MINT2;                                    //设置 "global" 优先权
    PieCtrlRegs.PIEIER2.all &=MG24;     //设置 "group" 优先权
    PieCtrlRegs.PIEACK.all=0xFFFF;     //使用 PIE 中断
    EINT;
    //Insert ISR Code here……
```

```
    //Next line for debug only(remove after inserting ISR Code):
      ESTOP0;

    //Restore registers saved:
    DINT;
    PieCtrlRegs.PIEIER2.all=TempPIEIER;
}
#endif

//Connected to PIEIER2_5(use MINT2 and MG25 masks):
#if(G25PL != 0)
interrupt void T1CINT_ISR(void)      //EV-A
{
    //Set interrupt priority:
    volatile Uint16 TempPIEIER=PieCtrlRegs.PIEIER2.all;
    IER |=M_INT2;
    IER&=MINT2;                                  //设置 "global" 优先权
    PieCtrlRegs.PIEIER2.all &=MG25;    //设置"group" 优先权
    PieCtrlRegs.PIEACK.all=0xFFFF;    //使用 PIE 中断
    EINT;

    //Insert ISR Code here……

    //Next line for debug only(remove after inserting ISR Code):
      ESTOP0;

    //Restore registers saved:
    DINT;
    PieCtrlRegs.PIEIER2.all=TempPIEIER;
}
#endif

//Connected to PIEIER2_6(use MINT2 and MG26 masks):
#if(G26PL != 0)
interrupt void T1UFINT_ISR(void)      //EV-A
{
    //Set interrupt priority:
    volatile Uint16 TempPIEIER=PieCtrlRegs.PIEIER2.all;
    IER |=M_INT2;
    IER&=MINT2;                                  //设置 "global" 优先权
    PieCtrlRegs.PIEIER2.all &=MG26;    //设置 "group" 优先权
    PieCtrlRegs.PIEACK.all=0xFFFF;    //使用 PIE 中断
    EINT;

    //Insert ISR Code here……

    //Next line for debug only(remove after inserting ISR Code):
      ESTOP0;

    //Restore registers saved:
    DINT;
    PieCtrlRegs.PIEIER2.all=TempPIEIER;
```

```
}
#endif
//Connected to PIEIER2_7(use MINT2 and MG27 masks):
#if(G27PL != 0)
interrupt void T1OFINT_ISR(void)     //EV-A
{
    //Set interrupt priority:
    volatile Uint16 TempPIEIER=PieCtrlRegs.PIEIER2.all;
    IER |=M_INT2;
    IER&=MINT2;                                  //设置 "global" 优先权
    PieCtrlRegs.PIEIER2.all &=MG27;    //设置 "group" 优先权
    PieCtrlRegs.PIEACK.all=0xFFFF;    //使用 PIE 中断
    EINT;
    //Insert ISR Code here……
    //Next line for debug only(remove after inserting ISR Code):
      ESTOP0;
    //Restore registers saved:
    DINT;
    PieCtrlRegs.PIEIER2.all=TempPIEIER;
}
#endif
//Connected to PIEIER3_1(use MINT3 and MG31 masks):
#if(G31PL != 0)
interrupt void T2PINT_ISR(void)     //EV-A
{
    //Set interrupt priority:
    volatile Uint16 TempPIEIER=PieCtrlRegs.PIEIER3.all;
    IER |=M_INT3;
    IER&=MINT3;                                  //设置 "global" 优先权
    PieCtrlRegs.PIEIER3.all &=MG31;    //设置 "group"  优先权
    PieCtrlRegs.PIEACK.all=0xFFFF;    //使用 PIE 中断
    EINT;
    //Insert ISR Code here……
    //Next line for debug only(remove after inserting ISR Code):
      ESTOP0;
    //Restore registers saved:
    DINT;
    PieCtrlRegs.PIEIER3.all=TempPIEIER;
}
#endif
//Connected to PIEIER3_2(use MINT3 and MG32 masks):
#if(G32PL != 0)
interrupt void T2CINT_ISR(void)     //EV-A
```

```
{
    //Set interrupt priority:
    volatile Uint16 TempPIEIER=PieCtrlRegs.PIEIER3.all;
    IER |=M_INT3;
    IER&=MINT3;                              //设置 "global" 优先权
    PieCtrlRegs.PIEIER3.all &=MG32;   //设置 "group" 优先权
    PieCtrlRegs.PIEACK.all=0xFFFF;   //使用 PIE 中断
    EINT;
    //Insert ISR Code here……
    //Next line for debug only(remove after inserting ISR Code):
    ESTOP0;
    //Restore registers saved:
    DINT;
    PieCtrlRegs.PIEIER3.all=TempPIEIER;
}
#endif
//Connected to PIEIER3_3(use MINT3 and MG33 masks):
#if(G33PL ! =0)
interrupt void T2UFINT_ISR(void)      //EV-A
{
    //Set interrupt priority:
    volatile Uint16 TempPIEIER=PieCtrlRegs.PIEIER3.all;
    IER |=M_INT3;
    IER&=MINT3;                              //设置 "global" 优先权
    PieCtrlRegs.PIEIER3.all &=MG33;   //设置 "group" 优先权
    PieCtrlRegs.PIEACK.all=0xFFFF;   //使用 PIE 中断
    EINT;
    //Insert ISR Code here……
    //Next line for debug only(remove after inserting ISR Code):
      ESTOP0;
    //Restore registers saved:
    DINT;
    PieCtrlRegs.PIEIER3.all=TempPIEIER;
}
#endif
//Connected to PIEIER3_4(use MINT3 and MG34 masks):
#if(G34PL ! =0)
interrupt void T2OFINT_ISR(void)      //EV-A
{
    //Set interrupt priority:
    volatile Uint16 TempPIEIER=PieCtrlRegs.PIEIER3.all;
    IER |=M_INT3;
    IER&=MINT3;                              //设置 "global" 优先权
    PieCtrlRegs.PIEIER3.all &=MG34;   //设置 "group"优先权
```

```
    PieCtrlRegs.PIEACK.all=0xFFFF;    //使用 PIE 中断
    EINT;
    // Insert ISR Code here……
    // Next line for debug only(remove after inserting ISR Code):
      ESTOP0;
    // Restore registers saved:
    DINT;
    PieCtrlRegs.PIEIER3.all=TempPIEIER;
}
#endif
// Connected to PIEIER3_5(use MINT3 and MG35 masks):
#if(G35PL!=0)
interrupt void CAPINT1_ISR(void)      // EV-A
{
    // Set interrupt priority:
    volatile Uint16 TempPIEIER=PieCtrlRegs.PIEIER3.all;
    IER |=M_INT3;
    IER&=MINT3;                                   //设置 "global" 优先权
    PieCtrlRegs.PIEIER3.all &=MG35;    //设置 "group" 优先权
    PieCtrlRegs.PIEACK.all=0xFFFF;    //使用 PIE 中断
    EINT;
    // Insert ISR Code here……
    // Next line for debug only(remove after inserting ISR Code):
      ESTOP0;
    // Restore registers saved:
    DINT;
    PieCtrlRegs.PIEIER3.all=TempPIEIER;
}
#endif
// Connected to PIEIER3_6(use MINT3 and MG36 masks):
#if(G36PL!=0)
interrupt void CAPINT2_ISR(void)      // EV-A
{
    // Set interrupt priority:
    volatile Uint16 TempPIEIER=PieCtrlRegs.PIEIER3.all;
    IER |=M_INT3;
    IER&=MINT3;                                   //设置 "global" 优先权
    PieCtrlRegs.PIEIER3.all &=MG36;    //设置 "group" 优先权
    PieCtrlRegs.PIEACK.all=0xFFFF;    //使用 PIE 中断
    EINT;
    // Insert ISR Code here……
    // Next line for debug only(remove after inserting ISR Code):
      ESTOP0;
```

```
    //Restore registers saved:
    DINT;
    PieCtrlRegs.PIEIER3.all=TempPIEIER;
}
#endif
//Connected to PIEIER3_7(use MINT3 and MG37 masks):
#if(G37PL != 0)
interrupt void CAPINT3_ISR(void)      //EV-A
{
    //Set interrupt priority:
    volatile Uint16 TempPIEIER=PieCtrlRegs.PIEIER3.all;
    IER |=M_INT3;
    IER&=MINT3;                           //设置 "global" 优先权
    PieCtrlRegs.PIEIER3.all &=MG37;    //设置 "group"  优先权
    PieCtrlRegs.PIEACK.all=0xFFFF;    //使用 PIE 中断
    EINT;
    //Insert ISR Code here……
    //Next line for debug only(remove after inserting ISR Code):
    ESTOP0;
    //Restore registers saved:
    DINT;
    PieCtrlRegs.PIEIER3.all=TempPIEIER;
}
#endif
//---------------------------------------------------
//EV-B Default ISRs:
//
//Connected to PIEIER1_2(use MINT1 and MG12 masks):
#if(G12PL != 0)
interrupt void PDPINTB_ISR(void)      //EV-B
{
    //Set interrupt priority:
    volatile Uint16 TempPIEIER=PieCtrlRegs.PIEIER1.all;
    IER |=M_INT1;
    IER&=MINT1;                           //设置 "global" 优先权
    PieCtrlRegs.PIEIER1.all &=MG12;    //设置 "group"  优先权
    PieCtrlRegs.PIEACK.all=0xFFFF;    //使用 PIE 中断
    EINT;
    //Insert ISR Code here……
    //Next line for debug only(remove after inserting ISR Code):
    ESTOP0;
    //Restore registers saved:
    DINT;
    PieCtrlRegs.PIEIER1.all=TempPIEIER;
```

```
}
#endif
//Connected to PIEIER4_1(use MINT4 and MG41 masks):
#if(G41PL ! =0)
interrupt void CMP4INT_ISR(void)      //EV-A
{
    //Set interrupt priority:
    volatile Uint16 TempPIEIER=PieCtrlRegs.PIEIER4.all;
    IER |=M_INT4;
    IER&=MINT4;                                    //设置"global"优先权
    PieCtrlRegs.PIEIER4.all &=MG41;   //设置"group"优先权
    PieCtrlRegs.PIEACK.all=0xFFFF;    //使用PIE中断
    EINT;
    //Insert ISR Code here……
    //Next line for debug only(remove after inserting ISR Code):
    ESTOP0;
    //Restore registers saved:
    DINT;
    PieCtrlRegs.PIEIER4.all=TempPIEIER;
}
#endif
//Connected to PIEIER4_2(use MINT4 and MG42 masks):
#if(G42PL ! =0)
interrupt void CMP5INT_ISR(void)      //EV-B
{
    //Set interrupt priority:
    volatile Uint16 TempPIEIER=PieCtrlRegs.PIEIER5.all;
    IER |=M_INT4;
    IER&=MINT4;                                    //设置"global"优先权
    PieCtrlRegs.PIEIER4.all &=MG42;   //设置"group"优先权
    PieCtrlRegs.PIEACK.all=0xFFFF;    //使用PIE中断
    EINT;
    //Insert ISR Code here……
    //Next line for debug only(remove after inserting ISR Code):
    ESTOP0;
    //Restore registers saved:
    DINT;
    PieCtrlRegs.PIEIER4.all=TempPIEIER;
}
#endif
//Connected to PIEIER4_3(use MINT4 and MG43 masks):
#if(G43PL ! =0)
interrupt void CMP6INT_ISR(void)      //EV-B
```

```
{
      //Set interrupt priority:
      volatile Uint16 TempPIEIER=PieCtrlRegs.PIEIER4.all;
      IER |=M_INT4;
      IER&=MINT4;                              //设置 "global" 优先权
      PieCtrlRegs.PIEIER4.all &=MG43;    //设置 "group" 优先权
      PieCtrlRegs.PIEACK.all=0xFFFF;    //使用 PIE 中断
      EINT;

      //Insert ISR Code here……

      //Next line for debug only(remove after inserting ISR Code):
      ESTOP0;

      //Restore registers saved:
      DINT;
      PieCtrlRegs.PIEIER4.all=TempPIEIER;
}
#endi

//Connected to PIEIER4_4(use MINT4 and MG44 masks):
#if(G44PL ! =0)
interrupt void T3PINT_ISR(void)      //EV-B
{
      //Set interrupt priority:
      volatile Uint16 TempPIEIER=PieCtrlRegs.PIEIER4.all;
      IER |=M_INT4;
      IER&=MINT4;                              //设置 "global" 优先权
      PieCtrlRegs.PIEIER4.all &=MG44;    //设置 "group" 优先权
      PieCtrlRegs.PIEACK.all=0xFFFF;    //使用 PIE 中断
      EINT;

      //Insert ISR Code here……

      //Next line for debug only(remove after inserting ISR Code):
        ESTOP0;

      //Restore registers saved:
      DINT;
      PieCtrlRegs.PIEIER4.all=TempPIEIER;
}
#endif

//Connected to PIEIER4_5(use MINT4 and MG45 masks):
#if(G45PL ! =0)
interrupt void T3CINT_ISR(void)      //EV-B
{
      //Set interrupt priority:
      volatile Uint16 TempPIEIER=PieCtrlRegs.PIEIER4.all;
      IER |=M_INT4;
      IER&=MINT4;                              //设置 "global" 优先权
      PieCtrlRegs.PIEIER4.all &=MG45;    //设置 "group" 优先权
```

```
    PieCtrlRegs.PIEACK.all=0xFFFF;    //使用 PIE 中断
    EINT;
    //Insert ISR Code here……
    //Next line for debug only(remove after inserting ISR Code):
    ESTOP0;
    //Restore registers saved:
    DINT;
    PieCtrlRegs.PIEIER4.all=TempPIEIER;
}
#endif
//Connected to PIEIER4_6(use MINT4 and MG46 masks):
#if(G46PL ! =0)
interrupt void T3UFINT_ISR(void)      //EV-B
{
    //Set interrupt priority:
    volatile Uint16 TempPIEIER=PieCtrlRegs.PIEIER4.all;
    IER |=M_INT4;
    IER&=MINT4;                                  //设置 "global" 优先权
    PieCtrlRegs.PIEIER4.all &=MG46;    //设置 "group" 优先权
    PieCtrlRegs.PIEACK.all=0xFFFF;    //使用 PIE 中断
    EINT;
    //Insert ISR Code here……
    //Next line for debug only(remove after inserting ISR Code):
    ESTOP0;
    //Restore registers saved:
    DINT;
    PieCtrlRegs.PIEIER4.all=TempPIEIER;
}
#endif
//Connected to PIEIER4_7(use MINT4 and MG47 masks):
#if(G47PL ! =0)
interrupt void T3OFINT_ISR(void)      //EV-B
{
    //Set interrupt priority:
    volatile Uint16 TempPIEIER=PieCtrlRegs.PIEIER4.all;
    IER |=M_INT4;
    IER&=MINT4;                                  //设置 "global" 优先权
    PieCtrlRegs.PIEIER4.all &=MG47;    //设置 "group" 优先权
    PieCtrlRegs.PIEACK.all=0xFFFF;    //使用 PIE 中断
    EINT;
    //Insert ISR Code here……
    //Next line for debug only(remove after inserting ISR Code):
    ESTOP0;
```

```
      //Restore registers saved:
      DINT;
     PieCtrlRegs.PIEIER4.all=TempPIEIER;
}
#endif
//Connected to PIEIER5_1(use MINT5 and MG51 masks):
#if(G51PL ! =0)
interrupt void T4PINT_ISR(void)      //EV-B
{
      //Set interrupt priority:
      volatile Uint16 TempPIEIER=PieCtrlRegs.PIEIER5.all;
      IER |=M_INT5;
      IER&=MINT5;                                //设置 "global" 优先权
      PieCtrlRegs.PIEIER5.all &=MG51;    //设置 "group" 优先权
      PieCtrlRegs.PIEACK.all=0xFFFF;    //使用 PIE 中断
      EINT;
      //Insert ISR Code here……
      //Next line for debug only(remove after inserting ISR Code):
      ESTOP0;
      //Restore registers saved:
      DINT;
      PieCtrlRegs.PIEIER5.all=TempPIEIER;
}
#endif
//Connected to PIEIER5_2(use MINT5 and MG52 masks):
#if(G52PL ! =0)
interrupt void T4CINT_ISR(void)      //EV-B
{
      //Set interrupt priority:
      volatile Uint16 TempPIEIER=PieCtrlRegs.PIEIER5.all;
      IER |=M_INT5;
      IER&=MINT5;                                //设置 "global" 优先权
      PieCtrlRegs.PIEIER5.all &=MG52;    //设置 "group" 优先权
      PieCtrlRegs.PIEACK.all=0xFFFF;    //使用 PIE 中断
      EINT;
      //Insert ISR Code here……
      //Next line for debug only(remove after inserting ISR Code):
      ESTOP0;
      //Restore registers saved:
      DINT;
      PieCtrlRegs.PIEIER5.all=TempPIEIER;
}
#endif
```

```
//Connected to PIEIER5_3(use MINT5 and MG53 masks):
#if(G53PL != 0)
interrupt void T4UFINT_ISR(void)      //EV-B
{
    //Set interrupt priority:
    volatile Uint16 TempPIEIER=PieCtrlRegs.PIEIER5.all;
    IER |=M_INT5;
    IER&=MINT5;                                    //设置"global"优先权
    PieCtrlRegs.PIEIER5.all &=MG53;    //设置"group"优先权
    PieCtrlRegs.PIEACK.all=0xFFFF;    //使用PIE中断
    EINT;
    //Insert ISR Code here……
    //Next line for debug only(remove after inserting ISR Code):
    ESTOP0;
    //Restore registers saved:
    DINT;
    PieCtrlRegs.PIEIER5.all=TempPIEIER;
}
#endif
//Connected to PIEIER5_4(use MINT5 and MG54 masks):
#if(G54PL != 0)
interrupt void T4OFINT_ISR(void)      //EV-B
{
    //Set interrupt priority:
    volatile Uint16 TempPIEIER=PieCtrlRegs.PIEIER5.all;
    IER |=M_INT5;
    IER&=MINT5;                                    //设置"global"优先权
    PieCtrlRegs.PIEIER5.all &=MG54;    //设置"group"优先权
    PieCtrlRegs.PIEACK.all=0xFFFF;    //使用PIE中断
    EINT;
    //Insert ISR Code here……
    //Next line for debug only(remove after inserting ISR Code):
    ESTOP0;
    //Restore registers saved:
    DINT;
    PieCtrlRegs.PIEIER5.all=TempPIEIER;
}
#endif
//Connected to PIEIER5_5(use MINT5 and MG55 masks):
#if(G55PL != 0)
interrupt void CAPINT4_ISR(void)      //EV-B
{
    //Set interrupt priority:
    volatile Uint16 TempPIEIER=PieCtrlRegs.PIEIER5.all;
```

```
    IER |=M_INT5;
    IER&=MINT5;                          //设置 "global" 优先权
    PieCtrlRegs.PIEIER5.all &=MG55;   //设置 "group" 优先权
    PieCtrlRegs.PIEACK.all=0xFFFF;    //使用 PIE 中断
    EINT;

    //Insert ISR Code here……

    //Next line for debug only(remove after inserting ISR Code):
    ESTOP0;

    //Restore registers saved:
    DINT;
    PieCtrlRegs.PIEIER5.all=TempPIEIER;
}
#endif

//Connected to PIEIER5_6(use MINT5 and MG56 masks):
#if(G56PL ! =0)
interrupt void CAPINT5_ISR(void)     //EV B
{
    //Set interrupt priority:
    volatile Uint16 TempPIEIER=PieCtrlRegs.PIEIER5.all;
    IER |=M_INT5;
    IER&=MINT5;                          //设置 "global" 优先权
    PieCtrlRegs.PIEIER5.all &=MG56;   //设置 "group" 优先权
    PieCtrlRegs.PIEACK.all=0xFFFF;    //使用 PIE 中断
    EINT;

    //Insert ISR Code here……

    //Next line for debug only(remove after inserting ISR Code):
    ESTOP0;

    //Restore registers saved:
    DINT;
    PieCtrlRegs.PIEIER5.all=TempPIEIER;
}
#endif

//Connected to PIEIER5_7(use MINT5 and MG57 masks):
#if(G57PL ! =0)
interrupt void CAPINT6_ISR(void)     //EV-B
{
    //Set interrupt priority:
    volatile Uint16 TempPIEIER=PieCtrlRegs.PIEIER5.all;
    IER |=M_INT5;
    IER&=MINT5;                          //设置 "global" 优先权
    PieCtrlRegs.PIEIER5.all &=MG57;   //设置 "group" 优先权
    PieCtrlRegs.PIEACK.all=0xFFFF;    //使用 PIE 中断
    EINT;
```

```
    //Insert ISR Code here……
    //Next line for debug only(remove after inserting ISR Code):
    ESTOP0;
    //Restore registers saved:
    DINT;
    PieCtrlRegs.PIEIER5.all=TempPIEIER;
}
#endif
//------------------------------------------------------
//McBSP-A Default ISRs:
//
//Connected to PIEIER6_5(use MINT6 and MG65 masks):
#if(G65PL!=0)
interrupt void MRINTA_ISR(void)    //McBSP-A
{
    //Set interrupt priority:
    volatile Uint16 TempPIEIER=PieCtrlRegs.PIEIER6.all;
    IER |=M_INT6;
    IER&=MINT6;                                //设置"global"优先权
    PieCtrlRegs.PIEIER6.all &=MG65;   //设置"group"优先权
    PieCtrlRegs.PIEACK.all=0xFFFF;   //使用PIE中断
    EINT;
    //Insert ISR Code here……
    //Next line for debug only(remove after inserting ISR Code):
    ESTOP0;
    //Restore registers saved:
    DINT;
    PieCtrlRegs.PIEIER6.all=TempPIEIER;
}
#endif
//Connected to PIEIER6_6(use MINT6 and MG66 masks):
#if(G66PL!=0)
interrupt void MXINTA_ISR(void)    //McBSP-A
{
    //Set interrupt priority:
    volatile Uint16 TempPIEIER=PieCtrlRegs.PIEIER6.all;
    IER |=M_INT6;
    IER&=MINT6;                                //设置"global"优先权
    PieCtrlRegs.PIEIER6.all &=MG66;   //设置"group"优先权
    PieCtrlRegs.PIEACK.all=0xFFFF;   //使用PIE中断
    EINT;
    //Insert ISR Code here……
    //Next line for debug only(remove after inserting ISR Code):
```

```
    ESTOP0;

    //Restore registers saved:
    DINT;
    PieCtrlRegs.PIEIER6.all=TempPIEIER;
}
#endif

//------------------------------------------------------------
//SPI-A Default ISRs:
//
//Connected to PIEIER6_1(use MINT6 and MG61 masks):
#if(G61PL ! =0)
interrupt void SPIRXINTA_ISR(void)      //SPI-A
{
    //Set interrupt priority:
    volatile Uint16 TempPIEIER=PieCtrlRegs.PIEIER6.all;
    IER |=M_INT6;
    IER&=MINT6;                              //设置 "global" 优先权
    PieCtrlRegs.PIEIER6.all &=MG61;     //设置 "group" 优先权
    PieCtrlRegs.PIEACK.all=0xFFFF;     //使用 PIE 中断
    EINT;

    //Insert ISR Code here……

    //Next line for debug only(remove after inserting ISR Code):
    ESTOP0;

    //Restore registers saved:
    DINT;
    PieCtrlRegs.PIEIER6.all=TempPIEIER;
}
#endif

//Connected to PIEIER6_2(use MINT6 and MG62 masks):
#if(G62PL ! =0)
interrupt void SPITXINTA_ISR(void)      //SPI-A
{
    //Set interrupt priority:
    volatile Uint16 TempPIEIER=PieCtrlRegs.PIEIER6.all;
    IER |=M_INT6;
    IER&=MINT6;                              //设置 "global" 优先权
    PieCtrlRegs.PIEIER6.all &=MG62;     //设置 "group" 优先权
    PieCtrlRegs.PIEACK.all=0xFFFF;     //使用 PIE 中断
    EINT;

    //Insert ISR Code here……

    //Next line for debug only(remove after inserting ISR Code):
    ESTOP0;

    //Restore registers saved:
```

```
    DINT;
    PieCtrlRegs.PIEIER6.all=TempPIEIER;
}
#endif
//------------------------------------------------------
//SCI-A Default ISRs:
//
//Connected to PIEIER9_1(use MINT9 and MG91 masks):
#if(G91PL != 0)
interrupt void SCIRXINTA_ISR(void)      //SCI-A
{
    //Set interrupt priority:
    volatile Uint16 TempPIEIER=PieCtrlRegs.PIEIER9.all;
    IER |=M_INT9;
    IER&=MINT9;                                 //设置 "global" 优先权
    PieCtrlRegs.PIEIER9.all &=MG91;     //设置 "group" 优先权
    PieCtrlRegs.PIEACK.all=0xFFFF;    //使用 PIE 中断
    EINT;
    //Insert ISR Code here……
    //Next line for debug only(remove after inserting ISR Code):
    ESTOP0;
    //Restore registers saved:
    DINT;
    PieCtrlRegs.PIEIER9.all=TempPIEIER;
}
#endif
//Connected to PIEIER9_2(use MINT9 and MG92 masks):
#if(G92PL != 0)
interrupt void SCITXINTA_ISR(void)      //SCI-A
{
    //Set interrupt priority:
    volatile Uint16 TempPIEIER=PieCtrlRegs.PIEIER9.all;
    IER |=M_INT9;
    IER&=MINT9;                                 //设置 "global" 优先权
    PieCtrlRegs.PIEIER9.all &=MG92;     //设置 "group" 优先权
    PieCtrlRegs.PIEACK.all=0xFFFF;    //使用 PIE 中断
    EINT;
    //Insert ISR Code here……
    //Next line for debug only(remove after inserting ISR Code):
    ESTOP0;
    //Restore registers saved:
    DINT;
    PieCtrlRegs.PIEIER9.all=TempPIEIER;
}
```

```
#endif
//----------------------------------------------------------------
//SCI-B Default ISRs:
//
//Connected to PIEIER9_3(use MINT9 and MG93 masks):
#if(G93PL != 0)
interrupt void SCIRXINTB_ISR(void)      //SCI-B
{
     //Set interrupt priority:
     volatile Uint16 TempPIEIER=PieCtrlRegs.PIEIER9.all;
     IER |=M_INT9;
     IER&=MINT9;                                   //设置 "global" 优先权
     PieCtrlRegs.PIEIER9.all &=MG93;    //设置 "group" 优先权
     PieCtrlRegs.PIEACK.all=0xFFFF;    //使用 PIE 中断
     EINT;

     //Insert ISR Code here……

     //Next line for debug only(remove after inserting ISR Code):
     ESTOP0;

     //Restore registers saved:
     DINT;
     PieCtrlRegs.PIEIER9.all=TempPIEIER;
}
#endif

//Connected to PIEIER9_4(use MINT9 and MG94 masks):
#if(G94PL != 0)
interrupt void SCITXINTB_ISR(void)      //SCI-B
{
     //Set interrupt priority:
     volatile Uint16 TempPIEIER=PieCtrlRegs.PIEIER9.all;
     IER |=M_INT9;
     IER&=MINT9;                                   //设置 "global" 优先权
     PieCtrlRegs.PIEIER9.all &=MG94;    //设置 "group" 优先权
     PieCtrlRegs.PIEACK.all=0xFFFF;    //使用 PIE 中断
     EINT;

     //Insert ISR Code here……

     //Next line for debug only(remove after inserting ISR Code):
     ESTOP0;

     //Restore registers saved:
     DINT;
     PieCtrlRegs.PIEIER9.all=TempPIEIER;
}
#endif
//----------------------------------------------------------------
//eCAN-A Default ISRs:
```

```
//
// Connected to PIEIER9_5(use MINT9 and MG95 masks):
#if(G95PL! =0)
interrupt void ECAN0INTA_ISR(void)   // eCAN-A
{
    // Set interrupt priority:
    volatile Uint16 TempPIEIER=PieCtrlRegs.PIEIER9.all;
    IER |=M_INT9;
    IER&=MINT9;                               //设置 "global" 优先权
    PieCtrlRegs.PIEIER9.all &=MG95;   //设置 "group" 优先权
    PieCtrlRegs.PIEACK.all=0xFFFF;   //使用 PIE 中断
    EINT;
    // Insert ISR Code here……
    // Next line for debug only(remove after inserting ISR Code):
    ESTOP0;
    // Restore registers saved:
    DINT;
    PieCtrlRegs.PIEIER9.all=TempPIEIER;
}
#endif
// Connected to PIEIER9_6(use MINT9 and MG96 masks):
#if(G96PL ! =0)
interrupt void ECAN1INTA_ISR(void)   // eCAN-A
{
    // Set interrupt priority:
    volatile Uint16 TempPIEIER=PieCtrlRegs.PIEIER9.all;
    IER |=M_INT9;
    IER&=MINT9;                               //设置 "global" 优先权
    PieCtrlRegs.PIEIER9.all &=MG96;   //设置 "group" 优先权
    PieCtrlRegs.PIEACK.all=0xFFFF;   //使用 PIE 中断
    EINT;
    // Insert ISR Code here……
    // Next line for debug only(remove after inserting ISR Code):
      ESTOP0;
    // Restore registers saved:
    DINT;
    PieCtrlRegs.PIEIER9.all=TempPIEIER;
}
#endif
//-----------------------------------------------------------
// Catch All Default ISRs:
//
interrupt void PIE_RESERVED(void)     //不采用缺省中断
```

```
{
      ESTOP0;
}
interrupt void INT_NOTUSED_ISR(void)      //不采用缺省中断
{
      ESTOP0;
}
interrupt void rsvd_ISR(void)             //保留缺省中断
{
     ESTOP0;
}
```

第 11 章 ▸▸ DSP 在电机控制系统中的应用

对于 DSP 在电机控制应用系统，被测量对象的有关参数往往是一些连续变化的模拟量，如温度、电压、速度等。这些模拟量必须转换为数字量后，才能输入到 DSP 芯片中进行处理。有时还要求将结果转换为模拟量，驱动相应的执行机构，以实现对电机的控制。本章的两个典型实例都采用 TMS320F2812 DSP 芯片实现了对电机控制。

11.1 实例：异步电动机矢量控制设计

本节建立了一个基于高速数字信号处理器（TMS320F2812）为核心的全数字化矢量控制系统硬件平台，对异步电动机的矢量控制算法和 PWM 实现等进行了研究的同时，对系统硬件电路和系统软件进行了的设计；并给出了基于 DSP 的矢量控制系统软件流程图，最后给出了参考程序；实现了对异步电动机矢量控制。

11.1.1 实例功能

自 20 世纪 70 年代异步电动机矢量变换控制方法提出，至今已获得了迅猛的发展。这种理论的主要思想是将异步电动机模拟成直流机，通过坐标变换的方法，分别控制励磁电流分量与转矩电流分量，从而获得与直流电动机一样良好的动态调速特性。这种控制方法现已较成熟，已经产品化，且产品质量较稳定。因为这种方法采用了坐标变换，所以对控制器的运算速度、处理能力等性能要求较高。近年来，围绕着矢量变换控制的缺陷，如系统结构复杂、非线性和电机参数变化影响系统性能等问题，国内外学者进行了大量的研究。

矢量控制理论的提出使异步电机调速性能达到甚至超过直流电机调速性能成为可能，而且运用矢量控制已成为当今交流变频调速系统的主流。

在变频技术日新月异地发展的同时，交流电动机控制技术取得了突破性进展。由于交流电动机是多变量、强耦合的非线性系统，与直流电动机相比，转矩控制要困难得多。20 世纪 70 年代初提出的矢量控制理论解决了交流电动机的转矩控制问题，应用坐标变换将三相系统等效为两相系统，再经过按转子磁场定向的同步旋转变换实现了定子电流励磁分量与转矩分量之间的解耦，从而达到对交流电动机的磁链和电流分别控制的目的。这样就可以将一台三相异步电动机等效为直流电动机来控制，因而获得了与直流调速系统同样优良的静、动态性能，开创了交流调速与直流调速相竞争的时代。直接转矩控制是 20 世纪 80 年代中期提出的又一转矩控制方法，其思路是把电机与逆变器看作一个整体，采用空间电压矢量分析方法在定子坐标系进行磁通、转矩计算，通过磁通跟踪型 PWM 逆变器的开关状态直接控制转矩。因此，无须对定子电流进行解耦，免去了矢量变换的复杂计算，控制结构简单，便于实现全数字化，目前正受到各国学者的重视。

11.1.2 工作原理

数字处理芯片 DSP 的引入异步电动机矢量控制系统，促进了模拟控制系统向数字控制系统的转化。数字化技术使得复杂的矢量控制得以实现，大大简化了硬件，降低了成本，提高了控制精度，而自诊断功能和自调试功能的实现又进一步提高了系统可靠性，节约了大量人力和时间，操作、维修都更加方便。数字处理芯片 DSP 运算速度的提高、存储器的大容量化，将进一步促进数字控制系统取代模拟控制系统，数字化已成为控制技术的方向。

异步电动机数学模型：

设两相坐标 d 轴与三相坐标 A 轴的夹角为 θ，而 $p\theta=\omega_{11}$，为 d-q 坐标系相对于定子的角速度，ω_{12} 为 d-q 坐标系相对于转子的角速度。要把三相静止坐标系上的电压方程、磁链方程和转矩方程都变换到两相旋转坐标系上，可以先利用 3/2 变换将方程式中定子和转子的电压、电流、磁链和转矩都变换到两相静止坐标系 α/β 上，然后再用旋转变换矩阵 $C_{2s/2r}$，将这些变量都变换到两相旋转坐标系 d-q 上。变换后得到异步电机在任意两相旋转坐标系上数学模型为：

（1）电压方程

$$\begin{bmatrix} u_{d1} \\ u_{q1} \\ u_{d2} \\ u_{q2} \end{bmatrix}=\begin{bmatrix} R_1+L_sP & -\omega_{11}L_s & L_mP & -\omega_{11}L_m \\ \omega_{11}L_s & R_1+L_sP & \omega_{11}L_m & L_mP \\ L_mP & -\omega_{12}L_m & R_2+L_lp & -\omega_{12}L_r \\ \omega_{12}L_m & L_mP & \omega_{12}L_r & R_2+L_rP \end{bmatrix}\begin{bmatrix} i_{d1} \\ i_{q1} \\ i_{d2} \\ i_{q2} \end{bmatrix} \tag{11.1}$$

式中，定子各量均用下角标 1 表示，转子各量均用下角标 2 表示。

L_m——d-q 坐标系定子与转子同轴等效绕组间的互感，$L_m=(3/2)L_{m1}$；

L_s——d-q 坐标系定子等效绕组的自感，$L_s=L_m+L_{11}$；

L_r——d-q 坐标系转子等效绕组的自感，$L_r=L_m+L_{12}$。

两相绕组互感 L_m 是原来三相绕组中任意两相间最大互感（当轴线重合时）L_{m1} 的 3/2 倍，这是因为用两相取代了三相的缘故。两相坐标系上的电压方程是 4 维的，它比三相坐标系上的 6 维电压方程降低了 2 维。

（2）磁链方程

$$\begin{bmatrix} \psi_{d1} \\ \psi_{q1} \\ \psi_{d2} \\ \psi_{q2} \end{bmatrix}=\begin{bmatrix} L_s & 0 & L_m & 0 \\ 0 & L_s & 0 & L_m \\ L_m & 0 & L_r & 0 \\ 0 & L_m & 0 & L_r \end{bmatrix}\begin{bmatrix} i_{d1} \\ i_{q1} \\ i_{d2} \\ i_{q2} \end{bmatrix} \tag{11.2}$$

由于变换到 d-q 坐标系上以后，定子和转子等效绕组都落在两根轴上，而且两轴互相垂直，它们之间没有互感的耦合关系，互感磁链只在同轴绕组之间存在，因此式(11.2) 中的每个磁链分量只剩下两相了。但由于定、转子绕组与坐标轴之间都有相对运动，每轴磁通在与之垂直的绕组中还要产生旋转电动势，这些电动势项都与相对转速。ω_{11} 或 ω_{12} 成正比，可以在式(11.1) 中找到。

（3）转矩方程

$$T_e=P_nL_m(i_{q1}i_{d2}-i_{d1}i_{q2})=T_L+\frac{J}{P_n}\times\frac{d\omega}{dt} \tag{11.3}$$

式中　ω——电机转子的角速度，$\omega=\omega_{11}-\omega_{12}$。

式(11.1)～式(11.3) 就是异步电机在 d-q 坐标系上的数学模型。显然，它们比三相坐标系上的模型简单得多，阶数也降低了。但它的非线性、多变量、强耦合性质并没有改变。

模仿直流调速系统结构设计的三相异步电动机矢量控制的结构框图如图 11.1 所示。

11.1.3 硬件电路

异步电动机广泛应用于各行业，由它引起的故障也占所有电动机故障的绝大多数。特别是在各种流水生产线上，某一台电动机的控制失败会引起整条生产线停产，造成极大的经济损失。为此，必须设计一套冗余控制系统，当某一个控制器控制失败时，能够无间断地切换到另外一个控制器对电动机进行控制，在这里用现场可编程门阵列（FPGA）来实现。另外，对键盘扫描等需要延时防抖的耗时操作采用型号 EP1C12Q240 FPGA 为控制器的硬件电路来完成，大大提高了 DSP 对电动机控制的实时性。并且，由于 TMS320F2812A 具有 16 路模拟输入通道，足以应付对多台电动机的控制，经过简单的改进，也可以实现对双电动机的控制，从而实现电动机和控制系统的双备用。

（1）系统硬件总体设计

系统硬件结构框图如图 11.1 所示。整个系统电路共由以下几个部分组成。

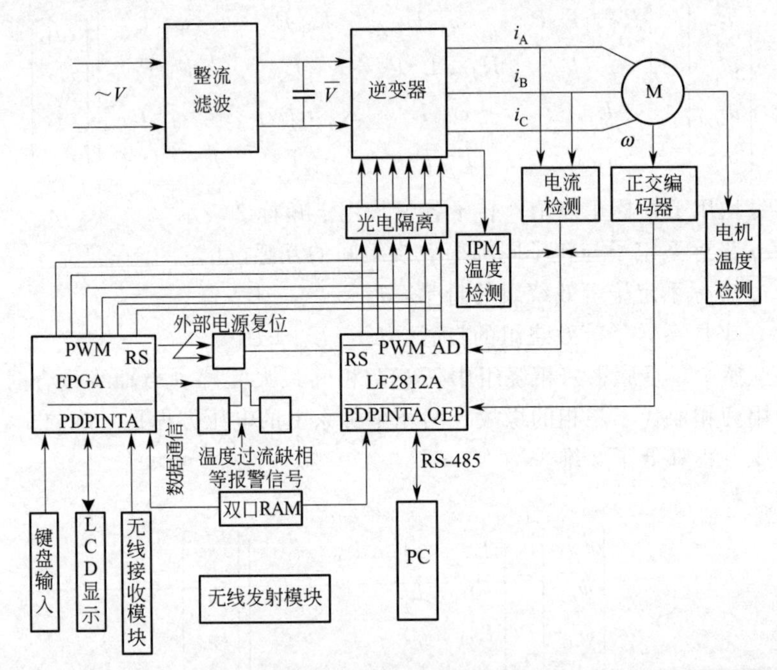

图 11.1 系统硬件框图

① 主控 CPU 模块　采用 TI 公司的 32 位 DSP 芯片 TMS320F2812A 作为系统核心，来完成各种参数的计算以及协调整个系统的工作。

② 辅助现场可编程门阵列模块 FPGA（Field Programmable Gate Array）辅助 DSP 完成对键盘输入、LCD 显示、无线接收模块的命令预处理以及 PWM 波形的输出等工作。

③ 智能功率驱动模块 IPM（Intelligent Power Module）功率开关器件采用三菱公司的 IPM，系统中选用基于 IGBT 的智能功率模块 PM15RHB120 作为逆变器的功率开关器件，接收 DSP 或者 FPGA 的 SVPWM 信号对电动机进行驱动控制。应用 IR 公司生产的 IRAMY20UP60B 变频器，它是一款具有 20A、600V 集成功率混合型 IC，带有内部温度监视器、过流过温保护等电路，温度模拟信号通过引脚 FTL_Vth 输出，外部可以借助引脚 Itrip 使 IPM 模块驱动输出呈现三态。同时，所有输入逻辑都与 5V 的施密特触发器兼容。

④ A/D 转换电路　将采样的两路电流信号转换为可供后续处理的数字信号。

⑤ 键盘输入模块　完成对电机的速度设定、加速、减速、正/反转、启动/停止、×10

倍速键、DSP/FPGA 产生 PWM 的选择键等控制功能。

⑥ LCD 显示模块 完成对电机的速度、启动/停止状态、DSP/FPGA 的工作状态、故障指示等的显示功能。

⑦ 无线接收/发送模块 除了速度设定以外，功能与键盘输入模块相似，主要适用于布线难度大的场合。

⑧ RS-485 通信模块 利用 RS-485 串行通信方式和 PC 进行通信，可以实现对电机的控制和状态显示，等效于 LCD 显示模块和键盘输入模块/无线接收/发送模块的功能。

(2) CAN 通信接口电路设计

在常规的 CAN 总线设计中，需要加入 SJA1000（CAN 总线独立控制器），但是由于 TMS320F2812A 中固化了 CAN 处理结构模块，不需要外接独立控制器，因此只需要设计外围接口电路即可，如图 11.2 所示。

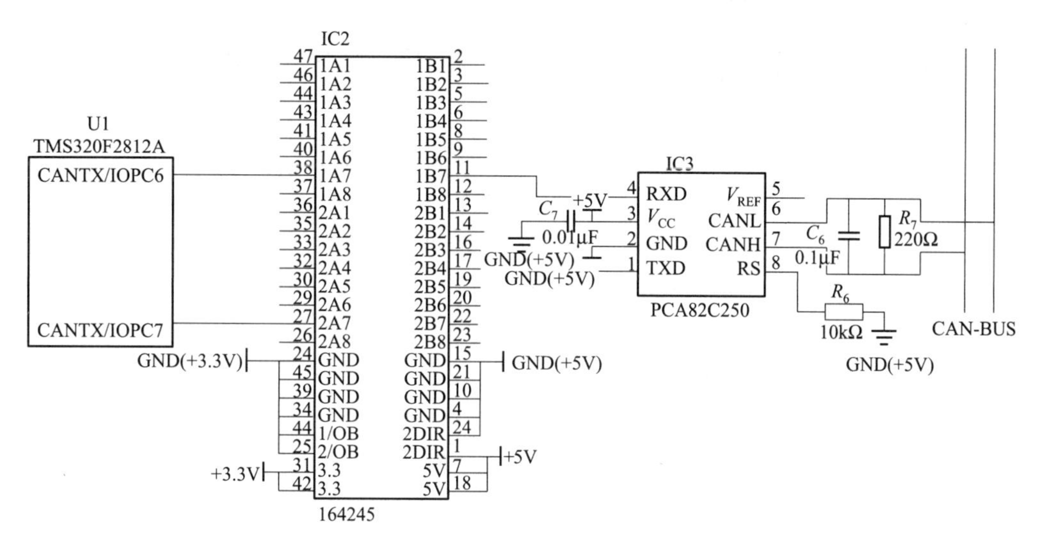

图 11.2 CAN 硬件电路图

外围驱动电路使用 PCA82C250（CAN 总线专用驱动器）。PCA82C250 是 CAN 控制与外围物理总线之间的接口芯片。其传送转换速度最高可以达到 1Mbaud。PCA82C250 能够提供差动传送能力，将信号传送给外部的物理总线；同时又具有差动接收能力，将外部信号转换后传送给 CAN 控制器。PCA82C250 具有电流限流电路，保护传送节点防止短路。

TMS320F2812A 为 3.3V 低功耗芯片，由 PCA8.2C250 转换/发送的信号均为＋5V 信号，因此需要加入信号电平转换电路。另外由于 TMS320F2812A 的 CAN 模块的外接引脚 CANRX/IOPC7，CANTX/IOPC6 为输入、输出的两个不同的信号，因此传送方向不同。CANRX/IOPC7 为输入信号，CANTX/IOPC6 为输出信号，在设计接口电路需要注意传输方向问题。电平转换电路使用 SN74ALVC164245，由于 SN74ALVC164245 可以同时转换上、下两组方向不同的信号，因此在一块 SN74ALVC164245 芯片上即可。设计时注意 SN74ALVC164245 上传输方向控制引脚 1、24 引脚的电平选择。

(3) PWM 输出电路设计

所选用的主电路 IGBT 驱动板卡上有隔离变压器，可以实现数字电路和驱动用模拟电路的隔离。但是从实验的可靠性和安全性的方面考虑出发，在控制板卡上应该加上光耦隔离措施，以便确定地将非数字信号隔离在控制板卡的核心电路之外。

为使控制板卡更具有灵活性，因此加入了跳线设计。跳线作用是用于选择由DSP芯片计算出的PWM输出信号的连接方法；或者与外部接口直接相联，不经过光耦隔离处理；如果在调试中发现IGBT驱动板的信号对控制板卡影响严重，则可以将PWM信号通过光耦隔离后再输出。其光耦输出电路如图11.3及图11.4所示。

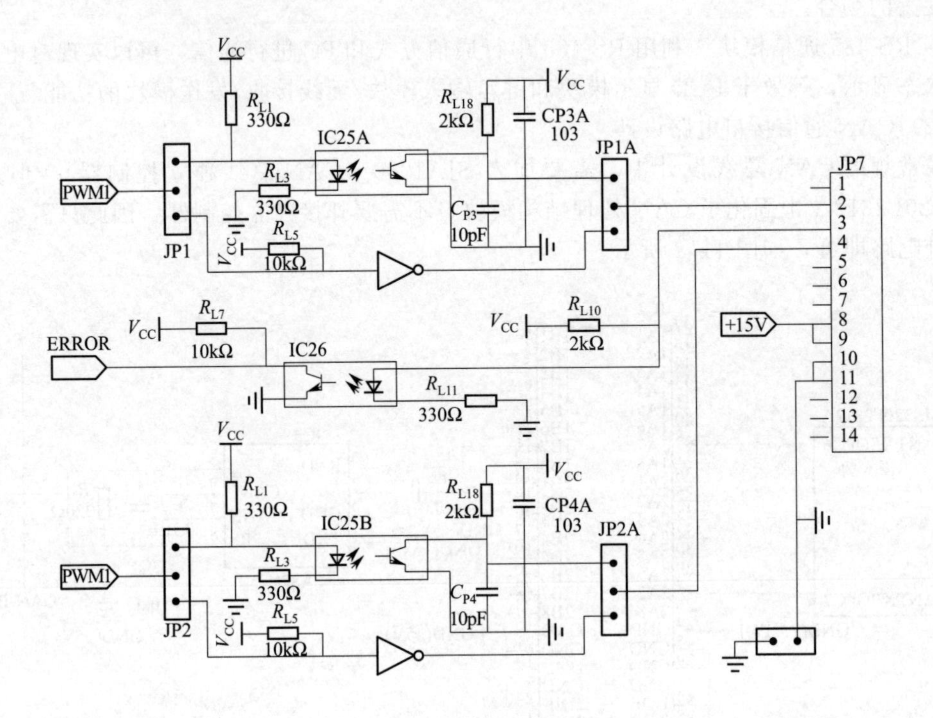

图 11.3　逆变桥驱动电路

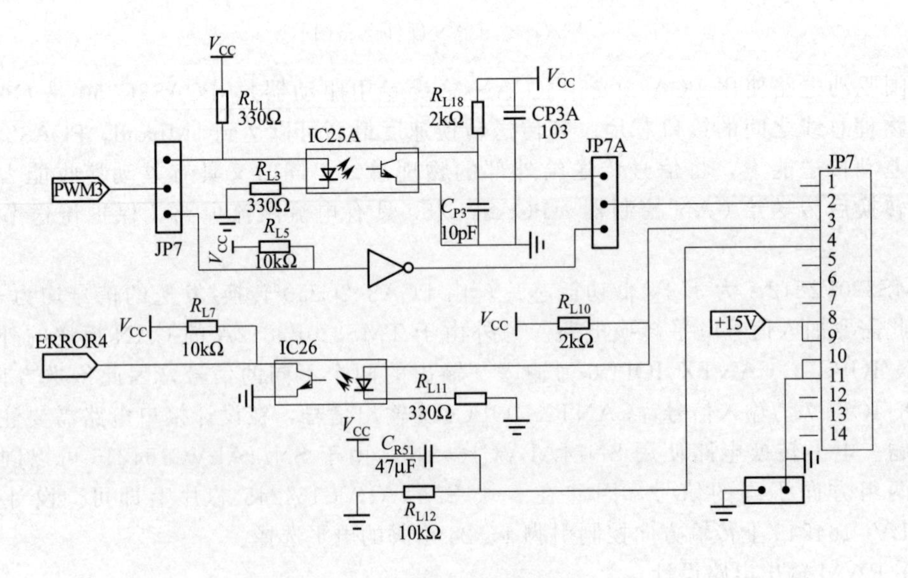

图 11.4　能耗制动驱动电路

（4）相电流与母线电压检测电路设计

异步电动机的相电流和母线电压经过电流型霍尔传感器接入控制电路。两电路结构类似，图 11.5 为一相定子电流的检测电路，而母线电压检测电路只是将图 11.5 中的 R_{20} 换成 20kΩ 即可。采样电阻阻值为 1kΩ。

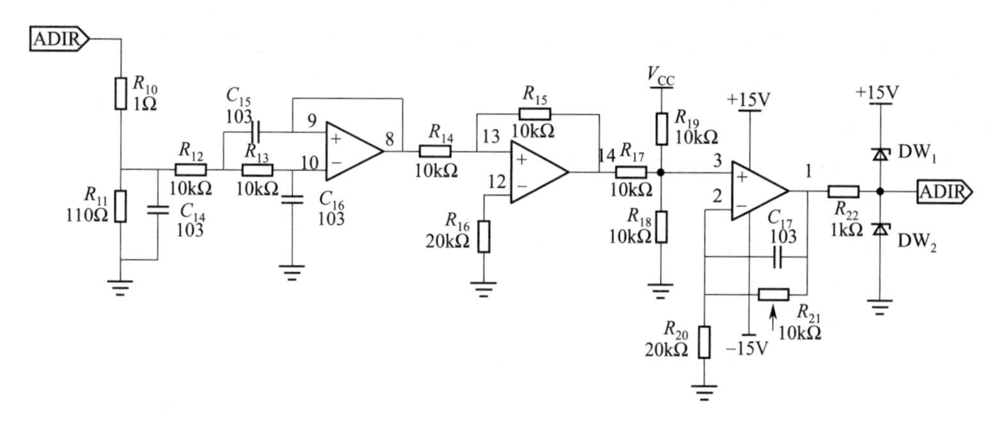

图 11.5 相电流检测电路

(5) 温度检测电路设计

所有的电力电子器件在运行中都会有导通功率损耗和开关功率损耗发生。这些功耗通常表现为热，必须采用散热器把这些热量从功率芯片传导到外部环境。但是，当负载过重、开关频率高或者散热故障等原因引起温度上升，当电力电子器件结温 T_{op} 超过允许的最大值 T_h 时会造成器件的损坏，因此，对 IGBT 温度检测也是正常运行的保障之一。本系统设计了通过检查铂电阻的阻值变化来判断温度，设计的电路如图 11.6 所示。

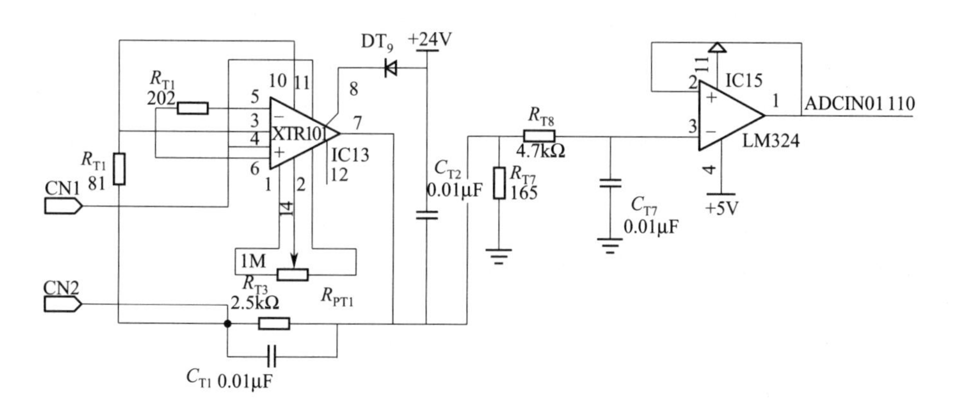

图 11.6 铂电阻测温电路

11.1.4 软件设计

控制系统软件是在电机控制系统硬件方案选定之后，按照硬件各子系统的分工，它包括 DSP 子系统的控制软件和 FPGA 子系统的控制软件。DSP 子系统的控制软件要完成矢量控制系统的电流检测、转速测量、SVPWM 波形输出、坐标变换与旋转、磁链计算、电压解耦、速度和转矩以及电流的控制调节算法、故障报警输入以及读写双口 RAM 等功能。FPGA 子系统的控制软件主要完成：外部键盘的扫描、延时与输入响应；无线接收模块的检测：液晶 LCD 的电机速度、启动/停止状态、DSP/FPGA 的工作状态、故障状态的显示；读写双口 RAM；故障报警输入；DSP 强制复位（即图 11.1 中的 RS 端口）以及 SVPWM

的波形输出等功能。子系统在完成自身功能计算时，要用到对方的数据，需要进行数据交换，FPGA子系统交换给DSP子系统的数据有：电机转速给定、启动/停止控制、正反转控制、增速减速控制、加速键控制、PWM波形产生选择（即图11.1中的CS端口）；DSP子系统交换给FPGA子系统的数据有：电机速度等，数据交换是通过双端口RAM进行的。这里先介绍DSP的子系统。

DSP子系统的控制软件由主程序和中断服务程序组成。主程序主要负责DSP的系统初始化、各个变量的初始化以及电机定子电流、IPM模块、电机温度监视器输入信号的A/D转换以及把转速、故障等信息发送给双口RAM等；中断服务子程序包括：串口通信中断服务子程序、SVPWM中断服务子程序、QEP测速中断子程序、外部中断1子程序等。下面对各个模块程序进行说明。

（1）系统主程序

系统主程序采用顺序式结构往复运行，运行过程中可被中断子程序中断，执行完中断子程序后返回断点处继续执行主程序。为了主程序和各中断子程序能够正常运行，必须对各个模块的寄存器进行正确设置，也就是初始化工作，它包括：

① 外部中断及总中断初始化。主要完成：清除所有的中断标志；屏蔽所有中断；外部中断1使能，低优先级，下降沿触发（双端口RAM访问时使用）。

② WDT及系统时钟初始化。主要完成：使能看门狗，150MHz时钟设置WDT复位时间为1.6ms（要在程序中不时地向寄存器WDKEY写0x55和0xAA复位计数器）；外部时钟输入CLKIN=100MHz，CLKOUT=150MHz（主时钟），使能ADC/SCI/EVB/EVA时钟；使能片外数据空间的等待状态为3个时钟周期=21ns，主要是针对双端口RAM（IDT7130）。

③ SVPWM中断初始化。主要完成：设置通用定时器3的周期=PWM的周期/指令周期/2；PWM7、PWM9、PWM11低有效，PWM8、PWM10、PWM12高有效；使能PWM输出和比较动作，禁止空间矢量模式，比较寄存器下溢时重载，ACTRB下溢时重载；死区使能，预定标器=X/1，死区周期在主时钟为150MHz时为$F=0.375\mu s$；设置通用定时器3为连续增减模式，以产生对称的PWM，禁止定时器比较操作，且为了便于调试，使仿真一挂起时时钟就停止运行；使能EVB的T_3周期中断，重新赋值比较寄存器和ACTRB以及周期寄存器；T_3的计数器清0；清除EVB相应的中断标志；PWM7～PWM12输出使能，使能IOPE1～IOPE6第二功能。

④ QEP测速中断初始化。主要完成：设置T_1为连续增计数，使用自己的时钟使能，定时器比较器立即重载并使能比较操作，使用自己的周期寄存器，时钟源为主时钟CLK；T_2为连续增/减计数，使用T_1的时钟使能，时钟源为QEP脉冲，不使能比较操作，使用自己的周期寄存器；T_1比较中断和周期中断使能；使能QEP电路，禁止捕获单元4和5；TXD、RXD、XINT、QEP1、QEP2第二功能使能。

⑤ 串口初始化。主要完成：设置/波特率为9600；1停止位，8数据位，无奇偶校验；发送接收使能；接收中断使能；中断为低优先级请求。

⑥ A/D转换初始化。主要完成：设置A/D采样时窗为$8T_{CLK}$，转换预表为T_{CLK}为CLK/2；启动/停止转换模式，低优先级中断，双排序器模式，禁止偏差校准；SEQ1中断模式禁止；用软件启动A/D转换，RST SEQ1=1复位SEQ1；SOC SEQ1=1启动A/D转换；4个A/D转换，两个用于电流检测，一个IPM模块温度检测，一个电机温度检测；通道选择，2/3用于电流，4/5用于温度。

主程序的流程图如图11.7所示。为了使控制系统尽可能得到最新的实时数据，对定子电流、IPM 和电机温度的测量放置于主程序的循环操作中。本系统只测量电机的两相电流，因采用 Y 型接法，另一相电流由软件计算得出。测量方式分别由 ADC 模块中的四个通道（2，3，4，5）循环地进行，通过检查寄存器 ADCTRL2 中的 INT FLAG SEQ 1 标志表明完成了一次循环，然后就可以得到这几个物理量在某时刻的瞬时值并进行 3/2 变换和 KIP 变换等相关计算，最后得到定子电流幅值 i_1 放入特定的寄存器中，以待 SVPWM 中断后直接使用，从而减少主中断服务的计算量和等待时间，增强系统的实时性。

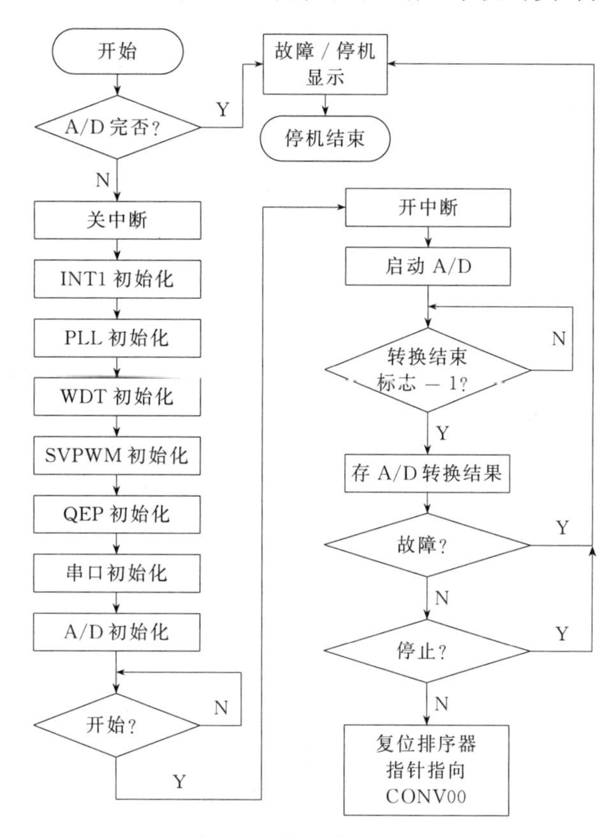

图 11.7　主程序的流程图

（2）串口通信中断服务子程序

串口通信中断服务子程序的主要任务：①接收来自 PC 机设定的电机参数。②传递转速等信息给 PC 机。因为在主程序中已经对串口进行了配置，其接收中断是使能的，所以每收到一个字节时，便产生一个接收中断，进入中断服务子程序，判定接收参数的正确性并保存到相应的寄存器中。为了防止误操作，每个命令的第一个字节必须为 0xAA，然后依次为命令字节数、命令地址、命令内容，具体格式如下：

0xAA	字节数	命令地址	命令内容

其中，字节数为命令地址和命令内容所占用的字节；命令地址为各个命令的编号，用来判断其内容是否符合要求，内容的低字节在前。例如：电机转速设定命令的地址编号为 0x02，内容占两个字节，转速最大为 3000r/min，则字节数应为 0x03。当收到字串 0xAA+0x03+0x02+内容时，如果内容值大于 3000，则视为无效，放弃保存操作。为了看清楚 LF2812A 芯片的中断流程，画出了 CPU 响应中断的完整流程图，如图 11.8 所示。串口中断子程序的流程图如图 11.9 所示。

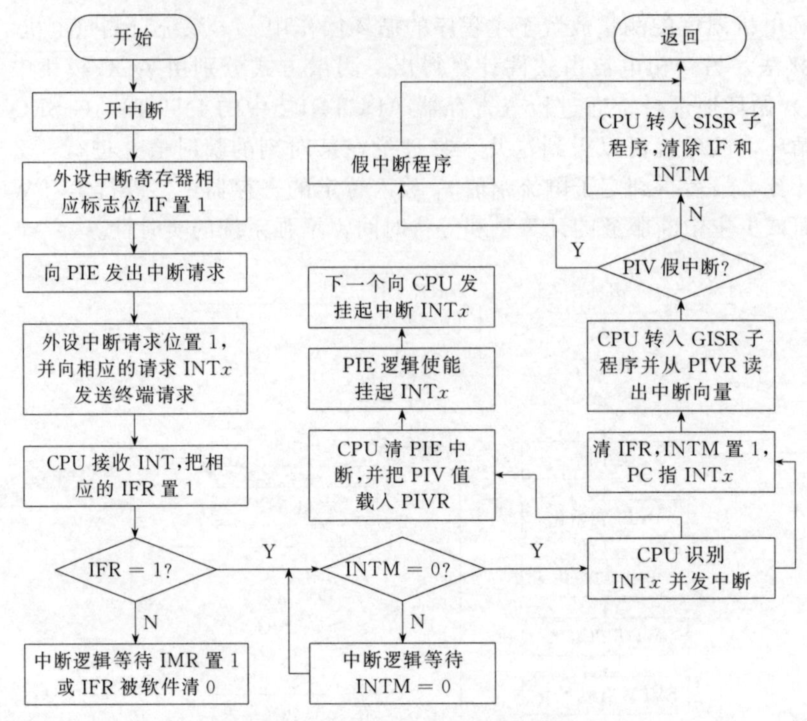

图11.8　CPU响应中断的完整流程图

（3）SVPWM中断服务子程序

SVPWM中断服务子程序的主要任务：①根据脉冲编码器传递的信息计算当前的转速ω和磁场给定值ψ_2算得M轴与α轴的夹角φ。②根据给定的转子转速以及速度反馈ω进行PI调节，根据公式可以得到转矩电流分量i_{t1}^*。③根据磁场给定值ψ_2和公式可以算出励磁分量i_{m1}^*。④依据求出的电流MT轴分量i_{m1}^*、i_{t1}^*通过直角坐标到极坐标的变换得到定子电流幅值i_1^*及与M轴的夹角θ_1^*。⑤φ结合θ_1^*得到SVPWM空间旋转矢量的位置角γ，从而通过算法对电机进行控制调速，其流程图如图11.10所示。

（4）测速中断子程序

QEP测速中断子程序的主要任务：①因为T_2使用T_1的时钟使能，当T_1使能时，T_1和T_2同时开始对各自的输入脉冲计数（T_1对主时钟计数，T_2对QEP电路脉冲计数）。②当T_1比较器中断时，将此时T_1、T_2的计数值保存到变量m_1、m_2中。③当T_1周期寄存器中断时，将此时T_1、T_2的计数值保存到变量m_{11}、m_{22}中。④根据公式计算电机的转速，其流程如图11.11所示。

（5）FPGA子系统的软件实现

在该项目中使用板上FPGA器件通过使用Verilog语言编程来实现可控SVPWM输出、LCD驱动显示、键盘检测、无线遥控接收以及DSP复位、双口RAM的访问等功能，这里只介绍可控SVPWM输出模块的编程。

本设计的目的是产生三相逆变器的PWM信号波形。它主要由脉宽寄存器、缓冲寄存器、周期寄存器、死区寄存器、死区发生器、数值比较器、控制逻辑等几部分构成。脉宽寄存器决定三相PWM信号的脉宽；缓冲寄存器实现对脉宽数据的双缓冲；周期寄存器决定PWM的斩波周期；死区寄存器决定上下桥臂的死区时间。脉宽寄存器在每个开关周期中由微处理器更新一次，其输出数据经缓冲后与基准计数器进行数值比较，得到三相PWM信号A、B、C，再经死区电路处理，最后产生6个中心对称的PWM驱动信号，驱动三相逆变器的 6 个功率器件。各个分离的 Verilog 模块如下：

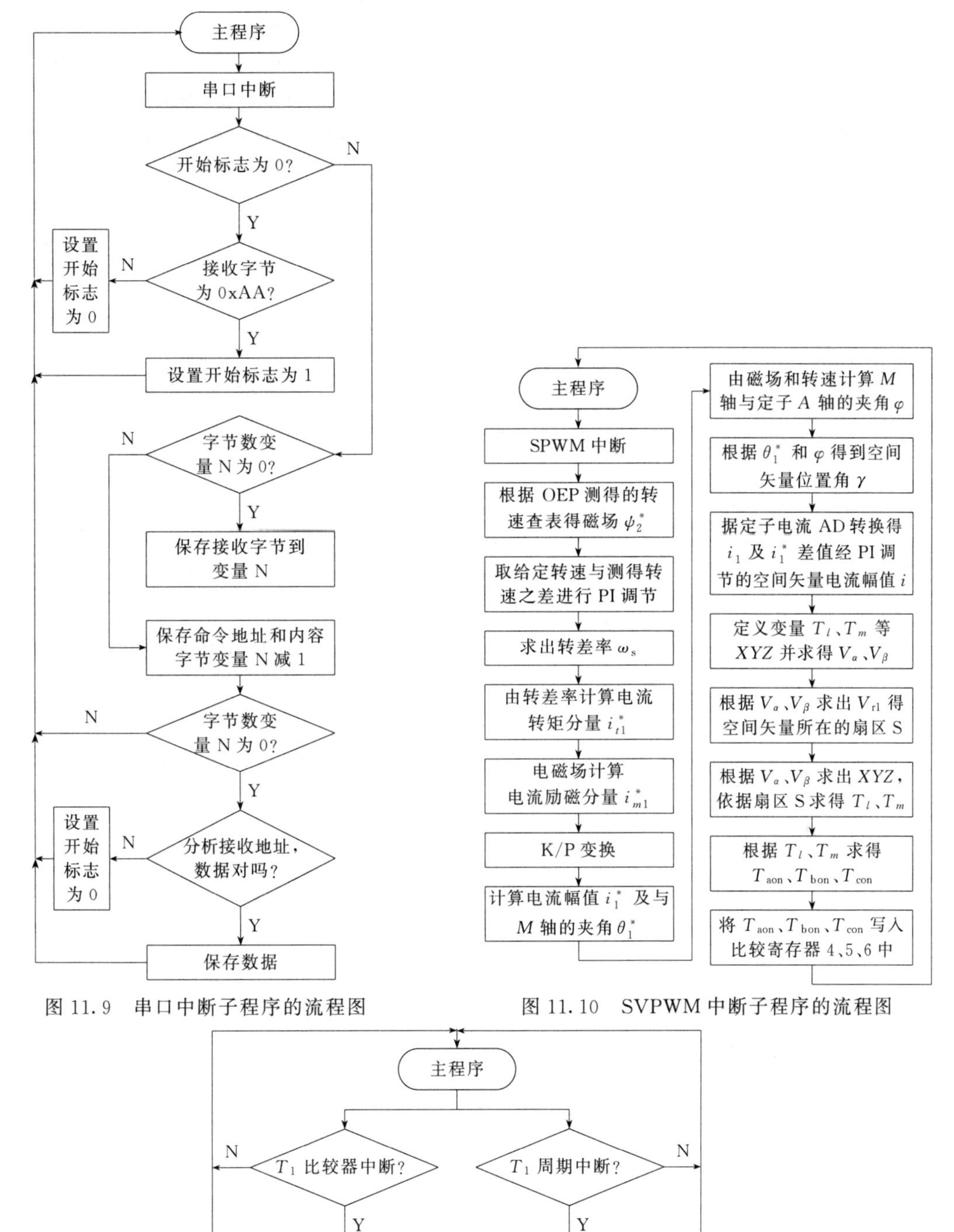

图 11.9　串口中断子程序的流程图

图 11.10　SVPWM 中断子程序的流程图

图 11.11　QEP 中断子程序的流程图

① 死区控制模块 pwm_dead_zone（clk，reset，comx，dead _ timex，xh，xl，err）；决定上下桥臂的死区时间，负责死区波形的产生。

② 脉宽控制模块 pwm_cmp（clk，reset，synload，data，addr，comx，t_period_in）；将脉宽寄存器与基准计数器进行数值比较，输出三相PWM信号A、B、C。

③ 死区顶层模块 dead_cmp（clk，reset，dead_timex，xh，x1，err，synload，data，addr，t_period_in）；其中调用了 pwm_dead_zone 模块和 pwm_cmp 模块。

④ PWM协调控制模块 pwm_con（clk，reset，addr，data，synload，t_period_out，dead_timex，dir，overtemp，err）；对周期寄存器、基准寄存器、死区寄存器进行读写控制并协调运行。

⑤ 译码电路模块 decode（addr，wr，addr_out）；对地址进行译码，从而方便地对内部寄存器（如死区寄存器、周期寄存器、基准寄存器等）进行控制。

⑥ SVPWM顶层模块 pwm_top（clk，reset，xh，x1，data，wr，addr，dir，overtemp）；它是对用户而言直接调用的模块，它包含了对以上所有的模块。

从上面可以看出，各个模块有如下的关系图，如图11.12所示。

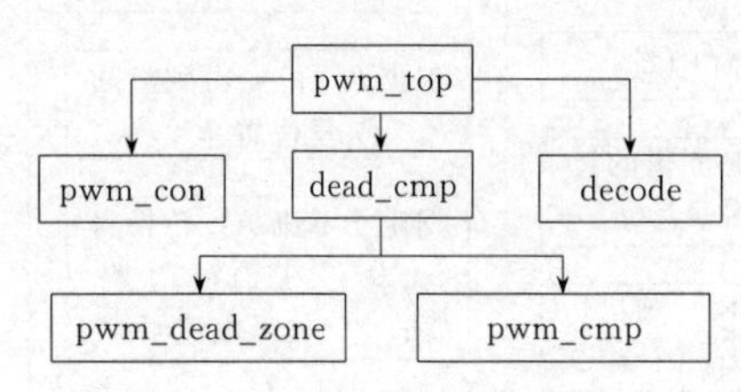

图11.12 SVPWM模块的层次关系图

（6）外部中断子程序

外部中断1子程序的主要任务就是：在访问双口RAM时，为了避免冲突，IDT7130（1K容量）采用信令交换逻辑来通知对方。当左（右）端CPU向3FFH（3FEH）写入信令，将由写信号和地址选通信号触发右（左）端的中断输出，只有当右（左）端的CPU响应中断并读取3FFH<3FEH信令字单元，其中断才被双口RAM撤销，从而左（右）端便可以对IDT7130进行读写访问。

（7）故障显示中断服务子程序

故障显示中断服务子程序的主要任务：当控制系统出现意外不可控的情况时，DSP就会发生故障中断，立即关闭IPM模块，并且在LCD显示“ERR”报警。以便于及时地保护系统，使由于故障而引起的损失减小到最低。

11.1.5 参考程序

```
//SVPWM初始化程序
{
#include    "register.h";//定义寄存器
#include    "float.h";//浮点数处理
#include    "math.h";//定义数学函数
#define     PI2  2*3.1415926        //定义2π的值
#define   INIA 3.1415926/180  //定义Uout的初始电角度
#define   1200          //T1的周期寄存器的值,其值等于SVPWM调制周期T的一半,
                              //改变此值可以改变输出的3相正弦交流电压的频率
#define  KP   0.7    //定义Uout的标幺值,KP的值在f1和1之间,改变此值可
//以改变逆变桥输出电压的幅值
}

//屏蔽中断子程序
{
void inline disable()
{  asm(" setc INTM");}
}
```

```
//系统初始化子程序
{
viod  initial()
{
//******外部中断及总中断初始化程序*******/
{
*IFR=0XFFFF;      //清除所有的中断标志(INT1~INT6,写 1 清 0)
*IMR=0X0;     //屏蔽所有中断(INT1~INT6),*IMR=0x36 使能
*XINTICR=0x8003;        //外部中断 1 使能,低优先级,下降沿(双端口 RAM)
}
/*******WDT 及系统时钟初始化程序*******/
{
*4PDCR=0X2A;          //使能看门狗,40MHz 时钟复位时间为 6.6ms,要在程序中不时地
                        //向寄存器 WDKEY 写 0x55 和 0xAA 复位计数器
*SCSitl=0X00CC;       //CLKIH=10MHz,CLKOUT=40MHz,使能
                      //ADC/SCI/EVB/EVA 时钟
*WSGR=0x0018;         //使能片外数据空间的等待状态为 3
                        //个时钟周期=75ns CIDT7130
}
/*******VPWM 中断初始化程序*******/
{
*T3PER=TP;               //通用定时器 3 的周期=VPWM 的周期/指令周期/2
*ACTRB=0X0AAA;      //PWM7,PWM9,PWM11 低有效,PWM8,PWM10,PWM12 高有效
*COMCONB=0X8200;   //使能 PWM 输出和比较动作,禁止空间矢量模式,比
                              //较寄存器下溢时重载,ACTRB 下溢时重载
*DBTCONB=0X0FF0;    //死区使能,预定标器=X/1:死区周期为 F=0.375μs
*T3CON=0X0800;         //设置通用定时器 3 为连续增减模式,以产生对称的 PWM,
                     //不使能定时器比较操作,且为了便于调试,使仿真一挂起时
                     //钟就停止运行
*EVBIMRA=0X0080;      //使能 EVB 的 T3 周期中断(重新赋值比较寄存器和 ACTRB
                        //以及周期寄存器)
*T3CNT- 0X0000;          //T3 的计数器清 0
*EVBIFRA=0X0FFFF;       //清除 EVB 相应的中断标志
*MCRC=*MCRCI0X007E;       //PWM7~PWM12 输出使能,使能 IOPE1~IOPE6 第二功能
}
/******QEP 中断初始化程序******/
{
*T1CON=0X100A;         //连续增计数,使用自己的时钟使能,定时器比较器立即重
                         //载并使能比较操作,使用自己的周期寄存器,时钟源为 CLK
*T2CON=0X08F0          //连续增/减计数,使用 T1 的时钟使能,时钟源为 QEP 脉冲
                              //不使能比较操作,使用自己的周期寄存器
*EYAIMRA=0X0180   //T1 比较中断和周期中断使能
*CAPCONA=*CAPCONA|0X6000;             //使能 QEP 电路,禁止捕获单元 4 和 5
*MCRA=*MCRA|0X00IF;      //TXD,RXD,XINT,QEP1,QEP2 第二功能使能
*MCRA=*MCRA|0XOOIF;//TXD,RXD,XINT,QEP1,QEP2 第二功能使能
```

```
    }
    /******串口初始化程序******/
    {
    *BRR=0X0208;                //波特率为9600
    *SCICCR=0X0F;            //1停止位,8数据位,无奇偶校验
    *SCICTLI=0X03;         //发送接收使能
    *SCICTL2=0XC2;       //接收中断使能
    *SCIPRI=0X20;       //中断为低优先级请求
    }
    /******AD转换初始化程序******/
    {
    *ADCTRL1=0X01E0;//AD采样时窗为8T_CLK,转换预表为T_CLK=CLK/2;
                            //启动/停止转换模式;低优先级中断;双排序器模式;
                            //禁止偏差校准
    *ADCTRL2=0X0000;       //SEQ1中断模式禁止;用软件启动A/D转换
                                 //RST SEQ1=1复位SEQ1;SOC SEQ1启动A/D转换
   *MAXCONV=0X0003;              //4个A/D转换,两个用于电流检测,一个温度检测
   *CHSELSEQI=0X5432;            //通道选择,2/3用于电流,4/5用于温度
    }
//如果由于干扰引起中断,则执行此直接返回程序
{
 void interrupt nothing()
  {return;}
}
//281x_ ADC程序
```

源程序代码：

(1) 所需的复位和中断向量定义文件“vectors. asm”

```
//该文件利用汇编语言代码定义了复位和中断向量
{
.title        "vectors.asm";//定义向量
.ref _c_int0,_nothing,_adint
.sect         ".vectors"
reset: b   _c_int0  //复位向量
int1:        b   _adint   //A/D中断向量
int2:        b   _nothing
int3:        b   _nothing
int4:        b   _nothing
int5:        b   _nothing
int6:        b   _nothing
}
```

(2) 主程序

```
//该程序用于进行A/D转换的演示,A/D转换的结果存于数组ADRESULT[16]中,
//寄存器cesi用于测试每个A/D转换的结果
{
#include            "register.h"
```

```
int              ADRESULT[16]; //定义一个数组用于保存 A/D 转换的结果
volatile  unsigned  int  *j; //定义一个指针变量 j
int              i="0X00",cesi;
{
//  屏蔽中断子程序
void inline disable()
{
    asm(" setc INTM");
}
//开总中断子程序
void inline enable()
{
    asm(" clrc INTM");
}
//系统初始化子程序
void  initial()
{
   asm(" setc      SXM"); //符号位扩展有效
   asm(" clrc     OVM"); //累加器中结果正常溢出
   asm(" clrc      CNF"); //B0 被配置为数据存储空间
   *SCSR1=0x81FE; //CLKIN=6MHz,CLKOUT=4×CLKIN=24MHz
   *WDCR=0x0E8; //不使能看门狗,因为 SCSR2 中的 WDOVERRIDE
   //即 WD 保护位复位后的缺省值为 1,故可以用
     //软件禁止看门狗
   *IMR=0x0001; //   允许 INT1 中断
   *IFR=0x0FFFF; //   清除全部中断标志,"写 1 清 0"
}
//A/D 初始化子程序
void  ADINIT()
{
   *T4CNT=0X0000; //T4 计数器清 0
   *T4CON=0X170C; //T4 为连续增计数模式,128 分频,且选用内部时钟源
   *T4PER=0X75; //设置 T4 的周期寄存器
   *GPTCONB=0X400; //T4 周期中断标志触发 A/D 转换
   *EVBIFRB=0X0FFFF; //清除 EVB 中断标志,写"1"清 0
   *ADCTRL1=0X10; //采样时间窗口预定标位 ACQ PS3~ACQ PS0 为 0,
  //转换时间预定标位 CPS 为 0,A/D 为启动/停止模式,排
  //序器为级连工作方式,且禁止特殊的两种工作模式
   *ADCTRL2=0X8404; //可以用 EVB 的一个事件信号触发 A/D 转换,
                    //且用中断模式 1
   *MAXCONV=0X0F; //16 通道
   *CHSELSEQ1=0X3210;
   *CHSELSEQ2=0X7654;
   *CHSELSEQ3=0X0BA98;
   *CHSELSEQ4=0X0FEDC; //转换通道是 0~15
}
```

```
//启动 A/D 转换子程序(通过启动定时器 4 的方式间接启动)
void  ADSOC()
{
  *T4CON=*T4CON|0X40; //启动定时器 4
}
//若是其他中断则直接返回子程序
void interrupt nothing()
{
  return;
}
//A/D 中断服务子程序
void  interrupt  adint()
{
  asm(" clrc    SXM"); //抑制符号位扩展
  j="RESULT0"; //取得 RESULT0 的地址
  for(i=0;i<=15;i++,j++)
  {
    ADRESULT[i]=*j>>6;  //把 A/D 转换的结果左移 6 位后存入规定的数组
    cesi="ADRESULT"[i];  //检验每个 A/D 转换的结果
  }
  *ADCTRL2=*ADCTRL2|0X4200; //复位 SEQ1,且清除 INT FLAG SEQ1 标志写"1"清 0
  enable(); //开总中断,因为一进入中断总中断就自动关闭了
}
main()
{
  disable(); //禁止总中断
  initial(); //系统初始化
  ADINIT(); //A/D 初始化子程序
  enable();  //开总中断
  ADSOC(); //启动 A/D 转换
  while(1)
  {
    if(i==0x10)   break;  //如果已发生中断,则停止等待(发生中断后,i=0x10)
   } //等待中断发生
  *T4CON=*T4CON&0X0FFBF; //停止定时器 4,即间接停止 A/D 转换
  while(1)
  {
   ;
  }
}
```

11.2 实例：感应电动机软启动器设计

本节实例为一种采用 TMS320F2812 芯片控制的感应电动机软启动器的设计。软启动器伺服控制的感应电动机驱动系统，是由软件程序和硬件电路构成的。采用 DSP 芯片控制晶闸管调节器后，启动性能显著提高，其中大部分表现在以下几个方面：有更多的启动模式可以选择；启动电流和振荡转矩明显降低；采用 DSP 控制技术使整个系统显得更加智能化和自动化；控制界面变得更加直观。给定参数，可以通过对键盘操作发出启动和停车命令，

控制过程实现完全数字化，并大大地减少了工作量。与现行的软启动器相比，本系统可以使用更多的功能，具有简单的硬件连接和高可靠性的特点。

11.2.1　实例功能

采用功率半导体的电动机启动器逐渐地取代了常规的降压启动器。其中，用于降低电机电压的晶闸管软启动器显得便宜、简单、可靠。这里提出一种采用单片机技术的新型 AC 电动机软启动器。采用三对反并联的晶闸管作为主控制电路，软启动器具有灵活简单的控制方式，系统振荡小，并且实现能量守恒控制及多重保护。由此，启动电流汹涌可以显著减小，还有许多优点如平滑加速、电流控制工具容易、可获得小负荷能量存储等。

软启动器可用作感应电动机在风机和水泵驱动等方面的启动装置，其控制基本原则为电压可变和频率不变。开发出了一种采用 TMS320F2812DSP 控制的感应电动机软启动器。在此介绍了此系统的软硬件设计方案。一种新的单神经元 PI 调节器方案改善了此系统的强大的自适应能力。

11.2.2　工作原理

软启动器在启动过程中起调节电动机电压的作用，期望的启动参数可以通过电流和转矩参数得到。提出一个最优软启动方法，此方法不使用速度传感器而要求检测出晶闸管的电压。采用单神经元 PI 调节器来控制晶闸管的触发角 α。

软启动器的单相连接如图 11.13 所示，这是一个典型的电压调整电路。图 11.14 画出了首端相电压 $U_{1\varphi}$，相电流 $I_{1\varphi}$ 和末端相电压 $U_{M\varphi}$ 的波形。为了控制电动机电流和转矩，改变不同晶闸管触发控制角得到相应的末端电压。

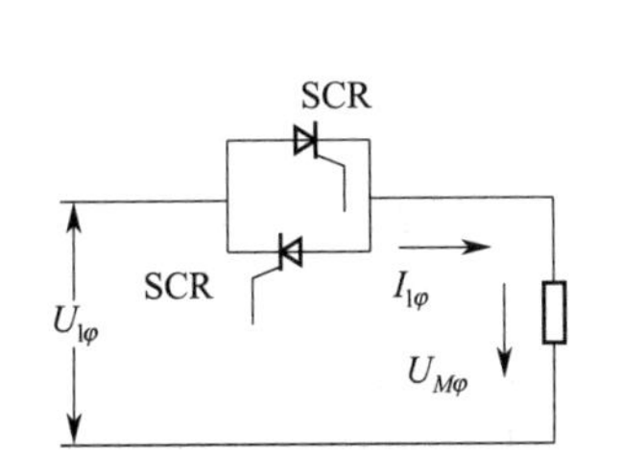

图 11.13　软启动器单相接线图

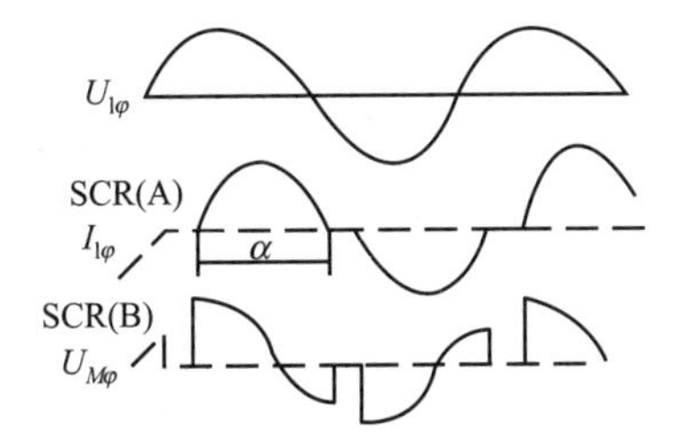

图 11.14　电压和电流的波形

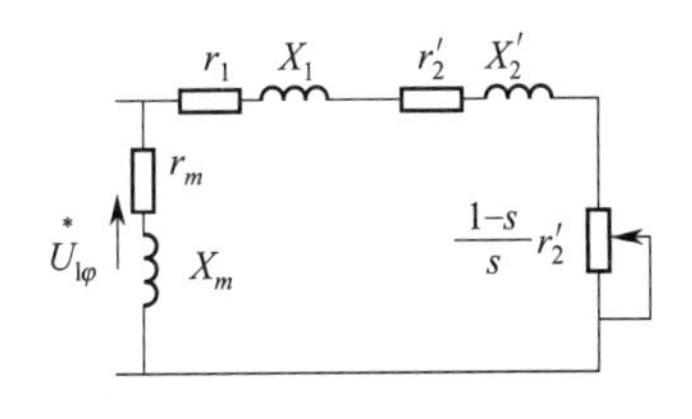

图 11.15　等值电路图

可由如图 11.15 所示异步电动机等值电路图计算出末端电压、电流和转矩之间的数学关系。

$$I_{1\varphi}=\frac{U_{1\varphi}}{\sqrt{(r_1+r_2'/s)^2+(X_1+X_2')^2}} \tag{11.4}$$

$$T=\frac{3PU_{1\varphi}^2}{2\pi f_1\sqrt{(r_1+r_2/s)^2+(X_1+X_2)^2}}\times r_2 s \tag{11.5}$$

由式(11.4) 和式(11.5) 可看出，电动机启动转矩（T）大约和启动电压的平方成正比，因为在启动过程中电流与外加电压成正比。在启动时，可通过减小定子电压降低启动电流，使之控制在（2～5）I_m 区间范围内。电压减少引起电流按比例下降及转矩按平方律成比例下降。

要想不造成电流和转矩冲击地成功启动，启动时需按照电动机的负荷能力和承受能力选择施加一个合适的定子电压，使得电动机刚好能带固定负载启动并低速运行。然后，定子电压按一定斜率比升至满电压，电压上升率和电流大小相关。

11.2.3 硬件电路

（1）主电路和操作原则

软启动器主电路如图11.16所示。它的硬件电路包括一个电压检测电路，一个电流检测电路，F2812A DSP控制板，三对反并联的晶闸管电路，晶闸管触发和驱动电路，内部连接器KC，由扩展芯片8279组成的数码显示和键盘输入电路。

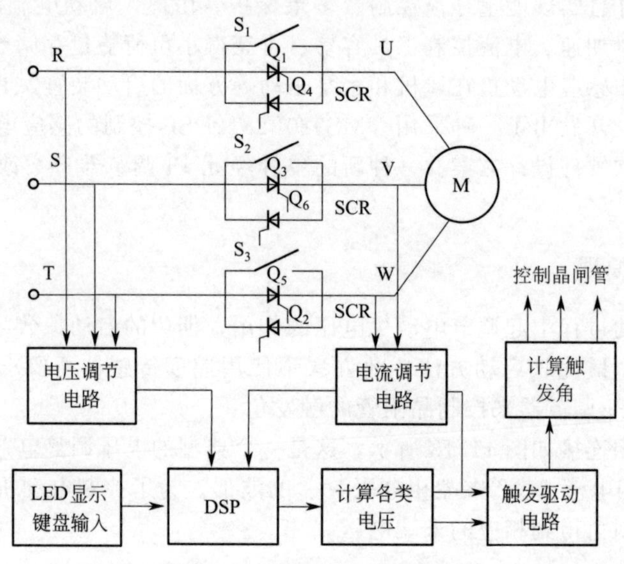

图11.16 软启动器主电路图

用图11.16中的6个反并联晶闸管，软启动器能调整启动过程中电动机的供用电压。因为转矩大约和电压平方成比例及电流和电压成比例，当控制加在定子上的电压时，转矩和电流控制在一定范围从而减少过高的启动电流和转矩。当电动机启动，DSP接受键盘的输入命令。根据用户设定，控制触发角α逐渐增大，电动机输入电压增大，使得电动机恰好如设定曲线平滑启动，并且启动电流也受到限制。通过内部检测电路，DSP判断电动机启动过程是否结束。当此过程已经完成，内部KC装置关闭，电动机进入正常运行状态。触发晶闸管的电路必须有电流或电压反馈信号给电动机，以便让电动机保持稳态运行。

为实现电动机软停车，由DSP控制晶闸管触发角α（和启动过程相反即减少触发角）以便逐渐减小电动机电压为零并实现平稳关闭电动机。

在启动过程中，软启动器的控制或逻辑原理不能在电压正好由负变正时打开晶闸管，而是要经过一段时间延迟也即相位滞后。结果引起电动机末端电压的下降。产生的性能影响等效于串电阻或串电感降压启动方式。

图11.16中的六个晶闸管按照如图11.17所示的次序被触发。注意其中至少有两个必须同时开通允许电流流过电路，且触发角参考过零点的A相电压。

（2）主要作用

① 斜坡电压启动：电压调节器的输入信号包括键盘的给定值和电动机定子电压的反馈值。将两个输入量经过单神经元PI调节器的自适应计算后，其输出量经适当变换，结合适当的控制策略，产生与交流电压调节装置的触发角α相对应的时间常数。

② 限电流启动：当产生电动机过电流时，电压调节器退出，而电流调节器起作用，并

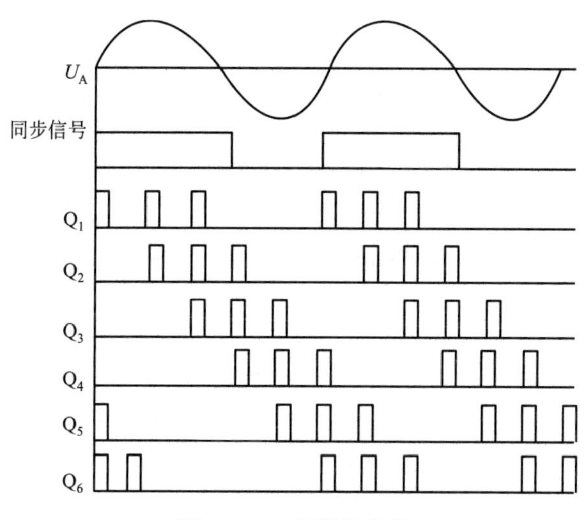

图 11.17 晶闸管序列

且使电动机电流限制在给定范围内。

③ 电动机保护：电动机保护包括相序保护，缺相保护，过电流和过电压保护，欠压保护和电动机长时间启动失败保护。

④ 界面显示：当软启动器保护功能工作时，有停车信号生成并显示在控制板上。

(3) 功率因数角检测电路

功率因数角检测电路如图 11.18 所示。功率因数角检测电路包括比较器 U1B、比较器 U1C、光电耦合器 U2、异或门 U3，互感器 T1、DSP 主控器 3 以及相应的电阻、电容、二极管、稳压管组成。

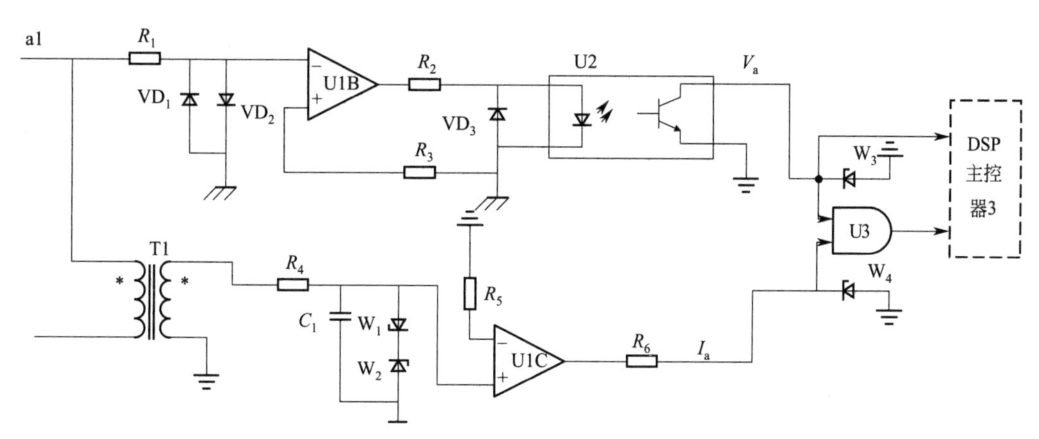

图 11.18 功率因数角检测电路

功率因数角检测的目的主要是对电动机相电压与相电流的过零点进行检测。以 A 相为例，对 A 相电压采样，相电压通过 VD_1、VD_2 稳压，进入比较器 U1B 与地进行比较，若是在波形的正半周，则有比较器 U1B 输出高信号，若是在负半周，则输出为低；在输出信号为高时，使光电耦合器 U2 导通，进入 DSP 主控器 3 高速输入端的电压信号 V_a 就为高电平，电压正方波信号与异或门 U3 一个输入端相联；如图 11.18 所示，实现了对电压信号 V_a 过零点检测。同理，对电动机电流信号过零点的检测，相电流通过电流互感器 T1 对电流信号进行采样，通过比较器 U1C 把电流过零点的相位信息转换成方波信号如图 11.18 所示，此电流正方波信号与异或门U3另一个输入端相联；异或门U3输出即为反映电压与电流相位差的正方波信号（它与功率因数角信号成正比），此相位差信号与DSP主控器3的一个输入端相联，此时DSP主控器3可测出此相位差数值并计算出功率因数角的大小。

（4）键盘及显示电路的设计

考虑到一个实用的DSP控制系统人机交互的需要，设计了键盘及显示电路。小键盘共有8个按键，用户可对参数进行浏览和修改。这里设定的可修改的功能参数有起始电压、起始时间、启动上升时间、软停车时间、启动限制电流、过载电流、启动电流等。显示部分可显示参数的数值及其单位，检测的电压值、电流值以及功率因数值并指示控制器的如运行，停止等状态。

如图11.19所示，键盘及显示电路主要由8279、74HC245、74LS138、5个七段数码显示管、按键等部分组成。8279是一种通用可编程键盘、显示器接口芯片，能完成键盘输入和显示控制功能。键盘部分能对最多64个按键的矩阵键盘进行不断扫描，自动消抖，自动识别按下的键并给出编码，可选双键锁定与n键轮回两种多键按下保护方式。显示部分可为发光二极管、荧光管及其他显示器提供按扫描方式工作的显示接口，为显示器提供多路复用信号，最多可显示16位的字符或数字。

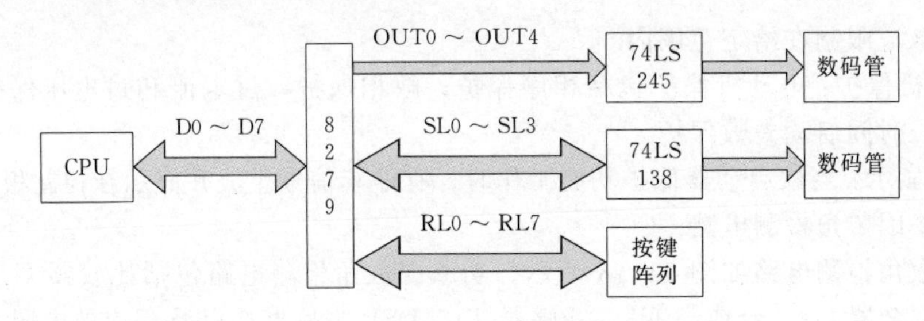

图11.19　键盘及显示电路示意图

本装置选用的是8字符左入口，双键锁定，编码扫描工作方式。节能控制器器无任何动作时，数码管显示“READY”，一旦8279扫描到有按键按下，引脚IRQ输出高电平，CPU通过不停检测与之相连的I/O接口的状态确定是否有按键，若有则读取8279的数据口得到具体键值再进行相应处理，处理完毕的控制指令及数据再传入8279，经由其OUT口输出信号，通过74HC245放大，改变数码管的显示值。74LS138用来扩展8279的SL口，可扫描需要显示数据的数码管和键盘。

11.2.4　软件设计

（1）主程序设计

如主程序框图如图11.20所示，主程序包含四个主要模块：系统初始化模块、操作模块、脉冲触发序列模块和通信模块。

① 系统初始化模块：这个模块实现了系统自检和初始化。它可以发现和处理一些可能的系统故障，从而使系统能正常和安全运行。系统自检包括内存和输入/输出（I/O）检测，当发现故障时，它可以显示出来并报警。系统主要初始化对象包括：工作内存的初始化置零；设置中断屏蔽控制字节；事件管理器初始化；输入/输出初始化；显示部分初始化；控制标志初始化等。

② 操作模块：操作模块是整个系统的中枢单元。根据键盘的给定值，操作模块对系统的额定电流、起始电压、启动方式下的允许启动电流和启动时间等参数进行赋值，使用如单神经元PI自适应计算模块和触发脉冲序列生成模块等一些核心子程序，并进行运行状态转换（启动状态，稳定运作状态，制动状态）。

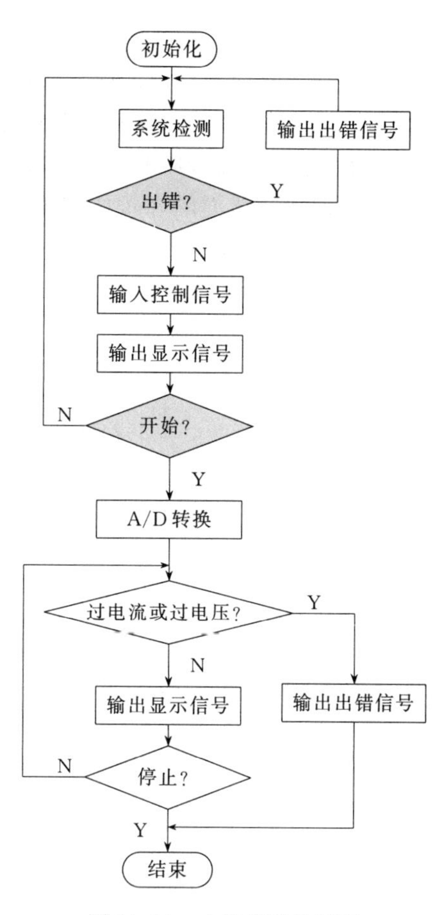

图 11.20　主程序结构框图

③ 脉冲触发序列模块：本系统脉冲触发序列由芯片 TMS320F2812 的六个 PWM 输出生成，并在功率放大后信号触发晶闸管。该模块包括同步信号中断子程序、T_1 中断子程序、T_2 中断子程序和 T_3 中断子程序。其中，T_3 中断子程序可以在同步中断信号到来进行后延时触发；T_1 中断子程序功能是触发第一组和第四组脉冲序列，并启动 T_2；T_2 中断子程序的功能是触发第六、第三和第五、第二组脉冲序列。脉冲序列组号与晶闸管的序号相对应。

④ 通信模块：89C52 被扩展作为 TMS320F2812 的键盘输入接口与此同时作为数码显示器显示控制芯片。它通过 SPI 传送数据到主芯片。它通过通信线路连接硬件，并利用软件保持通信联系。TMS320F2812 以中断方式发送和接收数据。值得注意的是在数据传输时，89C52 的数据是低数位在前高数位在后，这与 DSP 的 SPI 接口的数据排序相反。因此 SPI 发送和接收的数据应反序安排。

（2）功率因数计算中断子程序

功率因数是设计的该控制器的一个控制量，对它的准确计算是实现该控制器功能的基础。功率因数计算的软件实现过程如图 11.21 所示。

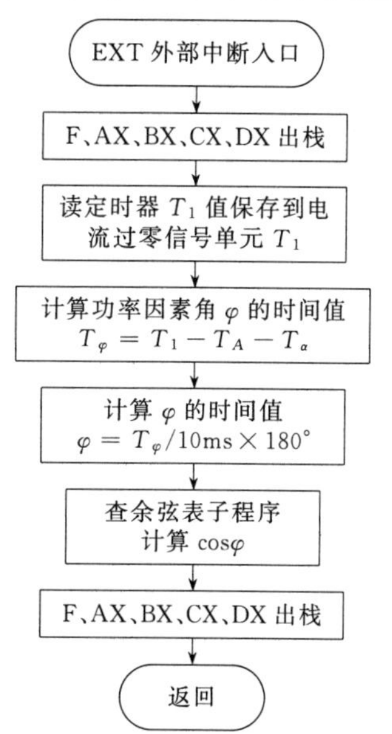

图 11.21　功率因数计算中断子程序

(3) 单神经元PI调节控制子程序

在实际工业生产过程中，有非线性和时间变异性，使得建构这种准确的数学模型难度增大，所以利用常规PID控制器不能取得理想方式。为了克服常规PID控制器的缺陷和改进其性能的制约，引出一种单神经元PI自适应调节技术。起动器电压回路采用单神经元PI自适应调节，结合单神经元的自学习和自适应能力的和传统的PI调节器特点，包括配置简单和调整方便。图11.22为这种单神经元PI自适应性调节器的连接框图。

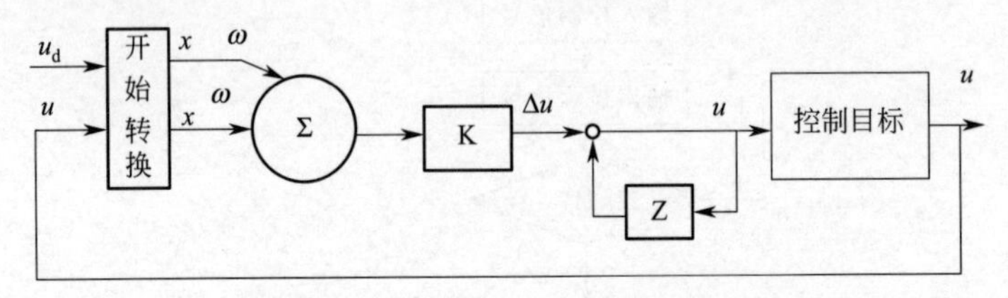

图11.22 单神经元PI自适应调节器

在图11.22中，u_d表示期望电压，而u表示反馈电压。在单神经元PI自适应调节模型中，期望电压作为输入信号，而反馈电压对应的触发角α作为输出。

通过调节加权系数可以实现自适应和自组织功能。权系数可以据Hebb规则调节，它的标准学习算法如式(11.6)所示，并且调节流程图如图11.23所示。

$$u(k)=u(k-1)+k\sum_{i=1}^{2}\overline{\omega_i}(k)x_i(k) \tag{11.6}$$

$$\overline{\omega_i}(k)=\frac{\omega_i(k)}{\sum_{i=1}^{2}|\omega_i(k)|} \tag{11.7}$$

$$\omega_1(k+1)=\omega_1(k)+\eta_I e(k)u(k)x_1(k) \tag{11.8}$$

$$\omega_2(k+1)=\omega_2(k)+\eta_P e(k)u(k)x_2(k) \tag{11.9}$$

在式(11.8)、式(11.9)中，η_I和η_P表示积分和比例学习速度；比例k值是比例系数；$e(k)$表示期望信号；$u(k)$表示实际输出；ω_1、ω_2表示权矢量；x_1、x_2表示输入矢量。

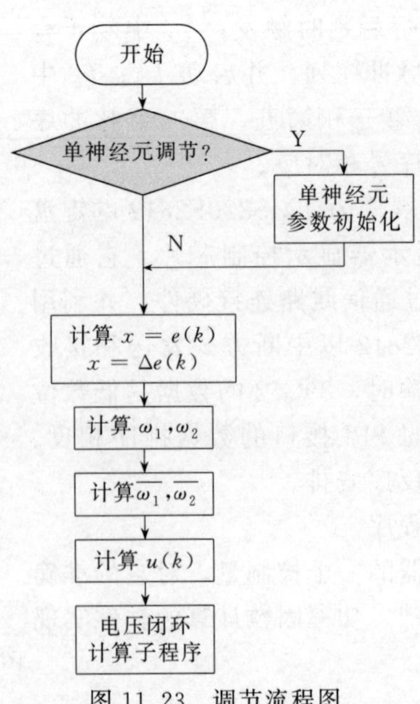

图11.23 调节流程图

11.2.5 参考程序

```
//主程序
{
    .title "ex9"
        .global_c_int00
        .mmregs
DJ_ADDR     .set    0b007h
VOL_POS     .SET    0100H
VOL_NEG     .SET    0200H
VOL_Z       .SET    0000H
DIRECT      .set    61h
RATIO_Z     .set    62h
RATIO_K     .set    63h
DJ_VOL      .set    64h
DJ_STATUS   .set    65h
        .sect ".vectors"
reset:  B_c_int00
        NOP
        NOP
        .space 4 *127
        .text
_c_int00:
        LD#0h,DP
        STM#3000h,SP
        SSBX INTM
        RSBX SXM
        STM #07FFFh,SWWSR
        stm #0001h,2Bh
        ST #0h,CLKMD
tst     BITF CLKMD,#1h
        BC tst,TC
        ST #1087h,CLKMD         ;工作在 80MHz
        RPT #0FFh
        NOP
        ST #3h,DJ_STATUS        ;状态 4
read    LD #fo_s0,B
        ADD DJ_STATUS,3,B,B     ;判断状态
        BACC B
fo_s0   ST #1h,DIRECT           ;状态 0:低速正转
        ST #07h,RATIO_Z
        ST #73h,RATIO_K
        B dj_ctrl
```

```
fo_s1    ST #1h,DIRECT          ;状态 1:中速正转
         ST #10h,RATIO_Z
         ST #70h,RATIO_K
         B dj_ctrl
fo_s2    ST #1h,DIRECT          ;状态 2:高速正转
         ST #20h,RATIO_Z
         ST #60h,RATIO_K
         B dj_ctrl
fo_s3    ST #1h,DIRECT          ;状态 3:全速正转
         ST #80h,RATIO_Z
         ST #0h,RATIO_K
         B dj_ctrl
bk_s0    ST #2h,DIRECT          ;状态 4:低速反转
         ST #73h,RATIO_Z
         ST #07h,RATIO_K
         B dj_ctrl
bk_s1    ST #2h,DIRECT          ;状态 5:中速反转
         ST #70h,RATIO_Z
         ST #10h,RATIO_K
         B dj_ctrl
bk_s2    ST #2h,DIRECT          ;状态 6:高速反转
         ST #60h,RATIO_Z
         ST #20h,RATIO_K
         B dj_ctrl
bk_s3    ST #2h,DIRECT          ;状态 7:全速反转
         ST #0h,RATIO_Z
         ST #80h,RATIO_K
dj_ctrl  BITF DIRECT,#1h        ;判断方向
         BC pos,TC
         ST #VOL_Z,DJ_VOL              ;(反转)输出零电平
         PORTW DJ_VOL,DJ_ADDR
         B de1
pos      ST #VOL_POS,DJ_VOL            ;(正转)输出正电平
         PORTW DJ_VOL,DJ_ADDR
de1      LD RATIO_Z,A           ;延时
         STLM A,AR6
         CALL delay
         BITF DIRECT,#2h        ;判断方向
         BC neg,TC
         ST #VOL_Z,DJ_VOL       ;(正转)输出零电平
         PORTW DJ_VOL,DJ_ADDR
         B de2
```

```
neg     ST #VOL_NEG,DJ_VOL     ;(反转)输出负电平
        PORTW DJ_VOL,DJ_ADDR
de2     LD RATIO_K,A           ;延时
        STLM A,AR6
        CALL delay
        B read                 ;继续读取状态
delay   nop
        nop
        ST #01A0h,AR7          ;延时子程序
        nop
        nop
        BANZ $ ,*AR7-
        nop
        nop
        BANZ delay,*AR6-       ;AR6 决定延时长短
        nop
        nop
        nop
        RET
        }
//中断服务程序
{
(1)主程序
#include  "lf2812regs.h" ;//定义寄存器
unsigned int TimeCount,LedBuf;
void initial(void);
void Timer1Init(void);
// ****************************************
// 定时器 1 中断服务程序
void interrupt T1INT()
{
    asm(" setc    INTM ");         // 关中断
    if(*PVIR ! =0x27)               // 0x27,定时器 1 周期中断
    {
        asm(" CLRC INTM ");         // 开所有未屏蔽中断,为 1 时禁止中断
        return;
    }
    T1CNT=0;
    TimeCount++;
    if(TimeCount == 500)
    {
        TimeCount = 0;
        LedBuf = *PBDATDIR;
```

```
        LedBuf = ~LedBuf | 0xFF00;
        *PBDATDIR = LedBuf;
    }
    *EVAIFRA = 0x80;
    asm(" CLRC    INTM ");        // 开中断
}
//**********************************************
// 主程序
main()
{
    int led;                          // 定义一个局部变量
    int i,k;                          // 定义其他一些临时变量
    i = 0;
    i = 0;
    LedBuf = 65535;
    LedBuf = ~LedBuf;
    initial();                          // 系统初始化
    Timer1Init();
    while(1)
    {
        for(led=0x0080,i=0; i< 8; led=led>>1,i++)
        {
            *PBDATDIR = *PBDATDIR & 0x0FF00;      // 首先屏蔽 IOPB 的各位
            *PBDATDIR = *PBDATDIR | led;         // 把需要显示的值赋给 IOPB 端口
            *PFDATDIR = *PFDATDIR | 0x0404;        // IOPF2 设置为输出方式,且 IOPF2=1
            *PFDATDIR = *PFDATDIR & 0x0FFFB;     // IOPF2=0,这两句语句给一个脉冲,

            // 使 LED 上显示 IOPB 端口的值
            for(k=0;k< 0x0ffff;k++)
                k = k;                         // 为了保证显示时间,给一定时间的延时
            // *PBDATDIR = *PBDATDIR & 0x0FF00;      // 熄灭全部的 LED 灯
        }
    }
}
// 直接返回中断服务程序
void interrupt nothing( )
{
    return;
}
//**********************************************
// 初始化子程序
void initial(void)
{
```

```
    asm(" setc    SXM");                  // 抑制符号位扩展
   asm(" clrc    OVM");                   // 累加器中结果正常溢出
   asm(" clrc    CNF");                   // B0 被配置为数据存储空间
   asm(" setc    INTM");                   // 禁止所有中断

   *SCSR1=0x83FE;                   // CLKIN=16MHz,CLKOUT=2×CLKIN=32MHz
   *WDCR=0x0E8;              // 不使能看门狗,因为 SCSR2 中的 WDOVERRIDE
                                  // 即 WD 保护位复位后的缺省值为 1,故可以用
                                   //软件禁止看门狗
   *IMR=0x0002;                    // 禁止所有中断
   *IFR=0x0FFFF;                     // 清除全部中断标志,"写 1 清 0"
   WSGR = 0x00;                    // 禁止所有等待状态

   *MCRA=*MCRA & 0x0000;      // IOPB 端口配置为一般的 I/O 功能,LF240x 的端口
                                  // 均为 8 位,MCRA 为 16 位因此控制了 IOPA 和 IOPB 的设置

   *PBDATDIR=*PBDATDIR|0x0FF00;      // IOPB 端口设置为输出方式

   *MCRC=*MCRC & 0X0FBFF;                // 把 IOPF2 端口配置为一般 I/O 端口
   *PBDATDIR=*PBDATDIR & 0x0FF00;       // 熄灭全部的 LED 灯
   // *PBDATDIR=*PBDATDIR | 0x0FFFF;      // 开全部的 LED 灯

   *PFDATDIR=*PFDATDIR | 0x0404;            // IOPF2 设置为输出方式,且 IOPF2=1
   *PFDATDIR=*PFDATDIR & 0x0FFFB;            // IOPF2=0

   // 以上的操作产生一个脉冲,使 LED 全部熄灭
}

//*********************************************
// 定时器 1 初始化
void Timer1Init(void)
{
    *EVAIMRA = *EVAIMRA | 0x0080;                //定时器 1 周期中断使能
    *EVAIFRA = *EVAIFRA & 0x0080;                 //清除中断标志
    *T1CON = 0x160c;
    *T1PER = 0x0177;
    *T1CNT = 0x00;

    *T1CON = *T1CON | 0x0040;
    asm(" clrc    INTM");

    // *GPTCONA = 0x0000;
    // *T1PER = 2000;                 //定时器 1 初值,定时 0.5μs×2000=1ms
    // *T1CNT = 0;
    // *T1CON = 0x144E;                //增模式, TPS 系数 32MHz/16=2MHz,T1 使能
    // *IMR   = 0x0002;
}
##################################################################
##################################################################
```

(2) cmd 文件

```
-stack 160

MEMORY
```

```
{
      PAGE 0：VECS：origin = 0x8000，  length 0x040
      PAGE 0：PROG：origin = 0x8860，  length 0x759E    /* 代码区：30111 word */
      PAGE 1：B2  ：origin = 0x060，   length 0x020
      PAGE 1：B0  ：origin = 0x200，   length 0x100
      PAGE 1：B1  ：origin = 0x300，   length 0x100
      PAGE 1：DATA：origin = 0x0800，  length 0x07FF    /* 内部 2K RAM */
}
SECTIONS
{
      .vectors  ：{}  >VECS PAGE 0        /* 中断向量表 */
      .text     ：{}  >PROG PAGE 0        /* 可执行代码和字符串 */
      .cinit    ：{}  >PROG PAGE 0        /* 已经初始化的全局变量和静态变量*/
      .switch   ：{}  >PROG PAGE 0        /* 包含 .switch 语句建立的表格 */
      .data     ：{}  >DATA PAGE 1        /* 初始化变量和常数表 */
      .bss      ：{}  >DATA PAGE 1        /* 保留全局变量和静态变量空间 */
      .const    ：{}  >DATA PAGE 1        /* 字符串和 switch 表 */
      .stack    ：{}  >DATA PAGE 1        /* 为系统堆栈分配存储器 */
      .system   ：{}  >DATA PAGE 1        /* 为动态存储器函数分配存储器空间 */
}
##################################################################################
##################################################################################
```

(3) vectors.asm

```
；所需的复位和中断向量定义文件"vectors.asm"
    .title         "vectors.asm"
    .ref        _c_int0，_nothing，_T1INT;
    .sect         ".vectors"
RSVECT        B       _c_int0
INT1       B      _nothing
INT2       B      _T1INT
INT3       B      _nothing
INT4       B      _nothing
INT5       B      _nothing
INT6       B      _nothing
}
```

第12章 DSP在检测及控制系统中的应用

12.1 实例：三相交流参数测试仪的设计

12.1.1 实例功能

近年来，随着电力电子技术的发展，整流器、变频器以及电弧炉等各种非线性负载在工农业生产中获得广泛应用。这些负载的非线性、冲击性和不平衡性使电网的供电质量日趋恶劣，给人民生活和社会发展带来了巨大的危害。如果电网的电压过低，用电设备不能发挥其功效，有的甚至不能正常工作；反之，如果过高，将会大大缩短用电设备的使用寿命。频率的偏差，不仅使设备效率低，还会危及设备的安全，轻则引起不可逆的累积性损伤，重则立即损伤设备，导致系统瓦解甚至崩溃。电力系统中谐波的危害是多方面的，谐波能使电网的电压与电流波形发生畸变，且会引起电网电压的降低；谐波可能导致继电保护装置的误动或拒动；谐波使电气设备的附加损耗增加、加快设备老化，使变压器振动并产生噪声等。谐波的严重危害和所造成的损失已经引起了人们的高度重视。功率因数的高低对发、供、用电设备的充分利用、节约能源和改善电能质量都有重要的影响。随着大量的高、精、尖的高新技术企业进入中国市场，电网的质量能否满足精细制造业的要求将会成为一个突出的问题。一方面是电网质量的下降，另一方面却是用户对供电质量要求的提高，如何解决这一矛盾成了我们要解决的一道难题。准确、完整地对电力参数进行测量和分析是成功解决该矛盾的必要条件。

电力参数检测既是评定电能质量的重要指标，也是电力技术人员采取补偿措施的依据。因此，研究能够在设定的工作方式下（即包括单相、三相三线、三相四线）对电网各项参数进行检测，同时实现各项指标的测量和结果显示的电力系统综合测量装置，成为近年来电力行业研究的热点之一。

电力系统以及电力用户都迫切需要一种准确、可靠、便于携带、性价比高的国产电量参数综合参数测试仪器，对电网中的各种电量参数（电压有效值、电流有效值、频率、谐波、功率因数、有效功率、无功功率等）进行准确的检测，为保证电网的安全和经济运行提供有利的参考依据。同时，对电网各主要参数的准确测量也是实现电网测控自动化的重要前提。因此，交流电参数综合测试仪器的研究和开发具有极其重要的意义。

电力参数的准确、快速测量对于实现电网调速自动化、保证电网安全与经济运行具有重要的意义。采用数字信号处理芯片DSP进行电力参数的测试仪，在提高测量精度、实时性和智能化方面具有独特的优势。

12.1.2 工作原理

针对我国电力系统供配电的实际情况，在分析电力参数测试仪器的现状和传统测试仪器存在的问题的基础上，开发出一个基于DSP的电力参数综合测试装置，实现多种电力参数的实时测量，该装置可用来测量单相、三相交流电路的电压、电流、频率、功率因数和有功功率等参量；测试中电压电流量程可实现自动切换。

研究的主要内容包括：

① 分析电力参数测试仪器的国内发展现状，指出开展电力参数综合测试仪器的重要意义。

② 分析比较频率测量的各种算法，提出用插值 FFT 算法进行频率测量，并将该算法和传统傅氏算法进行比较。

③ 研究分析其他各种参数的测量方法，选用合适的算法。

④ 进行 DSP 的硬软件设计。

⑤ 对系统进行测试，并进行误差分析。

(1) 交流电参数数字化测量方法

交流电参数的测量，通常指对交流工频信号的测量，包括电压、电流、频率、功率等参数。不同的仪器采用不同的方法，也就决定了测量结果的准确度。在数字化测量技术应用以前，人们通过模拟电子线路及电磁机构来测量交流信号，并用指针测量结果。采用这种方法制作的仪器，体积大、精度低、操作复杂。随着数字处理器及大规模集成电路技术的发展和应用，测量技术进入数字测量阶段。数字化技术测量的基础原理是将被测量先转化为相应的数字量，进而传输、存储、数据处理、显示和打印等。数据处理在数字化测量技术中处于重要地位，通过不同的数据处理方法，可以对不同信号进行测量，实现自动校准、非线性补偿、数字滤波等功能，从而修正和克服了各个变换器、放大器等进入的误差和干扰，有效地提高了仪器的精度和其他性能指标。

目前，采样计算式测量方法主要分为两类：直流采样和交流采样。

① 直流采样法，即采样经过变送器整流后的直流量。此方法软件设计简单，计算简便，对采样值只需做一次比例变换即可得到被测量的数值。同时，由于采样的模拟量变化慢，采样频率比较低，对采集系统的硬件要求不高。例如，可采用低速的模数转换芯片或步序保持电路等。由于这些特点，在微机引入电气测量的初期此方法得到广泛的应用。但是直流采样方法存在一些问题，如：测量准确度直接受整流电路的准确度和稳定性的影响；整流电路参数调整困难，而且受波形因数的影响较大等。当被测信号为纯正正弦量时，有效值 V_{rms} 与平均绝对值 V_{avc} 之间的关系：$V_{rms}=V_{avc}$。当输入信号中含有谐波时，V_{rms} 与 V_{avc} 之间的关系将发生变化，并且谐波含量不同，两者之间的关系也不同，这将给计算结果带来误差。

② 交流采样是按一定的规律对被测交流电气信号的瞬时值进行采样，获得用数字量表示的离散时间采样值序列，并通过对采样值序列进行数值计算获取被测信号的信息。与直流采样相比，交流采样所用变送器只需将交流信号进行简单的幅值变换，其价格低、体积小、反应快。交流采样理论上可包含交流信号中的全部信息，因而可通过不同的算法获取所关心的多种信息（如有效值、频率、谐波分量等）。但它要求采样速率较高，并且测量结果必须通过一定的数值算法求出来，计算量相对较大，对数字处理器的计算速度要求较高。近年来，A/D 转换芯片和数字处理器芯片性能显著提高而且价格大幅度下降，为交流采样的普遍应用提供了有利条件。交流采样相当于用一条阶梯曲线代替一条光滑的连续曲线，其原理误差主要有两项：一项是用时间上离散的数据近似代替时间上连续的数据产生的误差；另一项是将连续的电压和电流进行量化而产生的量化误差。

(2) 电压电流有效值的测量

近年来谐波污染的日益严重，对电力系统的检测分析装置提出了更高的要求，要求既能分析电网的谐波含量，又能在谐波超标的情况下精确测量电气参数。在交流采样方式下，不同的计算方法对谐波的反应也不同。有的算法是以输入信号为纯正弦信号为前提导出的，当输入信号含有谐波时，当然存在误差。还有的算法将谐波信号滤除，用基波结果来代替含有谐波情况下的实际计算结果，误差也十分明显。要精确计算含有谐波的电气量，首先要保证足够的采样频率。

由电路理论知，电压、电流的真有效值为：

$$U_{\mathrm{rms}}=\sqrt{\frac{1}{T}\int_0^T u^2(t)\mathrm{d}t} \tag{12.1}$$

$$I_{\mathrm{rms}}=\sqrt{\frac{1}{T}\int_0^T i^2(t)\mathrm{d}t} \tag{12.2}$$

对信号 $u(t)$、$i(t)$ 进行离散化采样，得离散化序列 $\{u_n\}$、$\{i_n\}$，则

$$U\approx\sqrt{\frac{1}{T}\sum_{n=0}^{N-1}u_n^2\Delta T_n} \tag{12.3}$$

式中，ΔT_n 为相邻两次采样的时间间隔；u_n 为第 n 个时间间隔的电压采样瞬时值；N 为一个周期内的采样点数。

若相邻两次采样的时间间隔相等，即 ΔT_n 为时间常数 ΔT，$N=T/\Delta T$，则有

$$U_{\mathrm{rms}}=\sqrt{\frac{1}{N}\sum_{n=1}^{N}u\ (n)^2} \tag{12.4}$$

同理，式(12.2) 离散化后为：

$$I_{\mathrm{rms}}=\sqrt{\frac{1}{N}\sum_{n=1}^{N}i\ (n)^2} \tag{12.5}$$

计算有效值的另一种方法，是先求取电压（或电流）的基波及各次谐波的有效值，然后计算它们的平方和的平方根。即按下式计算：

$$U=\sqrt{\sum_{n=1}^{m}U_n^2}\quad\left(I=\sqrt{\sum_{n=1}^{m}I_n^2}\right) \tag{12.6}$$

式中，$U_n(I_n)$ 为电压（电流）的第 n 次谐波有效值；m 为电压和电流中最高次谐波的次数。m 取值越大，计算精度越高。但在一般情况下，电网中各次谐波含量是随次数的增高而逐渐减小的，对电网观测的结果表明，电网中 19 次以上的谐波含量已很低（特殊谐波源处的谐波除外），因此一般情况下 m 可取值为 19。当没有必要计算各次谐波分量时，应按式(12.4) 和式(12.5) 计算电压（电流）的有效值，因为其计算量要比式(12.6) 小得多。各次谐波分量本身的计算量就不小，因此只有在需计算基波及 2～19 次谐波含量时才按式(12.6)计算有效值。由于本文的计算是基于 FFT 的，因此选用后一种计算方法。

(3) 谐波分析及功率、功率因数的计算

本测试仪采用的交流采样算法是将同一相的电压和电流分别作为复数序列的实部和虚部来进行傅里叶变换，经过一次变换就可以同时求 U、I、P、Q、$\cos\varphi$。设有电压 U 和电流 I 信号，周期相同。在一个周期内采样 N 点，形成采样序列为：$u(n)$，$i(n)$，$0\leqslant n\leqslant N-1$。将 $u(n)$，$i(n)$ 合成一复数序列 $x(n)$：

$$x(n)=u(n)+\mathrm{j}\times i(n),0\leqslant n\leqslant N-1 \tag{12.7}$$

将 $x(n)$ 作 FFT 变换后得到：

$$X(k)=\mathrm{FFT}[x(n)]=U(k)+\mathrm{j}I(k) \tag{12.8}$$

则 $u(n)$ 和 $i(n)$ 的 FFT 变换 $U(k)$ 和 $I(k)$ 可从 $X(k)$ 分解而得：

$$\begin{cases}U(k)=[X(k)+X(N-k)]/2\\ I(k)=\{[X(k)-X(N-k)]/2\}\mathrm{j}\end{cases}\quad 0\leqslant n\leqslant N-1 \tag{12.9}$$

所以，电压 $\dot{U}$ 的 m 次谐波分量 $\dot{U}_m$ 的幅值和相位分别为：

$$A_{Um}=|U(m)| \tag{12.10}$$

$$\varphi_{Um}=\arccos\left[\frac{-U_i(m)}{A_{Um}}\right] \tag{12.11}$$

同样，电流 $\dot{I}$ 的 m 次谐波分量 $\dot{I}_m$，的幅值和相位分别为：

$$A_{Im}=|I(m)| \tag{12.12}$$

$$\varphi_{Im}=\arccos\left[\frac{I_i(m)}{A_{Im}}\right] \tag{12.13}$$

则电压幅值：

$$U=\sum_{m=0}^{N-1}A_{Um}=\sum_{m=0}^{N-1}|U(m)| \tag{12.14}$$

电流幅值：

$$I=\sum_{m=0}^{N-1}A_{Im}=\sum_{m=0}^{N-1}|I(m)| \tag{12.15}$$

功率因数：

$$\begin{aligned}\cos\varphi_m&=\cos(\varphi_{Um}-\varphi_{Im})=\cos\varphi_{Um}\cos\varphi_{Im}+\sin\varphi_{Um}\sin\varphi_{Im}\\&=\frac{-U_i(m)}{\sqrt{U_i^2(m)+U_r^2(m)}}\times\frac{-I_i(m)}{\sqrt{I_i^2(m)+I_r^2(m)}}+\frac{U_r(m)}{\sqrt{U_i^2(m)+U_r^2(m)}}\times\frac{I_r(m)}{\sqrt{I_i^2(m)+I_r^2(m)}}\\&=\frac{U_r(m)I_r(m)+U_i(m)I_i(m)}{|U(m)|\times|I(m)|}\end{aligned} \tag{12.16}$$

从而有有功功率：

$$P=UI\cos\varphi=\sum_{m=0}^{N-1}|U(m)|\times|I(m)|\times\cos\varphi_m=\sum_{m=0}^{N-1}U_r(m)I_r(m)+U_i(m)I_i(m) \tag{12.17}$$

同样可推得无功功率：

$$Q=UI\sin\varphi=\sum_{m=0}^{N-1}|U(m)|\times|I(m)|\times\sin\varphi_m=\sum_{m=0}^{N-1}U_i(m)I_r(m)-U_r(m)I_i(m) \tag{12.18}$$

由此可见只需一次复序列 FFT 就能求得三相电源中的相电压和电流的各次谐波幅值和相位了。

从以上对电压、电流的 FFT 计算中得到各次谐波的幅值和相角，有了这些基本的谐波参数以后，就可以方便地按照定义来计算与谐波有关的电力参数了。

① 电压、电流谐波含有率（harmonic ratio）：k 次谐波分量的有效值（或幅值）与基波分量的有效值（或幅值）之比。

第 k 次谐波电压含有率：

$$HRU_k=\frac{U_k}{U_1}\times100\% \tag{12.19}$$

第 k 次谐波电流含有率：

$$HRI_k=\frac{I_k}{I_1}\times100\% \tag{12.20}$$

② 电压谐波总量 U_{H} 与电流谐波总量 I_{H} 定义为：

$$U_H=\sqrt{\sum_{k=2}^{\infty}U_k^2} \tag{12.21}$$

$$I_H=\sqrt{\sum_{k=2}^{\infty}I_k^2} \tag{12.22}$$

③ 总谐波畸变率 THD（Total Harmonic Distortion)：对于总谐波畸变率，电气和电子工程师协会（IEEE）定义为谐波总量与基波分量之比。

电压谐波畸变率：

$$HRD_u=\frac{U_H}{U_1}\times 100\%=\sqrt{\sum_{k=2}^{\infty}(HRU_k)^2}\times 100\% \tag{12.23}$$

电流谐波畸变率：

$$HRD_i=\frac{I_H}{I_1}\times 100\%=\sqrt{\sum_{k=2}^{\infty}(HRI_k)^2}\times 100\% \tag{12.24}$$

(4) 频率测量的 FFT 算法

算法原理：设一个频率 f_0、幅值 A 的单一频率信号 $x(t)=Ae^{j2\pi f_0 t}$。该信号经过采样和模数变换后得到的离散信号为 $x(n)$。不妨设采样间隔 $\Delta t=1$，则频率间隔

$$\Delta f=\frac{1}{T}=\frac{1}{N\Delta t}=\frac{1}{N}$$

其频谱为：

$$X(k)=\sum_{n=0}^{N-1}x(n)e^{-j\frac{2\pi}{N}kn} \tag{12.25}$$

为抑制 FFT 算法存在的频谱泄露现象，需要为信号选择适当的窗函数进行加权处理。经过比较各种窗函数的特点，本文选择汉宁窗。汉宁窗也称为升余弦窗或余弦平方窗，其单边表示为：

$$w(n)=\frac{1}{2}\left[1-\cos\left(\frac{2n}{N}\pi\right)\right]\quad n=0,1,2,\cdots,N-1$$

根据欧拉公式可得：

$$w(n)=\frac{1}{2}-\frac{1}{2}\left(\frac{1}{2}e^{j\frac{2n}{N}\pi}+\frac{1}{2}e^{-j\frac{2n}{N}\pi}\right)=\frac{1}{2}-\frac{1}{4}e^{j\frac{2n}{N}\pi}-\frac{1}{4}e^{-j\frac{2n}{N}\pi}$$

在离散傅里叶变换中，直接实现对输入序列 $x(n)$ 的汉宁窗加权时，可不在时域进行 $x(n)$与 $w(n)$ 相乘，而在输出的频谱序列 $X(k)$ 上进行线性组合来实现。已知汉宁加权后的离散傅里叶变换为：

$$X_w(k)=\sum_{n=0}^{N-1}w(n)x(n)e^{-j\frac{2\pi}{N}kn}=\frac{1}{2}\sum_{n=0}^{N-1}x(n)e^{-j\frac{2\pi}{N}kn}-\frac{1}{4}\sum_{n=0}^{N-1}x(n)e^{-j\frac{2\pi}{N}(k-1)n}-\frac{1}{4}\sum_{n=0}^{N-1}x(n)e^{-j\frac{2\pi}{N}(k+1)n}$$

由上式可知，汉宁窗加权的离散傅里叶变换输出 $X_w(k)$ 是序列 $x(n)$ 的离散傅里叶变换 $X(k)$ 的线性组合，即：

$$X_w(k)=\frac{1}{2}X(k)-\frac{1}{4}X(k-1)-\frac{1}{4}X(k+1)=\frac{1}{2}\left\{X(k)-\left[\frac{1}{2}X(k-1)+X(k+1)\right]\right\} \tag{12.26}$$

在非整周期采样的情况下，f_0 不是 Δf 的整数倍（Δf 为频率间隔）。而对于离散频谱，k 仅能取 $0\sim N-1$ 之间的整数。因此可设 f_0 在频率 $l\Delta f$ 与 $(l+1)\Delta f$ 之间（1 为整数)，即 $f_0=(l+\delta)\Delta f$（其中 $0\leqslant\delta\leqslant 1$）求出 δ 就能得到信号的实际频率。

设幅值为 1 的矩形窗 $w_0(n)=1$，$(n=0,1,\cdots,N-1)$，它的离散傅里叶变换 DFT 为

$$w_0(k)=D(k)=\mathrm{e}^{-\mathrm{j}\pi k\frac{N-1}{N}}\frac{\sin(\pi k)}{\sin\frac{\pi k}{N}}$$

由式(12.25) 可得：

$$X(k)=\sum_{n=0}^{N-1}A\mathrm{e}^{-\mathrm{j}nk\frac{2\pi}{N}}\mathrm{e}^{\mathrm{j}2\pi f_0 n}=A\frac{1-\mathrm{e}^{-2\mathrm{j}\pi(k-Nf_0)}}{1-\mathrm{e}^{-2\mathrm{j}\pi(k-Nf_0)\frac{1}{N}}}=A\mathrm{e}^{-2\mathrm{j}\pi(k-Nf_0)\frac{N-1}{N}}\frac{\sin[\pi(k-Nf_0)]}{\sin\frac{\pi(k-Nf_0)}{n}}$$

$$=AD(k-Nf_0)=AD\left(k-\frac{f_0}{\Delta f}\right) \tag{12.27}$$

我们的目的是要找 δ 及插值点。由式(12.27) 可得：

$X(l+n)=A\times D\left(l+n-\dfrac{f_0}{\Delta f}\right)$，$n$ 为整数。又由 $f_0=(l+\delta)\Delta f$ 可知

$$\delta=\frac{f_0}{\Delta f}-l$$

所以有：

$$X(l+n)=AD(n-\delta) \tag{12.28}$$

则由式(12.27) 和式(12.28) 可得信号汉宁窗后的频率在整数采样点的数值为：

$$X_w(l+n)=0.5A\{D(n-\delta)-0.5[D(n-\delta-1)+D(n-\delta+1)]\} \tag{12.29}$$

设

$$\alpha=\frac{|X_w(l+1)|}{|X_w(l)|} \tag{12.30}$$

因为 N 一般很大（≥1024），且 $\delta<1$，所以有 $\sin\left(\dfrac{\delta}{N}\pi\right)\approx\dfrac{\delta}{N}\pi$，$\cos\left(\dfrac{\delta}{N}\pi\right)\approx 1$ 则由式(12.29)和式(12.30) 可得：

$$\delta=\frac{2\alpha-1}{\alpha+1} \tag{12.31}$$

实际计算中，$X_w(l+1)$，$X_w(l)$ 由采样序列经过 FFT 运算后得到，l 由所取数据窗的长度确定，故 α 可由式(12.30) 确定，进而由式(12.31) 计算出 δ，最后由 $f_0=(l+\delta)\Delta f$ 可计算出实际的频率。

12.1.3 硬件电路

硬件设计是本测试仪的基础。本测试仪采用 TI 公司的 TMS320F2812A 芯片作为硬件设计的基础，实现电力参数中多个参数的测量计算任务。为了满足自动化发展的要求，本测试仪提供了液晶显示界面、键盘控制等，同时提供了通信接口，以实现与其他系统的信息共享。本测试仪硬件结构框图如图 12.1 所示。

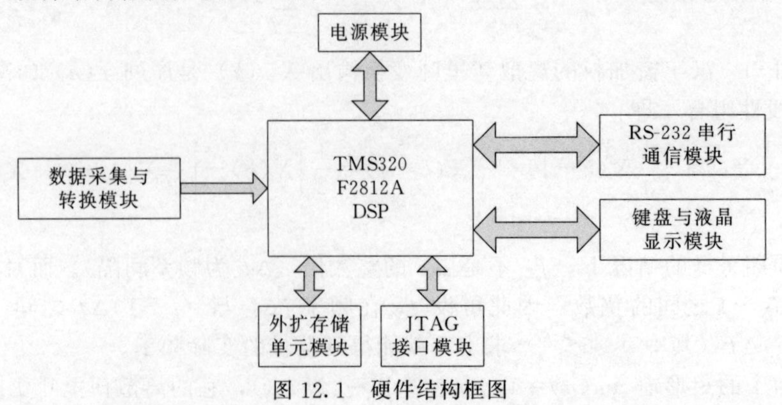

图 12.1 硬件结构框图

从图 12.1 可以看出，测试仪共分为几个部分，主要有 DSP 芯片及其外部数据存储器扩展，模拟信号采样，显示键盘，串行通信接口等。为了设计的方便用户简化硬件电路，本测试仪在硬件设计上采用模块化设计，将整个测试仪分为几个单元设计，这样使得设计相对独立，程序的修改和移植也变得容易，从而可适用于其他测量系统，并且也方便扩充新的功能。

整个系统分为两大部分：数据采集处理系统和数据显示与存储系统。其中，数据采集处理系统主要负责从电网中采集各种数据，完成各种数据处理工作。数据显示与存储系统主要完成测量数据的显示、存储工作。两部分之间通过串口进行数据传输。主要完成数据采集和处理系统部分的软硬件设计，数据采集处理系统是整个测试装置设计中最为重要的一部分，仪器的绝大部分测试功能都依靠这一部分来实现。

（1）JTAG 接口电路设计

本系统通过 JTAG 来完成系统的仿真和程序下载。DSP 芯片的 JTAG 接口又称边界扫描接口，它共有七个信号线：其中 TCK 是测试信号的测试时钟；TDI 是测试数据的输入端，在 TCK 时钟的上升沿将数据写入 DSP 芯片内部的所选定的寄存器中；TDO 是测试数据的输出端，在 TCK 时钟的下降沿时将所选定的寄存器的内容串行输出出来；TMS 是测试方式选择端，指在 TCK 时钟的上升沿时将串行输入信号记录到 TAP 的控制器中；$\overline{\text{TRST}}$是测试复位信号；EMU0 是仿真器中断 0 引脚；EMU1 是仿真器中断 1 输入引脚，TEST1 保留的测试引脚。JTAG 接口电路如图 12.2 所示。

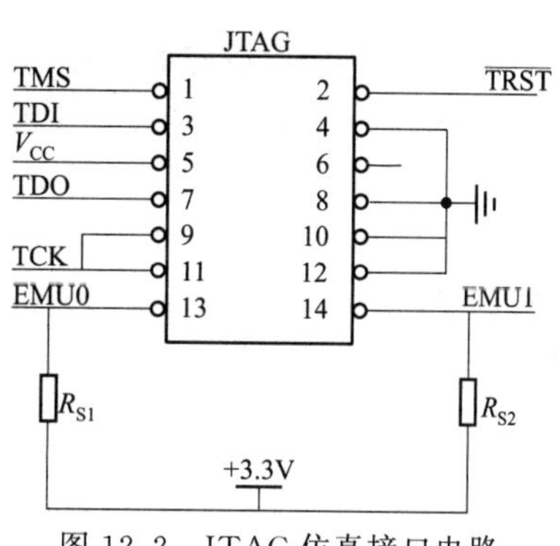

图 12.2 JTAG 仿真接口电路

（2）电压和电流的检测与调理电路设计

电压和电流的检测与调理电路的主要功能是把互感器输出的毫安级弱电流信号转化成适合 TMS320F2812A 芯片采样的电压信号。互感器构成了信号检测部分，电流单元为电流互感器 CT，电压单元为电压互感器 PT，具体电路如图 12.3 和图 12.4 所示。下面说明电流采样电路，电压采样电路和电流采样电路类似，在这里就不多做说明了。

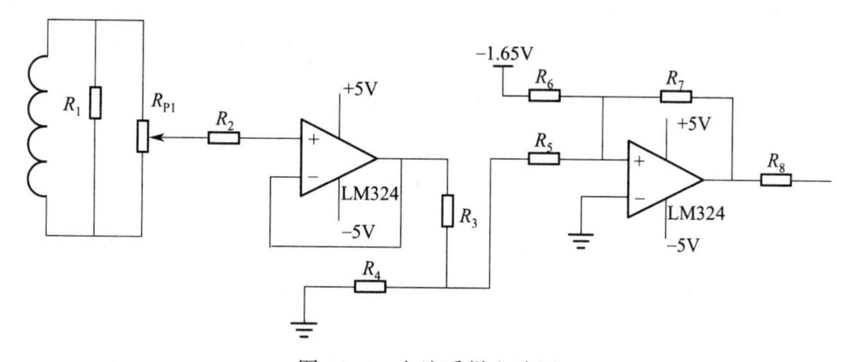

图 12.3 电流采样电路图

由电流互感器副边输出的是交流信号，存在正负特性。此电流信号经过电阻采样后转化为−3.3～+3.3V 之间的电压信号，由于所用的 TMS320F2812A 芯片内的 A/D 转换器是单极性的，而电流检测信号是双极性的，故交流模拟量信号在经过电流/电压转换后，还要进行电平转换，使其波形处于正区间，TMS320F2812A 芯片内的 ADC 转换器的参考电压为

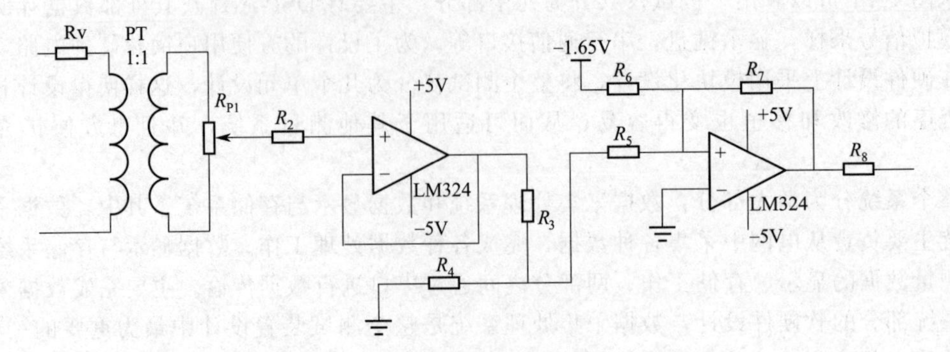

图 12.4 电压采样电路图

+3.3V，因此偏移电压取−1.65V，再把信号送入到 TMS320F2812A 芯片中的 A/D 转换口使得偏移后的信号范围在 0～+3.3V 之间。

（3）频率测量电路

由于系统的测量是通过对信号进行周期采样的方法来实现的，因此其准确性不仅来源于采样的准确性，还来源于系统频率测量的准确性，因此加入测频电路是必不可少的。测频电路设计如图 12.5 所示。

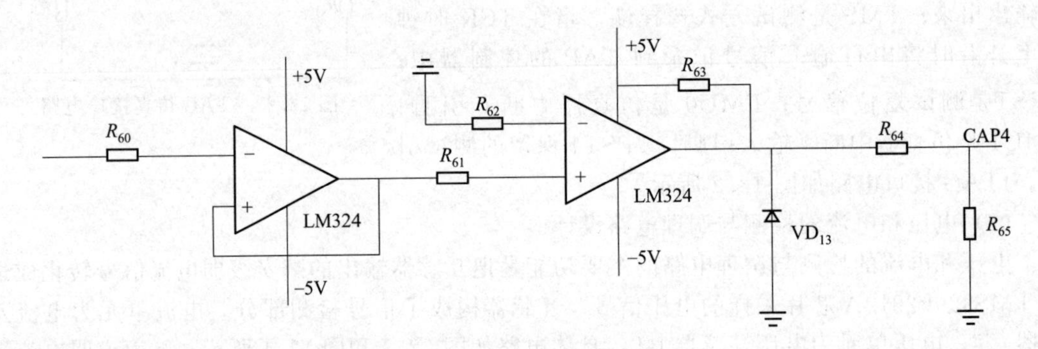

图 12.5 频率测量电路

选择三相电压电流 6 路信号的其中一路作为基准进行跟踪，这里选择 1 路电压信号，该电压信号首先经过前端由 LM324 构成的射极跟随器，射极跟随器起缓冲、隔离、提高带载能力的作用，然后通过由 LM339 构成的过零比较电路将其转换成与电压信号频率相同的方波信号以采集频率信息。

12.1.4 软件设计

硬件系统设计完成后，软件设计就成为测试仪设计的关键。软件的优劣不仅关系到仪表的监测功能的实现，而且涉及测试仪的可靠性和使用的方便性。

（1）软件总体主程序

主程序的流程可以表述如下：开始对系统初始化，包括 I/O 口设置初始化、外围设备控制初始化和各种标志寄存器初始化，仪器自检后显示开机界面，然后启动定时器 4，利用定时器 4 的周期中断启动 A/D，在 A/D 中断服务程序里进行数据采集，同时进行相应的数据处理。在等待中断的同时查询按键状态，根据按键显示相应内容。根据数据处理的结果，可将相关数据发送到 PC 机。主程序流程如图 12.6 所示。

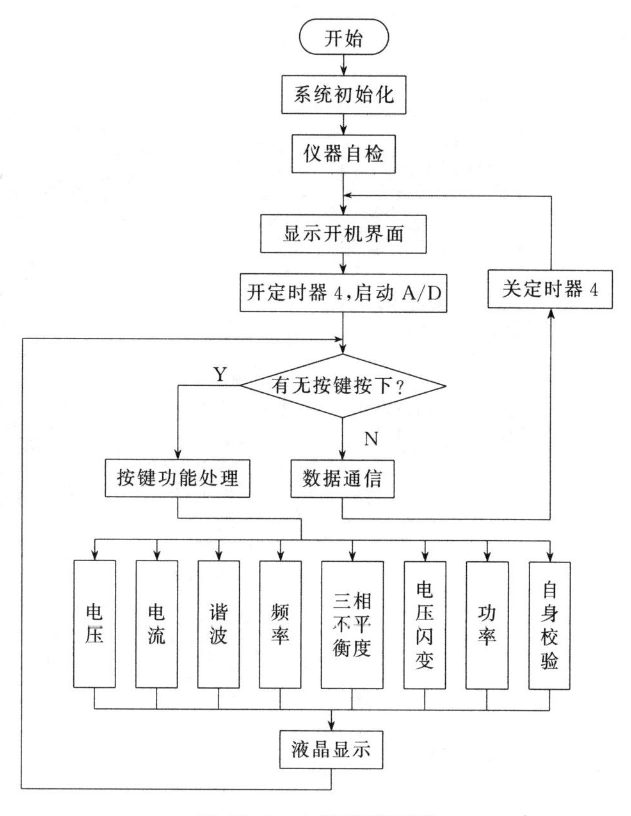

图 12.6　主程序流程图

(2) 中断服务程序

中断服务模块流程图如图 12.7 所示。中断事件相应的标志位（IF）在外设寄存器中设定。如果相应的中断使能位（IE）被置 1，那么外设将通过获取它的 PIRQ，产生一个响应 PIE 控制器（外设中断扩展控制器）的中断请求。如果中断没有被使能，则中断标志位（IF）的状态保持到被软件清 0。如果中断在上一次被使能了，并且中断标志位仍然处于置位（置 1）状态，则将立即获取 PIRQ。

如果不存在没有应答的相同优先级（INT*n*）的 CPU 中断请求在上一次被发送了，那么 PIRQ 会使 PIE 控制器产生一个 CPU 中断请求（INT*n*），中断请求信号需 2 个 CPU 时钟脉宽的低电平脉冲。

CPU 的中断请求设定 CPU 的中断标志寄存器（IFR）。如果通过设置 CPU 的中断屏蔽寄存器（IMR）的相应位，CPU 中断已经被使能了，CPU 会终止当前的任务，将 INTM 置位，以屏蔽所有可屏蔽中断、保存上下文，并且开始位高优先级的中断（INT*n*）执行通用中断服务子程序（GISR）。CPU 自动产生一个中断应答，并向与被响应的高优先级中断的相应程序地址总线（PAB）送一个中断向量值。例如，如果 INT3 被响应了，它的中断向量 0006h 被装入 PAB。

外设中断扩展（PIE）控制器会对 PAB 值进行译码，并产生一个外设中断应答，清除与被应答的 CPU 中断相关的 PIQR 位。外设中断扩展控制器然后将相应的外设中断向量（或假中断向量）载入外设中断向量寄存器（PIVR），载入的中断向量保存在 PIE 控制器中。当 GISR 已经完成了必要的上下文的保存，然后就可以读入 PIVR 并使用中断向量，使程序转入到特定中断服务子程序（SISR）。

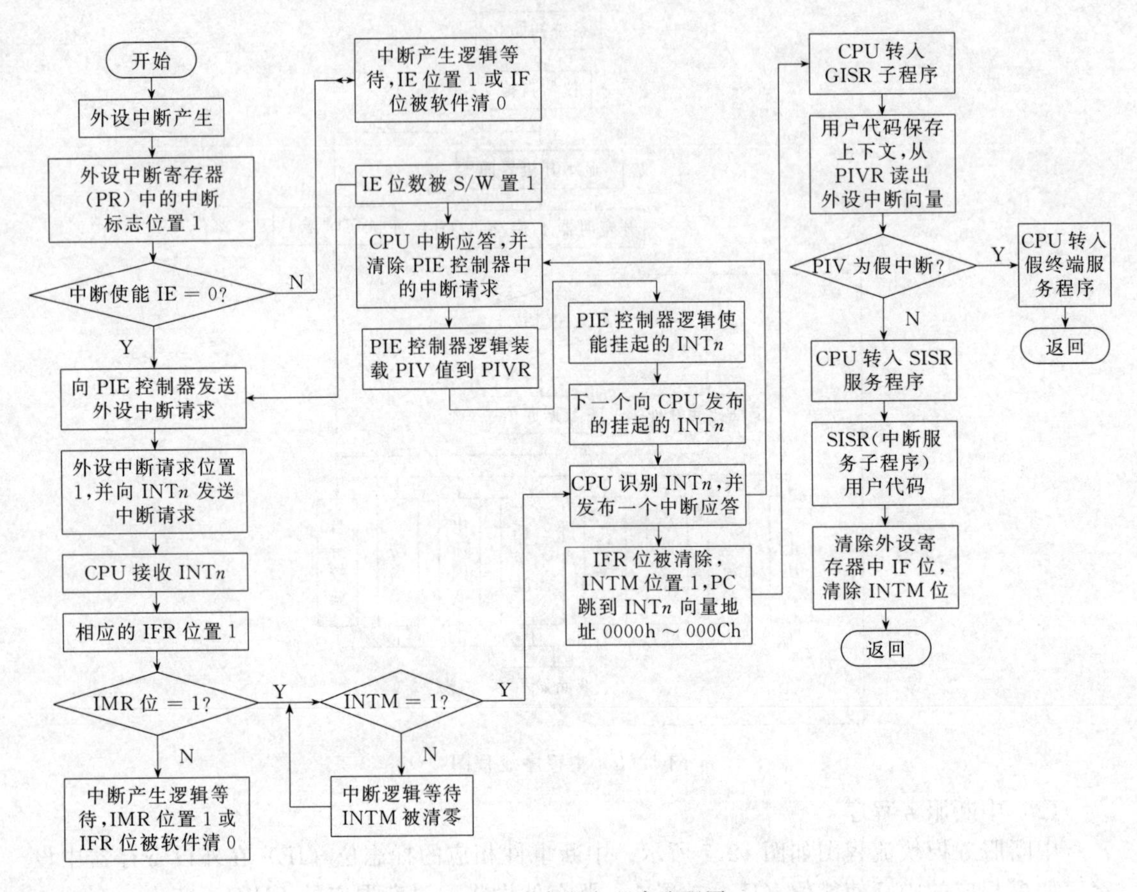

图12.7 中断服务程序流程图

(3) 数据采集程序设计

本装置中TMS320F2812A以40MHz的频率对电网信号进行采样，如前所述，为减少频谱泄漏，必须采用同步采样法，使采样窗宽严格为信号的整周期。本装置通过TMS320F2812A事件管理模块中的捕获单元CAP4来实现软件的同步采样，CAP4通过对电压整形电路产生的方波进行捕获，计算出电网信号的周期并作128分频，把分频后的值作为定时器4周期寄存器的值。这样就使得定时器4每隔1/128个周期触发信号采样一次，每采样一次后引发TMS320F2812A外部中断，在中断程序里把A/D转换的结果读出并且判断是否采满了128个点，若未采满则继续采样，若采满，则开始执行FFT单元。计算完后进入下一个周期的采样和计算。如此即实现了对电网信号的实时监测。图12.8为数据采集程序流程图，图12.9为A/D转换流程图。

(4) 数据处理程序设计

数据处理部分主要对数据采集部分所得到的离散信号进行处理，运用各种算法实现电力参数指标以及其他电气量的计算与分析，离散化信号经过FFT运算可得到基波和各次谐波分量，利用此结果可以实现电压、电流、功率、三相不平衡度等参数的计算。采样数据处理以及其中FFT算法流程图如图12.10和图12.11所示。

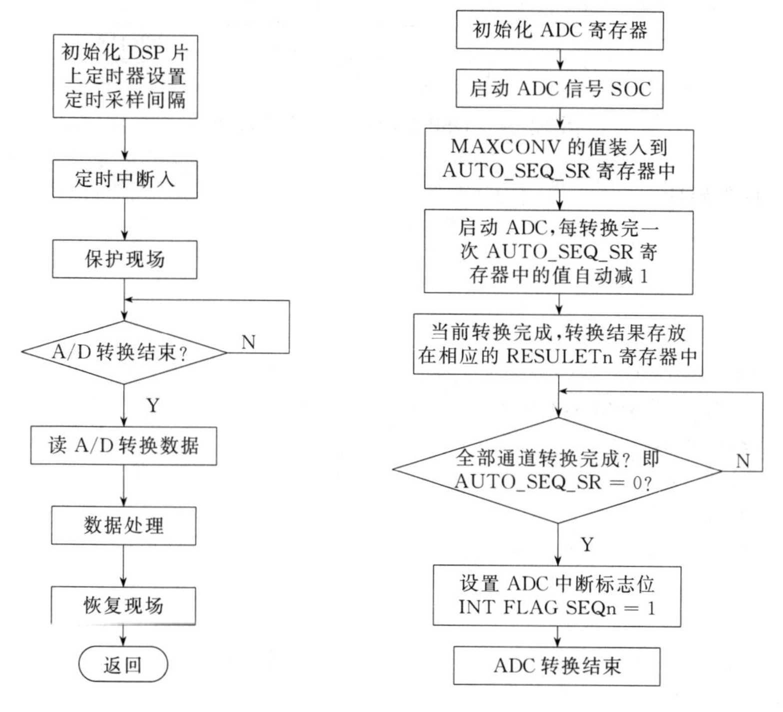

图 12.8　数据采集程序流程图　　　　图 12.9　A/D 转换流程图

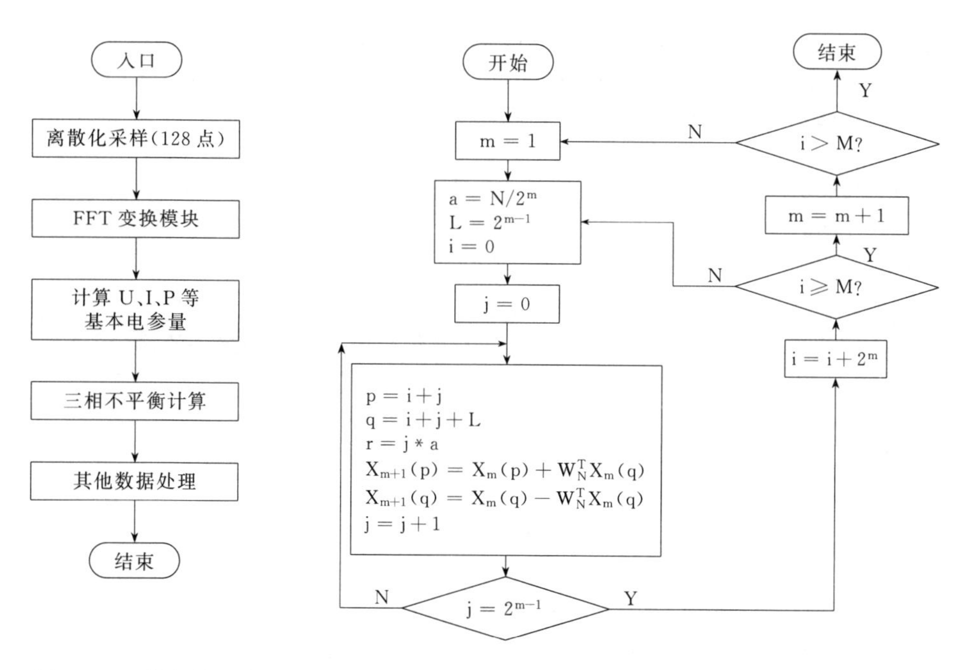

图 12.10　数据处理流程图　　　　图 12.11　FFT 算法流程图

(5) 系统软硬件调试与分析

由 DSP 系统开发流程可知，本测试仪的调试包括：硬件调试、软件调试、系统测试三部分，测试仪调试环境连接图如图 12.12 所示。系统调试工作可在 CCS 调试工具和硬件仿真器共同作用下完成。

图12.12 DSP系统调试环境连接图

12.1.5 参考程序

```
//主程序
{
    .mmregs
    .ref  sine1,cosine1,sine,cosine
      .ref  bit_rev,fft,unpack,power
      .def  _main_start
K_FFT_SIZE    .set  16
stack_size .set 10
stack  .usect "stack_section",stack_size
        .text
_main_start:
        STM  #stack+stack_size,SP    ;定义堆栈,SP指向栈底
        STM #sine,AR1
        RPT #K_FFT_SIZE-1 ; move FIR coeffs from program
        MVPD #sine1,*AR1+ ; to data
        STM #cosine,AR1
        RPT #K_FFT_SIZE-1 ; move FIR coeffs from program
        MVPD #cosine1,*AR1+ ; to data
         CALL bit_rev
         CALL fft
         CALL unpack
         CALL power
         nop
         nop
stop:      b  stop
          .end
}
//FFT算法程序
{
     .mmregs
        .ref d_input, fft_data,fft_out,cosine,sine
        .ref FFT_DP,d_grps_cnt,d_twid_idx,d_data_idx
        .def bit_rev,fft,unpack,power
K_FFT_SIZE  .set  16        ;FFT长度一半
K_LOGN   .set 4 ; # of stages (=lg(N/2))
K_TWID_TBL_SIZE .set K_FFT_SIZE ; 旋转表尺寸
K_TWID_IDX_3    .set K_FFT_SIZE/4
K_DATA_IDX_1 .set 2 ; Data index for Stage 1
K_DATA_IDX_2 .set 4 ; Data index for Stage 2
```

```
K_DATA_IDX_3 .set 8 ; Data index for Stage 3
K_FLY_COUNT_3 .set 4 ; 第三次抽取的每个蝶形支路数
K_ZERO_BK .set 0

             .text
        .asg AR2,REORDERED_DATA
        .asg AR3,ORIGINAL_INPUT
        .asg AR7,DATA_PROC_BUF
;通过位反序寻址,将 N 点实输入序列重新排序为 N/2 点复数序列
bit_rev:
          SSBX FRCT ; fractional mode is on
          STM #d_input,ORIGINAL_INPUT ;AR3 原始输入数据地址
          STM #fft_data,DATA_PROC_BUF ;AR7 FFT 缓存地址
          MVMM DATA_PROC_BUF,REORDERED_DATA ;
          STM #K_FFT_SIZE-1,BRC
          STM #K_FFT_SIZE,AR0 ; AR0 = 1/2 循环缓冲区
          RPTB bit_rev_end-1
          MVDD *ORIGINAL_INPUT+,*REORDERED_DATA+ ;复数实部
          MVDD *ORIGINAL_INPUT-,*REORDERED_DATA+  ;复数虚部
          MAR *ORIGINAL_INPUT+0B
bit_rev_end:
          NOP
          RET
}
;对 N/2 点复数序列进行 FFT 运算,将每一级结果除以 2 防止溢出
         .asg AR1,GROUP_COUNTER
         .asg AR2,PX
         .asg AR3,QX
         .asg AR4,WR
         .asg AR5,WI
         .asg AR6,BUTTERFLY_COUNTER
         .asg AR7,DATA_PROC_BUF ;分段 1 & 2
         .asg AR7,STAGE_COUNTER ; 保存分段
fft:
;Stage 1 -----------------------------------
        STM #K_ZERO_BK,BK ; BK=0 so that *ARn+0% == *ARn+0
        LD #-1,ASM ; 输出 div by 2 在每段
        MVMM DATA_PROC_BUF,PX ; PX -> PR
        LD *PX,A ; A := PR
        STM #fft_data+K_DATA_IDX_1,QX ; QX -> QR
        STM #K_FFT_SIZE/2-1,BRC
        RPTBD stage1end-1
        STM #K_DATA_IDX_1+1,AR0
        SUB *QX,A,B ; B := PR - QR
        ADD *QX,A ; A := PR+QR
        STL A,ASM,*PX+  ; PR':= (PR+QR)/2
        STL B,ASM,*QX+  ;QR':= (PR - QR)/2
```

```
    LD  *PX,A       ; A := PI
     SUB *QX,A,B  ; B := PI - QI
     ADD *QX,A ; A := PI+QI
     STL A,ASM,*PX+0
     STL B,ASM,*QX+0     ;QI':= (PI - QI)/2
     LD  *PX,A      ; A := next PR
stage1end:
}
; Stage 2 --------------------------------
     MVMM DATA_PROC_BUF,PX ; PX -> PR
      STM #fft_data+K_DATA_IDX_2,QX ; QX -> QR
      STM #K_FFT_SIZE/4-1,BRC
      LD *PX,A ; A := PR
      RPTBD stage2end-1
      STM #K_DATA_IDX_2+1,AR0
; 1st butterfly
      SUB *QX,A,B ; B := PR - QR
      ADD *QX,A ; A := PR+QR
      STL A,ASM,*PX+ ; PR':= (PR+QR)/2
      STL B,ASM,*QX+ ; QR':= (PR - QR)/2
      LD *PX,A ; A := PI
      SUB *QX,A,B ; B := PI - QI
      ADD *QX,A ; A := PI+QI
      STL A,ASM,*PX+ ; PI':= (PI+QI)/2
      STL B,ASM,*QX+ ; QI':= (PI - QI)/2
; 2nd butterfly
      MAR *QX+
      ADD *PX,*QX,A ; A := PR+QI
      SUB *PX,*QX,B ; B := PR - QI
      STH A,ASM,*PX+ ; 保存 PR':= (PR+QI)/2
      STH B,ASM,*QX- ;临时保存 QR'
      SUB *PX,*QX,A ; A := PI - QR
      ADD *PX,*QX+,B; B := PI+QR
      STH A, ASM,*PX+0 ; PI':= (PI - QR)/2
      LD  *QX-,A        ;取出 QR'=(PR-QI)
      STL A,*QX+ ; 保存 QR':= (PI-QR)/2
      STH B,ASM,*QX+0; 保存 QI'=(PI+PR)/2
      LD *PX,A ; A := PR
stage2end:
; Stage 3 thru Stage logN - 1 ------------------
     ;STM #K_TWID_TBL_SIZE,BK ; BK = 旋转表尺寸
      STM #K_ZERO_BK,BK ; BK=0 so that *ARn+0%  == *ARn+0
      ST #K_TWID_IDX_3,d_twid_idx ; 旋转表初始化标志
      STM #cosine,WR ; init WR pointer
      STM #sine,WI ; init WI pointer
```

```
        STM #K_TWID_IDX_3,AR0 ; AR0 =旋转表标志
        STM #K_LOGN-2-1,STAGE_COUNTER ; 初始化阶段计数器
        ST #K_FFT_SIZE/8-1,d_grps_cnt ; 初始化组计数器
    STM #K_FLY_COUNT_3-1,BUTTERFLY_COUNTER ; 初始化蝶形计数器
        ST #K_DATA_IDX_3,d_data_idx ; 输入数据初始化标志
stage:
        STM #fft_data,PX ; PX -> PR
        LD d_data_idx, A
        ADD *(PX),A
        STLM A,QX ; QX -> QR
        MVDK d_grps_cnt,GROUP_COUNTER ; AR1 包含组计算
group:
        MVMD BUTTERFLY_COUNTER,BRC ; # 每组的蝶形数
        RPTBD butterflyend-1
        LD *WR,T ; T := WR
        MPY *QX+,A ; A := QR *WR || QX ->QI
        MACR *WI+0% ,*QX-,A ; A := QR *WR+QI *WI
         ; || QX ->QR
        ADD *PX,16,A,B ; B := (QR *WR+QI *WI) +PR
        ST B,*PX ; PR':=((QR *WR+QI *WI) +PR)/2
          ||SUB *PX+,B ; B := PR - (QR *WR+QI *WI)
         ; || PX ->PI
        ST B,*QX ; QR':= (PR - (QR *WR+QI *WI))/2
         ||MPY *QX+,A ; A := QR *WI [T=WI]
           ; || QX ->QI
        MASR *QX,*WR+0% ,A ; A := QR *WI - QI *WR
        ADD *PX,16,A,B ; B := (QR *WI - QI *WR) +PI
        ST B,*QX+ ; QI':=((QR *WI - QI *WR) +PI)/2
           ; || QX ->QR
          ||SUB *PX,B ; B := PI - (QR *WI - QI *WR)
        LD *WR,T ; T := WR
        ST B,*PX+ ; PI':= (PI - (QR *WI - QI *WR))/2
          ; || PX ->PR
          ||MPY *QX+,A ; A := QR *WR || QX ->QI
butterflyend:
; Update pointers for next group
        STM #cosine,WR ; 初始化 WR 指针
        STM #sine,WI ; 初始化 WI 指针
        PSHM AR0 ; 保持 AR0
        MVDK d_data_idx,AR0
        MAR *PX+0 ; 下一组增加 PX
        MAR *QX+0 ; 下一组增加 QX
        BANZD group,*GROUP_COUNTER-
        POPM AR0 ; restore AR0
        MAR *QX-
;修正计数器和下一阶段指数
```

```
        LD d_data_idx,A
        SUB #1,A,B ; B = A - 1
        STLM B,BUTTERFLY_COUNTER ; BUTTERFLY_COUNTER = #flies - 1
        STL A,1,d_data_idx ;指数加倍
        LD d_grps_cnt,A
        STL A,ASM,d_grps_cnt ; 下一组偏移量 1/2
        LD d_twid_idx,A
        STL A,ASM,d_twid_idx ; 1/2 指数旋转表
        BANZD stage,*STAGE_COUNTER-
        MVDK d_twid_idx,AR0 ; AR0 =指数旋转表
fft_end:
            RET ; return to Real FFT main module
            ; 从前一级的复序列的计算结果计算四个中间值 RP, RM, IP, IM
;然后由四个中间结果形成原来的 N 点 FFT 结果
;保存在 d_input 和 fft_data 数据缓冲区中(复数值)
unpack:
        .asg AR2,XP_k
        .asg AR3,XP_Nminusk
          .asg AR6,XM_k
          .asg AR7,XM_Nminusk
          STM #fft_data+2,XP_k ; AR2 -> R[k] (temp RP[k])
          STM #fft_data+2 *K_FFT_SIZE-2,XP_Nminusk
          ;AR3 ->R[N - k] (tempRP[N - k])
          STM #fft_data+2 *K_FFT_SIZE+3,XM_Nminusk
          ; AR7 -> temp RM[N - k]
          STM #fft_data+4 *K_FFT_SIZE-1,XM_k ; AR6 -> temp RM[k]
          STM #-2+K_FFT_SIZE/2,BRC
          RPTBD phase3end-1
          STM #3,AR0
          ADD *XP_k,*XP_Nminusk,A ; A := R[k]+R[N - k] =2 *RP[k]
          SUB *XP_k,*XP_Nminusk,B ; B := R[k] - R[N - k] =2 *RM[k]
          STH A,ASM,*XP_k+ ; store RP[k] at AR[k]
          STH A,ASM,*XP_Nminusk+ ; store RP[N - k]=RP[k] atAR[N - k]
          STH B,ASM,*XM_k- ; store RM[k] at AI[2N - k]
          NEG B ; B := R[N - k] - R[k] =2 *RM[N - k]
          STH B,ASM,*XM_Nminusk- ; store RM[N - k] at AI[N+k]
          ADD *XP_k,*XP_Nminusk,A ; A := I[k]+I[N - k] =2 *IP[k]
          SUB *XP_k,*XP_Nminusk,B ; B := I[k] - I[N - k] =2 *IM[k]
          STH A,ASM,*XP_k+ ; store IP[k] at AI[k]
          STH A,ASM,*XP_Nminusk-0 ; store IP[N - k]=IP[k] atAI[N - k]
          STH B,ASM,*XM_k-; store IM[k] at AR[2N - k]
          NEG B ; B := I[N - k] - I[k] =2 *IM[N - k]
          STH B,ASM,*XM_Nminusk+0 ; 存储 IM[N - k] at AR[N+k]
phase3end:
          ST #0,*XM_k- ; RM[N/2]=0
          ST #0,*XM_k ; IM[N/2]=0
```

```
; Compute AR[0],AI[0], AR[N], AI[N]
    .asg AR2,AX_k
    .asg AR4,IP_0
    .asg AR5,AX_N
        STM #fft_data,AX_k ; AR2 -> AR[0] (tempRP[0])
        STM #fft_data+1,IP_0 ; AR4 -> AI[0] (tempIP[0])
        STM #fft_data+2*K_FFT_SIZE+1,AX_N ; AR5 -> AI[N]
        ADD *AX_k,*IP_0,A ; A := RP[0]+IP[0]
        SUB *AX_k,*IP_0,B ; B := RP[0] - IP[0]
        STH A,ASM,*AX_k+ ; AR[0] = (RP[0]+IP[0])/2
        ST #0,*AX_k ; AI[0] = 0
        MVDD *AX_k+,*AX_N-; AI[N] = 0
        STH B,ASM,*AX_N ; AR[N] = (RP[0] - IP[0])/2
; Compute final output values AR[k], AI[k]
    .asg AR3,AX_2Nminusk
    .asg AR4,COS
    .asg AR5,SIN
        STM #fft_data+4*K_FFT_SIZE-1,AX_2Nminusk
            ; AR3 -> AI[2N - 1](temp RM[1])
        STM #cosine+1,COS;STM #cosine+K_TWID_TBL_SIZE/K_FFT_SIZE,COS
            ; AR4 -> cos(k*pi/N)
        STM #sine+1,SIN;STM #sine+K_TWID_TBL_SIZE/K_FFT_SIZE,SIN
            ; AR5 -> sin(k*pi/N)
        STM #K_FFT_SIZE-2,BRC
        STM #K_ZERO_BK,BK ; BK=0 so that *ARn+0% == *AR+0
        RPTBD phase4end-1
        STM #1,AR0;STM #K_TWID_TBL_SIZE/K_FFT_SIZE,AR0
            ; index of twiddle tables
         LD *AX_k+,16,A ; A := RP[k] || AR2 ->IP[k]
         MACR *COS,*AX_k,A ; A :=A+cos(k*pi/N)*IP[k]
         MASR *SIN,*AX_2Nminusk-,A
            ; A := A - sin(k*pi/N)*RM[k]
            ; || AR3 ->IM[k]
        LD *AX_2Nminusk+,16,B ; B := IM[k] ||AR3 ->RM[k]
        MASR *SIN+0% ,*AX_k-,B
            ; B := B - sin(k*pi/N)*IP[k]
            ; || AR2 ->RP[k]
        MASR *COS+0% ,*AX_2Nminusk,B ; B := B - cos(k*pi/N)*RM[k]
        STH A,ASM,*AX_k+ ; AR[k] = A/2
        STH B,ASM,*AX_k+ ; AI[k] = B/2
        NEG B ; B := - B
        STH B,ASM,*AX_2Nminusk- ; AI[2N - k] = - AI[k]= B/2
        STH A,ASM,*AX_2Nminusk- ; AR[2N - k] = AR[k] = A/2
phase4end:
        RET ; 返回到实时 FFT 主模块
        ;计算功率谱,最后结果保存在 fft_out 缓冲区中
```

```
power:
        stm   #fft_data,ar2
        stm   #fft_out,ar4
        stm   #K_FFT_SIZE*2-1,BRC
        RPTB  power_end-1
        SQUR  *ar2+,A
        SQURA  *AR2+,A
        STH    A,*AR4+
power_end:  nop
       ret
       nop
      .end
}
//ADC程序
{
//(1)串口初始化程序
           STM SPCR1, McBSP1_SPSA ; 子寄存器 of SPCR1
            STM #0000h, McBSP1_SPSD ; McBSP1 recv = left - justify
         ; RINT产生同步信号
            STM SPCR2, McBSP1_SPSA ; 子寄存器 for SPCR2
         ; XINT产生同步信号
            STM #0000h, McBSP1_SPSD ; McBSP1 Tx = FREE(时钟停止
         ; 当运行 SW 中断时
            STM RCR1, McBSP1_SPSA ; 子寄存器 of RCR1
            STM #0040h, McBSP1_SPSD ; recv frame1 Dlength = 16 bits
            STM RCR2, McBSP1_SPSA ; 子寄存器 of RCR2
            STM #0040h, McBSP1_SPSD ; recv Phase = 1
         ; ret frame2 Dlength = 16bits
            STM XCR1, McBSP1_SPSA ; 子寄存器 of XCR1
            STM #0040h, McBSP1_SPSD ;设置相同的 recv
            STM XCR2, McBSP1_SPSA ; 子寄存器 of XCR2
            STM #0040h, McBSP1_SPSD ; 设置相同的 recv
            STM PCR, McBSP1_SPSA ; 子寄存器 of PCR
            STM #000eh, McBSP1_SPSD ; 外部时钟 (slave)
//(2) AD50初始化程序
         RSBX  xf ;重置 AD50
         CALL  wait
         NOP
         STM   SPCR1, McBSP1_SPSA ;使 McBSP0 RX for ADC data 输入
         LDM  McBSP1_SPSD,A
         OR   #0x0001, A
       STLM A, McBSP1_SPSD
          STM   SPCR2, McBSP1_SPSA ; 使 McBSP0 TX for DTMF 输出
          LDM  McBSP1_SPSD,A
          OR   #0x0001, A
          STLM A, McBSP1_SPSD
```

```
LD   #0h, DP ; 装载数据 0
RPT   #23
NOP
SSBX  xf ;输出重置 AD50
NOP
NOP
CALL IfTxRDY1              ;初始化 AD50 寄存器
STM #0x0001, McBSP1_DXR1; 请求第 2 次通信
NOP
CALL IfTxRDY1
STM #0100h, McBSP1_DXR1;写 00h 到寄存器 1 15+1 字节 模式
CALL IfTxRDY1
STM #0000h, McBSP1_DXR1
NOP
NOP
RPT   #20h
NOP
CALL IfTxRDY1
STM   #0x0001, McBSP1_DXR1; 请求第 2 次通信
CALL IfTxRDY1
STM   #0200h, McBSP1_DXR1;写 00h 到寄存器 2
CALL  IfTxRDY1
STM   #0000h, McBSP1_DXR1
CALL  IfTxRDY1
STM #0x0001, McBSP1_DXR1; 请求第 2 次通信
CALL IfTxRDY1
STM   #0300h, McBSP1_DXR1;写 00h 到寄存器 3
CALL IfTxRDY1
STM #0000h, McBSP1_DXR1
CALL IfTxRDY1
STM #0x0001, McBSP1_DXR1; 请求第 2 次通信
CALL IfTxRDY1
STM #0490h, McBSP1_DXR1;写 90h 到寄存器 4
      ;旁路 PLL
      ;选择采样频率 f=mclk/512=5.6kHz;180μs
CALL IfTxRDY1
STM #0000h, McBSP1_DXR1
RETE
.end
}
```

12.2 实例：新型多电平混合级联逆变器设计

12.2.1 实例功能

近年来，为了克服半导体电压和电流不宜过大的问题，多电平逆变器在中高压交流驱动

系统中的应用越来越广泛，一些串联或者并联的拓扑结构是必需的。最近，多电平逆变器在各种论文中引起了很大的关注，因为它合成的波形具有更好的谐波频谱并且可以耐受更高的电压。应用最广泛的主逆变器级联多电平拓扑结构是 NPC 逆变器，所有的逆变器都必须是符合实施标准的产品，传统的三级 NPC 逆变器有一个简单的电流结构，尽管如此，这种逆变器只能用于中低压的驱动中，因为半导体的耐压限制。另外，逆变器的输出电压需要一个 LC 滤波器来平滑波形，而滤波器笨重而且价格昂贵。再一方面，工业上的高压驱动大部分都使用级联 H 桥逆变器。一般它由几个平等的 H 桥逆变器级联而成，这种组合方式具有良好的输入电流和输出电压波形。尽管如此，这种拓扑结构也有一些缺陷：整流器、逆变器、控制器以及复杂的输入转换设备需要大量的部件。

这里我们提出了一个权衡的方法，让级联的 H 桥拓扑结构和 NPC 逆变器结合起来形成一个 H 桥混合多级联逆变器，如图 12.13 所示的是 H 桥混合多级联逆变器的拓扑结构。在这个电路图中，级联的 H 桥逆变器由单独的直流电源提供能量，称为主逆变器。三级 NPC 逆变器由高压电容器中储存的电能提供能量，称为协调逆变器。

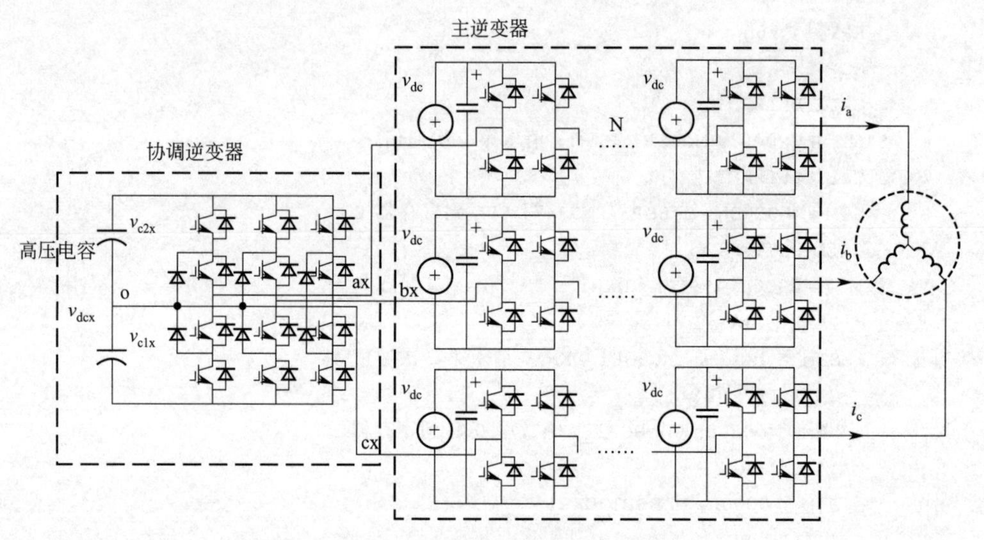

图 12.13　H 桥混合多级联逆变器的拓扑结构

通过适当的功率控制，协调逆变器可以作为一个能量储存单元，用来储存和释放所驱动电动机的制动功率，可以看出这种设计提高了逆变器的效率，着重要提出的是协调逆变器也可以作为一个 SVC 来控制，它可以提供无功功率从而使系统得到更高的功率因数。

12.2.2　工作原理

（1）H 桥级联多电平逆变器的拓扑结构

图 12.13 所示为 H 桥混合多级联逆变器的拓扑结构。其中协调逆变器没有电源，它以高压电容作为自己的直流电源，主逆变器和协调逆变器组成一个整体，假设主逆变器的输出电压为 U_m；协调逆变器的输出的电压为 U_x；所以级联型多电平变换器的输出电压为

$$U_{out}=U_m+U_x \tag{12.32}$$

若假设 $N=1$，在图 12.13 中，主逆变器可以看作是一个普通的三级 H 桥逆变器，它的输出电压 U_m 为 $+V_{dc}$、0 和 $-V_{dc}$，因为 NPC 协调逆变器，DC 电压可以看作 V_{dcx} 和 $V_{c1x}=-V_{c2x}=V_{dcx}/2$，所以协调逆变器的输出电压 U_x 为 $+V_{dcx}/2$，0 和 $-V_{dcx}/2$，因此，逆变器的输出电压 U_{out} 为：$-(V_{dc}+V_{dcx}/2)$、$-V_{dc}$、$-(V_{dc}-V_{dcx}/2)$、$-V_{dcx}$、0、$V_{dcx}/2$、$(V_{dc}-$

$V_{dcx}/2$)、V_{dc} 和 ($V_{dc}+V_{dcx}/2$)9 个可能的输出，当 V_{dc} ：($V_{dcx}/2$)＝1

逆变器可以输出 5 个电压值，当 V_{dc} ：($V_{dcx}/2$) ＝3 时，逆变器可以输出 9 个电压值，即最大导数。

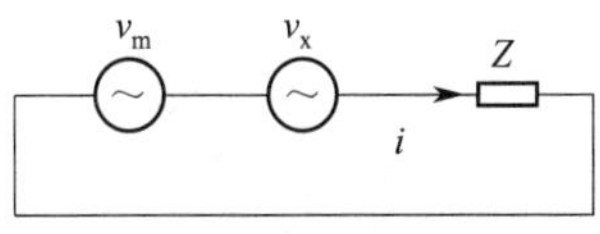

图 12.14　混合逆变器的单相电路

假设驱动的电动机是三相对称的，而且该逆变器的开关损耗可以不计，则该混合逆变器的等效电路可以等效为图 12.14。

两个电压源 v_m 和 v_x 串联在一起作为阻抗 Z 的电源，电路的 KCL 方程为：

$$i=(v_m+v_x)/Z \tag{12.33}$$

为了将来便于分析，以 v_m+v_x 为参考电压矢量 v_{ref}。

(2) 混合逆变器的功率控制

功率输入由电压源 v_m 提供，它仅能输出能量，同时，电压源 v_x 由高压电容器提供，即可以吸收能量又可以释放能量，这样，混合逆变器可作为一个能量回收装置。若采用适当的功率控制，能提高系统的效率。

为了更充分地使用电容器的能量，我们要适当地调节主逆变和协调逆变。根据不同的电动机转速，振幅参考矢量 $|v_{ref}|$ 是不同的，当电动机的转速和 M 参数都很低时，参考矢量 $|v_{ref}|$ 很小，因此当协调逆变器的电容电压足够大的时候，我们可以用 v_x 来确定 v_{ref}，可以不用考虑主逆变器。当电动机在一个稳定的转速时，主逆变和协调逆变必须一起工作，总能量由直流电源提供变频传动时，电动机的转速直接于三相电压的幅度相关，如图 12.15 所示。

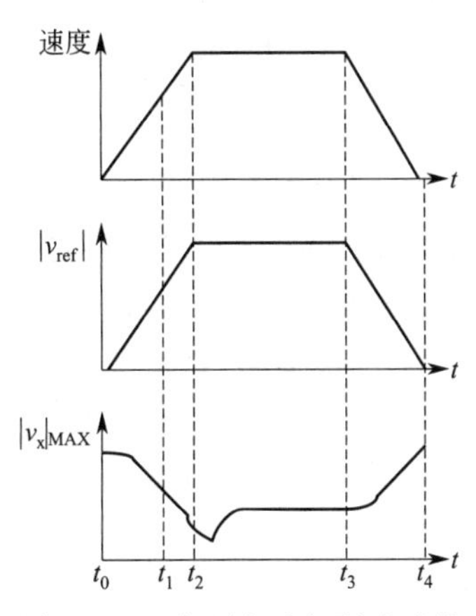

图 12.15　典型电动机驱动过程

在 $t_0 \sim t_1$ 时间段内，随着电动机的加速，参考矢量 $|v_{ref}|$ 增大，假设逆变器的电容电压为 $|v_x|_{MAX}$，且 $|v_x|_{MAX} > |v_{ref}|$，则我们只需要得到协调逆变器提供电动机的启动能量，随着 $|v_{ref}|$ 的不断增加，电容器释放能量，$|v_x|_{MAX}$ 更加变小，在 t_1 时 $|v_x|_{MAX}=|v_{ref}|$，如果 $|v_{ref}|$ 继续增加，则协调逆变器将会不足以提供电动机转动的能量，此时主逆变器必须和协调逆变器同时工作完成加速过程，这个过程发生在时间段 $t_1 \sim t_2$。在 $t_2 \sim t_3$ 时间段内，电动机进入稳态，混合逆变器的电压由两个逆变器提供，这个状态同时也提供一个测定高压电容器的额定值的机会，在 $t_3 \sim t_4$，开始电动机的制动，$|v_{ref}|$ 下降，$|v_x|_{MAX}$ 增加，因此，独立的协调逆变器又可以产生 v_{ref}，而且所有的能量都储存到电容器中，这个能量为下一个的加速过程提供动力，在这种情况下，V_{dcx} 为线性，协调逆变器的六角矢量也会改变，从而使协调逆变器产生正确的 v_x，并保证混合逆变器三相电压的不间断输出。

(3) 电容控制的协调逆变器

① 电容电压的平衡控制　当协调逆变器没有电源提供能量时，电容的电压必须需要一个适当的控制才可以稳定下来，如果没有适当的控制，不输出能量的中间电容电压很快会从正常值消失。一种控制方法是，加入稳定的电压，最好是没有谐波的输出电压。下面我们将要讨论影响协调逆变器电容电压的因素。

用 α-β 坐标系分析方程(12.34)，在图 12.16 中，如果空间矢量 i 的相角为 0，功率因数角为 θ。v_m 表示主逆变器的空间电压矢量，v_x 表示协调逆变器的空间矢量，v_{ref} 是参考空间

电压矢量，它的幅值和矢量角由控制信号决定，例如：VVVF，SVM，DTC 或者其他。

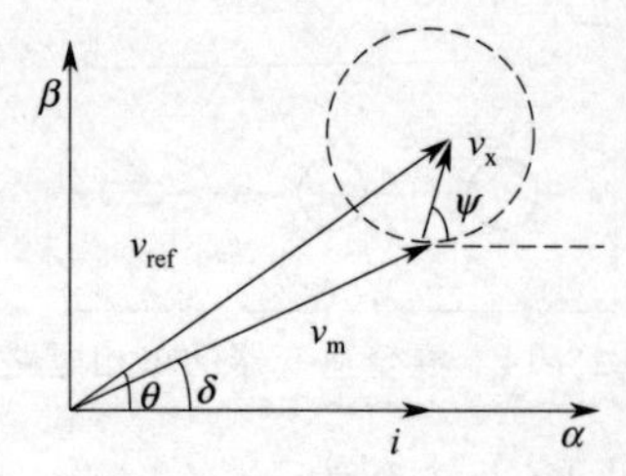

图 12.16 混合逆变器的空间矢量

从这个向量图 12.16 中，我们可以得到需要相关的三个电压矢量

$$v_{ref}\cos\theta = v_m\cos\delta + v_x\cos\psi$$
$$v_{ref}\sin\theta = v_m\sin\delta + v_x\sin\psi \quad (12.34)$$

与电压平衡方程(12.34)类似，我们可以得到许多功率平衡方程(12.35)，在方程(12.35)中 P_z 和 Q_z 分别为带负载时的有功功率和无功功率。P_m，Q_m，P_x 和 Q_x 是由主逆变和协调逆变提供的有功和无功功率

$$P_z = P_m + P_x$$
$$Q_z = Q_m + Q_x \quad (12.35)$$

根据电路理论，如果电容器只提供无功功率，它的电压在一段时间内是不会改变的。如果电容器提供有功功率，则电容器的能量会减少，电压会下降，因此，从理论上来讲，若协调逆变器只提供无功功率，此时，$\cos\psi=0$，则电容器的电压将是常数。空间矢量关系如图 12.17 所示；则每个矢量都可以在自己的六边形逆变器空间矢量方向上分解。如图 12.18 所示。

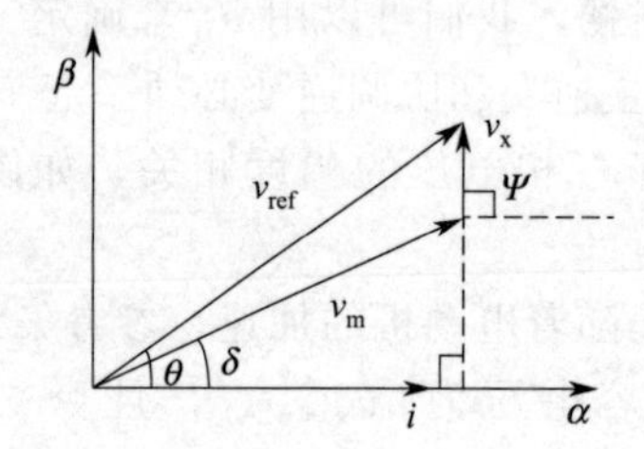

图 12.17 电容电压平衡控制的空间矢量

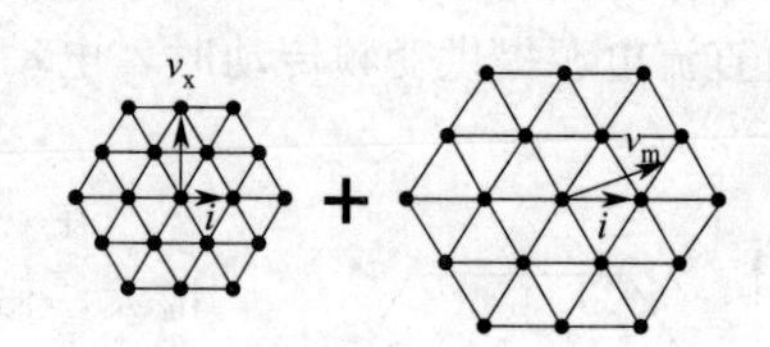

图 12.18 空间矢量分解

尽管如此，在实际控制过程中，我们不能忽视开关的损耗和线路上的损失。使协调逆变器保证有功功率为 0 几乎是不可能的。因此，需要一种功率控制器来控制直流电容器的电压波动，例如 PI 调解器，如果电容电压降低，我们可以使 $\cos\psi<0$，则协调逆变器可以吸收一些有功功率（$+\Delta p$），同时，电容电压会升高，相反，当电容电压升高，我们可控制 $\cos\psi>0$，则协调逆变器会释放一些功率（$-\Delta p$），电容的电压将会降低。Δp 的振幅可以用来控制直流电压源的幅值。

② 预充电控制　由于协调逆变器不提供电源能量，它的预充电过程不能按传统的方式完成，为了避免增加的设备，我们研发出了一种特殊的预充电方法。主逆变器按照普通的由旁路接触器控制的一组预充电电阻进行充电。协调逆变器的中间电容器与主逆变器串联在一起控制。一些电压矢量状态会使能量从主逆变器流向协调逆变器。这是由于有些电压反相造成的，可以视为 v_x 的反相矢量 v_m，如图 12.19 所示。

这个预充电过程需要电流，即必须加一些负载，如低阻抗。电动机的驱动可较好地实现这个要求。预充电通常持续几秒钟，我们使 $|v_m - v_x|$ 很小，那么电流的变动也相应地减小，这个电流在电动机上不会产生任何重大的扭矩，仿真预充电过程如图 12.20 所示。开始，协调逆变器的电容电压为 0，当预充电开始后，主变换器输出一个比协调逆变器略大的电压矢量，在负载电动机的影响下，在这个阶段将有小电流流动，它将改变协调逆变器的电容，一旦电容充电到正常电压状态，系统将进入上面所述的 2 阶段，预充电过程结束。此时，混合级联多电平逆变器开始作用，电动机开始转动。

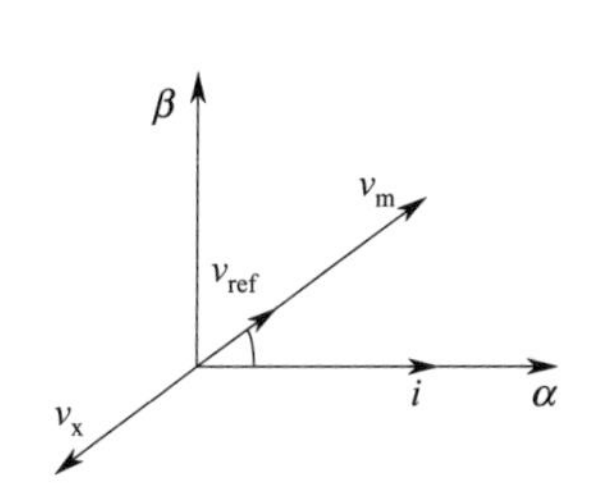

图 12.19　空间矢量的预充电过程

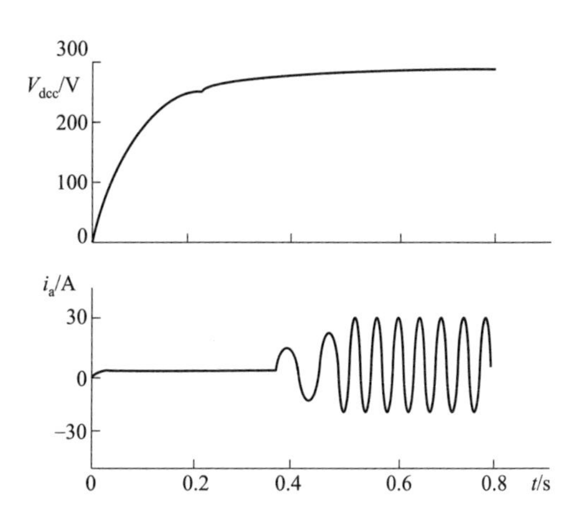

图 12.20　电容电压与相电流的预充电过程

12.2.3　硬件电路

主控制系统分为 3 层：第一层为门极驱动单元；第二层为主控制器；第三层为中心计算机。主控制器主控板采用 DSP2812，门极驱动单元执行主控制器给出的控制信号，控制 IGBT 的开通和关断，并将状态信号、短路保护信号反馈给主控制器。主控制器通过光纤接收门极驱动单元的反馈信号，通过网络通信线接收中心计算机的控制命令，完成对中压变频器的实时控制。中心计算机可以控制中压变频器的启动、停止和复位；选择启动方式（正常启动、软启动）；设定运行方式（开环运行、闭环运行）；设定运行频率；设定加速时间；设定频率躲避区（最多可以设置 5 个频率躲避区）；显示变频器的输出电流、输出电压、输出频率、转速、报警信息；具有备份控制和运行数据的功能等。

（1）主控制器的硬件设计

控制器是由 TMS320F2812 控制器和 CPLD 以及外围电路构成的，如图 12.21 所示。

TMS320F2812 控制器采用并行的哈佛结构，将程序和数据存储在不同的存储空间独立编址、独立访问，大大提高了数据的吞吐率。DSP 采用指令流水线，减少了指令执行时间，增强了处理器的处理能力。和微处理器不同，DSP 具有专用的硬件乘法器，乘法运算可以在单指令周期内完成 DSP，可以进行超标量操作，并行执行多条指令。TMS320F2812 芯片的运行速率高达 80MIPS，指令周期仅为 25ns。作为 TI 电机控制专用芯片，TMS320F2812 具有丰富的外设，用于脉宽调制控制信号生成的事件管理器 Event Manager 可硬件生成 PWM 片内高性能模数转换，提供多达 16 路模拟输入，集成了 SCI、SPI、CAN 总线控制器。

CPLD 主要包括与或阵列、可编程触发器和多路选择器等。它是内部信号到引脚的接口部分。由于通常只有少数几个专用的输入端，大部分端口均为 I/O 端，而且系统的输入信号常常需要锁存，因此常作为一个独立单元来处理。可编程内部连线的作用是在各逻辑宏单元之间以及逻辑宏单元和单元之间提供互联网络，各逻辑宏单元通过可编程连线阵列接收来自专用输入或输出端的信号，并将宏单元的信号反馈到其需要到达的目的地。

本设计采取的 CPLD 是 Altera 公司 MAX Ⅱ系列的 EPM 1270 芯片，MAXⅡ器件采用 0.18μm Flash 工艺，6 层金属走线。MAXⅡ CPLD 采用全新的构架，与传统的 CPLD 相比，它可以提供给用户更多逻辑资源、更多的 I/O，同时又有更低的功耗。MAXⅡ中的 LAB 结构和 CycloneFPGA 一样，包含 10 个 LE，同样可以工作在正常模式和算术模式，

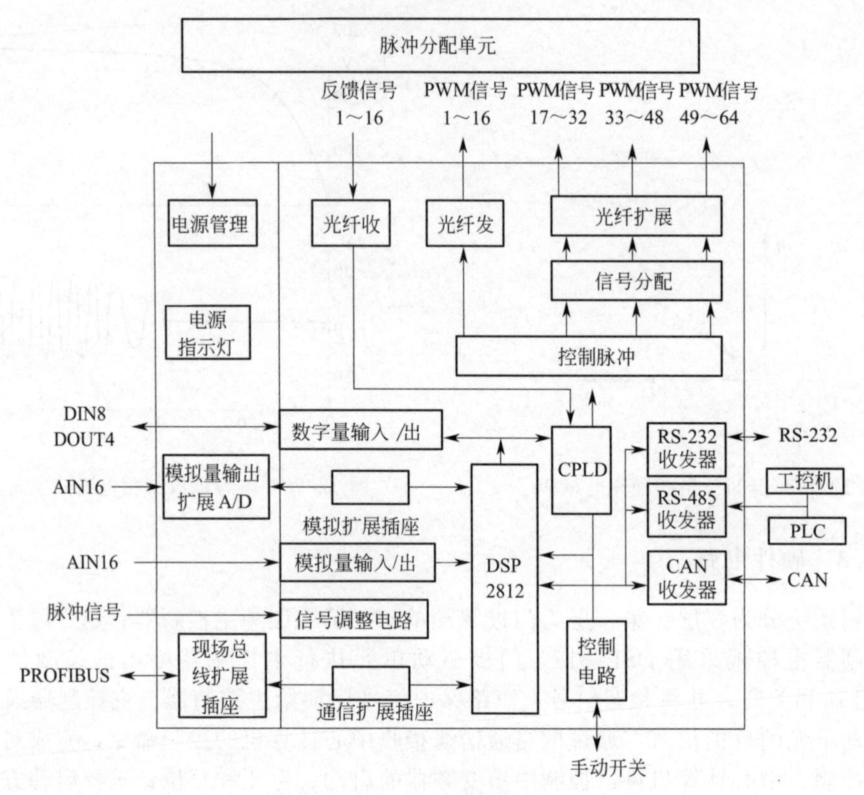

图 12.21 主控制器原理框图

MAXⅡ的配置文件是写到内部的配置 Flash 中，器件上电后，由该配置 Flash 给芯片进行配置。MAXⅡ内部还有 8Kbit 的用户 Flash，可以用来存储单板信息或用户程序等。

PWM 波形发生器采用的数据线是 13 位，将 DSP 的 PB0～PB7 和 PC0～PC4 作为数据总线，将 PA0～PA3 作为锁存器的控制总线，利用三个外部中断和一个捕获口来实现对四组载波产生的中断信号进行控制。在 CPLD 中，载波的产生是通过一个加减计数器来实现的，因而，只要将该计数器的计数初值进行设定，就可以产生多组的相移载波。载波的周期由外部的 DSP 来设定，对于三相电路，需要通过数据总线发送三组占空比数据，并且三角载波和死区时间数据也要通过该数据总线进行发送，因而就必须在 CPLD 内设定数据锁存单元，配合微机的控制总线来实现数据的锁存。

(2) 脉冲控制单元的硬件设计

主控制器经光纤传输后的信号经过驱动单元的处理（死区设置，光电隔离，电平转换，驱动等）提供给 IGBT 门极部分，同时反馈从驱动单元返回的状态信号给主控制器，以便于主控制器的下一步处理。如图 12.22 所示。

多电平变频器需要 8 种开关状态才能生成需要的 5 种电平，因此每个单元需要主控制器 3 个控制端口。因此，主控制器送出 8 种控制信号到脉冲分配单元。脉冲分配单元接收到主控制器的控制信号，解码后，经光电耦合器（光纤）输出给门级驱动电路，控制相应器件的接通或关断。

(3) 过零比较电路

对于频率保护电路，DSP 需要捕获频率信号。频率保护可用 DSP 的输入端口 CAP1 来捕获，逆变器输出电压隔离衰减后接过零比较器，得到一个和输出电压频率一样的方波，方波进行电压匹配后，接到 CAP1 脚，捕获单元在捕获引脚 CAP1 跳变时即能触发。图 12.23 为过零比较器的电路图。

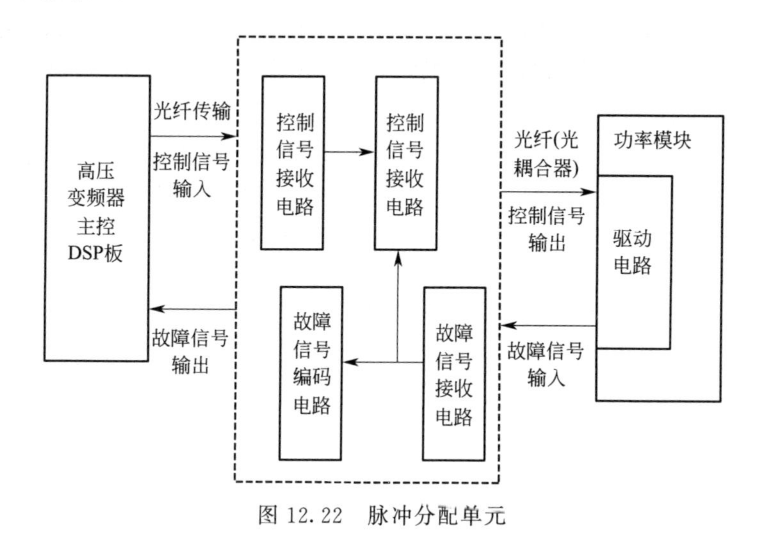

图 12.22　脉冲分配单元

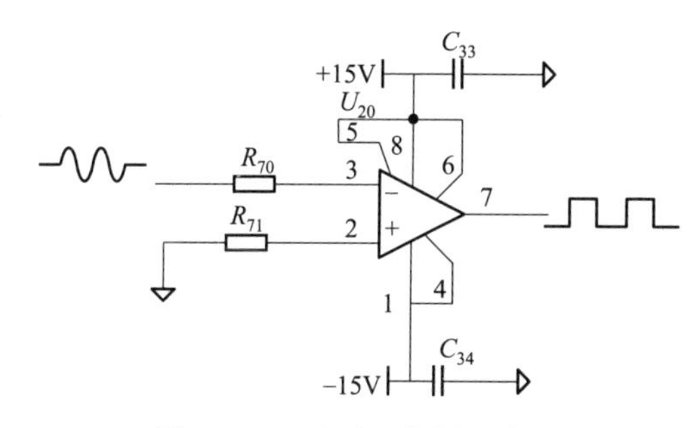

图 12.23　过零比较器电路图

12.2.4　软件设计

软件设计可以分为三个大的板块：DSP 脉冲软件设计、CPLD 软件设计、事件管理软件。

（1）DSP 脉冲软件设计

该部分是控制程序最核心的部分，采用双极性调制法。DSP 内置有定时器，可以在系统初始化时通过配置 PIE 控制寄存器、中断向量表及定时器控制寄存器使能定时器上溢中断。为定时器 1 中断设置为 10μs，从 0 开始计时，当到达 10μs 时，定时器上溢出，并向 CPU 申请定时器 1 上溢中断。CPU 识别到中断并自动保存相关的中断信息，清除使能寄存器（IER）位，设置 INTM，清除 EALLOW，并开始执行中断服务程序。

（2）DSP 主程序

程序的主要工作是在定时中断内完成输出的。主程序完成 ADC、定时器中断、捕获单元、输入输出的初始化工作，然后进入一个空操作循环，等待定时器周期中断发生。如图 12.24 所示。

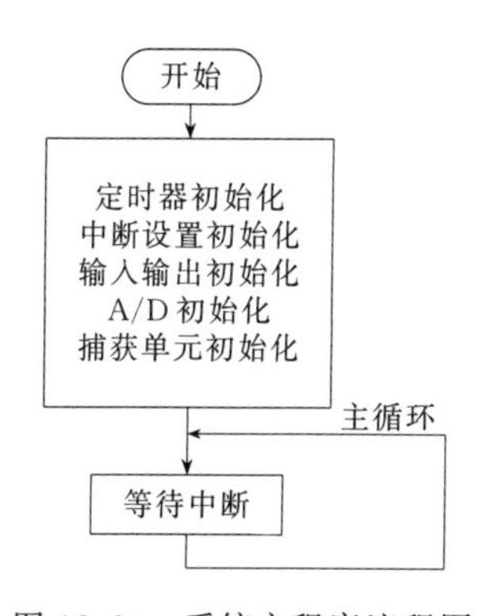

图 12.24　系统主程序流程图

（3）DSP中断服务程序

① 中断服务流程　定时中断选用定时器2，连续增计数、周期中断模式来实现闭环控制，输出作为电流给定。由于输出电压频率为400Hz，DSP的定标输出时钟频率为20MHz，正弦表存储了200个采样点，则定时器2置数为$20\times10^6\div(400\times200)=250$。定时器1用来定时启动A/D转换，采样逆变器的输出电压。由于每个周期采样80个点，则定时器1置数为$20\times10^6\div(400\times80)=625$。在定时器2的周期中断中进行A/D转换结果的查询、数字PI调节器计算，在查正弦表之前进行限幅，最后查询正弦表计算，输出数据给D/A芯片，作为电流给定。图12.25为电压外环中断框图。

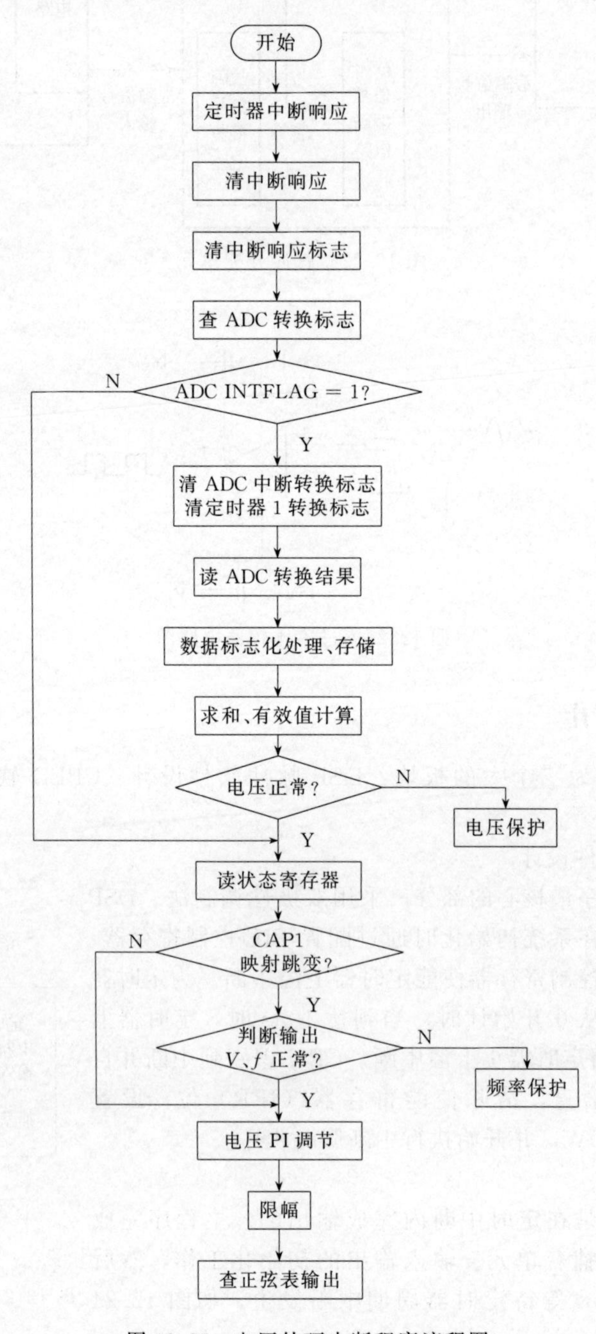

图12.25　电压外环中断程序流程图

② 旁路工作流程与保护逻辑　系统在接到旁路信息后，首先进入 CPLD，再反馈到控制器，进入旁路子程序，按照一系列的判断流程进行旁路保护，单元故障旁路流程如图 12.26 所示。

这样的逻辑判断流程，通过故障分级处理模式，在线对故障进行判断、分类、评估并进行相应的保护动作。这样既避免了通信故障带来的误报，又对于真的模块故障给予了及时的保护，而且对于可能出现的旁路失败的情况予以跟踪和处理，从而有效保证了旁路动作的正常完成和旁路过程中系统的安全运行。

③ 级联变频器系统故障处理方法　当系统故障需要退出运行时，可以通过旁路真空开关的状态调节实现故障状态下系统的工频运行。变频器故障时，可由变频器向电网切换，首先断开输入、输出两侧的中压真空接触器，而后系统封锁脉冲，进入锁相环路的捕捉范围，之后在锁相环路的作用下，锁定变频器输出电压的频率、幅值、相序和相位与工频电网一致，将电动机与工频电网之间的接触器吸合，并将电机从变频器切出，电动机即平稳地切换到电网运行。系统故障旁路流程如图 12.27 所示。

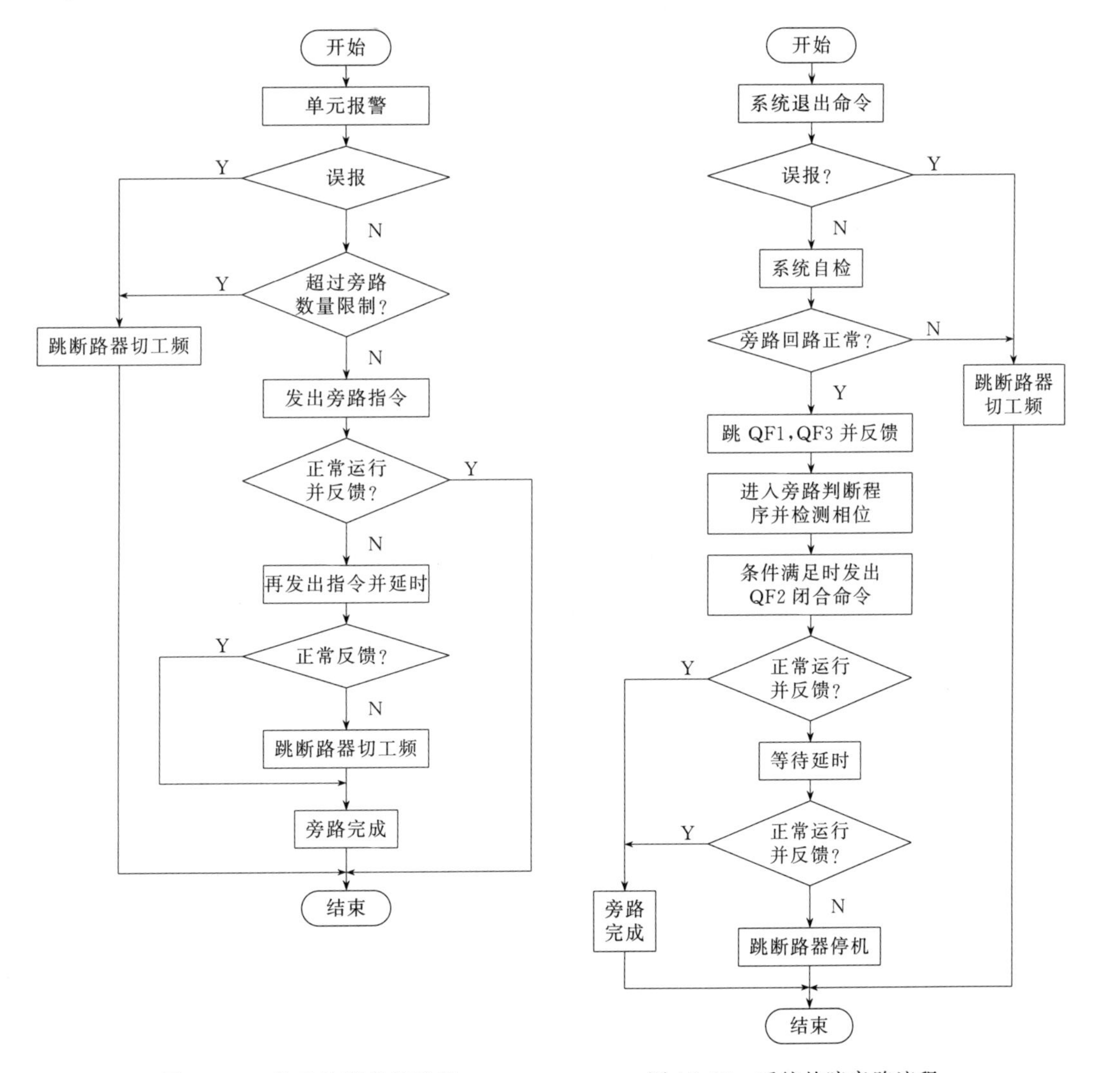

图 12.26　单元故障旁路流程

图 12.27　系统故障旁路流程

12.2.5 参考程序

```
// PWM输出脉冲计算程序
void RefSineWave( void)
{
// Extern Functions
  extern void Calculate_ Ref_ Angle_ Prg(void);
  extern void Calcualte_ Ref_ Wave_ Function_ Prg(void);
  extern void Define_ Spwm_Rect_ Mode_ Change_ Prg(void);
// Text Code
//=====================================
Calculate_ Ref_ Angle_ Prg();//……计算新相位角及过零点判断
//=====================================
Calcualte_ Ref_ Wave_ Function_ Prg();//……计算参考信号的函数方程
//=====================================
Define_ Spwm_ Rect_ Mode_ Change_ Prg();//……控制脉冲调制方式转换
}// End of Function
//=====================================
void Calculate_ Ref_ Angle_ Prg(void)  //……计算新相位角及过零点判断
    {Extern Functions
    extern void ReadSW_ AngleTable(Uint16 ,Uint16);
Local Variables
    int   Temp_ LastAngle_ A,Temp_ LastAngle_ B,Temp_LastAngle_ C;
Text Code
//=============保存参考信号的上次相位角,并读取新的相位角
        Temp_ LastAngle_ A=GlobalRegs.A_ ANGLE;
        Temp_ LastAngle_ B=GlobalRegs.B_ ANGLE;
        Temp_ LastAngle_ C=GlobalRegs.C_ANGLE;
        GlobalRegs.A_ ANGLE=GlobalRegs.SineTheataQ32>>16;// From Timer0_ISR
   /==========计算各相的新相位角,判断参考信号的过零点状态=======/
    }
```

第 13 章 ▸▸ DSP 在电力电子装置中的应用

对于 DSP 在电力电子装置中的应用系统，被测量和控制对象的有关参数往往是一些连续变化的模拟量，如检测和控制电流、电压、频率、谐波、功率等。这些模拟量必须转换为数字量后，才能输入到 DSP 芯片中进行处理。有时还要求将结果转换为数字控制信号，用来驱动相应的开关器件执行机构，以实现对有源电力滤波器的控制。本章的两个典型实例都采用 TMS320F2812 DSP 芯片实现了对电力系统中有源滤波器的全数字化控制。

13.1 实例：并联混合有源滤波器的设计

本节设计了一个基于高速数字信号处理器（TMS320F2812）为核心的全数字化并联混合有源滤波器控制系统平台，对并联混合有源滤波器的基于 FFT 的数字分析法矢量控制算法和瞬时功率的测量，以及并联有源电力滤波器的电流控制等进行了研究的同时，对系统硬件电路和系统软件进行了设计；并给出了基于 DSP 的并联混合有源滤波器控制系统软件流程图，最后给出了参考程序。

13.1.1 实例功能

本设计介绍了有源电力滤波器的分类和工作原理。分析了基于瞬时无功功率理论的 p-q 以及 i_p-i_q 谐波电流检测法。还详细分析了滞环比较控制方式以及三角波比较控制方式，并进行了仿真比较。在理论分析和仿真研究的基础上，设计了基于 TMS320F2812 控制的并联型有源电力滤波器，对其软硬件构成进行了详细的介绍。在硬件方面，以 TMS320F2812 为控制器，设计了电网电压过零检测电路和采样信号预处理电路，并设计了以 MOSFET 为核心器件的逆变主电路和相关电路。在软件方面，用 C 语言编写程序实现采样时钟控制，并编写了主程序、谐波电流计算以及 PWM 流程图等。

本设计的主要工作包括以下几个方面：

① 研究了有源电力滤波器的基本原理、分类、并联型有源电力滤波器的系统构成、并联型有源电力滤波器的控制方法和主电路形式。

② 研究了并联型有源电力滤波器的谐波检测方法和控制策略，对三相电力系统中基于瞬时无功功率理论的谐波与无功电流检测方法（p-q 检测法，i_p-i_q 检测法）进行了研究。在此基础上，对三角载波控制、电流滞环比较控制等控制方法进行了研究分析。

③ 建立了三相并联型有源电力滤波器系统的数学模型，论证了本设计所提出的谐波检测方法和补偿电流控制策略的可行性和正确性。

④ 根据系统的性能要求和 TMS320F2812 的工作特性，完成了部分硬件电路设计。在 DSP 芯片上编程实现控制器的各种功能，并在 CCS 环境中进行了调试，最后给出了相应的软件参考程序。

在实际的控制系统中 APF 主电路通过电感连接到电网上，本设计的控制系统参数如下：

- 三相电压为 220V；

- 直流侧电压设定为1000V；
- 三相电源：220V，50Hz；
- 负载：三相不可控整流桥电阻性负载30Ω；
- 直流侧电容：2400μF；
- 连接电感：$L=4\text{mH}$；
- 直流侧电压：1000V。

13.1.2 设计思路

要设计出以DSP芯片TMS320F2812为控制核心的并联混合有源滤波器，必须要了解并联型有源电力滤波器的基本工作原理。

（1）有源电力滤波器的基本原理

有源电力滤波器的原理早已为人们所熟知。有源滤波器根据其结构不同可以分为并联型和串联型两种。它的主电路根据储能元件的不同又可分为电压型和电流型；在实际应用中多采用电压型。

下面以并联型有源电力滤波器为例，介绍有源电力滤波器的基本原理。

图13.1所示为最基本的并联型有源电力滤波器系统构成的原理图。图13.1中，负载为谐波源，它产生谐波并消耗无功。有源电力滤波器系统由两大部分组成，即指令电流运算电路和补偿电流发生电路（由电流跟踪控制电路、驱动电路和主电路三个部分构成）。其中，指令电流运算电路的核心是检测出补偿对象电流中的谐波和无功等电流分量，因此有时也称之为谐波和无功电流检测电路。补偿电流发生电路的作用是根据指令电流运算电路得出的补偿电流的指令信号，产生实际的补偿电流。主电路目前均采用PWM变流器。作为主电路的PWM变流器，在产生补偿电流时，主要作为逆变器工作，因此，有的文献中将其称为逆变器。但它并不仅仅是作为逆变器而工作的，如在电网向有源电力滤波器直流侧储能元件充电时，它就作为整流器工作。也就是说，它既工作于逆变状态、也工作于整流状态，且两种工作状态无法严格区分。

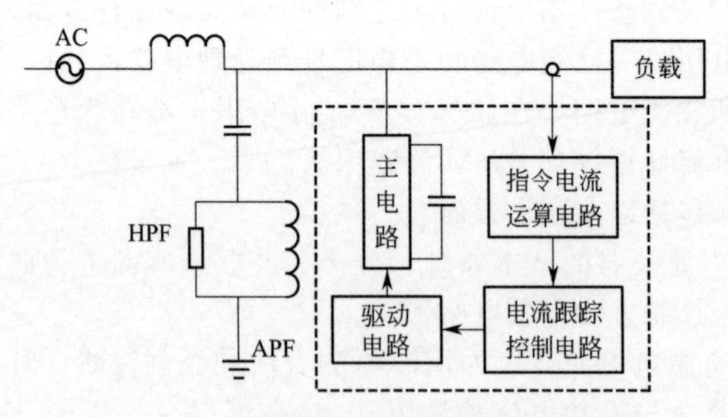

图13.1 并联型有源电力滤波器的系统构成

有源电力滤波器的基本工作原理是：检测补偿对象的电压和电流，经指令电流运算电路计算得出补偿电流的指令信号，该信号经补偿电流发生电路放大，得出补偿电流，补偿电流与负载电流中要补偿的谐波及无功等电流抵消，最终得到期望的电源电流。

例如，当需要补偿负载所产生的谐波电流时，有源电力滤波器检测出补偿对象负载电流i_L的谐波分量i_{Lh}，将其反极性后作为补偿电流的指令信号i_c^*，由补偿电流发生电路产生的补偿电流i_c即与负载电流中的谐波分量i_{Lh}大小相等、方向相反，因而两者互相抵消，使得电源电流i_s中只含基波，不含谐波。这样就达到了抑制电源电流中谐波的目的。上述原

理可用如下的一组公式描述

$$i_s=i_L+i_c;i_L=i_{Lf}+i_{Lh};i_c=-i_{Lh};i_s=i_L+i_c=i_{Lf}$$

式中，i_{Lf}为负载电流的基波分量。

有源电力滤波器的优势总结如下：

① 实现了动态补偿，可对频率和大小都发生变化的谐波及无功功率进行补偿，对补偿对象的变化有极快的响应。

② 可同时对谐波和无功功率进行补偿，且补偿无功功率的大小可做到连续调节。

③ 补偿无功功率时不需储能元件，补偿谐波时所需储能元件容量也不大。

④ 即使补偿对象电流过大，有源电力滤波器也不会发生过载，并能正常发挥补偿作用。

⑤ 受电网阻抗的影响不大，不容易和电网阻抗发生谐振。

⑥ 能跟踪电网频率的变化，故补偿性能不受电网频率变化的影响。

⑦ 既可对一个谐波和无功源单独补偿，也可对多个谐波和无功源集中补偿。

（2）有源电力滤波器的结构

图 13.2 为典型的并联型有源电力滤波器系统。可以看出，并联型有源电力滤波器主要由四个部分组成：主电路、谐波无功电流检测电路、补偿电流控制电路、驱动隔离。

① 指令电流运算电路　指令电流运算电路的作用是根据有源电力滤波器的补偿目的得出补偿电流的指令信号，即期望由有源电力滤波器产生的补偿电流。指令运算电路的核心是谐波和无功电流的检测方法。

② 补偿电流发生电路　补偿电流发生电路的作用是：根据来自指令运算电路的补偿电流指令信号 i_c^*，产生补偿电流 i_c 注入电网。

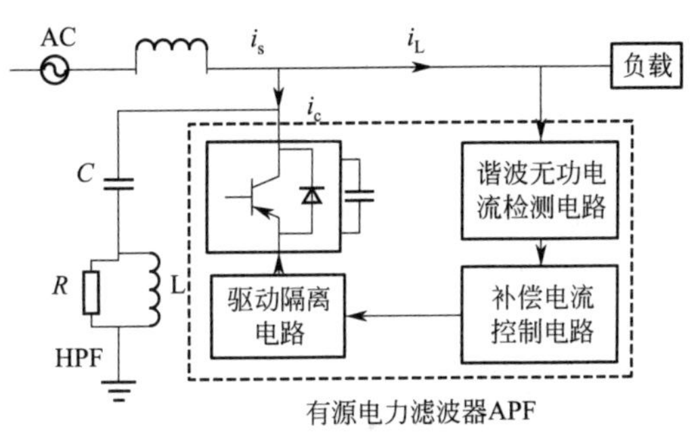

图 13.2　并联型有源电力滤波器系统

补偿电流发生电路模型共由三部分电路构成：电流跟踪控制电路、驱动电路和主电路。其中，电流跟踪控制电路的作用是根据补偿电流指令信号 i_c^* 和实际补偿电流 i_c 之间的相互关系，产生对电力电子器件的通断进行控制的逻辑信号。

电流跟踪控制电路通常采用电流跟踪型 PWM 控制方式。驱动电路将上述逻辑信号变换为主电路电力电子器件的驱动信号，控制器件的通断。主电路的作用是根据电流跟踪控制电路和驱动电路产生的逻辑信号，产生跟随补偿电流指令信号 i_c^* 变化的实际补偿电流 i_c。

13.1.3　工作原理

要设计出以 DSP 芯片 TMS320F2812 为控制核心的并联混合有源滤波器，必须要了解并联混合有源滤波器的有源电力滤波器的谐波检测及控制策略。下面我们就结合并级联并联混合有源滤波器逆变器装置的谐波检测及控制策略，以便采用 TMS320F2812 DSP 芯片来实现全数字化控制。

由于电力系统中的许多非线性负荷对谐波的反应时间小于 10ms，为了发挥滤波器的快速性，提高其快速补偿能力，必须采用快速的谐波检测方法。按照定义检测谐波的方法是最严格的方法，但这种方法无法实现快速性。因此我们需要针对实际应用，改进谐波的定义以符合实际的需要。

现有的方法可以分为两大类：

① 从电流中提取基波分量或谐波分量。如快速FFT。

② 利用系统电压和电流的关系快速提取电流中的谐波分量。如基于瞬时无功功率的检测方法。

(1) 基于FFT的数字分析法

基于FFT的数字分析法原理比较简单，其原理为将检测到的一个周期的谐波信号用FFT分解，即得到各次谐波的幅值和相位，从而也得到了各次谐波的表达式。采用FFT快速算法可以很快检测到测量波形中的各次谐波，但这种方法的缺点是需要一个周期的采样数据，所以具有较大的延时，不能称为快速检测方法。目前通用的方法是采用移动窗口方法，即每采样到一个新的数据，则剔出一个时间最早的数据，将新数据与其他数据一起构成新的数据窗，进行FFT分析得到各次谐波。这样每个采样点即可计算得到各次谐波。

但是由于新的采样点是逐步加入进来的，当系统谐波含量发生突变时，必须经过一个周期的测量，FFT分析得到的基波和谐波才能跟上系统谐波的变化，所以基于FFT的数字分析方法存在一周期的延时。

FFT方法思路比较简单，原理和工作过程十分清晰，对所滤除的谐波可以进行有目的的选择，适用于各种情况。但缺点是这种方法由于需要对误差信号进行重构，运算较为复杂，故有一定的延时，实时性较差，而且该方法是建立在傅里叶分析的基础上，因此要求被补偿的波形是周期性变化的，否则会带来较大的误差，因此限制了其使用范围。

(2) 瞬时无功功率理论及其应用

三相电路瞬时无功功率理论自20世纪80年代提出以来，在许多方面得到了成功的应用。该理论突破了传统的以平均值为基础的功率定义，系统地定义了瞬时无功功率、瞬时有功功率等瞬时功率量。以该理论为基础，可以得出用于有源电力滤波器的谐波和无功电流实时检测方法。

① 三相电路瞬时无功功率理论　三相电路瞬时无功功率理论首先于1983年由赤木泰文提出，此后该理论经不断研究逐渐完善。赤木泰文最初提出的理论也称p-q理论，是以瞬时有功功率p和瞬时无功功率q的定义为基础。最主要的一点不足是未对有关的电流量进行定义。下面将要介绍的是以瞬时有功电流i_p和瞬时无功电流i_p为基础的理论体系，以及它们与传统功率定义之间的关系。

设研究的系统为三相三线制系统。三相电路各相电压和电流的瞬时值分别为e_a、e_b、e_c和i_a、i_b、i_c。则有$e_a+e_b+e_c=0$、$i_a+i_b+i_c=0$。可以看出三相三线制系统中电流和电压信号实际只有两项是独立的。利用电力系统中的α-β变换，把它们三相变换到α-β两相正交的坐标系上

令

$$C_{32}=\sqrt{\frac{2}{3}}\begin{bmatrix}1 & -\frac{1}{2} & -\frac{1}{2}\\ 0 & \frac{\sqrt{3}}{2} & -\frac{\sqrt{3}}{2}\end{bmatrix} \tag{13.1}$$

则有

$$e_{\alpha\beta}=C_{32}\begin{bmatrix}e_a\\ e_b\\ e_c\end{bmatrix},i_{\alpha\beta}=C_{32}\begin{bmatrix}i_a\\ i_b\\ i_c\end{bmatrix} \tag{13.2}$$

令$e=e_\alpha+je_\beta=|e|\angle\varphi_e$，$i=i_\alpha+ji_\beta=|i|\angle\varphi_i$

$|e|$、$|i|$分别为矢量e、i的模；φ_e、φ_i分别为矢量e、i的幅角。在α-β平面上把

e、i 表示出来，如图 13.3 所示。

三相瞬时有功功率为：

$$p=|e|\times|i|\cos(\varphi_i-\varphi_e)=|e|i_p=e_\alpha i_\beta+e_\beta i_\alpha \tag{13.3}$$

三相瞬时无功功率为：

$$q=|e|\times|i|\sin(\varphi_i-\varphi_e)=|e|i_q=ei=\begin{vmatrix} e_\alpha & e_\beta \\ i_\alpha & i_\beta \end{vmatrix}=e_\alpha i_\beta-e_\beta i_\alpha \tag{13.4}$$

三相瞬时有功电流为：

$$i_p=|i|\cos(\varphi_i-\varphi_e)=\frac{e_\alpha i_\alpha+e_\beta i_\beta}{\sqrt{e_\alpha^2+e_\beta^2}} \tag{13.5}$$

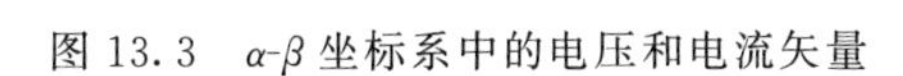

图 13.3　α-β 坐标系中的电压和电流矢量

三相瞬时无功电流为：

$$i_q=|i|\sin(\varphi_i-\varphi_e)=\frac{e_\alpha i_\beta-e_\beta i_\alpha}{\sqrt{e_\alpha^2+e_\beta^2}} \tag{13.6}$$

写成矩阵形式为：

$$\begin{bmatrix} p \\ q \end{bmatrix}=\begin{bmatrix} e_\alpha & e_\beta \\ -e_\beta & e_\alpha \end{bmatrix}\begin{bmatrix} i_\alpha \\ i_\beta \end{bmatrix}=C_{pq}\begin{bmatrix} i_\alpha \\ i_\beta \end{bmatrix} \tag{13.7}$$

$$\begin{bmatrix} i_p \\ i_q \end{bmatrix}=\frac{1}{\sqrt{e_\alpha^2+e_\beta^2}}\begin{bmatrix} e_\alpha & e_\beta \\ -e_\beta & e_\alpha \end{bmatrix}\begin{bmatrix} i_\alpha \\ i_\beta \end{bmatrix}=\frac{C_{pq}}{\sqrt{e_\alpha^2+e_\beta^2}}\begin{bmatrix} i_\alpha \\ i_\beta \end{bmatrix} \tag{13.8}$$

$$\begin{bmatrix} i_\alpha \\ i_\beta \end{bmatrix}=C_{pq}^{-1}\begin{bmatrix} p \\ q \end{bmatrix},\text{其中 } C_{pq}^{-1}=\begin{bmatrix} e_\alpha & -e_\beta \\ e_\beta & e_\alpha \end{bmatrix}\frac{1}{e_\alpha^2+e_\beta^2} \tag{13.9}$$

现在假定系统三相电压和电流均为正序基波正弦信号，设三相电压、电流分别为：

$$\begin{bmatrix} e_a \\ e_b \\ e_c \end{bmatrix}=\begin{bmatrix} E_m\sin\omega t \\ E_m\sin(\omega t-2\pi/3) \\ E_m\sin(\omega t+2\pi/3) \end{bmatrix},\begin{bmatrix} i_a \\ i_b \\ i_c \end{bmatrix}=\begin{bmatrix} I_m\sin(\omega t-\varphi) \\ I_m\sin(\omega t-\varphi-2\pi/3) \\ I_m\sin(\omega t-\varphi+2\pi/3) \end{bmatrix} \tag{13.10}$$

则对应的 α-β 坐标系中的向量为

$$e=\begin{bmatrix} e_a \\ e_b \end{bmatrix}=\sqrt{\frac{2}{3}}\begin{bmatrix} 1 & -\frac{1}{2} & -\frac{1}{2} \\ 0 & \frac{\sqrt{3}}{2} & -\frac{\sqrt{3}}{2} \end{bmatrix}\begin{bmatrix} E_m\sin\omega t \\ E_m\sin(\omega t-2\pi/3) \\ E_m\sin(\omega t+2\pi/3) \end{bmatrix}=\sqrt{\frac{3}{2}}E_m\begin{bmatrix} \sin\omega t \\ -\cos\omega t \end{bmatrix} \tag{13.11}$$

$$i=\begin{bmatrix} i_a \\ i_b \end{bmatrix}=\sqrt{\frac{2}{3}}\begin{bmatrix} 1 & -\frac{1}{2} & -\frac{1}{2} \\ 0 & \frac{\sqrt{3}}{2} & -\frac{\sqrt{3}}{2} \end{bmatrix}\begin{bmatrix} I_m\sin(\omega t-\varphi) \\ I_m\sin(\omega t-\varphi-2\pi/3) \\ I_m\sin(\omega t-\varphi+2\pi/3) \end{bmatrix}=\sqrt{\frac{3}{2}}I_m\begin{bmatrix} \sin(\omega t-\varphi) \\ -\cos(\omega t-\varphi) \end{bmatrix} \tag{13.12}$$

瞬时有功功率为
$$p=ei=\frac{3}{2}E_mI_m\cos\varphi \tag{13.13}$$

瞬时无功功率为
$$q=ei=\frac{3}{2}E_mI_m\sin\varphi \tag{13.14}$$

令 $E=E_m/\sqrt{2}$、$I=I_m/\sqrt{2}$ 分别为相电压和相电流的有效值，则有

$$p=3EI\cos\varphi,q=3EI\sin(-\varphi) \tag{13.15}$$

从上面可以看出，在系统三相电压和电流均为正序基波电压和电流时，按照上面定义计算出的瞬时有功和无功与通常的三相有功和无功功率的有效值计算结果一致。而且这里计算有功和无功功率只用了一个时刻的三相电压和电流的数值，因此称为瞬时有功功率和瞬时无功功率。

② p-q 检测法　该检测方法的框图如图 13.4 所示。

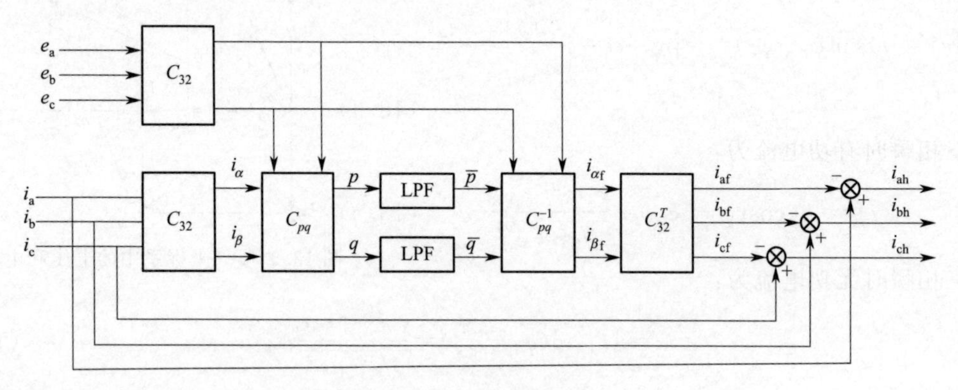

图 13.4　p-q 运算方式

根据傅里叶级数分解原理和对称分量法，可将任意三相电流分解为各次谐波（当 $n=1$ 时为基波）的正序、负序和零序之和，对于三相三线制电路，不含零序电流。

设三相系统电压为正弦基波电压，三相电流中除含有基波正序电流外还存在基波负序电流以及谐波电流。由以上分析可知，在三相电流中只含有基波正序电流时，按照瞬时无功功率计算出的 p 和 q 中只含有直流分量。

下面分析三相电流含有基波负序电流时 p 和 q 的计算结果。

设三相电压为

$$\begin{bmatrix} e_a \\ e_b \\ e_c \end{bmatrix} = \begin{bmatrix} E_m \sin\omega t \\ E_m \sin(\omega t - 2\pi/3) \\ E_m \sin(\omega t + 2\pi/3) \end{bmatrix} \tag{13.16}$$

三相电流中的负序电流为

$$\begin{bmatrix} i_a \\ i_b \\ i_c \end{bmatrix} = \begin{bmatrix} I_m \sin(\omega t - \varphi) \\ I_m \sin(\omega t - \varphi - 2\pi/3) \\ I_m \sin(\omega t - \varphi + 2\pi/3) \end{bmatrix} \tag{13.17}$$

对应的 α-β 坐标系中的向量为

$$e = \begin{bmatrix} e_a \\ e_b \end{bmatrix} = \sqrt{\frac{2}{3}} \begin{bmatrix} 1 & -\frac{1}{2} & -\frac{1}{2} \\ 0 & \frac{\sqrt{3}}{2} & -\frac{\sqrt{3}}{2} \end{bmatrix} \begin{bmatrix} E_m \sin\omega t \\ E_m \sin(\omega t - 2\pi/3) \\ E_m \sin(\omega t + 2\pi/3) \end{bmatrix} = \sqrt{\frac{3}{2}} E_m \begin{bmatrix} \sin\omega t \\ -\cos\omega t \end{bmatrix} \tag{13.18}$$

$$i = \begin{bmatrix} i_a \\ i_b \end{bmatrix} = \sqrt{\frac{2}{3}} \begin{bmatrix} 1 & -\frac{1}{2} & -\frac{1}{2} \\ 0 & \frac{\sqrt{3}}{2} & -\frac{\sqrt{3}}{2} \end{bmatrix} \begin{bmatrix} I_m \sin(\omega t - \varphi) \\ I_m \sin(\omega t - \varphi - 2\pi/3) \\ I_m \sin(\omega t - \varphi + 2\pi/3) \end{bmatrix} = \sqrt{\frac{3}{2}} I_m \begin{bmatrix} \sin(\omega t - \varphi) \\ -\cos(\omega t - \varphi) \end{bmatrix} \tag{13.19}$$

瞬时有功功率为

$$p=ei=-\frac{3}{2}E_{\mathrm{m}}I_{\mathrm{m}}\cos(2\omega t-\varphi) \tag{13.20}$$

瞬时无功功率为

$$q=ei=\frac{3}{2}E_{\mathrm{m}}I_{\mathrm{m}}\sin(2\omega t-\varphi) \tag{13.21}$$

由此可以看出，三相负序电流和系统对称正弦基波电压产生的 p 和 q 为二次谐波交流量。

三相电流中含有谐波量时，由上面的分析过程，易知此时谐波电流与系统电压产生的 p 和 q 为谐波交流量。

综上，在三相系统电压为正弦基波电压，三相电流中除含有基波正序电流外还存在基波负序电流以及谐波电流的情况下，只有三相基波正序电流与系统电压产生的 p 和 q 为直流量；三相基波负序电流和三相谐波电流与系统电压产生的 $\overline{p}$ 和 $\overline{q}$ 为谐波量。

因此，采用 p-q 法计算出的 p 和 q 可以用以下形式表示：

$$\begin{bmatrix} p \\ q \end{bmatrix}=\begin{bmatrix} \overline{p}+\overline{p} \\ \overline{q}+\overline{q} \end{bmatrix} \tag{13.22}$$

式中，p、q 分别为有功功率和无功功率的直流分量，是由三相基波正序电流与系统电压产生的；$\overline{p}$、$\overline{q}$ 分别为有功功率和无功功率的交流分量，是由三相基波负序电流和三相谐波电流与系统电压产生的。

经低通滤波器（LPF）得 p、q 的直流分量 $\overline{p}$、$\overline{q}$。$\overline{p}$ 为基波有功电流与系统电压作用所产生，$\overline{q}$ 为基波无功电流与系统电压作用所产生。于是，由 $\overline{p}$、$\overline{q}$ 即可计算出被检测电流 i_{a}、i_{b}、i_{c} 的基波分量 i_{af}、i_{bf}、i_{cf}。

$$\begin{bmatrix} i_{\mathrm{af}} \\ i_{\mathrm{bf}} \\ i_{\mathrm{cf}} \end{bmatrix}=C_{23}\begin{bmatrix} i_{\alpha} \\ i_{\beta} \end{bmatrix}=C_{23}C_{pq}^{-1}\begin{bmatrix} p \\ q \end{bmatrix} \tag{13.23}$$

将 i_{af}、i_{bf}、i_{cf} 与 i_{a}、i_{b}、i_{c} 相减，可得到谐波分量 i_{ah}、i_{bh}、i_{ch}。

$$\begin{bmatrix} i_{\mathrm{ah}} \\ i_{\mathrm{bh}} \\ i_{\mathrm{ch}} \end{bmatrix}=\begin{bmatrix} i_{\mathrm{a}} \\ i_{\mathrm{b}} \\ i_{\mathrm{c}} \end{bmatrix}-\begin{bmatrix} i_{\mathrm{af}} \\ i_{\mathrm{bf}} \\ i_{\mathrm{cf}} \end{bmatrix} \tag{13.24}$$

当有源电力滤波器同时用于抑制谐波和补偿无功时，就需要同时检测出补偿对象中的谐波和无功电流，在这种情况下，只需断开图中计算 q 的通道即可。这时，由 $\overline{p}$ 即可计算出被检测电流的基波有功分量 i_{apf}、i_{bpf}、i_{cpf}。

$$\begin{bmatrix} i_{\mathrm{apf}} \\ i_{\mathrm{bpf}} \\ i_{\mathrm{cpf}} \end{bmatrix}=C_{23}C_{pq}^{-1}\begin{bmatrix} \overline{p} \\ 0 \end{bmatrix} \tag{13.25}$$

p-q 检测法要求三相电压对称且无畸变，当电网电压含有负序和谐波成分时，经 LPF 滤波得出的 p 将由正序有功功率、负序有功功率和谐波功率构成，由其反变换得到的有功电流将是与电压具有相同的频率、相位和波形的畸变波，使补偿系统不能正常工作。

③ i_p-i_q 检测法　i_p-i_q 检测法是从 p-q 检测法派生出来的一种基于瞬时无功功率理论的谐波、无功和负序电流检测方法。与 p-q 法相比，i_p-i_q 法不需要检测三相电压瞬时值，只需与 A 相电压同相位的正弦信号 $\sin\omega t$ 和对应的余弦信号 $-\cos\omega t$。因此，当电压波形发生畸变时，只要三相电压对称，i_p-i_q 法也能准确地检测出补偿对象的基波正

序有功电流。

在三相电源电压对称、无畸变时，

$$\begin{bmatrix} p \\ q \end{bmatrix} = \begin{bmatrix} e_\alpha e_\beta \\ -e_\beta e_\alpha \end{bmatrix} \begin{bmatrix} i_\alpha \\ i_\beta \end{bmatrix} = \sqrt{\frac{3}{2}} E_\mathrm{m} \begin{bmatrix} \sin\omega t - \cos\omega t \\ \cos\omega t \sin\omega t \end{bmatrix} \begin{bmatrix} i_\alpha \\ i_\beta \end{bmatrix} \tag{13.26}$$

$$\begin{bmatrix} i_p \\ i_q \end{bmatrix} = \begin{bmatrix} \sin\omega t - \cos\omega t \\ \cos\omega t \sin\omega t \end{bmatrix} \begin{bmatrix} i_\alpha \\ i_\beta \end{bmatrix} = C \begin{bmatrix} i_\alpha \\ i_\beta \end{bmatrix} = \begin{bmatrix} \sin\omega t - \cos\omega t \\ \cos\omega t \sin\omega t \end{bmatrix} \sqrt{\frac{2}{3}} \times \begin{bmatrix} 1 - \frac{1}{2} - \frac{1}{2} \\ 0 \frac{\sqrt{3}}{2} - \frac{\sqrt{3}}{2} \end{bmatrix} \begin{bmatrix} i_\mathrm{a} \\ i_\mathrm{b} \\ i_\mathrm{c} \end{bmatrix}$$

$$= \sqrt{\frac{2}{3}} \begin{bmatrix} \sin\omega t \sin\left(\omega t - \frac{2}{3}\pi\right) \sin\left(\omega t + \frac{2}{3}\pi\right) \\ \cos\omega t \cos\left(\omega t - \frac{2}{3}\pi\right) \cos\left(\omega t + \frac{2}{3}\pi\right) \end{bmatrix} \begin{bmatrix} i_\mathrm{a} \\ i_\mathrm{b} \\ i_\mathrm{c} \end{bmatrix} \tag{13.27}$$

i_p-i_q 法的原理图如图13.5所示。本方法采用锁相环电路获得与相电压 e_a 同相位的正弦信号和对应的余弦信号，这两个信号与 i_a、i_b、i_c 共同计算得到有功电流分量 i_p 和无功电流分量 i_q。再通过低通滤波器（LPF）得到基波有功分量 $\bar{i}_p$ 和基波无功分量 $\bar{i}_q$。经反变换后得三相电流中的基波分量，最后从三相电流中减去基波分量便得到三相电流中的高次谐波分量。

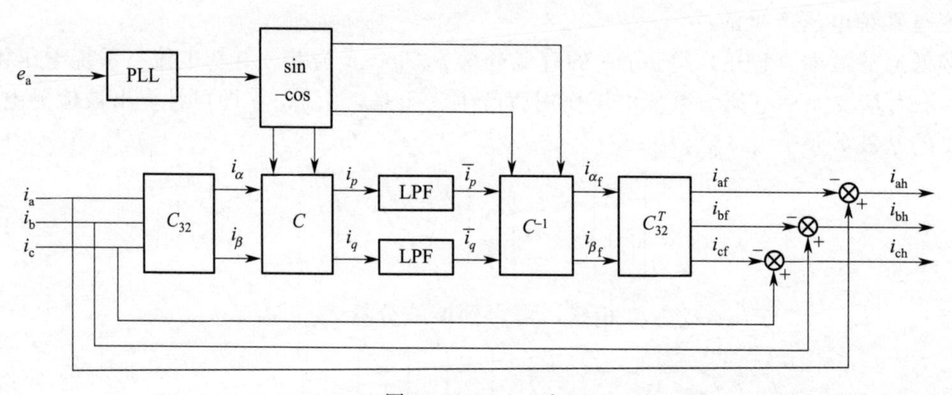

图13.5 i_p-i_q 法

与 p-q 检测法相似，当有源电力滤波器同时用于补偿无功时，只需断开图中计算 i_q 的通道即可。i_p-i_q 检测方法的优点在于可以消除电压谐波和不对称电压的影响，检测结果不受系统电压波形畸变与否的影响，克服了 p-q 受系统电压波形影响的不足。

④ d-q 检测法　d-q 法是目前实时检测谐波和无功的主要方法，简化了对称无畸变情况下的电流增量检测，并且适用于不对称有畸变情况下的电流增量检测。

瞬时三相电流或电压变换到 d-q 坐标上为：

$$i_{dq} = \begin{bmatrix} i_d \\ i_q \\ i_o \end{bmatrix} = C \begin{bmatrix} i_\mathrm{a} \\ i_\mathrm{b} \\ i_\mathrm{c} \end{bmatrix} = \begin{bmatrix} \bar{i}_d + \tilde{i}_d \\ \bar{i}_q + \tilde{i}_q \\ i_o \end{bmatrix} \tag{13.28}$$

$$C = \sqrt{\frac{2}{3}} \begin{bmatrix} \cos\omega t \cos\left(\omega t - \frac{2\pi}{3}\right) \cos\left(\omega t + \frac{2\pi}{3}\right) \\ -\sin\omega t - \sin\left(\omega t - \frac{2\pi}{3}\right) - \sin\left(\omega t + \frac{2\pi}{3}\right) \end{bmatrix} \tag{13.29}$$

d-q 检测法的原理如图13.6所示，d 轴电流直流分量 $\bar{i}_d$ 与负载基波有功功率相对应，q

轴电流直流分量$\bar{i}_q$与负载基波相位移的无功功率相对应，d 轴电流交流分量$\tilde{i}_d$和 q 轴电流交流分量$\tilde{i}_q$分别与高次谐波的有功功率和无功功率相应，故 i_d 和 i_q 经 LPF 后即得到与基波对应的有功分量和无功分量。O 轴分量与负载基波不对称相对应。

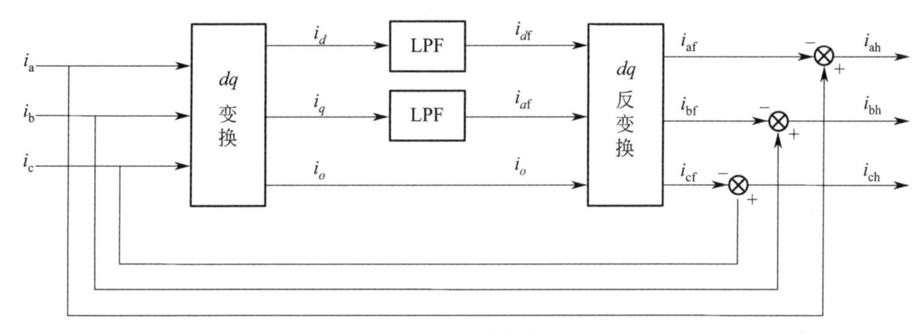

图 13.6　d-q 检测法原理

与 i_p-i_q 法类似，当要检测谐波与无功电流之和时，只需断开图 13.6 中的 i_q 通道即可。

d-q 变换是将静止坐标系中的相量变换到以基波角速度旋转的坐标系中变换后的信号与原信号频率相差一个基波频率，即 50Hz。比如，若信号为典型的三相特征谐波 1th（基波）、5th、7th 等，则变换后分别对应于 d-q 坐标系中的直流、4th、6th 等。LPF 滤除所有交流谐波后，其直流成分通过 d-q 反变换（C^{-1}）即可得到基波电流。

（3）并联有源电力滤波器的电流控制

并联型有源电力滤波器的主要功能是根据非线性负荷的谐波电流，产生相应的补偿电流，防止谐波电流流入电力系统造成污染。检测出负载电流中的谐波分量后，必须采用一定的控制方法控制功率主电路使其产生补偿电流注入连接点补偿负载的谐波电流而使得电源电流正弦化。

电流跟踪控制电路是补偿电流发生电路的第一个环节，其作用是根据补偿电流的指令信号和实际补偿电流之间的相互关系，得出控制主电路各个器件通断的 PWM 信号。

电流跟踪控制方法主要有三种：周期采样控制、三角波载波控制、滞环比较控制。

① 周期采样控制　周期采样控制的原理如图 13.7 所示。周期采样控制方法主要是根据有源电力滤波器输出电流与参考电流的比较结果在采样时钟脉冲的上升沿改变 PWM 脉冲的状态。如果在采样脉冲的上升沿补偿电流 $i_c > i_{ref}$，则 PWM 脉冲为正，控制有源滤波器的逆变器开关使补偿电流减小；如果在采样脉冲的上升沿补偿电流 $i_c < i_{ref}$，则 PWM 脉冲为 0，控制有源滤波器的逆变器开关使补偿电流增加。周期采样控制的优点是控制简单，器件的开关频率在采样时钟脉冲频率以内。但实际开关器件的开关频率是不确定的。

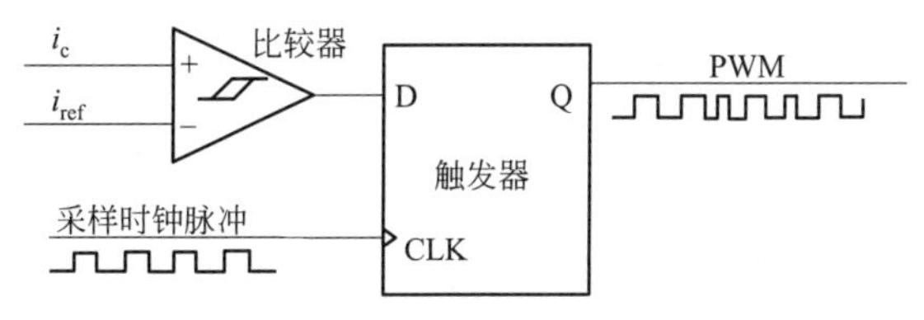

图 13.7　周期采样控制

② 三角波载波控制　图 13.8 是三角波比较方式，将指令信号 i_c^* 与 i_c 的偏差 Δi_c 经放

大器A之后再与三角波比较。放大器A往往采用比例放大器或比例积分放大器。

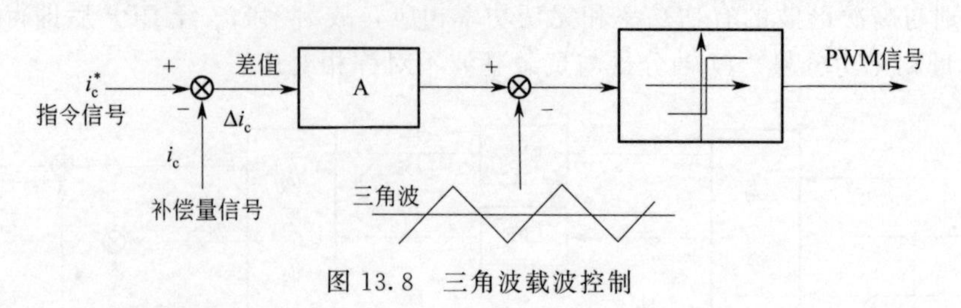

图 13.8　三角波载波控制

三角波比较方式有如下特点：

a. 硬件比较复杂；

b. 跟踪误差比较大；

c. 逆变输出谐波含量少，与三角载波频率相同；

d. 放大器的增益有限；

e. 开关器件的开关频率固定为三角波的频率；

f. 补偿量的响应速度比较慢。

③ 滞环比较控制　滞环电流控制方法（Hysteresis Current Control，HCC）是目前应用非常广的一种非线性闭环电流控制方法。它利用滞环比较器形成一个以0为中心、H和$-H$为上下限的滞环或死区，通过把补偿电流和指令电流的差值控制到规定的滞环宽度（误差限）范围之内，来控制逆变器的开关动作。

其工作原理如图13.9所示。

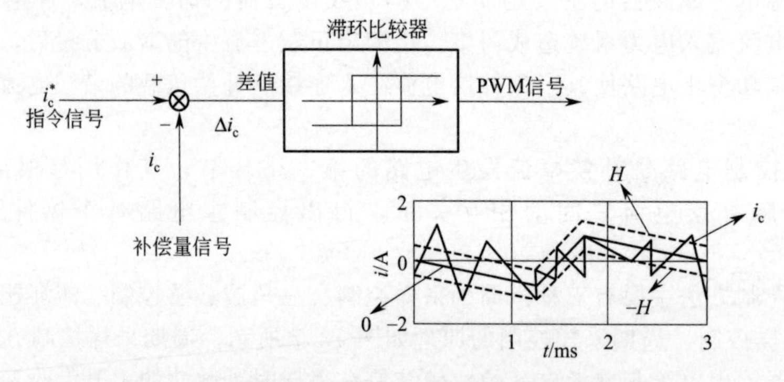

图 13.9　采用滞环比较器的瞬时值比较方式的原理

首先，把补偿量的指令信号i_c^*与实际的补偿量信号i_c进行比较，然后将两者的差值Δi_c作为滞环比较器的输入，通过滞环比较器产生出控制APF开关器件通断的PWM信号，此信号再经驱动隔离电路便可驱动APF的开关，使APF产生的补偿量跟踪指令信号的变化。

在这种控制方式中，滞环的宽度H对补偿量的跟踪性能有较大的影响：当H较大时，开关通断的频率越低，故对开关器件的要求不高，但是跟踪误差较大。反之，当H较小时，虽然跟踪误差减小了，但开关频率却提高了，因此，对开关器件的要求也较高。另外，滞环比较控制方法具有硬件电路简单、补偿量响应快、由于不使用载波在APF输出中不含有特定频率的谐波分量、属于跟踪型PWM的闭环控制方式、当滞环宽度H固定时补偿量的跟踪误差范围也固定等特点。

滞环比较控制方式具有以下的特点：

a. 若用模拟电路实现，硬件电路简单；

b. 属于实时控制方式，电流响应很快，但电流脉动过大；

c. 不需要载波，输出电压中不含特定频率的谐波分量；

d. 若滞环的宽度固定，则电流跟随误差范围是固定的，但是电力电子器件的开关频率是变化的。

在采用滞环比较控制方式中，滞环宽度对电流跟踪性能有很大的影响。若滞环宽度过大，开关频率和开关损耗降低，但跟踪误差增大；若滞环宽度过小，虽然跟踪误差减小，开关频率和开关损耗增加，受到开关器件工作频率的限制；若滞环宽度固定，电流跟随误差范围是固定的，但是电力电子器件的开关频率是变化的，这对电力半导体器件的工作频率提出了过高的要求。

（4）主电路直流侧电容电压的控制

① 直流侧和交流侧能量的交换　在 APF 中，分别用 p_s、q_s 表示电源的瞬时有功功率和瞬时无功功率；用 p_A、q_A 表示交流侧的瞬时有功功率和瞬时无功功率；用 p_L、q_L 表示负载的瞬时有功功率和瞬时无功功率。由于负载电流中存在着谐波，故 p_L、q_L 中含有交流分量，即 p_L、q_L 分别由直流分量 p_{LD}、q_{LD}和交流分量 p_{LA}、q_{LA}构成。

当 APF 用于补偿谐波时，应满足：

$$\begin{cases} p_A=-p_{LA} \\ q_A=-q_{LA} \end{cases} \tag{13.30}$$

$$\begin{cases} p_s=p_L+p_A=p_{LD} \\ q_s=q_L+q_A=-q_{LD} \end{cases} \tag{13.31}$$

在这种情况下，电源只需提供负载所需的瞬时有功功率和瞬时无功功率中的直流分量，它们所对应的电源电流等于负载电流的基波分量。而 APF 的瞬时有功功率的平均值 p_A 为零，使得直流侧电压保持不变。但因 p_A 中有交流成分，所以 U_C 会随 p_A 波动而波动。

当 APF 仅用于补偿无功功率时，应满足

$$\begin{cases} p_A=0 \\ q_A=-q_L \end{cases} \tag{13.32}$$

在这种情况下，APF 的瞬时有功功率 p_A 始终为零，因此 APF 直流侧与交流侧之间任意时刻无能量交换，从而使 U_C 保持恒定。因此，当只补偿无功功率时，APF 直流侧不需储能元件。此时电容器只需很小的电容量就可保证功率器件的正常工作。

若希望 U_C 上升（如 U_C 建立过程），只需令 $p_A=\Delta p>0$ 即可（$\Delta p=e\Delta i_p$）。此时 APF 从电源得到能量，持续向其直流侧传递，使 U_C 上升。从原理上讲，只要 $p_A>0$，U_C 就上升，可以达到任意值，这一点可以由电路中交流侧电感的储能作用和对功率器件通断进行控制来保证，但在实际电路中，器件的耐压值是有限的，不可能使电压 U_C 无限上升。

反之，若 $p_A<0$，例如电路中有损耗，或 APF 向外传递能量等情况下，直流侧电容能量将减小，使得 U_C 值下降。

U_C 变化的幅度除了和能量传递的多少有关以外，还和电容量有关。若已确定 APF 的补偿目的（即已确定了 p_A 的变换范围）和允许的波动范围，则可确定电容器的电容量。这便是设计 APF 直流侧电容参数值的基本思想。

② 直流侧电容电压的控制方法　由于电压源并联型有源电力滤波器直流侧一般采取直流电容，在控制有源电力滤波器的补偿电流的过程中，由于线路阻抗和开关损耗的影响以及负载电流变化引起的系统对有功功率需求的变化，都会导致直流侧电容电压的波动，使直流

侧电容欠电压甚至过电压，危及滤波器的可靠运行。在控制补偿电流的同时，要保持直流侧电压基本不变。造成直流侧电容电压波动的原因有：系统对有功功率需求的变化、主电路整流/逆变桥的开关工作模式的频繁变化。通过向系统输入能量的方法可以减小电容电压造成的波动。而APF的开关工作模式造成的直流侧电压脉动与电容大小直接相关：电容电压越小，电压脉动越大；电容电压越大，电压脉动越小，但会使主电路直流侧电压动态响应变慢，且电容器的体积和造价也相应增加，所以要综合考虑。

传统的直流侧电容电压控制方法是为直流侧电容提供一个单独的直流电源，这种方法虽然能够达到控制直流侧电容电压的目的，但需另外一个专门的电路，不仅增加了整个系统的复杂程度，而且也增加了系统的成本和损耗等。目前常用的PI调节控制法，是将检测到的电容电压实际值与给定的参考电压值相减之差通过PI调节器得到调节信号，并将其作为实际的补偿电流指令值叠加到原检测电路中的电流指令信号上。该指令值是保证直流电压恒定的电流指令值，用来对APF的损耗进行补偿。由于APF的损耗是作为瞬时实功率分量来考虑的，因此，PI调节后得到的电流指令值，叠加到瞬时有功电流经d-q变换后的直流分量上，则经运算后，原检测电路输出的电流指令信号中包含一定的基波有功电流分量，使APF的直流侧与交流侧交换能量，从而将直流侧电容电压调至给定的参考值。但是采用上述常规PID控制，电压控制环节电压易出现超调等，而且存在PID的参数在实际控制中难于整定、受精确数学模型影响较大、抗干扰性能差等缺点。因此本设计提出一种鲁棒性强、控制易实现的新型滑模变结构控制器。

13.1.4 硬件电路

整个系统的构成如图13.10所示，过零检测电路将检测到的电源电压转换成方波信号，送入DSP的捕获单元CAP；负载电流和谐波补偿电流经过信号预处理电路之后送入DSP的ADC模块等待ADC转换；DSP对采集到的负载电流进行谐波计算，得出谐波指令信号，再通过三角波比较（滞环比较）方式，产生PWM驱动信号，驱动变流器产生谐波补偿电流，再通过电压互感器送入电源侧，达到谐波抑制的目的。

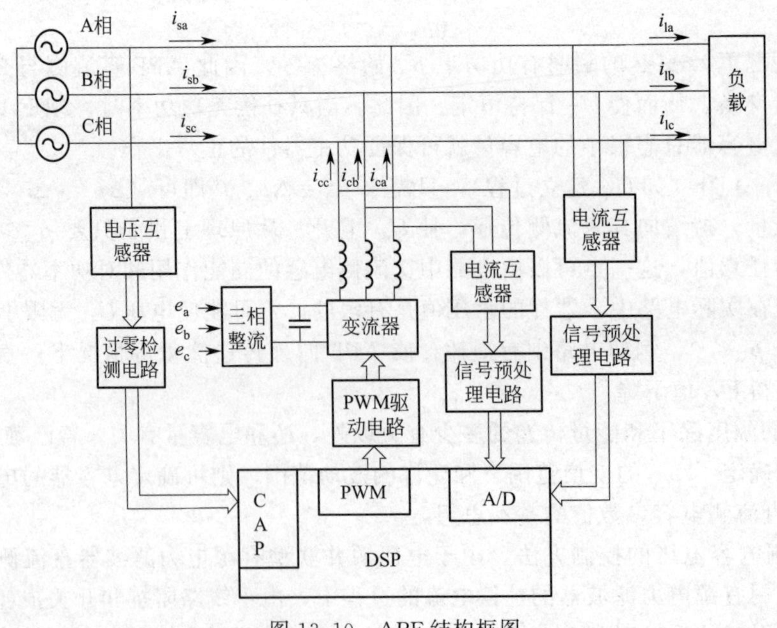

图13.10 APF结构框图

（1）有源电力滤波器主电路的结构设计

有源电力滤波器主电路的结构如图 13.11 所示，选用的 MOSFET 型号为 IRFP460。

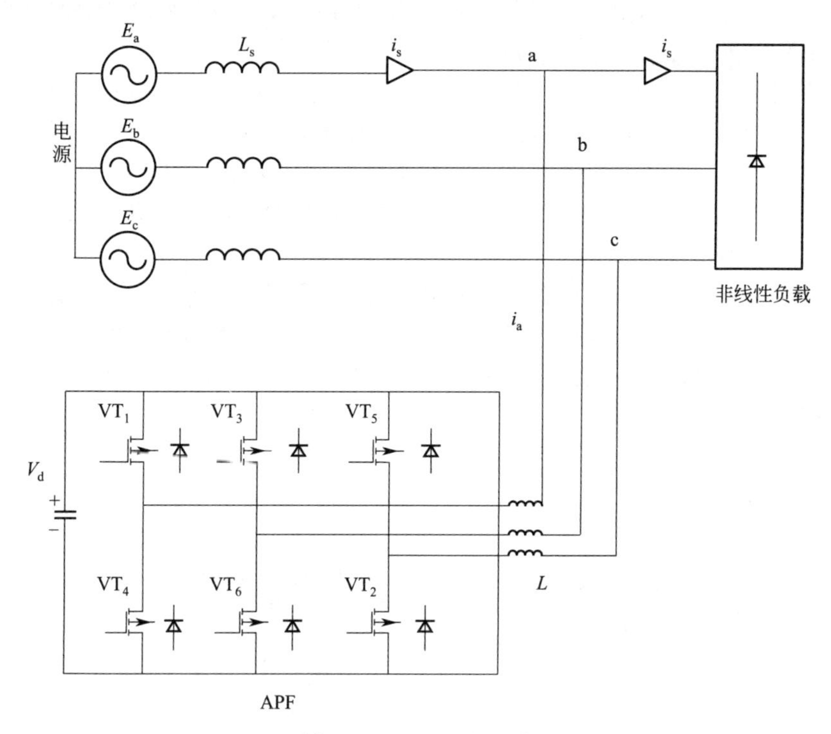

图 13.11　APF 主电路

（2）APF 控制电路的结构设计

① TMS320F2812 DSP 中用于 APF 控制回路的外设功能模块

a. 模数转换模块（ADC）。ADC 模块的作用是对系统参数（模拟量）进行采集，并将其转换为 DSP 能够识别和处理的数字量。该模块具有 16 路模拟输入通道（ADCIN0～ADCIN15），并带内置采样和保持的（S/H ）12 位的 A/D 转换器，流水线最快转换周期为 60ns，单通道最快转换周期为 200ns，12 位 ADC 转换处理的数字结果可用下式表示：

$$数字结果=4095\times\frac{输入模拟值-ADCLO}{3}\tag{13.33}$$

ADC 转换可由软件、内部事件或外部事件启动，转换后的结果会自动存放在 16 个可单独访问的结果寄存器（RESULT0～RESULT15）中，等待 DSP 读取后作出相应的回应。通道 0 的转换结果存放在 RESULT0 中，通道 1 的转换结果存放在 RESULT1 中，依此类推。

ADC 模块的结构框图如图 13.12 所示。

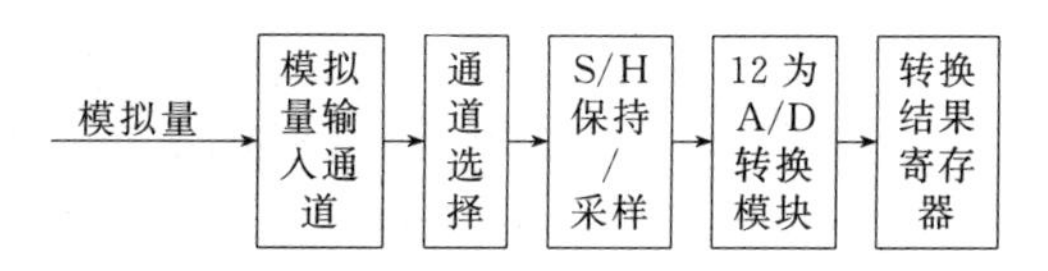

图 13.12　ADC 模块的结构框图

b. ADC 有两种工作方式：

- 双排序器（SEQ1 和 SEQ2 ）工作方式：每个排序器最多可选择 8 个模拟转换通道。

● 级连工作方式：SEQ1和SEQ2可以被级连成最多可选择16个模拟转换通道的排序器（SEQ）。

在任何工作方式下，模拟通道转换的顺序均由4个排序控制器（CHSELSEQn）来决定，每次要转换的通道可在程序中设置。

② 采样信号预处理电路　F2812 DSP芯片的工作电压为3.3V，故接入其引脚的信号电压也不能超过3.3V，且其内部模数转换模块的输入电压范围为0～3.3V，是单极性的。而在实验室条件下，来自电压互感器和电流互感器的二次侧的电压和电流分别为0～100V和0～5A，且为交流电，故信号需先接入一个信号预处理装置，经处理达到F2812要求的数值范围后再接入其ADCIN引脚。

采样电路通过采样电阻将互感器副边的电流信号转换为电压信号。由于采样信号含有大量的高次谐波，而本设计中有源电力滤波器主要滤除10次以下的谐波电流，因此在信号预处理电路中加入滤波电路滤除更高次的谐波。实际采用二阶Butterworth低通滤波器，滤波器的截止频率$f=7\text{kHz}$，图13.13为信号预处理电路图。

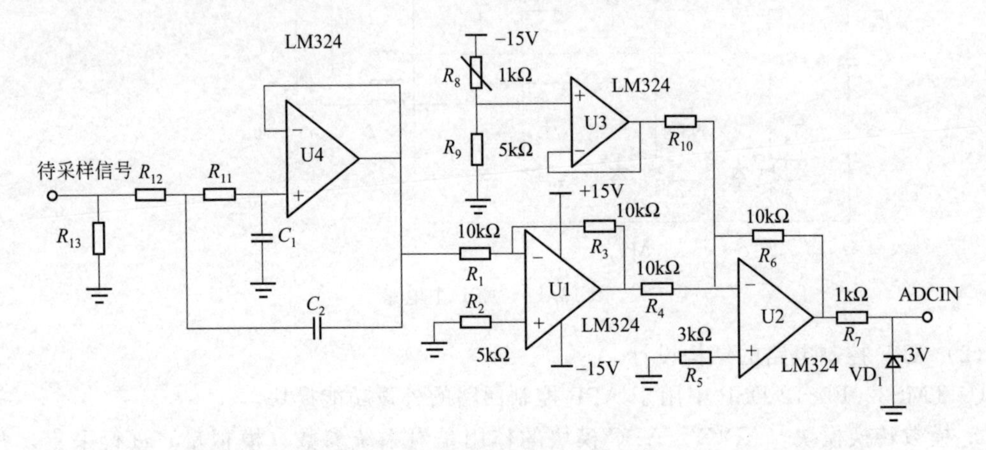

图13.13　采样信号预处理电路

(3) 同步电压过零检测电路

本设计中除了采样周期信号外，谐波指令电流的计算还有一个关键的信号要由外部提供，这就是与A相电压同步的过零信号的产生。因为i_p-i_q谐波检测法中的坐标变换需要用到与A相电源电压同步的正弦值和余弦值，因此要捕获与A相电源电压上升沿同步的方波上升沿信号充当正弦表的指针复位信号，具体电路原理图如图13.14所示。

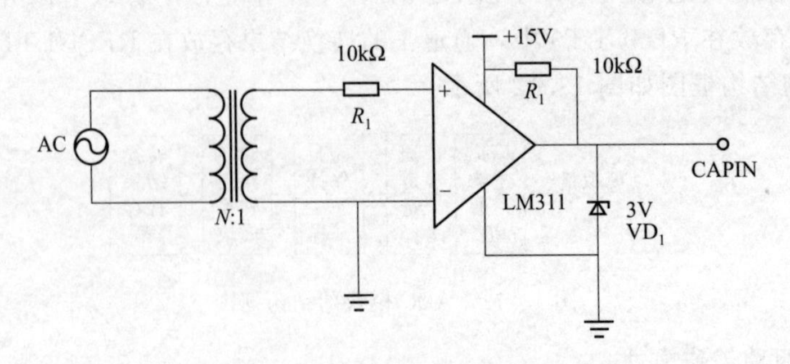

图13.14　过零检测电路

将网侧线电压经过变压器降压后，得到幅值为－5～＋5V的线电压信号，再经过运放的过零比较电路产生一方波信号。因为该方波信号的幅值是－15～＋15V，不适合于 DSP 处理，DSP 的信号范围是 0～＋3.3V 之间。为此，通过 3V 的稳压管 VD_1 的作用，使得方波信号范围是 0～3V。将此信号输入到 DSP 中 CAP1 口，CAP1 口设置为捕获输入信号的上升沿，每当上升沿到来时，DSP 进入 CAP1 口中断，复位正弦表和余弦表。

13.1.5 软件设计

基于 TMS320F2812 DSP 的有源电力滤波器的控制程序的开发工具为 CCS 软件，用 C 语言编写，具有如下特点：

① C28x 可以在一个周期内对任何内存地址完成读取、修改、写入操作，使得效率及程序代码达到最佳。此外，还提供多种自动指令提高了程序的执行效率，简化了程序的开发。

② 针对嵌入式控制领域应用的特殊要求，已推出一款针对 C28x 内核的 C 编辑器，能够提供非常杰出的汇编语言转换比例。C28x DSP 的内核还支持 IQ 变换函数库，使研发人员能方便地使用便宜的定点 DSP 来实现浮点运算。

③ CCS C 语言编译器包含一个应用程序，它可以将 C/C＋＋源文件生成交叉列表，并生成汇编语言输出。利用这个功能，可以很容易地查看每一个 C/C＋＋源文件生成的汇编代码。

④ 2812 处理器采用 C 编写的软件，其效率非常高，因此用户不仅可以应用高级语言编写系统程序，也能够采用开发高效的数学算法。

⑤ 2812 处理器在完成数学算法和系统控制等任务时都具有相当高的性能，这样就避免了用户在一个系统中需要多个处理器的麻烦。

(1) 初始化模块

在此模块中，程序主要是对整个 F2812 的系统资源进行配置，使之更适合作为有源电力滤波器控制系统的核心。包括：

① 对控制系统需要用到的 2812 的一些外设模块时钟进行设置，包括 ADC 模块、EVA 模块等。

② 通过对 PLL 时钟预定标位的设置，决定 PLL 倍频系数（也即系统时钟频率）。本设计 DSP 系统频率为 150Hz。

③ 将程序地址范围映射到片外，即用户自己提供了外部存储器件。

a. 看门狗控制器的设置，其主要作用为：用于监视系统软件和硬件的运行，当系统发生混乱时，就会产生复位中断。

b. 设置 I/O 口复用控制寄存器，将 I/O 口复用引脚设置为基本功能。

c. 设置中断屏蔽寄存器，使能将要用到的中断级别。

TMS320F2812 初始化程序流程图如图 13.15 所示。

(2) 主程序设计

图 13.16 为主程序流程图，程序启动前对 DSP 进行必要的初始化设置，经初始化设置后程序不断判断有无捕获中断（过零检测）以及 ADC 中断，如果没有中断，程序不断循环等待直到有中断到来。在中断优先级中正余弦表复位中断（CAP1 口的上升沿中断）优先级较高，采样中断（ADC 中断）中断优先级较低。当两个中断同时发生时，首先响应中断优先级较高的正余弦复位中断。

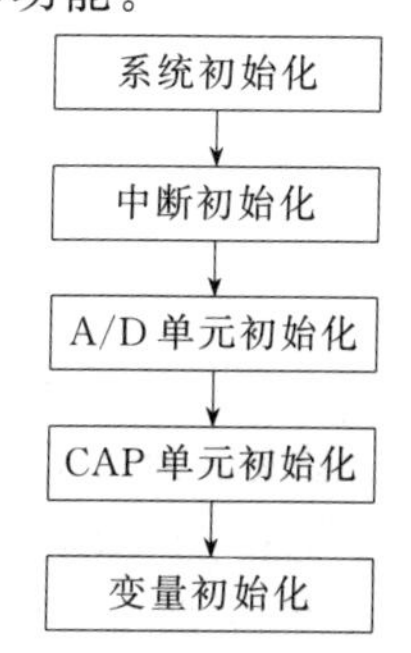

图 13.15 TMS320 F2812 初始化流程图

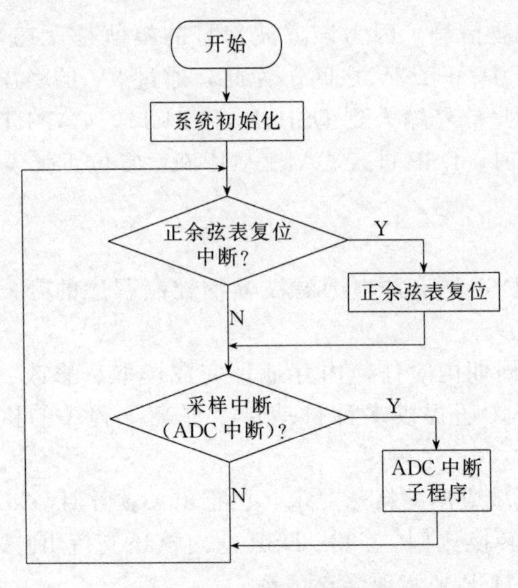

图13.16 主程序流程图

(3) ADC中断服务子程序

图13.17是ADC中断服务子程序流程图，子程序又依次分为三个子程序：ADC模数转换模块、谐波电流计算子程序、PWM脉冲输出子程序。

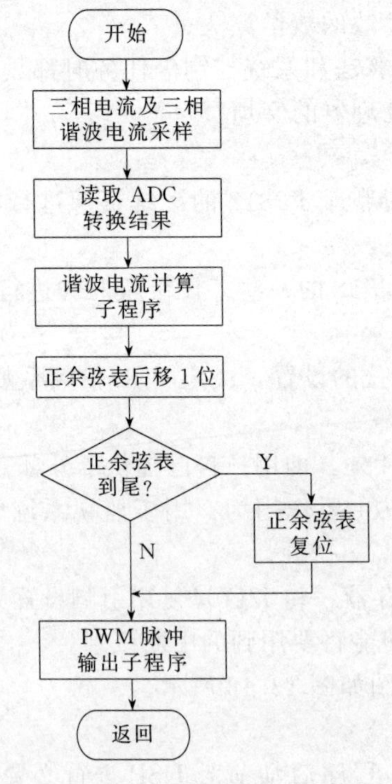

图13.17 ADC中断服务子程序流程图

(4) 谐波电流计算子程序

本系统利用DSP来计算负载谐波电流，在计算过程中涉及求和、除法和乘法，TMS320F2812具有32位的累加器和专用的硬件乘法器，有专门用于加法和乘法的指令，且有效执行时间均为一个CPU时钟周期；对于除法，则没有单周期的除法指令，但可以利用特殊的减法指令，只需简单编程便能实现。并且F2812的引导ROM已装载有数学运算表，利用 C 语言就可以开发高效的数学算法。

F2812 的计算速度很快，相对来说 A/D 转换的速度要慢很多，谐波电流计算在 A/D 中断期间完成。图 13.18 为谐波电流计算子程序，采用 i_p-i_q 谐波检测法。

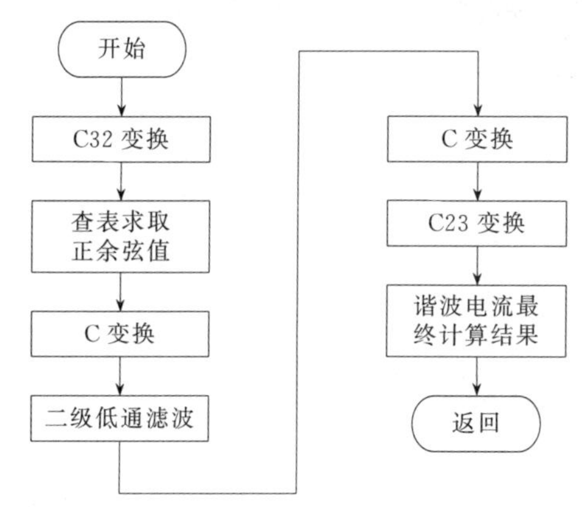

图 13.18　谐波电流计算流程图

(5) PWM 脉冲输出子程序

PWM 脉冲输出子程序的任务就是根据检测出来的谐波电流生成 PWM 指令信号去控制 APF 主电路产生补偿电流。有源控制算法采用三角波比较的方法来实现。

在本系统中，要产生 PWM 波形，首先，需要为 PWM 发生器提供一个时基，在 TMS320F2812 里面默认由通用定时器 T_1 提供。虽然整个系统是在采样时钟的控制下运行的，但是由于必须先执行数据采集以及谐波电流检测的代码来产生补偿电流的参考值，因而造成了一定的延时，所以 PWM 周期必然比采样周期要小。然后，根据参考值与实际值之间的差值与三角波的关系来控制 PWM 输出信号脚的极性。PWM 脉冲输出子程序的软件流程图如图 13.19 所示。

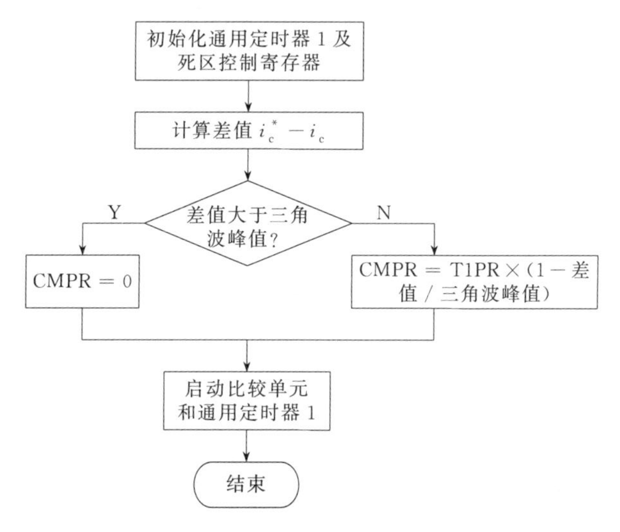

图 13.19　PWM 脉冲输出模块流程图

13.1.6　参考程序

```
// D/A 程序
// DPS2812M_DA.C
```

```
#include "DSP281x_Device.h"     //定义DSP281x驱动头文件
#include "DSP281x_Examples.h"   //定义DSP281x Examples头文件
#include "Example_DPS2812M_AD.H"
#include "Example_DPS2812M_DA.H"
DAC_DRV DAC=DAC_DRV_DEFAULTS;
ADC_DRV AD=ADC_DRV_DEFAULTS;
Uint16 EVAInterruptCount;
Uint16 temp[128],x=0,temp2[128];
unsigned int ADflag=1;
unsigned int channal=5;
interrupt void ADC_T1TOADC_isr(void);
interrupt void ADC_SampleINT(void);
//ADC start parameters
//*#define ADC_MODCLK 0x3   //HSPCLK=SYSCLKOUT/2×ADC_MODCLK2=150/(2×3)
=25MHz
}
void main(void)
{
//Step 1. 初始化系统控制:
//PLL, WatchDog, enable Peripheral Clocks
//This function is found in the DSP281x_SysCtrl.c file.
  InitSysCtrl();
//Step 2. 初始化GPIO:
//This function is found in the DSP281x_Gpio.c file and
//illustrates how to set the GPIO to it's default state.
  InitGpio();
//Step 3. 清中断和初始化PIE向量表:
//Disable CPU interrupts
  DINT;
  IER=0x0000;
  IFR=0x0000;
//Initialize the PIE control registers to their default state.
//The default state is all PIE interrupts disabled and flags
//are cleared.
//This function is found in the DSP281x_PieCtrl.c file.
  InitPieCtrl();
//Disable CPU interrupts and clear all CPU interrupt flags:
  //IER=0x0000;
  //IFR=0x0000;
//Initialize the PIE vector table with pointers to the shell Interrupt
//Service Routines (ISR).
//This will populate the entire table, even if the interrupt
//is not used in this.  This is useful for debug purposes.
```

```
//The shell ISR routines are found in DSP281x_DefaultIsr.c.
//This function is found in DSP281x_PieVect.c.
  InitPieVectTable();

//初始化 EVA 定时器 1
  ADREG=0;
  EvaRegs.GPTCONA.all=0;

//设置通用目的定时器 1 的周期为 0x200;
  EvaRegs.T1PR=0x0200;          //周期
  EvaRegs.T1CMPR=0x0000;        //比较寄存器

//使能通用目的定时器 1 的周期中断
//向上计数、预定标 x128、内部时钟、使能比较、使用自己的周期值
  EvaRegs.EVAIMRA.bit.T1PINT=1;
  EvaRegs.EVAIFRA.bit.T1PINT=1;

//清除通用目的定时器 1 的计数器值
  EvaRegs.T1CNT=0x0000;
  EvaRegs.T1CON.all=0x1742;

//当通用目的定时器 1 产生中断时启动 ADC 变换
  EvaRegs.GPTCONA.bit.T1TOADC=2;

//Interrupts that are used in this are re-mapped to
//ISR functions found within this file.
  EALLOW;  //This is needed to write to EALLOW protected registers
  PieVectTable.T1PINT=&ADC_T1TOADC_isr;
  PieVectTable.XINT1  =&ADC_SampleINT;
  EDIS;     //This is needed to disable write to EALLOW protected registers

  XIntruptRegs.XINT1CR.all=0x0001;
  XIntruptRegs.XINT2CR.all=0x0001;
  PieCtrlRegs.PIEIER1.bit.INTx3=1;
  PieCtrlRegs.PIEIER1.bit.INTx4=1;
  PieCtrlRegs.PIEIER2.all=M_INT4;
//Step 4. 初始化外设驱动器:
//This function is found in DSP281x_InitPeripherals.c
//InitPeripherals();
    DAC.DACChannelSel=0x00;
    DAC.DACDataCycle=128;
    DAC.DACDataOffset=0;
    DAC.DataSel=0;
//Step 5. 使用特殊代码,使能中断:
  //Step 5. User specific code, enable interrupts:
  IER |=(M_INT2|0x0001);

//Enable global Interrupts and higher priority real-time debug events:
  EINT;  //Enable Global interrupt INTM
  ERTM;  //Enable Global realtime interrupt DBGM

  for(;;)
```

```
  {
    if(AD.ADCFlag.bit.ADCSampleFlag==1)
    {
      if(AD.LoopVar>=128) AD.LoopVar=0;
      //AD.ADChannelSel=0;
      if(ADflag==0)
          ADCSmplePro(&AD);
      //AD.LoopVar++;
      AD.ADCFlag.bit.ADCSampleFlag=0;
    }
  }
}
interrupt void ADC_T1TOADC_isr(void)
{
    if(ADflag==1)
    {
        DAC.DACPro(&DAC);
        ADflag=0;
        *AD_CONVST=0;
        EvaRegs.EVAIMRA.bit.T1PINT=1;
        EvaRegs.EVAIFRA.all =BIT7;
    }
    PieCtrlRegs.PIEACK.all =PIEACK_GROUP2;
    return;
    }
interrupt void ADC_SampleINT(void)
{
    XIntruptRegs.XINT1CR.all =0x0000;
    AD.ADCFlag.bit.ADCSampleFlag=1;
    XIntruptRegs.XINT1CR.all =0x0001;
    PieCtrlRegs.PIEACK.all =PIEACK_GROUP1;
    return;
}
void ADCSmplePro(ADC_DRV *v)
{
    unsigned int Temp1;
    if(v->ADChannelSel==6) v->ADChannelSel=0;
    if(v->ADCFlag.bit.ADCCS0==1)
    {
        v->ADSampleResult0[x]= *AD_CHIPSEL0;
        v->ADSampleResult1[x]= *AD_CHIPSEL0;
        v->ADSampleResult2[x]= *AD_CHIPSEL0;
        v->ADSampleResult3[x]= *AD_CHIPSEL0;
        v->ADSampleResult4[x]= *AD_CHIPSEL0;
        v->ADSampleResult5[x]= *AD_CHIPSEL0;
```

```
    }
    if(v->ADCFlag.bit.ADCCS1==1)
    {
        v->ADSampleResult0[x]=*AD_CHIPSEL1;
        v->ADSampleResult1[x]=*AD_CHIPSEL1;
        v->ADSampleResult2[x]=*AD_CHIPSEL1;
        v->ADSampleResult3[x]=*AD_CHIPSEL1;
        v->ADSampleResult4[x]=*AD_CHIPSEL1;
        v->ADSampleResult5[x]=*AD_CHIPSEL1;
    }
    if(channal==0)
    {
    Temp1=v->ADSampleResult0[x];
    }
    else if(channal==1)
    {
    Temp1=v->ADSampleResult1[x];
    }
    else if(channal==2)
    {
        Temp1=v->ADSampleResult2[x];
    }
        else if(channal==3)
    {
        Temp1=v->ADSampleResult3[x];
    }
        else if(channal==4)
    {
        Temp1=v->ADSampleResult4[x];
    }
    else if(channal==5)
    {
        Temp1=v->ADSampleResult5[x];
    }
    if(Temp1>32768)
        temp2[x]=0-Temp1;
    else
        temp2[x]=Temp1;
    ADflag=1;
    x++;
    if(x>=128)
          x=0;
}
void DAC_Core(DAC_DRV *v)
{
    Uint16 OutData;
```

```
/***********************************************************************/
/*数据处理                                                            */
/***********************************************************************/
if(v->DataSel==0)
{
  if((v->DACDataOffset>100||(v->DACDataOffset<-100))
       v->DACDataOffset=0;
  else
       OutData=65536*(v->DACDataOffset/10+10)/20;
}
else if(v->DataSel==1)
{
  OutData=(int)((sin((v->DACCycleCount)/6.2832)/2+1)*32767);
}
else if(v->DataSel==2)
{
    float TempVar;
    TempVar=v->DACDataCycle/2;
    TempVar=(abs(v->DACDataCycle/2-v->DACCycleCount))/(TempVar);
    OutData=(int)((TempVar)*32767)+16384;
  }
    else
      OutData=0;
    temp[x]=OutData;
  /*********************************************************************/
  /*数据输出                                                          */
  /*********************************************************************/
  switch(v->DACChannelSel)
  {
    case 0:
    {
        *DA_CHANNEL0=OutData;
    }break;
    case 1:
    {
        *DA_CHANNEL1=OutData;
    }break;
    case 2:
    {
        *DA_CHANNEL2=OutData;
    }break;
    case 3:
    {
        *DA_CHANNEL3=OutData;
    }break;
```

```
        case 4:
        {
            *DA_CHANNEL0=v->DACch0Data;
            *DA_CHANNEL1=v->DACch1Data;
            *DA_CHANNEL2=v->DACch2Data;
            *DA_CHANNEL3=v->DACch3Data;
        }break;
        default:
        {
            *DA_CHANNEL0=OutData;
            *DA_CHANNEL1=OutData;
            *DA_CHANNEL2=OutData;
            *DA_CHANNEL3=OutData;
        }break;
        }
*DA_OUT=0;
        /************************************************************************/
        /*数据循环                                                            */
        /************************************************************************/
        if(v- >DACCycleCount<v->DACDataCycle)
           v->DACCycleCount++;
        else
           v->DACCycleCount=0;
}
//LCD 显示子程序
//F2812M_LCD.H;//定义 F281x LCD 头文件
{
#ifndef DPS2812M_LCD_H__
#define DPS2812M_LCD_H__
#ifndef bool
#define bool unsigned short
#define FALSE 0
#define TRUE  1
#endif
#defineDISPLAY_ON   0x3F
#defineDISPLAY_OFF   0x3E
#defineDISPLAY_START_LINE   0xC0
volatile unsigned int * c_addr=(volatile unsigned int *) 0x3801;
volatile unsigned int * d_addr=(volatile unsigned int *) 0x3800;
//volatile unsigned int * RST_addr=(volatile unsigned int *) 0x3800;
const unsigned int hanzi[]=
{
/*—  文字： 液  —*/
/*—  宋体 12;  此字体下对应的点阵为:宽×高=16×16  —*/
```

```
0x40,0x40,0x20,0x20,0x27,0xFE,0x09,0x20,0x89,0x20,0x52,0x7C,0x52,0x44,0x16,0xA8,
0x2B,0x98,0x22,0x50,0xE2,0x20,0x22,0x30,0x22,0x50,0x22,0x88,0x23,0x0E,0x22,0x04,

/*—  文字： 晶  —*/
/*—  宋体12； 此字体下对应的点阵为：宽×高＝16×16  —*/
0x00,0x00,0x0F,0xF0,0x08,0x10,0x0F,0xF0,0x08,0x10,0x0F,0xF0,0x08,0x10,0x00,0x00,
0x7E,0x7E,0x42,0x42,0x7E,0x7E,0x42,0x42,0x42,0x42,0x7E,0x7E,0x42,0x42,0x00,0x00,
};

const unsigned int zimu[]=
{
/*0 ***0x00 */
0x00,0x00,0x60,0x90,0x90,0x90,0x90,0x60,
/*1 ***0x01 */
0x00,0x00,0x00,0x60,0x20,0x20,0x20,0x70,
};

void wr_data(unsigned int dat1);
void wr_data1(unsigned int dat1);
void wr_com(unsigned int com);
void wr_letter(unsigned int code,unsigned int o_y,unsigned int o_x,unsigned short fanx-
ian);
void wr_hex(unsigned int code,unsigned int o_y,unsigned int o_x,unsigned short fanxian);
void wr_dot(unsigned int o_y,unsigned int o_x,unsigned short flag);
void getASC(unsigned int apcode, unsigned int *ptr);
void getASC(unsigned int apcode, unsigned int *ptr);

extern void GUILCD_init(void);
extern void GUILCD_clear(void);
extern void GUILCD_writeLetterStr(unsigned int Row, unsigned int Column, unsigned int
location,unsigned short fanxian);
extern void GUILCD_writeCharStr(unsigned int Row, unsigned int Column, unsigned int lo-
cation ,unsigned short fanxian);
extern void GUILCD_writeCurse(unsigned int Row, unsigned int Column);
extern void GUILCD_clearCurse(unsigned int Row, unsigned int Column);
extern void GUILCD_drawChart(unsigned int Row, unsigned int Column, int *Data, unsigned
short flag);
extern void GUILCD_onLed(void);
extern void GUILCD_offLed(void);
extern void GUILCD_seed(unsigned int Row, unsigned int Column);
}

//F2812M_LCD.C
{
#include "DSP281x_Device.h"     //定义DSP281x驱动头文件
#include "DSP281x_Examples.h"   //定义DSP281x Examples头文件
#include "Example_DPS2812M_LCD.H"

#ifndef bool
#define bool unsigned short
```

```
#define FALSE 0
#define TRUE  1
#endif
unsigned int i;
unsigned int x1,y1;
int a[128];
/**********************************************************************
*   函数： void wr_data(unsigned int data)
*   目的： 写 LCD 数据参数，判断 0 和 1 位
*   输入： dat1 参数单元
*   输出： 无
*   参数： status 局部变量，用来存储 LCD 的状态量
**********************************************************************/
void wr_data(unsigned int dat1)
{
    unsigned int status;
    do
    {
        status=*c_addr & 0x03;     /* 屏蔽 status 的 2～15 位为 0 */
      }while(status != 0x03);
      *d_addr=dat1;
}
/**********************************************************************
*   函数： void wr_data1(unsigned int dat1)
*   目的： 写 LCD 数据参数，判断 3 位
*   输入： dat1 参数单元
*   输出： 无
*   参数： status 局部变量，用来存储 LCD 的状态量
**********************************************************************/
void wr_data1(unsigned int dat1)
{
    unsigned int status;
    do
    {
      status=*c_addr & 0x08;     /*屏蔽 status 的 0～2 和 3～15 位为 0 */
    }while(status != 0x08);
    *d_addr=dat1;
}
/**********************************************************************
*   函数： void wr_com(WORD com)
*   目的： 写 LCD 指令参数
*   输入： com 指令单元
*   输出： 无
*   参数： status 局部变量，用来存储 LCD 的状态量
**********************************************************************/
```

```
void wr_com(unsigned int com)
{
    unsigned int status;
    do
    {
      status= *c_addr & 0x03;
    }while(status ! =0x03);
    *c_addr=com;
}
/*****************************************************************************
*   函数: extern void GUILCD_init(void)
*   目的: 初始化 LCD 显示,设置显示方式为图形方式,开显示
*   输入: 无
*   输出: 无
*****************************************************************************/
extern void GUILCD_init(void)
{
    wr_data(0x00);  /*设置图形显示区域首地址*/
    wr_data(0x00);  /*或为文本属性区域首地址*/
    wr_com(0x42);
    wr_data(0x20);  /*设置图形显示区域宽度*/
    wr_data(0x00);  /*或为文本属性区域宽度*/
    wr_com(0x43);
    wr_com(0xa0);  /*光标形状设置*/
    wr_com(0x81);  /*显示方式设置,逻辑或合成*/
    wr_com(0x9b);  /*显示开关设置,仅文本开显示*/
}
/*****************************************************************************
*   函数: extern void GUILCD_clear(void)
*   目的: 清 LCD 屏,用自动方式,将 LCD 屏清为白屏
*   输入: 无
*   输出: 无
*   参数: page0 局部变量
*****************************************************************************/
extern void GUILCD_clear(void)
{
    int page0;
    wr_data(0x00);  /*设置显示 RAM 首地址 * /
    wr_data(0x00);
    wr_com(0x24);
    wr_com(0xb0);  /*设置自动写方式*/
```

```
    for(page0=0x2000; page0 >=0; page0--)
    {
      wr_data1(0x00);/*清 0 */
    }
    wr_com(0xb2);/*自动写结束*/
}
/*************************************************************************
*   函数： void wr_letter(unsigned int code,unsigned int o_y,unsigned int o_x,bool fanx-
ian)
*   目的： 写字母,根据字母代码,将查找到的字母写到 LCD 的 Y 和 X 坐标处
*   输入： code 字母代码,字母为 16×16 点阵
        o_yy 坐标,范围 0～7
        o_xx 坐标,范围 0～14
        fanxian 字母是否需要反显,0 不需要反显,1 需要反显
*   输出： 无
    参数：
*************************************************************************/
void wr_letter(unsigned int code,unsigned int o_y,unsigned int o_x,unsigned short fanx-
ian)
{
    unsigned int i1,dat1_temp,dat2_temp;
    unsigned int asc_code[8];
    int i2;
    i1=o_y *0x20;
    i1=i1 + o_x;
    dat1_temp=i1 & 0xff;
    dat2_temp=(i1>>8) & 0xff;
    //getasc(code,&asc_code[0]);    /*从 FLASH 中读取字母点阵*/
    for(i2=0; i2 <8; i2++)
    {
        asc_code[i2]=zimu[8 *code + i2];
    }
    if(fanxian ==TRUE)     /*是否反显*/
    {
        for(i2=0; i2 < 8; i2++)
        {
          asc_code[i2]=(~asc_code[i2]) & 0xff;
        }
    }
    for(i2=0; i2 < 8; i2++)
    {
        wr_data(dat1_temp);
        wr_data(dat2_temp);
        wr_com(0x24);    /*字母在 LCD 的位置*/
```

```
        wr_data(asc_code[i2]);     /*写字母点阵*/
        wr_com(0xc0);
        //wr_data(asc_code[2*i2+1]);     /*写字母点阵*/
        //wr_com(0xc0);
        i1=i1 + 0x20;
        dat1_temp=i1 & 0xff;
        dat2_temp=(i1>>8) & 0xff;  /*写完后,修改在LCD的位置*/
    }
}
```

13.2 实例：新型谐振阻抗型混合有源滤波器的设计

本节设计了一个基于高速数字信号处理器（TMS320F2812）为核心的全数字化新型谐振阻抗型混合有源滤波器的控制系统硬件平台，对新型谐振阻抗型混合有源滤波器的结构和原理等进行了研究的同时，对系统硬件电路和系统软件进行了的设计；并给出了基于DSP的谐振阻抗型混合有源滤波器控制系统软件流程图，最后给出了参考程序。

13.2.1 实例功能

针对变电站需要在滤除谐波的同时进行无功补偿的工程要求，提出了一种新型谐振阻抗型混合有源滤波器RITHAF（Resonant Impedance Type Hybrid Active Filter）。详细介绍了RITHAF的结构和工作原理，设计了一个基于TMS320F2812为核心的全数字化的RITHAF控制系统平台，并进行了相应的硬件和软件设计，给出了软件参考程序。通过仿真实验，说明RITHAF性能优越，能够兼顾谐波治理和无功补偿，能够比较容易地实现较大的谐波阻尼，而且该装置有源部分的容量及其开关器件的功率等级较小，初期投资不大，是较为理想的变电站谐波治理方式。

本设计的基于TMS320F2812为核心的全数字化的RITHAF控制系统参数如下：三相电源线电压有效值为120V，频率为50 Hz；谐波源为模拟变电站特征谐波分量的电流源，并取各次谐波含量为基波的$1/n$（n为谐波次数），即基波电流为120A，2次谐波为60A，3次谐波为40A，5次谐波为24A，11次谐波为11A，13次谐波为9A，17次谐波为7A，A相各次谐波的初相角均为0，B相各次谐波的初相角均为$-2\pi/3$，C相各次谐波的初相角均为$2\pi/3$。无源滤波器组参数为：2次单调谐滤波器电感为33.65mH，Q值为30，电容为75.28μF；3次单调谐滤波器电感为11.94mH，Q值为30，电容为94.29μF；5次单调谐滤波器电感为3.72mH，Q值为32，电容为108.95μF；高通滤波器电感为0.41mH，电容为374.5μF，电阻为1Ω。基波串联谐振电路参数为：电感为40.52mH，Q值为35，电容为250μF。

13.2.2 工作原理

本设计以DSP芯片TMS320F2812为控制核心的RITHAF的核心内容，是根据变电站在谐波治理的同时需要具备一定的无功功率静补能力的特点和要求，针对目前混合型有源滤波器在实际应用中的不足，提出了兼顾谐波治理和无功补偿的新的有源滤波器混合方式——谐振阻抗型混合有源滤波器RITHAF，并着重研究了RITHAF的原理、设计和控制问题，同时对相关问题也进行了分析和探讨。这里主要研究内容包括：

① 针对变电站谐波治理的特点和成本问题，研究新型的混合有源滤波器，既能够治理

谐波，又具备无功静补能力，同时有源部分的容量及其开关器件的功率等级要小。

② 研究新的无源滤波器设计原则和方法，在满足其安全运行约束的前提下，对无源滤波器滤波性能、无功功率补偿能力和造价进行多目标优化。

③ 在有源滤波器的框架内，研究逆变器输出滤波器的选型问题，建立输出滤波器的性能指标函数，在此基础上分析其对有源滤波器性能的影响，避免选型的盲目性。

④ 研究新型混合有源滤波器的控制方法，使得系统具有较快的动态响应速度和较高的稳态控制精度，以满足变电站谐波治理的要求。

⑤ 研究基于新型混合有源滤波器的电网谐波分析与治理一体化系统的实现方案，在治理谐波的同时，为电力系统管理提供必要的信息支持。

(1) RITHAF 的结构和原理

针对变电站需要在滤除谐波的同时进行无功补偿的工程要求，本设计提出如图 13.20 所示的一种新型谐振阻抗型混合有源滤波器 RITHAF，以电压型逆变器 VSC (Voltage Source Converter) 作为其有源部分，以多组单调谐滤波器和一组二阶高通滤波器组成的无源滤波器 PF 作为其无源部分，有源部分通过耦合变压器与基波串联谐振电路 FSRC (Fundamental Series Resonance Circuit) 并联，再与无源部分串联连接形成 RITHAF。整个 RITHAF 通过其无源部分并联接入电网。VSC 为基于自关断器件的脉宽调制 PWM 逆变器，直流端为一大电容，VSC 的输出端接有输出滤波器，以此来滤除开关器件开断造成的高频毛刺。

在结构上，将 APF 与 PF 串联后再并联接入电网的形式称为 SCAP (Series Connected APF and PF)，RITHAF 与 SCAP 不同的地方是，在耦合变压器副边并联了一个基波串联谐振电路 FSRC。正是由于这个关键部分的不同，使得 RITHAF 兼具较大容量的无功静补能力和较小的逆变器容量。当 RITHAF 中的无源滤波器部分 PF 补偿较大容量的无功功率时，PF 的基波阻抗较小，有较大的基波无功电流流入 PF。此时，由于 FSRC 谐振于基波频率，其基波阻抗近似为 0，相当于基波电流的短路通道，所以流过 PF 的基波电流都将流入 FSRC，而不会流入耦合变压器和逆变器；而且，相对于 PF 而言，FSRC 承受的基波压降较小，大部分由 PF 分担了。因此，由 RITHAF 中的 PF 进行无功静补不会导致其有源部分容量的增大，这是比 SCAP 优越的地方之一。也就是说，RITHAF 运行特点是：只由无源部分补偿无功功率，有源部分和无源部分共同抑制谐波。这样才更加适于变电站的谐波治理要求。

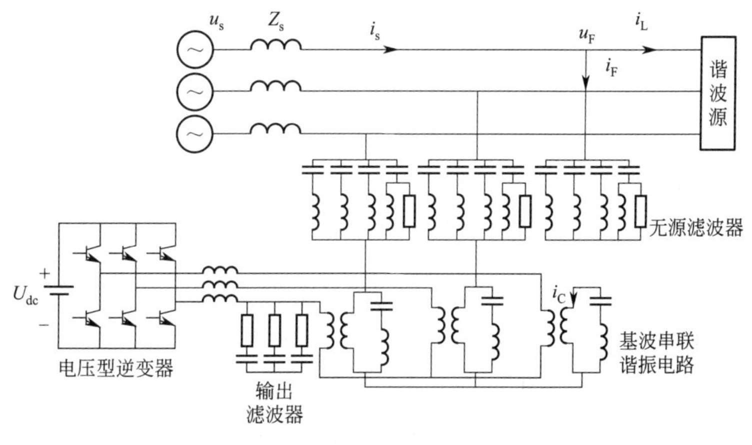

图 13.20　RITHAF 结构

(2) RITHAF 的单相等效电路

谐振阻抗型混合有源滤波器 RITHAF 的单相等效电路如图 13.21 所示。谐波源是一个

非线性负载 Z_L，在只考虑谐波分量时被看作一个谐波电流源 i_{Lh}，在只考虑基波分量时就是谐波源的基波阻抗 Z_{LF}，u_S 为系统电源电压，RITHAF的有源部分（即电压型逆变器）假设为一个理想的受控电流源 i_C。电路中其他各电量的定义和方向如图13.21所示，其中 i_S、i_L、i_F、i_C、i_R 分别为电网支路、负载支路、RITHAF无源支路、RITHAF有源支路、RITHAF的基波串联谐振电路FSRC的电流，Z_S、Z_F 和 Z_R 分别为电网阻抗、无源部分阻抗和FSRC阻抗，u_F 为RITHAF支路的端电压，也是谐波源的端电压。以下出现的下标h和F分别表示相应电流或电压的谐波分量和基波分量，对阻抗而言，则分别表示其谐波阻抗和基波阻抗。并且，在以下用大写字母表示各电量的相量形式。

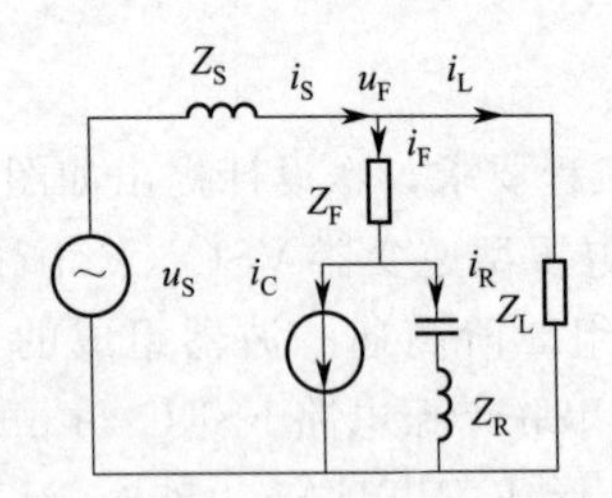

图13.21 RTTHAF的单相等效电路

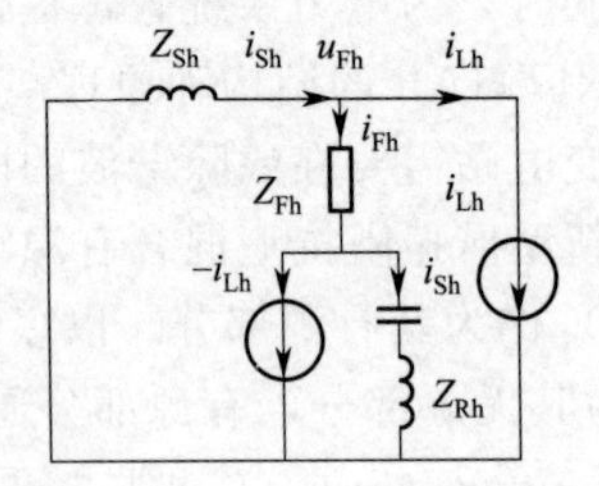

图13.22 对 i_{Lh} 的单相等效电路

为了实现滤波，将RITHAF的有源部分控制为一个电流源

$$i_C=-i_{Lh} \tag{13.34}$$

当只考虑RITHAF对谐波源产生的谐波进行治理时，u_S 为0，则此时RITHAF的单相等效电路如图13.22所示，系统的电路方程为

$$\begin{cases}I_{Sh}=I_{Fh}+I_{Lh}\\U_{Fh}=-Z_{Sh}I_{Sh}\\U_{Fh}=Z_{Fh}I_{Fh}+U_C\\U_C=Z_{Rh}I_{Rh}\\I_{Fh}=I_{Lh}+I_C\\I_C=-I_{Lh}\end{cases} \tag{13.35}$$

整理得

$$\begin{cases}-Z_{Sh}I_{Sh}=Z_{Fh}(I_{Fh}-I_{Lh})+U_C\\U_C=Z_{Rh}I_{Rh}\\I_{Rh}=I_{Fh}-I_{Lh}=I_{Sh}\end{cases} \tag{13.36}$$

解之得

$$I_{Sh}=\frac{Z_{Fh}}{Z_{Fh}+Z_{Sh}+Z_{Rh}}I_{Lh} \tag{13.37}$$

$$U_C=\frac{Z_{Fh}Z_{Rh}}{Z_{Fh}+Z_{Sh}+Z_{Rh}}I_{Lh} \tag{13.38}$$

对于图13.22所示电路，其电路方程为

$$\begin{cases}I_{Sh}=I_{Fh}+I_{Lh}\\-(Z_{Sh}+Z_{Rh})I_{Sh}=Z_{Fh}I_{Fh}\end{cases} \tag{13.39}$$

也可得到式(13.39)。从图13.22可以看出，相当于在电网支路串联了一个阻抗 Z_{Rh}。而 Z_{Rh} 是基波串联谐振电路FSRC的谐波阻抗，是非常大的，远远大于无源滤波器PF的谐波阻抗 Z_{Fh}。因此，根据串联阻抗分流原理，由谐波源产生的谐波电流将更多地流入PF，

而注入电网的谐波电流将显著减小，接近于 0。

在分析 RITHAF 对电网谐波电压 u_{Sh} 的补偿特性时，假设不接负载（即 i_{Lh} 为 0），此时 RITHAF 的单相等效电路如图 13.23(a) 所示，则系统电路方程为

$$\begin{cases} U_{Sh}=Z_{Sh}I_{Sh}+U_{Fh} \\ U_{Fh}=Z_{Fh}I_{Fh}+U_{C} \\ U_{C}=Z_{Rh}I_{Rh} \\ I_{Sh}=I_{Fh} \\ I_{Fh}=I_{Rh}+I_{C} \\ I_{C}=-I_{Lh} \\ I_{Lh}=0 \end{cases} \tag{13.40}$$

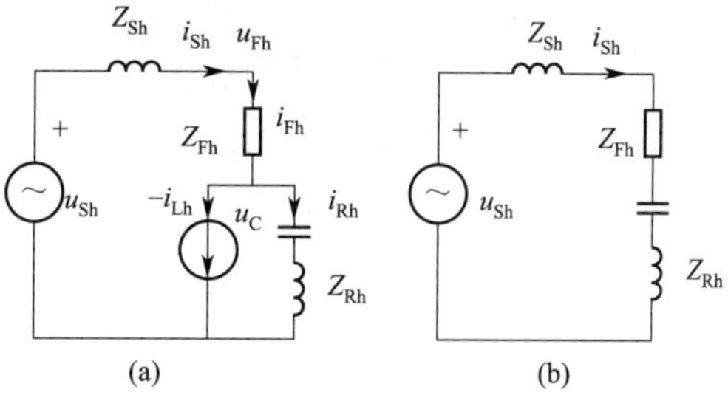

图 13.23　RITHAF 时 u_{sh} 的单相等效电路

解之得

$$I_{Sh}=\frac{U_{Sh}}{Z_{Fh}+Z_{Sh}+Z_{Rh}} \tag{13.41}$$

$$U_{C}=\frac{Z_{Rh}}{Z_{Fh}+Z_{Sh}+Z_{Rh}}U_{Sh} \tag{13.42}$$

由式(13.41) 可知，此时系统可以等效为如图 13.23(b) 所示的电路，相当于在电路中串联了一个谐波阻抗 Z_{Rh}。同样，当$|Z_{Rh}|\gg|Z_{Fh}|+|Z_{Sh}|$时，由 u_{Sh} 产生的谐波电流将不会流入 PF，不会造成 PF 的过载。

根据叠加原理，由式(13.37)、式(13.38) 和式(13.41)、式(13.42) 可得，当 Z_{Rh} 非常大时，RITHAF 可达到理想的滤波特性，如下所示：

$$\begin{cases} I_{Sh}=0 \\ U_{C}=Z_{Fh}I_{Lh}+U_{Sh} \end{cases} \tag{13.43}$$

对基波电压 u_{Sf} 而言，RITHAF 的单相等效电路如图 13.24 所示。由式(13.43) 可知，有源部分只流过谐波电流，而没有基波电流流入。同时，因为 PF 要进行无功补偿，有一定的基波无功电流 i_{Ff} 流过 Z_{Ff}。由于有源部分被控制为谐波电流源，对基波而言相当于断路，而 FSRC 的基波阻抗 Z_{Ff} 近似为 0，因此 i_{Ff} 将全部流入 FSRC，即

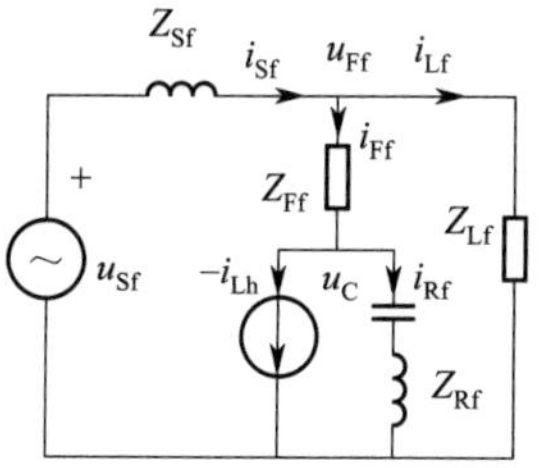

图 13.24　RITHAF 对 u_{Sf} 的单相等效电路

$$I_{Rf}=I_{Ff} \tag{13.44}$$

则加在 RITHAF 的基波电压为

$$U_{Cf}=Z_{Rf}I_{Ff}\approx 0 \tag{13.45}$$

可见，理论上 RITHAF 的有源部分既不承受基波电压，也没有基波电流流入，基波容量为 0。因此，其开关器件的功率等级可以大大降低，从而减小初期投资。

因此，由式(13.43)～式(13.45)，RITHAF 有源部分的容量为

$$Q_{RITHAF}=|Z_{Fh}I_{Lh}+U_{Sh}|\times|I_{Lh}| \tag{13.46}$$

而 SCAP 有源部分的容量为。

$$Q_{SCAP}=|Z_{Fh}I_{Lh}+U_{Sh}|\times|I_{Ff}-I_{Lh}| \tag{13.47}$$

其中，流入无源滤波器 PF 的基波电流 I_{Ff} 与谐波电流 I_{Lh} 处于不同的频率，是不能相加减的。所以，RITHAF 有源部分的容量比 SCAP 有源部分的容量要小得多。

与 SCAP 结构的谐波电阻 K 相应，RITHAF 的谐波补偿能力取决于 FSRC 的谐波阻抗 Z_{Rh} 的大小。在 SCAP 中，K 太大会引起闭环控制系统不稳定，而且要实现 K 远远大于

Z_{Fh}和Z_{Sh}并不容易。而在RITHAF中，通过实现式(13.43)的控制，不存在需要很大的比例增益的问题，而且要获得较大的谐波阻抗Z_{Rh}也很容易。对n次谐波，有

$$Z_{Rh}=jn\omega_S L+\frac{1}{jn\omega_S C}=j\frac{n^2\omega_S^2 LC-1}{n\omega_S C}=j\frac{\left(\frac{n\omega_S}{\omega_S}\right)^2-1}{n\omega_S C}=j\frac{n^2-1}{n\omega_S C} \tag{13.48}$$

最小的谐波分量为2次谐波，即$n=2$，则要使得FSRC的2次谐波阻抗大于K，需要满足

$$\frac{2^2-1}{2\times 2\pi\times 50C}>K \tag{13.49}$$

则

$$C<\frac{3}{200\pi K} \tag{13.50}$$

若K取2，则

$$C<\frac{3}{400\pi}\mathrm{F}\approx 2387.32\mu\mathrm{F} \tag{13.51}$$

而

$$L>4.24\mathrm{mH} \tag{13.52}$$

若K取10，则

$$C<477.46\mu\mathrm{F} \tag{13.53}$$

而

$$L>21.22\mathrm{mH} \tag{13.54}$$

这都是很容易做到的，而且如果C取得更小，而L取得更大，则2次谐波阻抗会比K大得更多。而且，根据FSRC的频率特性，其2次谐波阻抗是谐波阻抗中最小的，其他更高次的谐波阻抗比2次谐波要大得多，将远远大于K，也远远大于Z_{Fh}和Z_{Sh}。FSRC的n次谐波阻抗与其2次谐波阻抗的关系为

$$\frac{Z_{Rn}}{Z_{R2}}=\frac{2(n^2-1)}{3n} \tag{13.55}$$

则其3次谐波阻抗是2次谐波阻抗的16/9倍，5次谐波阻抗是2次谐波阻抗的48/15倍。

13.2.3 硬件电路

根据变电站谐波治理的实际需要，提出了一种新型的谐振阻抗型混合有源滤波器(RITHAF)，介绍基于RITHAF的电网谐波分析与治理一体化系统的研制情况。该控制系统不仅具有较强的谐波治理能力和一定的无功静补能力，同时还具备较为齐全的谐波分析功能，非常适于变电站谐波治理的工程应用。

电网谐波分析与治理一体化控制系统框图如图13.25所示。它包含三个子系统：谐波分析子系统、控制子系统和主电路子系统。谐波分析子系统包括电压/电流变送器、工业控制计算机和谐波分析软件等。电压/电流变送器是系统正常、有效工作的前提，为控制器和谐波分析软件提供电网各支路的电压和电流的实时信息。工业控制计算机简称工控机，是谐波分析软件的载体。谐波分析软件主要完成电网各支路电压和电流实时数据的存储、谐波分量的计算、谐波畸变率的计算、95%概率值的计算等功能，并提供友好的人机交互，另外还具有与控制器通信的功能，实现双方的数据交换。控制子系统由DSP（TMS320F2812）及外

围电路组成，实现了采样、参考信号获取、控制量计算、开关模式求取、PWM 信号产生等功能，其作用是计算并产生 PWM 信号以控制 RITHAF 的逆变器，使之输出期望的电流。主电路子系统包括谐振阻抗型混合有源滤波器 RITHAF 和二极管整流器。RITHAF 由电压型 PWM 逆变器、输出滤波器、耦合变压器、基波串联谐振电路和无源滤波器组成，是系统的核心部分，起着治理谐波的关键作用。二极管整流器是由 6 只二极管组成的三相不可控整流桥，其作用是为 RITHAF 的逆变器直流侧电容提供直流电压，并维持该直流电压的恒定。

（1）谐波分析子系统

谐波分析子系统的硬件构成如图 13.26 所示。顾名思义，谐波分析子系统的主要功能就是对电网谐波进行分析，其核心部分是谐波分析软件。同时，该子系统还实现了另外两个功能：一是控制主电路的投切，二是以串行通信的方式与控制器进行数据交换。主电路的投切是由工控机给出信号，经 I/O 卡使继电器动作，从而控制接触器来实现的。投切具备自动和手动两种方式，自动方式是工控机程序通过对当前电网谐波是否越限的判断来自主决定是否发出投切信号的，而手动方式则是通过点击主界面上的“滤波”按钮来实现的。工控机与控制器的数据交换主要包括：

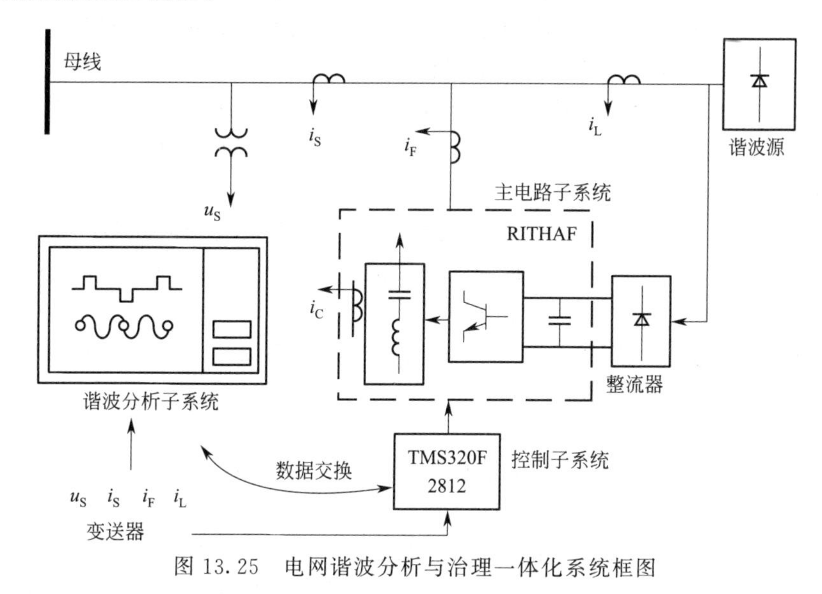

图 13.25　电网谐波分析与治理一体化系统框图

① 通过工控机给出控制器工作的启动信号，控制器收到该信号后将开始计算和产生 PWM 控制信号；

② 通过工控机对控制器中的一些参数进行设定和更新，如控制算法中的边带、比例系数、积分系数等；

③ 控制器将 IPM 的故障信号等状态信息返回给工控机。

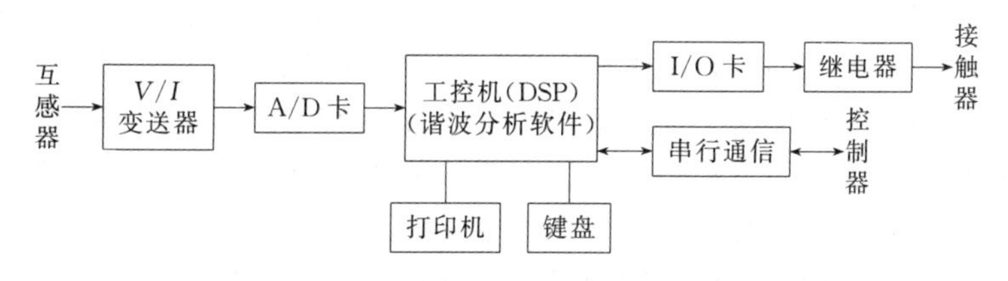

图 13.26　谐波分析子系统硬件结构

系统采用的 A/D 卡是威达 12 位数据采集卡 PCI-800L，采样频率可达 330kHz。实际上系统只在一个工频周期内取256个三相电压、电流的采样值进行傅里叶分析，从而得到三相电压、电流的基波和各次谐波数据，并对这些数据进行处理。谐波分析软件采用Borland公司的可视化编程语言Delphi 5.0编写。软件由实时数据模块、历史数据模块、数据统计模块、系统设置模块、参数整定模块和帮助模块等六大功能模块组成，具体功能如下：

① 实时数据模块：通过对各电量采样值的傅里叶分析，计算各次谐波电流、电压的幅值、畸变率和谐波功率，计算负序电流和电压，并以表格数据的形式给出。同时，可以给出各次谐波电流、电压波形图、棒图、负序电流、电压波形，以及各次谐波畸变率棒图、谐波功率谱棒图。另外，还以二维和三维图的形式给出了最近给定时段的谐波变化趋势。

② 历史数据模块：包括定时数据子模块和报警数据子模块。其中，定时数据子模块每隔一定的给定时间便将电网谐波数据存入硬盘，以便查询。而报警数据子模块则是当电网中谐波的大小超过其允许值时，或者收到控制器发来的故障信号时，给出声光报警信号，同时在主界面给出相应状态指示，并自动记录报警时刻前后一段时间内电网的谐波状态。

③ 数据统计模块：分为统计图子模块和统计表子模块。其中，统计图子模块是用图形方式显示对电网谐波进行的统计结果，比较直观明了。统计表子模块则是用表格方式显示对电网电压和电流进行的统计结果，比较详细，便于定量分析和比较。该模块主要计算和统计谐波的95%概率值，并给出较长时段内的谐波变化趋势。

④ 系统设置模块：在该模块中，可以根据实际需要，启动或者取消自动投切、定时打印、故障录波打印以及报警等功能，设置或调整定时时间、故障录波前后时段等参数，也可以设置打印格式、数据显示格式等。

⑤ 参数整定模块：该模块需要密码才能进入，可以对谐波越限报警功能的限值、电压和电流互感器的变比（使得记录的数据与实际数据一致）进行设置和修改，还可以设定和更新控制算法中比例系数、积分系数、边带宽度等参数。

⑥ 帮助模块：可以使操作者获得各个功能模块的操作信息，便于在较短的时间内了解软件功能，逐步掌握软件的使用。

（2）控制子系统

控制子系统的核心是DSP（TMS320F2812），由它及其外围电路来完成RITHAF的实时控制功能。当只采用一片DSP（TMS320F2812）控制三相逆变器时，由于控制周期短，中断频率高，容易因三相中断程序的相互干扰而造成中断的响应延迟，影响控制性能。同时，为了更快地实现控制算法，缩短控制周期，采用三片DSP（TMS320F2812）并行、独立工作，分别控制逆变器的三相桥臂。

每一相控制器的硬件结构及功能划分如图13.27所示。从电压/电流变送器过来的谐波源电流信号$i_L(t)$和逆变器输出电流$i_C(t)$信号经加转换后供单片机计算控制量，由$i_L(t)$可获取参考电流信号，而$i_C(t)$则是作为反馈信号。锁相环的作用是获得电网电压的相位和频率，用来求取参考电流信号。二级电压互感器是将一级电压互感器过来的电网电压信号幅值进一步变小，以满足锁相环的工作要求。IPM故障信号通过光耦器件直接连在单片机的外部中断口上，拥有最高的中断优先级。系统只使用工控机的一个串口进行串行通信，而三相控制器都需要与工控机通信，因此采用MAX489进行RS-232到RS-485的电平转换。

对于一相的单片机而言，只需要控制逆变器一相桥臂的上下两个开关器件IGBT。而这两个IGBT的控制信号是互补的，即一个处于导通状态时，另一个必须处于关断状态，否则将导致桥臂直通短路。因此，一相控制器只要计算并输出一个IGBT（一般为上桥臂）的控制信号就可以了，另一个IGBT的控制信号通过反相器获得。但是，需要注意的是，由于IGBT的完全关断需要一定的时间，因此必须设置死区，使得另一个IGBT的导通信号延迟一定时间，以避免桥臂直通短路。

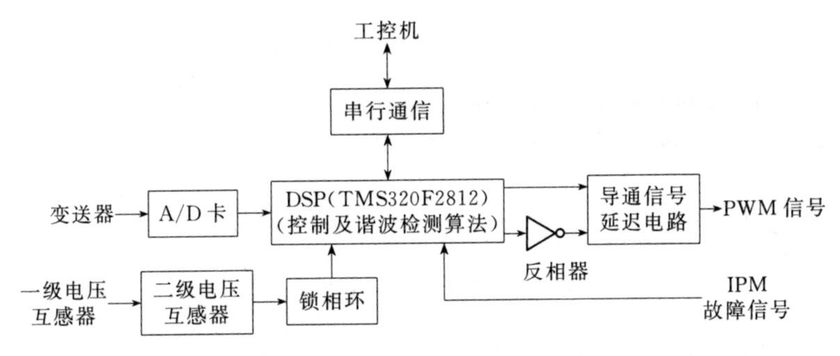

图 13.27　一相控制器硬件结构

导通信号延迟电路如图 13.28 所示。由与门、二极管、电阻和电容组成，信号 P_1 为单片机输出的控制信号，P_2 与 P_1 反相，用来形成互补控制信号。P_3 为 P_1 经导通延迟处理后的上桥臂 IGBT 基极控制信号，P_4 为 P_2 经导通延迟处理后的下桥臂 IGBT 基极控制信号。

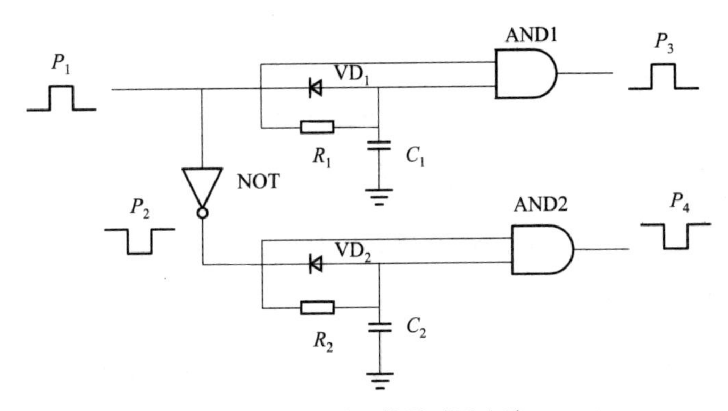

图 13.28　导通信号延迟电路

基于瞬时无功功率理论的 i_p-i_q 算法和基于同步旋转坐标 d-q 变换的算法，都是将三相系统转换为两相系统，需要获得三相电流的采样值。在本系统中，由于控制子系统包含三个彼此独立的相控制器，如果其中每一相控制器都采样三相电流，都重复应用 i_p-i_q 算法或 d-q 变换算法，不仅浪费资源，而且增加了每一相控制软件的复杂度和控制器的负担。由于三相控制器独立工作，各相控制器只对相应相的电流进行采样，也只需要获取相应相的参考信号，因此，采用单相谐波检测算法来获取参考信号，算法结构如图 13.29 所示。

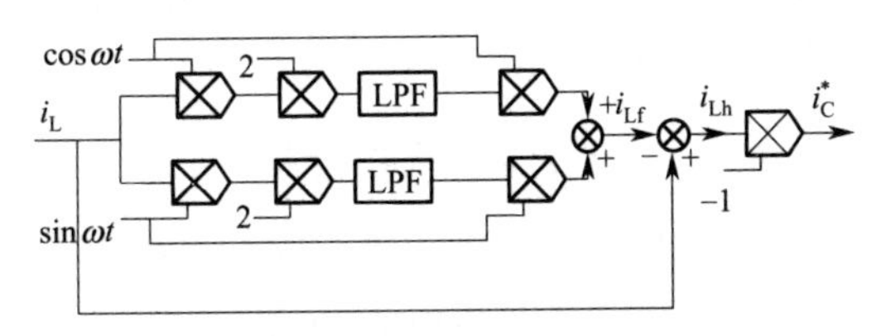

图 13.29　参考信号提取算法

令谐波源电流为其基波分量与谐波分量之和，即

$$i_L(t)=i_{Lf}(t)+i_{Lh}(t) \tag{13.56}$$

其中，基波分量为

$$i_{Lf}(t)=I_1\sin(\omega t+\varphi_1)=I_1\cos\varphi_1\sin\omega t+I_1\sin\varphi_1\cos\omega t \tag{13.57}$$

谐波分量为

$$i_{\mathrm{Lh}}(t)=\sum_{n=2}^{\infty} I_n \sin(n\omega t+\varphi_n) \tag{13.58}$$

将式（13.56）两边同乘以 $2\cos\omega t$，得

$$\begin{aligned}2i_{\mathrm{L}}(t)\cos\omega t &= I_1\cos\varphi_1\sin2\omega t+2I_1\sin\varphi_1(\cos\omega t)^2+\\ &\quad \sum_{n=2}^{\infty} I_n\{\sin[(n+1)\omega t+\varphi_n]+\sin[(n-1)\omega t+\varphi_n]\}\\ &= I_1\sin\varphi_1+I_1\cos\varphi_1\sin2\omega t+I_1\sin\varphi_1\cos2\omega t+\\ &\quad \sum_{n=2}^{\infty} I_n\{\sin[(n+1)\omega t+\varphi_n]+\sin[(n-1)\omega t+\varphi_n]\}\end{aligned} \tag{13.59}$$

可见，式(13.59）中只有谐波源电流 $i_{\mathrm{L}}(t)$ 的基波无功分量幅值 $I_1\sin\varphi_1$ 是直流量，通过低通滤波器LPF可以较容易地将其提取出来。

将式(13.56）两边同乘以 $2\sin\omega t$，得

$$\begin{aligned}2i_{\mathrm{L}}(t)\sin\omega t &= 2I_1\cos\varphi_1(\sin\omega t)^2+I_1\sin\varphi_1\sin2\omega t-\\ &\quad \sum_{n=2}^{\infty} I_n\{\cos[(n+1)\omega t+\varphi_n]-\cos[(n-1)\omega t+\varphi_n]\}\\ &= I_1\cos\varphi_1-I_1\cos\varphi_1\cos2\omega t+I_1\sin\varphi_1\sin2\omega t-\\ &\quad \sum_{n=2}^{\infty} I_n\{\cos[(n+1)\omega t+\varphi_n]-\cos[(n-1)\omega t+\varphi_n]\}\end{aligned} \tag{13.60}$$

可见，式(13.60）中只有 $i_{\mathrm{L}}(t)$ 的基波有功分量幅值 $I_1\sin\varphi_1$ 是直流量，通过LPF也可以较容易地将其提取出来。

将 $I_1\sin\varphi_1$ 和 $I_1\cos\varphi_1$ 分别乘以 $\cos\omega t$ 和 $\sin\omega t$，就可以得到 $i_{\mathrm{L}}(t)$ 得基波无功分量和有功分量，二者之和就是 $i_{\mathrm{L}}(t)$ 得基波电流 $i_{\mathrm{Lf}}(t)$。如式(13.56）所示，将 $i_{\mathrm{L}}(t)$ 减去 $i_{\mathrm{Lf}}(t)$ 就可得其谐波分量 $i_{\mathrm{Lh}}(t)$，则可以得到参考电流信号为

$$i_{\mathrm{C}}^{*}(t)=-i_{\mathrm{Lh}}(t) \tag{13.61}$$

因此，只需要采样单相谐波源电流 $i_{\mathrm{L}}(t)$，通过如图13.29所示的算法，就可以得到相应相的逆变器输出电流参考信号。

（3）主电路子系统

主电路子系统包含的元器件较多，本系统主电路中的逆变器、整流器以及耦合变压器等的设计方法与其他电力电子应用一样，技术比较成熟，关键在于对电路电压、电流等级的估算。RITHAF接在变电站的10kV出线，由于电网线路的基波阻抗很小，因此系统承受的基波电压 U_{Ff} 为10kV，如图13.30所示。

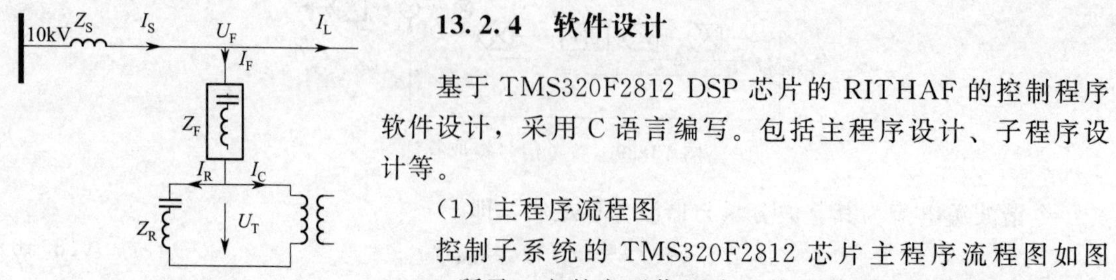

图13.30　系统电压、电流等级估算等效电路

13.2.4　软件设计

基于TMS320F2812 DSP芯片的RITHAF的控制程序软件设计，采用C语言编写。包括主程序设计、子程序设计等。

（1）主程序流程图

控制子系统的TMS320F2812芯片主程序流程图如图13.31所示。它的主要作用为系统初始化、变量初始化、初始化管理器模块B、初始化ADC模块和等待中断。

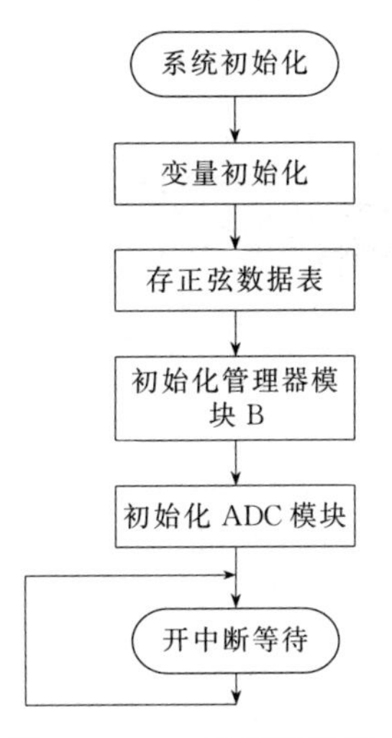

图 13.31　主程序流程图

（2）子程序流程图

子程序流程图如图 13.32 所示。它的主要作用为进入中断、保护现场、ADC 数据采集、计算 PI 控制器、计算 SPWM 波形、键盘数据采集、串口通信和中断返回。

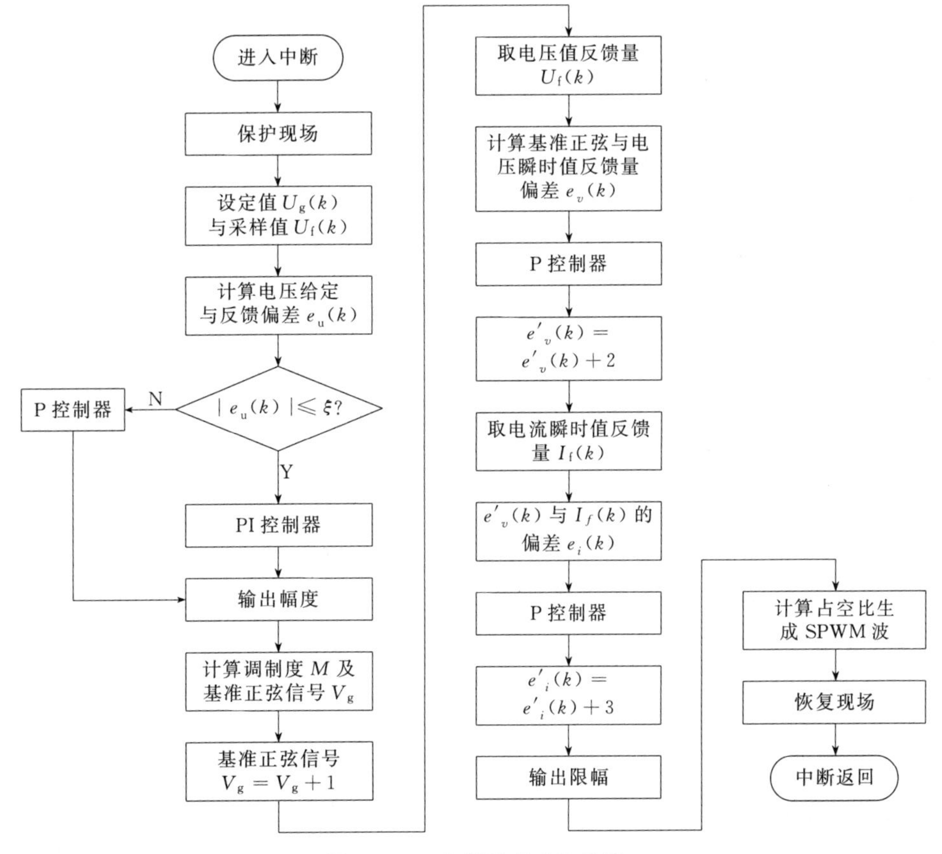

图 13.32　中断子程序流程图

13.2.5　参考程序

//频率控制字的接收程序

```
/* 端口说明:
datain:输入的频率控制字数据。
wr:频率控制字的写信号,在上升沿时有效。
reset:复位信号,在高电平时开始传送数据。
freq_word[31…0]  ;存储 32 位频率控制字。*/
{
library ieee;  //标准库
use
use
ieee.std logic_1164.all;
ieee.std logic_unsigned.all;
entity load freq is
    port{
          data: in std_logic;
          wr: in std logic;
          reset: in std_logic;
          freq_word:out std_logic vector(31 downto 0)
        };
end entity load freq;
architecture behav of load_freq is
  type statetype is (s0,s1,s2,s3,s4,……,s28,s29,s30,s31)
    signal STATE:statetype;
begin
    process(wr,data,reset)
    begin
if(reset='0') then
    state>=s0;
elsif(rising_edge(wr)) then
      case state is
when s0=>
    freq-word (0)>=data;
    state>=s1;
when s1=>
    freq-word(1)>=data;
    state>=s2;
    when s30=>
        freq-word(30)>=data;
        state>=s31;
    when s31=>
        freq-word(31)>=data;
        state>=s0;
end case;
    end if;
end process;
end behav;
}
```

```
//ADC 转换子程序
F2812M_ADC.H
{
#include "DSP281x_Device.h"        //定义 DSP281x 头文件
#include "DSP281x_Examples.h"      //定义 DSP281x Examples 头文件
//创建原系统模式
interrupt void adc_isr(void);
//全变量
Uint16 LoopCount;
Uint16 ConversionCount;
Uint16 Voltage1[1024];
Uint16 Voltage2[1024];
main()
{
InitSysCtrl();//初始化 CPU
  DINT;//关中断
  InitPieCtrl();//初始化 PIE 寄存器
  IER=0x0000;//禁止所有的中断
  IFR=0x0000;
  InitPieVectTable();//初始化 PIE 中断向量表
//创建中断
//ISR 函数创建
  EALLOW;   //写入 EALLOW 保护寄存器
  PieVectTable.ADCINT=&adc_isr;
  EDIS;     //禁止写入 EALLOW 保护寄存器
  AdcRegs.ADCTRL1.bit.RESET=1;      //重置 ADC 模块
   asm(" RPT #10 || NOP");       //必须等待 12-周期（最差情况）对 ADC 重置
  AdcRegs.ADCTRL3.all=0x00C8;      //第一使能电路地址
  AdcRegs.ADCTRL3.bit.ADCBGRFDN=0x3;      //使能电路/参考电路
  AdcRegs.ADCTRL3.bit.ADCPWDN=1;      //使能重置 ADC
//Enable ADCINT in PIE
  PieCtrlRegs.PIEIER1.bit.INTx6=1;
  IER |= M_INT1;//使能 CPU 中断 1
  EINT;              //使能全中断 INTM
  ERTM;              //使能全实时 DBGM
  LoopCount=0;
  ConversionCount=0;
//Configure ADC
  AdcRegs.ADCMAXCONV.all=0x0001;           //设置 2 conv's on SEQ1
  AdcRegs.ADCCHSELSEQ1.bit.CONV00=0x0;     //设置 ADCINA3 as 1st SEQ1 conv
  AdcRegs.ADCCHSELSEQ1.bit.CONV01=0x1;     //设置 ADCINA2 as 2nd SEQ1 conv
  AdcRegs.ADCTRL2.bit.EVA_SOC_SEQ1=1;      //使能 EVASOC to start SEQ1
```

```
  AdcRegs.ADCTRL2.bit.INT_ENA_SEQ1=1;        //使能 SEQ1 中断 (every EOS)
//Configure EVA
//Assumes EVA Clock is already enabled in InitSysCtrl();
  EvaRegs.T1CMPR=0x0080;                    //设置 1 比较值
  EvaRegs.T1PR=0x10;                        //设置周期寄存器
  EvaRegs.GPTCONA.bit.T1TOADC=1;            //使能 EVASOC in EVA
  EvaRegs.T1CON.all=0x1042;                 //使能时钟 1 比较
//等待 ADC 中断
  while(1)
  {
    LoopCount++;
  }
}
interrupt void  adc_isr(void)
{
  Voltage1[ConversionCount]=AdcRegs.ADCRESULT0 >>4;
  Voltage2[ConversionCount]=AdcRegs.ADCRESULT1 >>4;
  //If 40 conversions have been logged, start over
  if(ConversionCount == 1023)
  {
    ConversionCount=0;
  }
  else ConversionCount++;
  //Reinitialize for next ADC sequence
  AdcRegs.ADCTRL2.bit.RST_SEQ1=1;            //重置 SEQ1
  AdcRegs.ADCST.bit.INT_SEQ1_CLR=1;          //清中断 SEQ1 位
  PieCtrlRegs.PIEACK.all=PIEACK_GROUP1;      //确认中断 PIE
  return;
{
//键盘数据采集
//DSP281x_Key.h
#define LED          *(int *)0xc0000
#define SW           *(int *)0xc1000
#define SPI_OE       *(int *)0xc2000
#define DAOUT1       *(int *)0xc0002
#define DAOUT2       *(int *)0xc0003
//E2ROM Instruction
#define WREN         6
#define WRDI         4
#define RDSR         5
#define WRSR         1
#define READ         3
#define WRITE        2
```

```
#define WPEN            0x80
#define BL1             0x8
#define BL0             0x4
#define WEL             0x2
#define WIP             0x1

//DSP281x_Key.c
{
#include "DSP281x_Key.h"      //定义 DSP281x 头文件
void SetLEDArray(int nNumber)
{
    int i;
    for(i=0;i<8;i++)
        ledbuf[i]=~ledkey[nNumber][7-i];
}

char ConvertScanToChar(unsigned char cScanCode)
{
    char cReturn;

    cReturn=0;
    switch(cScanCode)
    {
        case SCANCODE_0: cReturn='0'; break;
        case SCANCODE_1: cReturn='1'; break;
        case SCANCODE_2: cReturn='2'; break;
        case SCANCODE_3: cReturn='3'; break;
        case SCANCODE_4: cReturn='4'; break;
        case SCANCODE_5: cReturn='5'; break;
        case SCANCODE_6: cReturn='6'; break;
        case SCANCODE_7: cReturn='7'; break;
        case SCANCODE_8: cReturn='8'; break;
        case SCANCODE_9: cReturn='9'; break;
    }
```

参 考 文 献

[1] 苏奎峰．TMS320X281X DSP原理及C程序开发．北京：北京航空航天大学出版社，2008.

[2] 赵世廉．TMS320X240x DSP原理．结构及应用开发．北京：北京航空航天大学出版社，2007.

[3] 德州仪器著．TI DSP集成化开发环境使用手册——TI DSP系列中文手册．彭启琮，张诗雅编译．北京：清华大学出版社，2005.

[4] 陈子为．DSP系统应用与实训．西安：西安电子科技大学出版社，2008.

[5] 彭启琮．DSP技术的发展与应用．第2版．北京：高等教育出版社，2007.

[6] 江思敏．TI-DSP系列开发应用技巧丛书 TMS320C2000系列DSP开发应用技巧——重点与难点剖析．北京：中国电力出版社，2008.

[7] 三恒星科技．TMS320F2812 DSP原理与应用实例．北京：电子工业出版社，2009.

[8] 姜艳波．数字信号处理器DSP应用100例．北京：化学工业出版社，2009.

[9] 汪安民．DSP嵌入式系统开发典型案例．北京：人民邮电出版社，2007.